Historia de las setas

SALVADOR VENTURA PEDRET

Historia de las setas

El desconocido mundo de los hongos

GUADALMAZÁN

Guadalmazán • Colección Divulgación Científica
Director editorial: Antonio Cuesta
Edición: Alfonso Orti

www.editorialalmuzara.com
pedidos@almuzaralibros.com - info@almuzaralibros.com

Talenbook, s. l.
C/ Cervantes 26 • 28014 • Madrid

Imprime: Liberdúplex
ISBN: 978-84-19414-28-1
Depósito legal: M-18704-2025
Hecho e impreso en España - *Made and printed in Spain*

A María Teresa, en reconocimiento de su profunda comprensión y su apoyo. Sin ella, esta tarea habría sido un desafío tan imponente como escalar el Everest; debo hacer hincapié en que el alpinismo no es precisamente mi fuerte.

Además, quiero rendir homenaje a los hongos: champiñones, níscalos, rebozuelos, senderuelas, oronjas, chipirones de monte, colmenillas y otros compañeros. Cada otoño, su aparición nos recuerda que la vida, a pesar de nosotros, florece con energía para alegrar nuestro espíritu.

Índice

Nota de los editores

Con profunda satisfacción damos a la imprenta *Historia de las setas. El desconocido mundo de los hongos*, libro singularísimo que redimensiona la verdadera trascendencia del apasionante y aún casi ignoto reino Fungi, y que, retratando cautivadoramente su vínculo irrompible con el hombre, nos enfrenta por ende con nuestra singladura como especie.

Salvador Ventura Pedret, especialista en toxicología micológica y estudioso del universo fúngico, miembro de la Sociedad Catalana de Micología, conjuga en esta obra el rigor científico y el pulso investigador con una notable sensibilidad narrativa: mediante una prosa ágil y accesible, tan mordaz como entrañable por momentos, romántica incluso, pero en todo caso reflexiva y racional, construye puentes entre el conocimiento especializado y la curiosidad del lector culto o el aficionado. Comunicador consumado, no renuncia a referencias literarias, cinematográficas, musicales o también políticas que hacen de la lectura toda una experiencia lírica y hasta pop, en honda comunión con la inquietud que unió en torno a un mismo misterio, el de los hongos, a nombres tan diversos como Huxley, Lenin, José Luis Cuerda, Vázquez Montalbán, John Lennon o el profesor Leary. El cóctel no deja indiferente.

Desde Ötzi y la Edad de Piedra hasta los insólitos desafíos que afronta la micetología moderna, este trabajo bucea en los secretos que esconden estos seres silenciosos, claves para la vida de los ecosistemas, y revela conexiones inesperadas con los hechos históricos, la ciencia contemporánea, la geopolítica e incluso el futuro más allá de la Tierra.

Guadalmazán mantiene su apuesta decidida por una divulgación científica de calidad y, con este título, reafirma su compromiso editorial por el cultivo y la preservación del conocimiento de nuestra naturaleza.

ALFONSO ORTI & ANTONIO CUESTA

Prólogo

Francis Hueber llevaba meses intentando descifrar los cuadernos de campo de J. W. Dawson, escritos en una caligrafía casi impenetrable. Era el año 2001 y el curador del Museo Nacional de Historia Natural (NMNH) del Instituto Smithsoniano, en Washington D. C., tenía ante sí uno de los enigmas paleontológicos más desconcertantes: los *Prototaxites*, aquellos gigantes fósiles del Devónico —de ocho metros de altura— que habían desafiado toda explicación en ciento cuarenta años. Dawson los había descrito e incluso retratado en toscos dibujos en 1859, pero nadie sabía qué eran realmente... pues diríase que aquel no quiso. ¿Algas gigantes? ¿Árboles primitivos? ¿Algo totalmente desconocido?

Hueber estaba convencido de que eran hongos colosales: una hipótesis tan audaz como inquietante. En el Devónico temprano, cuando los árboles más prominentes apenas superaban el metro, estos organismos se alzaban como torres en los paisajes. Su estructura interna mostraba tres tipos de tubos microscópicos que se asemejaban a hifas, pero la idea de un hongo gigante parecía imposible.

El empeño de Hueber por desvelar el misterio hundía sus raíces en su propia biografía. Nacido en Sand Springs, Oklahoma, en 1929, su infancia en Indianápolis estuvo marcada por el abandono paterno cuando tenía once años y la pobreza extrema que siguió. Hubo días en los que solo comió una rebanada de pan con salsa. Entonces halló refugio en la biblioteca local, donde los libros se convirtieron en sus compañeros más fieles y donde aprendió que las verdades más extraordinarias, a menudo, encuentran resistencia antes de ser aceptadas.

Tras graduarse *magna cum laude* en Botánica por la Universidad Butler y doctorarse en Cornell bajo la dirección del paleobotánico Harlan P. Banks, Hueber fue contratado en 1962 como el primer curador de plantas fósiles del Smithsoniano. Allí se enfrentó sistemáticamente al enigma de *Prototaxites* aplicando su característica metodología: investigación histórica exhaustiva y análisis meticuloso de los especímenes. Pasó meses traduciendo las notas de Dawson y hasta buscó catálogos de microscopios de principios del siglo xx para determinar las magnificaciones exactas usadas en las mediciones originales: así logró deducir la localidad donde Dawson había dado con sus especímenes y hacerse con material de alta calidad, procedente del Museo Redpath de Montreal, para establecer un neotipo, un ejemplar que serviría como modelo o tipo nomenclatural en ausencia del primigenio. Su interpretación era curiosa: veía aquellos tubos como «hifas esqueléticas», «hifas generativas» e «hifas conectivas»; los anillos de crecimiento eran capas himeniales donde se formaban esterigmas como extensión del basidio; debíamos de estar ante un basidiomiceto de proporciones titánicas, aunque faltaba obtener evidencia de algo parecido a unas esporas. Y esto se resistía. Pero el viejo guardián de fósiles tiene el mismo instinto que los cazadores esquimales ante el gran oso blanco; nacidos al gélido abrigo del Ártico, aquellos hombres no usan ningún arma para abatir a su presa: sencillamente blanden una costilla de animal enrollada y escondida dentro de una gran bola de grasa; esperan a que el gran plantígrado ingiera la apetitosa golosina y lo siguen de lejos, hasta que la grasa se funde en el estómago del animal y desenrolla así el hueso que le causará la muerte por sepsis y hemorragia. Toda paciencia era poca cuando se trataba de despejar la incógnita que no habían sabido atajar los cerebros amueblados con conceptos *prêt-à-porter* de sus colegas.

La historia se remontaba a 1843 y se inició con unos fósiles recolectados por el geólogo William Edmond Logan, primer director del Servicio Geológico de Canadá. Permanecieron sin examinar durante más de una década, hasta que en 1855 llegaron a manos de John William Dawson. Entre el conjunto de ejemplares sobresalía uno particularmente imponente, que su nuevo propietario catalogó y caracterizó como tejido leñoso de conífera en proceso de descomposición; Dawson acuñó la denominación *Prototaxites* considerando que podría tratarse de un precursor del tejo (*Taxus*). La idea pareció asentarse, pero en 1872 fue atacada vehementemente por el botánico escocés William Carruthers pensando que aquello no era un árbol, sino un segmento de un alga de gran tamaño; Carruthers rebautizó ilegítimamente el género como *Nematophyton*. ¿Un alga gigante que crecía en tierra? Solo una persona, en 1919, se atrevió a sugerir que muy rápido se había descartado la posibilidad de un hongo, pero la ausencia de referencias de otras especies y acaso la carencia de la audancia o el tesón de Hueber, sumadas al cierto desprestigio de unos seres que aún eran referidos como vegetales, ocasionarían que no pudiera plantearse en firme una hipótesis mejor hasta la entrada en escena de Hueber en 2001. La comunidad científica recibió con escepticismo esta nueva vuelta de tuerca, pero análisis geoquímicos posteriores respaldaron las conclusiones del norteamericano: se observaron estructuras portadoras de esporas fúngicas en una especie relacionada del yacimiento escocés de Rhynie Chert.

Francis Hueber había demostrado que hubo una época, hace 400 millones de años, en la que los hongos fueron más grandes que los árboles. Su artículo en la revista *Review of Palaeobotany and Palynology*, que enmendó la descripción de *Prototaxites loganii*, constituyó una demostración extraordinaria de persistencia, examen exhaustivo e investigación histórica rigurosa, y posee relevancia fundamental. Estableció que la totalidad del organismo funcionaba como un cuerpo reproductivo fúngico perenne, equiparable a especies actuales como *Clavaria*, y en la actualidad este fósil maravillosamente extraño está firmemente asentado en el ámbito paleobiológico como perteneciente al reino Fungi, encuadrado por ahora en la clase Ascomycota. El reconocimiento de que los *Prototaxites* dominaron durante el Devónico y períodos anteriores trasluce que estos organismos han ejercido supremacía terrestre desde épocas ancestrales. Surgieron en los albores de nuestras eras geológicas, con indicios de su presencia detectados en fósiles de al menos mil millones de años de antigüedad como el ejemplar con rasgos fúngicos *Diskagma*, localizado en estratos de hace unos 2200 millones de años.

Durante el Proterozoico emergieron al menos dos linajes de algas verdes que colonizaron los continentes hace aproximadamente 720 millones de años: estas algas terrestres constituían linajes distintos del que, posteriormente, originaría las plantas terrestres contemporáneas. Ya durante la era paleozoica, la presencia fúngica facilitó que el linaje vegetal ancestral de todas las plantas actuales conquistara la tierra: los hongos establecieron las primeras endomicorrizas al colonizar las células de las plantas terrestres pioneras, creando una alianza mutualista crucial para la pervivencia de ambos grupos. Fósiles de hongos micorrícicos del Ordovícico, hace unos 460 millones de años, coinciden temporalmente con las únicas plantas terrestres de entonces: las briofitas. Posteriormente, durante el Silúrico, ciertos linajes vegetales desarrollaron lignina, un polímero que posibilitó la evolución de árboles leñosos y el establecimiento inicial de ecosistemas forestales; esta transformación condujo al Carbonífero, cuando los bosques, al no poder degradarse completamente, generaron los grandes depósitos carboníferos. Los hongos solucionaron esta situación hace aproximadamente 436 millones de años: algunos basidiomicetos adquirieron la capacidad de degradar lignina, originando el modo de vida ectomicorrícico: nacieron hongos que establecieron simbiosis con gimnospermas —coníferas y similares— y angiospermas —plantas con flores—, las denominadas ectomicorrizas, donde los unos forman redes hifales en las raíces de las otras, contribuyendo a la absorción de agua y nutrientes.

Los hongos desempeñan una función esencial en la naturaleza. Se calcula que en torno al 80 % de las plantas vasculares mantienen asociaciones con hongos, sin las cuales no podrían resistir determinadas adversidades climáticas como períodos de sequía o escasez de nutrientes del suelo, además de que serían mucho más vulnerables ante el ataque de bacterias o insectos. En cuanto a nosotros, el ser humano ha aprovechado los hongos con múltiples propósitos desde los orígenes de la civilización: obtención de alimentos, elaboración de medicamentos, in-

«Setas verdaderas y falsas» (W. G. Smith) [*The Gardeners' chronicle: a weekly illustrated journal of horticulture and allied subjects*, 27 de octubre de 1877].

gesta de sustancias enteógenas... Gordon Wasson, mediante un estudio antropológico realizado en 1950, sentó una división cultural entre sociedades micófilas y micófobas, clasificación que perdura nuestros días.

Pese a que numerosas culturas han estado familiarizadas con los hongos durante milenios, únicamente en tiempos recientes la ciencia contemporánea ha constatado que, como aquellos antiguos sabían, los hongos pueden constituir la gran farmacia de la humanidad. Además de en los medicamentos que tomamos, están en el pan que comemos y en la cerveza o el vino que bebemos; hoy, incluso estamos proyectando con ellos edificios sostenibles, aprovechando la extraordinaria capacidad de sus micelios para crear materiales resistentes y ecológicos. Paradójicamente, como anticipábamos, la ciencia tardó siglos en reconocer su auténtica naturaleza: el reino Fungi no fue propuesto hasta 1959 y los hongos eran tenidos erróneamente por plantas, subordinados a la jerarquía de unos seres vivos de los que en realidad les separaban más cosas de las que los unían con los animales. Siglos de malentendido científico que son fiel reflejo de nuestra compleja relación; ora divinizados, ora demonizados, ellos siempre han estado presentes como herramientas invisibles e indispensables en nuestra evolución.

Desde el amanecer de los tiempos, los hongos han alterado el curso de la historia de los hombres. Facilitaron la transición del nomadismo a comunidades sedentarias transformando nuestra dieta, y de manera menos evidente, han sido catalizadores silenciosos de la caída de Gobiernos y protagonistas ocultos de revoluciones. Su poder ha residido siempre en la discreción. Hoy asistimos a un cambio radical en esa percepción: de ser simples tesoros de una excursión campestre han pasado a erigirse en sólida solución al hambre; de ser rechazados como cosa de brujas, a emerger como la esperanza de un mundo cada vez más y más extrañamente enfermo; de ocupar secciones menores en los tratados de botánica a postularse como los ladrillos de futuras construcciones no ya en este planeta, sino directamente en Marte o en la misma Luna.

Este libro es un homenaje a nuestras setas y al desconocido mundo de los hongos. Espero, querido lector, que disfrutes de la aventura que nos disponemos a emprender y que estas páginas aviven en ti, en general, una curiosidad más profunda hacia lo que permanece en gran medida invisible a nuestros ojos. Estos alucinantes amigos saben mucho de eso. Conocerlos es empezar a comprender el engranaje de la vida en la Tierra; bucear en su historia es hacerlo también en la nuestra como especie.

Los recolectores de setas [James Clarke Hook, 1878; Aberdeen Archives, Gallery and Museums].

Reconstrucción de la cabeza de un joven *Australopithecus africanus* a partir del cráneo de Taung [*The Illustrated London News*, 14 de febrero de 1925].

Pedo de lobo craneiforme o *Calvatia craniiformis*
[*The mushroom book*, Nina L. Marshall, 1923].

¿ESTABAN LOS AUSTRALOPITECOS ANDANDO DOPADOS POR LA SABANA?

La primera pregunta que me viene a la cabeza es: ¿cuándo empezó la relación de las setas con el hombre? Parece una de Perogrullo, pero, si profundizamos en ella, podemos llegar a sospechar que más bien está extraída de la cábala. Primero, hay que fijar en qué momento se puede definir la verdadera humanidad de aquellos monos errantes de la sabana africana. Después, huir de la respuesta fácil, la del monito comiendo las setas que encontraba a fin de llevar algo a su boca. No, la pregunta es si esta relación tuvo que ver en el desarrollo de su inteligencia. Hay registros de que los neandertales habían usado un hongo para curar una infección dentaria y también se han hallado restos de *Calvatia* en los palafitos del lago de Banyoles en Gerona. La cuestión es si los hongos han sido determinantes para devenir lo que somos.

Hace un millón de años, el chimpancé y el *Homo erectus*, nuestro antepasado, compartían el mismo volumen de masa cerebral, aproximadamente 500 ml. Este volumen ha sido triplicado por el *Homo sapiens* actual, pero lo más espectacular es que el cambio se ha producido en el último millón de años; para que nos hagamos una idea, cada generación de *Homo sapiens* poseía 150 000 neuronas más que la anterior, lo que quiere decir que este cambio se produce en un período muy corto en la evolución de las especies. Las mutaciones producidas por el proceso evolutivo de selección natural son muy lentas. Los análisis comparados de muestras de resonancias magnéticas, en cerebros humanos y de chimpancés, han demostrado que la organización cortical de los humanos no tiene una fuerte determinación genética como ocurre en chimpancés. Para resolver este intríngulis, hoy día disponemos de una herramienta: la epigenética, la ciencia que estudia los cambios que se producen en nuestro genoma debidos a la acción del entorno. Explicaré de manera sucinta de qué va esto.

El genoma humano funciona de forma similar a una partitura, en la que la secuencia de ADN contiene las instrucciones para producir las proteínas y otros elementos funcionales, los mecanismos epigenéticos, regulan cómo y en qué grado tienen que expresarse. Así, si el genoma incluye la secuencia completa del ADN, el epigenoma se refiere al conjunto de los elementos que regulan la expresión de los genes sin alterar la secuencia de ADN. Volvamos al ejemplo de la partitura: cuando se interpreta una canción, conocer y leer las notas musicales es tan importante como hacerlo con el ritmo adecuado; en esta, las notas musicales se colocan de forma secuencial y distintas marcas informan sobre el registro, la velocidad o la intensidad con que se deben hacer sonar; son el equivalente a los mecanismos epigenéticos que regulan la herencia. Todas las células del cuerpo humano contienen el mismo material genético; sin embargo, en todas ellas no se expresan los mismos genes, y aquí entra la función de la epigenética.

Cada tipo celular, dentro de cada tejido, tiene un programa genético diferente, de modo que únicamente se expresan los genes que se necesitan. Por ejemplo, las neuronas necesitan expresar todos aquellos genes relacionados con emisión y recepción de señales nerviosas. Estos genes, por el contrario, no son necesarios en otros tipos celulares, como las células encargadas de almacenar grasa. Esta modificación o especialización de la célula se hace por diferentes mecanismos. Uno de ellos es la metilación de ADN, que consiste en añadir un grupo metilo sobre una de las unidades de este, la citosina, la cual, una vez metilada, actúa como señal de reconocimiento de las enzimas que actúan sobre la expresión de un gen. Otro sería la modificación de la cromatina a través de las histonas: el interior del núcleo celular, el ADN, no se presenta aislado, sino que está organizado con proteínas y otras moléculas, formando la cromatina; la unidad fundamental de esta es el nucleosoma, formado por ADN enrollado alrededor de ocho unidades de proteínas, las histonas; si estas son modificadas bioquímicamente, el nucleosoma puede quedar menos compactado y los genes de esta región se revelan más accesibles. Y otro mecanismo es el ARN de transferencia, pequeñas moléculas de ARN que se unen al ADN interfiriendo la transcripción génica. La epigenética sería un punto de relación entre los genes y el ambiente. Está comprobado que el tabaco, factores ambientales o la nutrición pueden iniciar procesos químicos que llevan a cambios en el epigenoma. Como he mencionado antes, el epigenoma es dinámico y va cambiando a lo largo de la vida de una persona; como muestra, al comparar la metilación del genoma en personas recién nacidas, adultos y ancianos, se ha observado que, a medida que se envejece, se van perdiendo grupos metilo, lo que podría estar asociado con la expresión inadecuada de los genes al envejecer.

Para que nos hagamos una idea del alcance de los cambios debidos a la epigenética, vale la pena un ejemplo. Hace años se realizó un experimento que consistió en tomar un grupo de mariposas que eran de hábitos nocturnos y, durante varias generaciones, condicionarlas a que se acostumbrasen a la luz; pues bien, al final apareció una generación con hábitos diurnos. Está claro entonces que, en este caso, el entorno influyó en la herencia. Lo que sí es cierto es que cada vez hay más pruebas de que una de las especializaciones clave del cerebro humano es su alto grado de plasticidad. Nuestro cerebro es substancialmente más plástico que el de nuestros parientes vivos más próximos, los chimpancés, sobre todo en la etapa neonatal; se supone que es el resultado indirecto de la selección hacia los partos tempranos en especies de homínidos con tamaño cerebral mayor. Hablando en plata, si se llevase a término el período de gestación necesario para que la cría de los humanos fuera autónoma, como pasa en los otros primates, la especie humana se hubiera extinguido debido a que su cabeza no podría atravesar el canal del parto; la alternativa a esto hubiera sido la selección de especímenes con tamaño cerebral menor, lo cual es evidente que no pasó. Esta prematuridad supone superar los límites obstétricos y metabólicos, dando luz a criaturas inmaduras cuyo cerebro se desarrollará después del nacimiento y bajo la influencia de numerosos factores ambientales sociales y culturales.

Los hombres siempre tendemos hacer teorías y avanzamos con el método acierto-error, y este tiene un costo por mal que nos sepa; más aún, este avance está condicionado por las herramientas que poseemos en el momento. Yo siempre he admirado a Pitágoras y Aristóteles, quienes, con escasos medios, hacían excelentes deducciones; hoy día, nadie se acuerda de que las tres cuartas partes de la obra de Aristóteles versan sobre la observación de la naturaleza y de que casi se le podría entronar como el padre de la biología. La única diferencia que tenemos con ellos es la cantidad de herramientas que poseemos, las cuales nos ayudan a ser más precisos en nuestras conclusiones a fin de que estas no estén vestidas con el pensamiento mágico. En el taller de los antropólogos, hace menos de un siglo, se coló discretamente una de estas «herramientas»: la micología. El responsable de que esta ciencia entrase de manera improvisada en el estudio de la evolución humana es Terence McKenna.

McKenna era un personaje singular, matriculado en la Universidad de Berkeley en una licenciatura mezcla de ecología, conservación de recursos y cultura chamánica. En 1969, movido por su interés en la pintura tibetana y el chamanismo alucinogénico, puso rumbo a Nepal a fin de instruirse sobre el uso chamánico de las plantas visionarias, y así, se dedicó a la búsqueda de chamanes de la tradición bön, anterior al budismo tibetano. También durante este tiempo se dedicó a la exportación de hachís, hasta que un envío fue interceptado por las autoridades aduaneras de los EE. UU. y se vio obligado a mudarse de Nepal; aprovechando la coyuntura, viajó por todo el mundo recolectando mariposas, incluso trabajó como profesor de inglés en Tokio por un breve lapso de tiempo. Al final de este, y tal vez cansado de tantas emociones, decidió volver e Berkeley a proseguir sus estudios de biología.

Llegado el año 1971, tras la muerte de su madre a causa de un cáncer, McKenna y su hermano Dennis viajaron a la región amazónica de Colombia en busca de *Anadenanthera peregrina*, interesados en ella por su contenido en el alucinógeno natural conocido como dimetiltriptamina, pero, en su lugar, los dos hermanos se toparon con un hallazgo que cambió la vida de Terence: en aquellos páramos, encontraron campos pletóricos de ejemplares gigantes de *Psilocybe cubensis* y decidieron reorientar en torno a esta seta toda su expedición. Los McKenna, que se caracterizaban por poseer una capacidad inventiva sorprendente, quisieron someterse a un experimento psicodélico consistente en unir harmina (un alcaloide con efectos alucinógenos) con su ADN neuronal mediante determinadas técnicas vocales. Creo que este detalle es digno

Izqda.: *Stropharia cubensis* (nombre original de *Psilocybe cubensis* cuando fue descubierta, en Cuba, 1906) [«Seeking the magic mushroom», *Life*, 10 de junio de 1957]. Dcha.: retrato de Terence McKenna (detalle) [a partir de Jon Hanna, CC BY-SA 3.0 DEED].

de que tomen nota los genetistas. Su propósito no era otro que acceder a la memoria colectiva de la especie humana y alcanzar con ello una suerte de unión hiperdimensional de espíritu y materia, a la manera de un OVNI (que para ellos no era un fenómeno de transporte físico sino espiritual), que se manifestaría como la piedra filosofal del alquimista.

El experimento, según afirmó Terence, les permitió entrar en contacto con el Logos, «una voz que se escucha en la cabeza», que había sido «la mano en el timón de la civilización humana» hasta el colapso de las antiguas religiones mistéricas y el ascenso del cristianismo. Su siguiente paso fue explorar la secuencia adivinatoria de hexagramas del rey Wen contenida en el *I Ching* y aquella, al parecer, les habría revelado su «teoría novedad», que avisaba del fin del mundo —en comunión con los mayas— como un factor atractor de la evolución humana; en ella se basaría, después, la creencia del llamado «fenómeno 2012», conforme a la cual en dicho año se daría una conjunción planetaria que nos enviaría a todos al traste (incluso se hizo una película).

De vuelta en Berkeley, Mckenna se licenció en 1975. Aquí hago un inciso: constato, a mi parecer, que también en la Universidad de Berkeley hay mucha imaginación; es una opinión personal al contemplar el hecho de que se repartan grados de Ecología, Chamanismo y Conservación de Recursos Naturales; leído esto, ¡que nadie se vuelva a meter con ninguna universidad española en lo referente a sus grados y licenciaturas! Al poco de obtener su licenciatura, McKenna publicó con su hermano *The invisible lansdcape: mind, hallucinogens and the «I Ching»*, un libro inspirado en sus vivencias en el Amazonas, e impartió conferencias para propagar sus teorías. Como podemos ver, nada nos hace sospechar que Terence fuera capaz de elaborar una teoría científica, pero los caminos del Señor son inescrutables.

La fama de McKenna, como adelantábamos, no llegó por sus teorías elaboradas en el Amazonas, sino por un descubrimiento derivado de su afición a la ingesta de *Psilocybe cubensis*. Durante sus estudios, Terence desarrolló, junto con Dennis, una técnica para el cultivo de estas setas y la publicaron con seudónimo con el título *Psilocybin: magic mushroom grower's guide*; el gran éxito de este libro se debe a que los autores idearon una fórmula para producirlas que consistía en hacer crecer los cultivos miceliales sobre un sustrato de granos de centeno y solo se requería el uso de utensilios de cocina normales: desde entonces, un simple aficionado podría elaborar una potente sustancia enteógena («que produce alucinación») en su propia casa, sin tener que recurrir a sofisticadas tecnologías o componentes químicos de difícil acceso. No hace falta decir que la edición resultó todo un éxito: revisada en 1986, la guía había vendido más de cien mil ejemplares en cinco años. Gracias a este éxito editorial, Terence accedió al selecto grupo de los «gurús» de la contracultura de los años 70 y, de hecho, se erigió en pionero del movimiento psicodélico, sobre todo por lo que se refiere a sus experimentos relacionados con los hongos *Psilocybe*.

Y ahora nos viene la pregunta: ¿en qué momento Terence irrumpe en el estudio de la evolución humana? En 1992 publica un libro muy acorde con su estilo, *Food of the gods*: en él elabora una teoría según la cual la transición del *Homo erectus* al *Homo sapiens* y la revolución cognitiva fueron causadas por la adición de los hongos que contenían psilocibina, específicamente *Psilocybe cubensis*, a la dieta humana hace unos cien mil años. Se basó para formularla en buena parte en estudios del psiquiatra Roland L. Fischer, realizados entre 1968 y fines de la década de 1980, en los que este desarrolló un modelo para estados alterados de conciencia en varias etapas conocido como el «continuo percepción-alucinación»; en un extremo del continuo estaban los estados de éxtasis, como el éxtasis místico, separados por estados de hiperexcitación y alucinaciones que los esquizofrénicos podrían experimentar, seguidos de un estado de excitación, como durante la creatividad.

«McKenna, con base en las teorías de Fisher, dedujo que gran parte de los avances mentales realizados por los humanos durante la revolución cognitiva se deben a los efectos de la psilocibina que ingerían los homínidos al comer los *Psilocybe* que encontraban en la sabana africana». Había nacido la teoría del mono dopado/drogado.

Pero, sobre todo, fueron determinantes los trabajos de Fisher acerca de la relación de la ingesta de psilocibina con la agudeza visual. McKenna, con base en las teorías de Fisher, dedujo que gran parte de los avances mentales realizados por los humanos durante la revolución cognitiva se deben a los efectos de la psilocibina que ingerían los homínidos al comer los *Psilocybe* que encontraban en la sabana africana.

Para analizar esta controvertida teoría, debemos adentrarnos en el modo de acción de la psilocibina. Hoy en día, se sabe que el consumo de una dosis alta de psilocibina, aproximadamente 20 mg, que equivale a la ingesta de tres a cuatro gramos de hongos secos, puede generar cambios neurobiológicos que se traducen en sinestesias musicales. El término *sinestesia* hace referencia a la percepción de un estímulo que ingresa por una modalidad sensorial y genera percepciones en otras modalidades sensoriales; por ejemplo, ver los sonidos o asociar un color específico a las letras. Esto es debido a que la ingestión de psilocibina genera cambios en dos redes neuronales fundamentales mediante la estimulación de receptores de serotonina (5HT2A).

La primera es la red que comunica el tálamo y la corteza cerebral. El tálamo es una estructura que filtra e integra los estímulos provenientes de los órganos de los sentidos y de las sensaciones internas. Es como un gran nodo en el cual convergen las rutas sensoriales externas e internas, incluyendo las fantasías y los recuerdos. La psilocibina reduce la función de filtro del tálamo y, por tanto, genera una inundación sensorial hacia la corteza cerebral, principalmente en aquellas regiones que procesan sonidos, en este caso la corteza temporal, y también las zonas en donde se procesa la información visual, es decir, la corteza occipital. Esto podría explicar por qué algunas personas tienen experiencias altamente creativas e imaginativas durante el consumo de hongos alucinógenos, al punto de ser denominadas como estados alterados de consciencia. La música ingresa de manera amplificada al cerebro, sin filtro, sin censura cognitiva, con todas las cualidades sonoras y el espectro acústico que la compone. Esta experiencia musical es debida a la activación simultanea de las regiones del lóbulo temporal y del lóbulo occipital de forma simultánea y sincronizada. Entonces, es aquí donde se unen los colores con la música en una misma experiencia perceptiva, resultando lo que denominamos sinestesia musical.

La segunda red neuronal que se modifica con la psilocibina es la red neuronal por defecto (DMN, por sus siglas en inglés). Esta red se activa cuando estamos en estado de reposo y nos encontramos divagando mentalmente. Está presente cuando imaginamos el pasado o el futuro, cuando centramos la atención en los estados internos y cuando evocamos imágenes mentales aleatorias; por ejemplo, recordar momentos de la infancia mientras miramos por la ventana en un largo recorrido en tren. Esta red también está muy activa en personas con rumiaciones mentales negativas, por ejemplo en la depresión, donde los pensamientos repetitivos nos traen a la memoria el dolor de la existencia una y otra vez.

Cuando se ingiere psilocibina, la DMN se silencia; este hecho se ha vinculado a la disolución del yo que tanto refieren los consumidores con la DMN funcionando al mínimo, en donde se manifiesta un aumento de las interconexiones entre las áreas distantes del cerebro, traducida en una mezcolanza de sensaciones; como muestra, regiones temporales y occipitales entran en contacto en lo que se podría definir como hiperconectividad funcional; lo sonoro y lo visual se reencuentran de una manera diferente, dando origen a una mezcolanza de sensaciones. La persona ahora ve colores con la música, siente que los sonidos viven dentro de sí; se crean patrones geométricos y figuras caleidoscópicas evocadas por las melodías y ritmos que dejan a la persona perpleja.

Pues bien, según McKenna, hace aproximadamente un millón de años, en África, se inició una progresiva sequía y los homínidos se vieron obligados a bajar de los árboles e ir detrás de las grandes manadas de rumiantes que atravesaban la sabana. Estos producían grandes cantidades de excrementos, terreno ideal para el crecimiento de *Psilocybe*. No es nada descabellado pensar que estos hongos se incorporaran a la dieta de nuestros antepasados y sus efectos fueran decisivos en nuestra historia. Por un lado, la capacidad de enfocar los objetos con más precisión habría ayudado a la recolección; por otro, el aumento de la libido habría propiciado que el flirteo se hiciese más prolongado, lo que indirectamente habría «endulzado» las relaciones sociales. A dosis más altas de consumo de hongos, el asociar sonidos y colores pudo facilitar la aparición del lenguaje y la música. Solo hay que imaginar a un primate jugando con los sonidos que procedían de su boca y que se acompañaban de colores en su mente. Con dosis superiores, la pérdida del yo habría favorecido entrar en un mundo paralelo que ayudase a crear los conceptos abstractos.

Como era de esperar, la teoría de McKenna tuvo muchos detractores. Se le acusó de tergiversar los estudios sobre el citado hongo por lo que se refiere a la agudeza de visión o el aumento de la libido, entre otras cuestiones. Por descontado, lo acusaban de que no tenía pruebas tangibles que apoyasen su teoría, la cual consideraban cuando menos fantasiosa. Una de las pruebas que esgrimían contra él era que las tribus amazónicas, usuarias de *Psilocybe*, no tenían ninguna ventaja evolutiva respecto al resto de los mortales. Y en cuanto al referido aumento de la libido, este era cuestionado por muchos científicos señalando que no se observa ninguna ventaja evolutiva.

Personalmente, creo que McKenna no tenía una «carta de presentación» adecuada. Su currículo no lo hacía agradable a los miembros de la comunidad científica; más bien se le consideró un intruso con enorme osadía. Si, además, tenemos en cuenta que era un personaje mediático que aparecía como «tertuliano» en los *talk shows* de entonces, es de suponer que a cualquier antropólogo de renombre le produciría urticaria pensar que algún día podría confrontar sus teorías sobre la evolución con las de aquel loco iluminado salido de la contracultura. Sin embargo, la duda o la negación categórica de sus afirmaciones acerca de los efectos de la psilocibina en el aumento de la libido o la variación de la visión choca de lleno con la experiencia personal de Terence, experto psiconauta durante décadas; hablando en plata, él experimentó personalmente todas las sensaciones que relata.

McKenna asegura que los cambios fueron progresivos, pero que gracias a ellos se fueron creando los primeros núcleos humanos estructurados con la aparición de un personaje capital: el chamán. Este era el interlocutor entre el mundo de los vivos y aquellos mundos paralelos que aparecían bajo la influencia de los alucinógenos, retratados en el arte del Paleolítico superior y el Neolítico (6000 años antes de nuestra era), en las pinturas presentes en Tassili (Argelia) o la península ibérica, en el yacimiento de Selva Pascuala en Villar de Humo (Cuenca) —el primero con *Psilocybe* claramente definidos—. Con el tiempo, los chamanes, que podían ser expulsados si no conseguían objetivos positivos para la tribu, recurrieron a medidas para autoprotegerse y fueron apareciendo las primeras estructuras de poder, como es el caso de Egipto o Mesoamérica.

Si es cierta la teoría de McKenna, la adquisición de la capacidad del lenguaje y del pensamiento abstracto se la debemos a unas setas que crecen en el estiércol. A mi parecer, que nuestra inteligencia provenga indirectamente del abono natural de los animales de la sabana da para filosofar un buen rato; la considero una teoría original e innovadora que contradice cierta ortodoxia académica. Los prejuicios sobre McKenna y, sobre todo, la falta de datos anunciaban un futuro poco prometedor. A treinta años de la elaboración de esta, si se hace una búsqueda por Google, se observará que se mantiene vigente en muchos foros «psicodélicos» o «psiconáuticos», como se hacen llamar los usuarios de estas setas; no obstante, no hay muchos artículos académicos que la respalden y, en cambio, sí que hay muchos blogs de antropólogos que la contraargumentan.

Entre las razones esgrimidas por los escépticos o detractores se encuentra, por ejemplo, que no hay *Psilocybe* en las zonas donde se supone que se produjo la evolución del hombre: ante este argumento cabe decir que no se puede demostrar que hace 100 000 años no existieran estas setas en las zonas en que McKenna ubicaba los hechos, dado que el clima era sensiblemente diferente. Otro portal expone que las drogas no afectan las células germinales, otra afirmación hecha a la ligera: que se sepa, el cannabis afecta a este tipo de células. El último argumento en contra es que un simio intoxicado no tiene nada que transmitir a sus congéneres, idea que no contempla que la ingestión de *Psilocybe* se produjera a lo largo de miles de años y, por tanto, no se puedan comprobar los efectos de una ingestión tan continuada como irregular a lo largo de este tiempo.

En la búsqueda de algunos estudios objetivos, al fin he conseguido encontrar una completa tesis doctoral cuyas conclusiones, aunque no me ayudan a dilucidar mis dudas respecto a la teoría del mono dopado, sí me confirman que, al cabo de varias décadas, sigue siendo objeto de profusos estudios, lo que deja entrever que no está descartada del todo:

«Las ideas propuestas por McKenna hace más de una década parecen resistir las pruebas del tiempo. La investigación previa y en curso está confirmando su prosa filosófica y, en todo caso, solo ha fortalecido la validez de su "hipótesis del mono drogado". Por ejemplo, la idea de que el uso ocasional de psilocibina podría alterar el estilo de vida de los humanos (y, por lo tanto, el estilo de vida

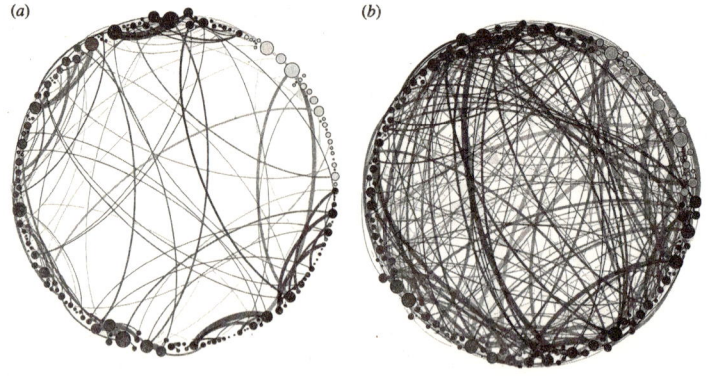

(a)   *(b)*

«Visualización simplificada de las matrices de persistencia homológica». Efectos de la aplicación de placebo (a) y psilocibina (b) en la red neuronal, en un gráfico que evidencia la apabullante hiperconectividad funcional del segundo caso [a partir de Carhart-Harris, R. y Nutt, D. (6 de diciembre de 2014). Homological scaffolds of brain functional networks. *Journal of the Royal Society Interface*, 11(101)].

de grupos enteros de humanos) parece ser validada por testimonios anecdóticos e investigaciones contemporáneas [...] y da nueva viabilidad a la idea de que, a través de la intervención farmacológica, los primeros ancestros humanos pueden haber sido capaces de formar grupos no jerárquicos más grandes [...], que, si se corrobora con la investigación empírica, podría ser en sí misma una explicación, al menos parcial, de la rápida expansión de la neocorteza humana» [Olsen, O. (2014). *The stoned ape theory: a contemporary reappraisal in the light of new evidence* (tesis). University of Skövde].

Para mí, la ciencia es no dar nada como definitivo, ni tan solo una teoría que nos pueda parecer absurda. La ciencia es dinámica: lo que antes era una verdad indiscutible, en un futuro puede ser cuestionado sobre la base de nuevos hallazgos, y es que esta capacidad de cambio es lo que hace que la ciencia se erija en el instrumento para entender el mundo. A mí me gusta pensar que, al fin y al cabo, nuestra inteligencia pueda venir de una seta que se ha alimentado de estiércol de búfalo.

📖 PARA LEER MÁS:

Dubois, J.-J. (2017). *Psicología y chamanismo en el siglo XXI*. Anamá.

Fischer, R. *et al.* (febrero de 1969). Effects of the psychodysleptic drug Psilocybin on visual perception: changes in brightness preference. *Experientia*, 25.

Gebrail, I. (21 de junio de 2023). Qué es la «teoría del mono dopado» de Terence Mckenna y por qué podría ser el secreto de la evolución. *Pijamasurf*.

Gomez Robles, A. y Sherwood, C. C. (13 de junio de 2016). L'evolució del cervell humà. Com l'augment de la plasticitat cerebral ens va convertir en una espècie cultural. *Mètode*, 89.

Guzmán, G. (enero-junio de 2016). Las relaciones de los hongos sagrados con el hombre a través del tiempo. *Anales de Antropología*, 50(1).

Hebbard, F. W. y Fischer, R. (enero de 1966). Effect of Psilocybin, LSD and mescaline on small, involuntary eye movements. *Psychopharmacologia*, 9.

Olsen, O. (2014). *The stoned ape theorie: a contemporary reappraisal in the light of new evidence* (tesis doctoral). University of Skövde.

Rodríguez Arce, J. M., y Quirce Balma, C. M. (2012). Las plantas y los hongos alucinógenos: reflexiones preliminares sobre su rol en la evolución humana. *Reflexiones*, 91(2).

Rosales-Reynoso, M. A. *et. al.* (mayo de 2018). Evolution and genomics of the human brain («Evolución y genómica del cerebro humano»). *Neurología*, 33(4).

Serés García, L. (2016). Síndrome alucinógeno, indoles alucinógenos. *Revista Catalana de Micología*, 37.

Viñeta en papiro del bajorrelieve de Akenatón, Nefertiti y su hija Meritatón haciendo una ofrenda a Atón hallado en Tell-el-Amarna (Egipto). La escena ha sido repetidamente reinterpretada incluso pictóricamente, llegando a puntear y teñir de rojo las ofrendas de Akenatón como si se tratara de *Amanita muscaria*. Lo que no ofrece duda son los *ankh*, las llaves de la vida que el disco solar otorga a la familia que le rinde culto único.

EN BUSCA DEL *SOMA* DE LOS DIOSES

—Miranda: *¡Oh, maravilla! ¡Cuántas buenas*
criaturas hay aquí! ¡Qué hermosa es la humanidad!
Oh, mundo feliz. ¡Eso tiene gente así!
—Próspero: *Esto es nuevo para ti.*
William Shakespeare. *La tempestad*, acto 5, escena 1.

Desde mi adolescencia, esas líneas que encabezaban una edición de *Un mundo feliz* permanecen grabadas en mi memoria. Aldous Huxley me atrapó por completo con su inquietante distopía de una sociedad enteramente alienada en la que el destino de los individuos se determinaba antes incluso de su *creación*: allí, todos experimentaban una extraña sensación de felicidad gracias al milagroso elixir del *soma* y, aparentemente, no era posible la tristeza. La obra despertó inevitablemente en mí una poderosa curiosidad por esa sustancia que prometía la plenitud.

A principios de la prodigiosa década de los 60, el etnomicólogo y exdirectivo de J. P. Morgan & Co. Robert Gordon Wasson y el psicólogo de Harvard Timothy Leary proclamaron la existencia de un brebaje milagroso que prometía abrir *las puertas de la percepción*. Eran los albores del movimiento contracultural que alcanzaría su cénit en 1968. En mayo de ese año, París ardía y la Sorbona se convertía en el epicentro de una revolución sociopolítica; y en Vietnam, la ofensiva del Tet revelaba a la sociedad estadounidense la verdad de una guerra que, pese a la victoria militar sobre el Viet Cong, dejaría en su moral heridas profundas.

De aquellos tiempos turbulentos me queda además el recuerdo de una revista llamada *Algo*, que divulgaba desde los últimos descubrimientos científicos hasta los temas más peregrinos, entre ellos, por supuesto, los extraterrestres. En épocas de cambio y crisis, las noticias sobre avistamientos de «marcianos» y platillos volantes o abducciones proliferan como nuestras setas tras la lluvia. Entonces quiso patentarse, de hecho, toda una pseudociencia particular: la arqueoufología, dedicada a reinterpretar hechos históricos (desde la construcción de las pirámides de Egipto hasta las líneas de Nazca o el fenómeno celeste de Núremberg) bajo la premisa de presuntas visitas alienígenas; la cultura popular también se hizo eco de esta moda y los Monty Python, por ejemplo, lo inmortalizarían más tarde en su mítica *La vida de Brian*, cuyo protagonista huye de los romanos y es salvado por una nave espacial.

Entre los exponentes más destacados del pensamiento ufólogo se encuentra Erich von Däniken, cuyos trabajos han alimentado tanto entusiasmo como controversia. De origen suizo, con un nada desdeñable historial de hurtos, fraude y malversación en los hoteles en los que trabajó, y con sus correspondientes penas de prisión y juicios pendientes, mientras era gerente en el Rosenhügel de Davos escribió *Recuerdos del futuro* (1968), donde dibuja la tecnología y las construcciones de ciertas civilizaciones antiguas —así como sus religiones— como brindadas o inspiradas por álienes o «primeros astronautas» a los que aquellas gentes habrían considerado auténticos dioses. Tal cual era de esperar, la comunidad científica cerró filas contra las hipótesis de Von Däniken, pero el sensacionalismo pseudocientífico genera una atracción innegable en el público (todos, en algún momento, hemos sentido curiosidad por alguna de estas teorías) y su libro se convirtió en un éxito de ventas: tan solo tuvo que cumplir un tercio de su última condena, tras haber acumulado una deuda superior a los 130 000 dólares y vivido a todo tren, y durante aquella alumbró su segundo título: *Regreso a las estrellas*. Con el tiempo, este hombre encontró una mina en la promoción de la arqueoufología y no tuvo necesidad de regresar a sus antiguas andanzas delictivas. Incluso llegó a protagonizar una película que yo mismo vi estrenada en cinerama, aquel innovador sistema de proyección que cautivó a toda una generación —¿quién no recuerda *La conquista del Oeste?*—, allá por 1977: filmada siete años antes, *Recuerdos del futuro y regreso a las estrellas* era en realidad un documental tan bien realizado que muchos salían convencidos de que nuestros tatarabuelos eran marcianos que vinieron aquí de vacaciones y dejaron su «semilla» tras un revolcón veraniego. Fiel a su doctrina, el ufólogo sostenía que habíamos estado en contacto con extraterrestres desde tiempos prehistóricos y que su paso por la Tierra se reflejaba en las pinturas rupestres. Gran parte del relato de la teoría de Von Däniken se basaba en un hecho acaecido cuarenta años antes en el desierto del Sahara.

El romántico Stendhal contempló Florencia desde un mirador y cayó fulminado ante tanta belleza, en el episodio por el cual da nombre al síndrome o trastorno psicosomático de quien se indispone ante el arte como manifestación de lo bello. Por encima de cualquier obra humana, no obstante, se alza siempre portentosa la naturaleza y el desierto, inmenso y arrobador, es acaso la máxima expresión de la indefensión y la insignificancia en que uno se descubre ante la creación que lo supera. En los años 20 y 30, Francia, disputándose con Inglaterra la hegemonía en Europa como continuación de las políticas del siglo XIX, amplió y consolidó su poder colonial en tierras exóticas. Los europeos, con su religión reinterpretada a la luz del «igualdad, libertad, fraternidad», su moderna economía y su tecnología avanzada —en otras palabras, sus armas automáticas—, se consideraban profetas de una cultura y unos valores de algún modo superiores a los de los pueblos nativos e intentaban implantarlos allá donde iban al tiempo que se arrogaban la explotación de los recursos naturales. El Sahara no fue ajeno a esta realidad, pero, a pesar de ello, su imagen perdura aún como gran cofre guardián de tesoros ocultos y como un completo desafío a lo desconocido.

Charles Brenans, teniente camellero del Ejército francés, efectuó en 1933 un reconocimiento, en el marco de una operación policial, en el cañón Uadi Djerat del Tassili-n-Ajjer, en Argelia. Cabalgaba lentamente al frente de su destacamento cuando, según narra Henri Lhote —el gran catalogador y divulgador de las pinturas del Sahara— en *The search for the Tassili frescoes*, advirtió, excavadas en la roca, «extrañas figuras como nunca había visto en el transcurso de todas sus excursiones». Inmensos elefantes con la trompa hacia arriba, rinocerontes con horrendos cuernos, jirafas de larguísimos cuellos... Creyó estar soñando: «... en una palabra, un espectáculo asombroso en un corredor profundo calcinado por el sol y sobre el cual flotaba el silencio pesado de una tierra desierta de la que toda vida humana había huido siglos antes». Prevenido sobre el hallazgo, Lhote arribó desde París a los cuatro meses para conocer el lugar de primera mano junto con otros expertos, como los profesores Gautier, Reygasse y Perret; temblando en medio de aquel viento gélido, atravesando la oscura y profunda garganta de Imihrou y teniendo que abrirse paso entre la maleza a golpe de machete, ensangrentados sus brazos y hecha jirones su ropa, llegó al fin a contemplar ante sí espléndidos grabados y pinturas en ocre rojo protegidos de la intemperie en refugios y hornacinas: en sus propias palabras, «nunca había visto nada tan extraordinario, tan original, tan hermoso». Se dirigió también a la región al norte de Djanet para observar pinturas en los abrigos rocosos explorados por Brenans. Deambuló por el Tassili durante meses, admirado, hasta que se quedó sin papel de dibujo. Por otra parte, confesaba, los suyos solo eran bocetos pobres y en pequeña escala que apenas ofrecían «una idea indiferente» de lo que habían visto: «... sobre todo, nuestros dibujos no daban idea alguna de la armonía del color, de los ocres. empleado por los artistas prehistóricos». Se propuso volver en compañía de artistas que pudieran retratar las obras en todo su esplendor, para ponerlas a disposición del mundo. Pero sobrevino la guerra y fue llamado a filas en el Goum de Camellos de Hagger. No fue hasta 1954 cuando pudo reencontrarse con Brenans, ya retirado como coronel, y organizar una nueva expedición en la que participarían numerosos especialistas. Brenans moriría de un ataque al corazón, en casa de Lhote, un mes antes de que el equipo partiera de regreso al Tassili desde París, a finales de enero de 1956. El fruto de aquel esfuerzo, en forma de calcos y anotaciones de incalculable valor, permanece hoy olvidado en el Musée de l'Homme de la capital francesa.

Recuerdo que gran parte de la película de Von Däniken se centraba en este episodio. Cabe mencionar que el suizo lo desarrolló a su manera. Los astronautas que visitaron a los habitantes del desierto del Sahara dejaron una profunda impresión en las pupilas de los espectadores durante la proyección; al finalizar, la sala era en un cónclave de ufólogos convencidos. Sin embargo, como suele suceder, todo tiene su truco.

Los inicios del Holoceno, entre 15 000 y 10 000 años antes de nuestra era, marcan el final de la última glaciación. La temperatura de la Tierra sube dos grados y se produce un cambio trascendental en la historia de la humanidad: el tránsito del hombre cazador y nómada hacia una vida sedentaria. Prosperan la agricultura y la ganadería como medios fundamentales de subsistencia y esto, a su vez, propicia el surgimiento de los primeros asentamientos. Este cambio es progresivo y se estima que transcurre a lo largo de cinco mil años; poco a poco se irán desertificando vastas regiones, como el Tassili-n-Ajjer, pero, por entonces, los ríos de la zona aún fluían caudalosos y alimentaban una densa vegetación (la traducción del nombre en tamashek de aquella no es otra que «meseta de los Ríos»).

En este contexto, las tribus se congregan en sus altares y graban en la roca representaciones enigmáticas, entre ellas los famosos «alienígenas» de Von Däniken. Nos centraremos en uno. Aunque la pasión o la imaginación pueden conducir a distorsiones notables, una mirada atenta nos permite descubrir una auténtica joya: el supuesto alienígena presenta una cabeza deformada que podría ser interpretada como un sombrero, pero en realidad tiene forma de seta... como la que sostiene en su mano.

Izqda.: Calco de uno de los *alienígenas* descritos por Von Däniken en el Tassili. Dcha.:
Reproducción libre del supuesto chamán del Tassili [a partir de Gastón Guzmán, *PD*].

Tres hileras punteadas que unen la seta con su cabeza pasan desapercibidas para la mayoría de los observadores, pero constituyen quizá la base del conjunto; diríase que quien esculpió esta figura pretendía representar que la seta se había metido en la cabeza de la criatura. ¡Señores, pongámonos de pie! Esta es una de las primeras muestras conocidas de una protoescritura. En el Tassili existen cientos de grabados similares y muchos, como un supuesto chamán yacente y cubierto de setas, contienen mensajes aún por descifrar. ¿Qué nos quieren comunicar? El silencio del desierto guarda innumerables secretos.

Con el incremento de dos grados en la temperatura terrestre, el desierto invade estos parajes; sus habitantes se ven obligados a trasladarse a lugares desconocidos, como al valle de un río Nilo que resiste la embestida climática y a cuya vera surge Egipto. Muchos siglos después, entre los años 60 y 70 del XX, en Tell el-Daba, cerca del Delta, se llevarán a cabo unas excavaciones que habrían pasado desapercibidas de no ser porque las ruinas albergaron el palacio de José y sus once hermanos, hijos de Jacob. Tal como suena. Allí se hallará en 1997 el llamado «sello de José», que representa a los citados hermanos según su función, y en él nos resulta llamativa una embarcación en la que parece haber dos setas. ¿Setas en Egipto? Zabulón e Isacar, dice el Deuteronomio (33, 18-19), gozaban «de la abundancia de los mares y de los tesoros escondidos en la arena»: se trataría de una alusión al comercio marítimo.

Dos hombres posan bajo una roca fungiforme en el parque estatal Mushroom Rock de Kansas, EE. UU. (1915) [Nelson Horatio Darton, United States Geological Survey].

Una de las grandes rocas con forma de seta del parque nacional del Desierto Blanco, en la depresión de Farafra (Egipto) [Fathi Hawas, CC BY-SA 3.0].

Otros documentos históricos revelan la importación de *Amanita muscaria* desde los bosques de cedros del Líbano y, sobre todo, desde el Atlas marroquí. El experto micólogo James Trappe sugirió que ciertas setas, concretamente las Terfeziaceae o trufas del desierto (nuestras deliciosas «criadillas de tierra»), eran servidas a los faraones y desde antiguo han sido asociadas a la figura de Keops; en la escritura cuneiforme existe referencia de su hallazgo y de su entrega en casas reales: en acadio se distinguía entre *kam'u*, variedad más preciada, y *gib'u*, de menor calidad. Incluso se ha especulado, con base en fuentes como el papiro de Ani, sobre una cierta exclusividad faraónica del consumo de *Stropharia/Psilocybe* y sobre la *A. muscaria* como el misterioso «alimento de los dioses» referido. El polémico egiptólogo Stephen Berlant empleó como argumento la leyenda de Rededjet en el papiro de Wescard para postular que las coronas de los tres futuros reyes a los que ella había alumbrado en cumplimiento de una profecía, asistida por dioses disfrazados que escondieron sus coronas entre cebada, serían en realidad hongos de *P. cubensis* pues estos podían germinar en grano húmedo. Culmen de estas teorías, algunas traducciones presentan a Osiris, al igual que a Hu o Saa, como un dios hongo antropomorfizado que había de inducir una suerte de renacimiento espiritual; y el Ojo de Horus, una milagrosa planta acaso surgida a partir del que aquél —hijo

Detalle del sello cilíndrico de José (descrito en origen como del dios del clima del norte de Siria) recuperado en la actual Tell el-Daba, al este del delta del Nilo (entonces Avaris, capital de los hicsos) [a partir de *Avaris. The capital of the Hyksos*, Manfred Bietak, 1996].

de Osiris, quien «enseñó a los humanos la agricultura»— perdió en lucha con Seth, con la que los egipcios aderezarían pan y cerveza por su poder de reanimar a vivos y muertos, no sería sino la misma *Amanita muscaria*, hongo enteogénico análogo de este modo al *soma*. Para concluir, esta seta ha sido repetidamente identificada con el *ankh* o la «llave de la vida» que los dioses ofrendan a faraones y reyes en numerosas representaciones pictóricas, talismán de inmortalidad; no en vano el respetado neurólogo y parapsicólogo Andrija Puharich ilustró con ella la portada de su exitoso libro *El hongo sagrado: la llave de la puerta a la eternidad* (1959).

«Hemos bebido el soma, nos hemos vuelto inmortales, hemos entrado en la luz, hemos encontrado a los dioses» (*Rig-veda* VIII, 48, 3). En el valle del Indo surge una civilización contemporánea a la egipcia y la mesopotámica: Mohenjo Daro es su primera gran ciudad y será, junto con Harappa —que también da nombre a esa cultura—, la más importante. La civilización del valle del Indo alcanza su máximo esplendor entre los años 4000 a. C. y 2000 a. C. y al poco desaparece de forma súbita. Los pueblos arios, guerreros y cultivadores de cereales, toman la zona y nos legarán una de las mayores joyas de la literatura universal: los Vedas, los cuatro textos indios más antiguos; sus poemas conmueven el corazón, independientemente de la cultura en la que uno se haya formado.

Izqda.: El *ankh*, también denominado «cruz ansada», símbolo egipcio por antonomasia y sinónimo de vida e inmortalidad. Dcha.: El Ojo de Horus, talismán egipcio de protección, justicia y orden y ofrenda para revivir.

Mencionan cientos de veces una bebida llamada *soma*, representada como el dios de la Luna, que recorre el firmamento en un carro tirado por caballos blancos; y el *Rig-veda* —la primera obra—, de hecho, dedica otros tantos a una deidad con su nombre. Al parecer, era preparada por sacerdotes a partir del prensado del tallo de una planta; existen diversas teorías sobre la composición del *soma*: se ha hablado de ruibarbo, efedra, cannabis y opio, y de una mezcla de todo, pero es probable que el secreto sea otro. La planta epónima crecía en las montañas y, aparentemente, la creciente dificultad para hallarla implicó el fin de la receta primigenia.

Regresando a nuestro etnomicólogo favorito, Gordon Wasson inició en 1960 una búsqueda para determinar de qué se componía el *soma* junto con el antropólogo francés Louis Renou, experto indianista, y, basándose en una lectura precisa de los textos védicos, ambos identificaron el *soma*, en efecto, con *Amanita muscaria*. Personalidades reconocidas como Robert Graves o el propio Huxley los secundan. Varios factores respaldan tal hipótesis: dicha seta se puede encontrar en las montañas del valle del Indo y es plausible que los pueblos arios, provenientes de las estepas euroasiáticas, hubieran llevado consigo el uso ritual de la seta. No obstante, otros autores descartan esta posibilidad y no cejan de plantearse alternativas, como *Peganum harmala* (una planta conocida vulgarmente como ruda siria) o el antes mencionado *Psilocybe cubensis*: en 2009, en los bosques de Mongolia, unos arqueólogos rusos encontraron un paño de lana (2000-2500 a. C.) ilustrado con la escena de una ceremonia zoroastrista de ingesta de hongo; asimiliado este a *P. cubensis*, no solo se trataría de una muestra del uso de «hongos mágicos» en la Ruta de la Seda (hilada la pieza en Siria o Palestina, bordada en en la India y llegada a aquel lugar), sino que los arqueólogos han afirmado que aquél coincide con la descripción dada en los Vedas y ciertos autores se han decantado por él como el *soma* por «el peso de la evidencia».

En 1967, en el parque Golden Gate de San Francisco y delante de treinta mil personas, el profesor Timothy Leary, firme defensor del consumo de psilocibina y dietilamida de ácido lisérgico (LSD), pronunció la frase *Turn on, tune in, drop out* («Conecta, sintoniza, abandona/déjate llevar»), cuya profundidad y trascendencia solo el tiempo demostraría.

En la actualidad, el *soma* utilizado en ciertos *cultos* es una mezcolanza de cannabis y opiáceos, pero podría decirse que pervive su concepción como ese pretendido tercer cielo nacido en la mente del sacerdote.

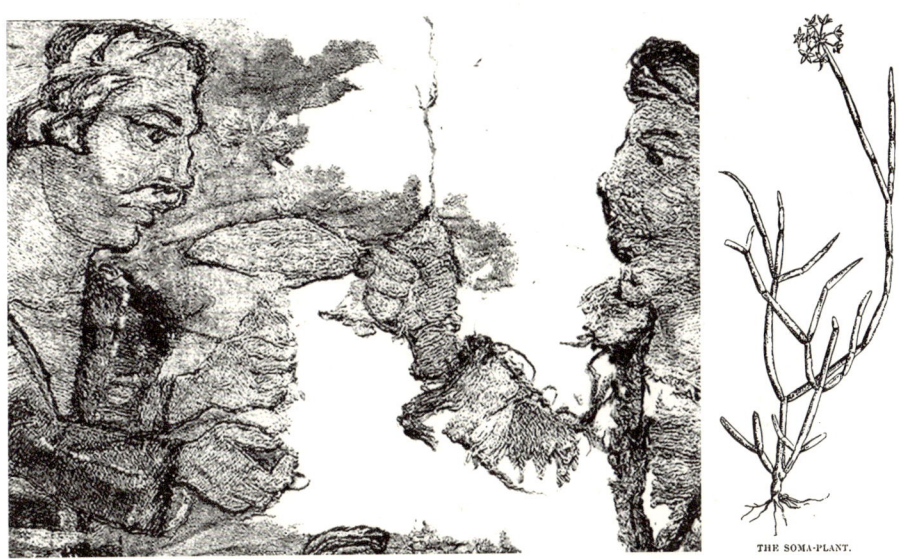

THE SOMA-PLANT.

Izqda.: Detalle del paño de la ceremonia zoroastrista de ingesta de hongo hallado por arqueólogos rusos en Noin-Ula (Mongolia) [a partir de M. Vlasenko; Polosmak, 2010]. Dcha.: «La planta del *soma*» [*Hindu mythology, vedic and puranic*; W. J. Wilkins, 1900].

En cuanto a su origen, como los autores de *La diosa blanca* y *Los escándalos de Crome*, creo que el mito es parte esencial de nuestra existencia.

📖 PARA LEER MÁS:

Berlant, Stephen R. (2005). The entheomycological origin of Egyptian crowns and the esoteric underpinnings of Egyptian religion. *J. Ethnopharmacol.*, 102(2).

Dannaway, F. (2009). Thunder among the pines: defining a pan-Asian soma. *J. Psychoactive Drugs*, 41(1): 67-84.

Feeney, K. Revisiting Wasson's soma: exploring the effects of preparation on the chemistry of *Amanita muscaria*. *J. Psychoactive Drugs*, 42(4): 499-506.

Fericgla, J. M. (1994). *La seta y la génesis de las culturas. Gnomos y duendes: ámbitos culturales forjados por la Amanita muscaria*. Los Libros de la Liebre de Marzo.

Levitt, S. H. (2011). New considerations regarding the identity of Vedic soma as the mushroom fly-agaric. *Studia Orientalia Electronica*, 111, 105–118.

McKenna, Terence (1992). *Food of the Gods: the Search for the Original Tree of Knowledge*. Bantam Books.

Polosmak, N. V. (30 de agosto de 2010). We drank Soma, we became immortal... *Science First Hand*, (26)2.

Riedlinger, T. J. (1993). Wasson's alternative candidates for soma. *J. Psychoactive Drugs*, 25(2): 149-56.

Composición con *A. muscaria* [a partir de *Coloured figures of English fungi or mushrooms*, James Sowerby, 1797], Jack el Destripador [a partir de *Yours truly, Jack the Ripper*, Robert Bloch, 1943] y el «Merry Old Santa Claus» de Thomas Nast [*Harper's Weekly*, 1/01/1881].

¡CARAMBA CON LA SETA DE *LOS PITUFOS*! DE PAPÁ NOEL A JACK EL DESTRIPADOR, PASO A PASO

Al adentrarme en el bosque durante los húmedos días de otoño, suelo encontrar diminutos paraguas rojizos entre la pinocha. Mi memoria vuela entonces a mi juventud, cuando, los sábados por la tarde, la televisión emitía la serie animada de *Los pitufos*. Me inclino hacia el corro de setas y me imagino saliendo de él a Papá Pitufo, Gruñón, Dormilón, Despistado y, cómo no, la Pitufina. Creo que se ocultan ante mi presencia por temor a que yo sea Gargamel disfrazado. Tal vez no se equivoquen en sus sospechas: si, en lugar de *Amanita muscaria*, fueran níscalos, yo no sería aquel psicópata vestido de negro que aparece para acabar con ellos, pero sí la versión campestre de Derribos Arias. Estos hongos rojos son característicos de los enanos del bosque; por lo tanto, al verlos, nuestro subconsciente los asocia con todo su mágico universo.

Es evidente que *Amanita muscaria* se ha ganado su fama a pulso. No es extraño hallarla en los bosques de África, Asia, Australia, Europa, América y Nueva Zelanda; habitante frecuente de hayedos, pinares, robledales, cedrales, abetales y abedulares, esta especie crece asociada a las raíces de árboles, intercambiando sales minerales y agua por sustancias orgánicas y formando grupos numerosos. Si el verano y el otoño han sido generosos en lluvias, es común observar abundantes corrillos. Antes nos hemos detenido en el poder alucinógeno, sobre todo, del género *Psilocybe*, pero digamos que *Amanita* no le va precisamente a la zaga.

El ácido iboténico y su derivado, el muscimol, estimulan los receptores del sistema nervioso. El uno excita al glutamato y el otro actúa como agonista de los receptores del ácido gamma-aminobutírico. Como resultado, tras aproximadamente media hora de su ingesta se experimentan náuseas que rápidamente dan paso a un cuadro de incoordinación motora y desequilibrio; y a continuación se manifiesta lo que se conoce como «borrachera por setas», esto es, confusión, euforia, mareo... hasta una hiperestimulación del sistema nervioso central con ilusiones visuales y auditivas y excitación maníaca, acaso alternadas con síntomas depresivos.

Es comprensible que *A. muscaria* haya sido una seta preferida históricamente por chamanes y hechiceros en sus ceremonias rituales, y que esto haya dejado huella en las culturas de los pueblos euroasiáticos, especialmente entre indoeuropeos y siberianos.

La seta también goza de un notable pedigrí: entre sus primeros descriptores figura nada más y nada menos que todo un santo. San Alberto Magno anotó en 1256, en su obra *De vegetabilibus*, el siguiente comentario: *Vocatur fungus muscarum, eo quod in lacte pulverizatus interficit muscas* («Se le llama hongo de las moscas, pues se lo sumerge en leche para matarlas»); y es por esta razón que también se la denomina «matamoscas». Sin embargo, quien propiamente la bautizó, encuadrándola en el género *Amanita* después de que el padre induscutible de la taxonomía (Carlos Linneo) la registrara como *Agaricus muscarius*, fue el naturalista francés Jean-Baptiste Lamarck. Aunque Lamarck no está canonizado —creo yo— sí es considerado el padre de la biología como ciencia.

Nosotros, descendientes de íberos y celtas, fuimos invadidos por los germanos a principios de la Edad Media y visitados seguidamente por pueblos escandinavos, no precisamente con la idea, aquellos, de disfrutar del sol en Marbella. Este hecho me ha llevado a investigar cómo ha influido la *A. muscaria* en nuestra cultura. Imaginen a un abuelo leyendo un cuento junto al fuego en una noche invernal. Comencemos.

Papá Pitufo, tal y como aparecía representado en un fresco situado en la Estación Central de Bruselas (Bélgica) [a partir de Anne Jea, CC BY-SA 4.0].

Astérix el Galo y sus amigos

Mi primer contacto con la cultura celta se produjo a través de aquella marca de tabaco negro llamada Celtas Cortos, en cuya cajetilla no quedaba claro si el guerrero era corto de entendederas o solo paticorto. Era una copia de los Gauloises franceses: en nuestra querida España tendemos a tomar como referencia y admirar a los vecinos del norte; incluso se dice que los niños vienen de París. A mí me gusta tener origen parisino. *Parce que mes parents ont saisi leur passion, je suis de Paris* («Porque mis padres aprovecharon su pasión, soy de París»); suena encantador, ¿no?

Al leer por primera vez las aventuras de Astérix descubrí que los galos eran distinguidos por su afición desmedida a la cerveza. En su aldea habitaba un señor gordo que cada mañana se metía un jabalí entre pecho y espalda para desayunar. Para afrontar la lucha contra los romanos, un anciano de larga barba preparaba una sopa mágica con la cual adquirían una fuerza tal que, al rozar a un adversario, este salía disparado a la estratosfera; las grandes y disciplinadas legiones del Imperio palidecían ante su avance y se convertían al instante en el blanco de sus mandobles. En cuanto a estas últimas, las películas de los años 50 —¿*Quo vadis?* y otras muchas— retratan a los legionarios como hombres ataviados con capas rojas cuyo oficio era hacer la puñeta a los cristianos. En resumen, los romanos eran siempre los malos. A este enfoque subyacía una razón clara: todas esas producciones respondían inevitablemente al contexto de la Guerra Fría y los centuriones habían de representar, en las mentes occidentales, a los comunistas y al bloque oriental.

Investigando los ingredientes de la poción de Panorámix, he descubierto una serie de datos fascinantes. Los druidas constituían una casta sacerdotal cuya formación se extendía a lo largo de veinte años; los estudios comenzaban a una edad temprana, alrededor de los diez años, y la educación era mixta (las mujeres también se formaban como druidas). Entre los aspectos menos reseñados de ellos figura la inquietante práctica de realizar sacrificios humanos, que no agradaba precisamente a los romanos; ejemplo notable es el hallazgo en una turbera de Gran Bretaña donde se encontraron los restos, extraordinariamente conservados, de un individuo adulto de alto rango conocido como el hombre de Lindow. Se ha determinado, por su cuidada barba y manicura, que había sido sacrificado en un ritual. Aunque solo conservamos la mitad superior del cuerpo, se ha constatado que el hombre fue estrangulado con una soga, lo golpearon en la cabeza y finalmente le cortaron la garganta; ¡todo un completo, vaya! El cadáver acabó sumergido en las aguas de un pantano que más tarde se transformó en aquella turbera.

Los druidas no eran meros brujos o adivinos, sino la casta sacerdotal que dominaba tanto el ámbito económico como el político y, por ende, el nexo de unión entre las tribus galas. A la hora de reclutar guerreros en tiempos de guerra, en la llamada a filas, se contaba que el último en presentarse era descuartizado; un método que, creo, resultaría bastante eficaz. Si alguien imagina a todos estos combatientes ataviados con cascos con cornamenta y pantalones rayados, se equivoca: algunos vestían únicamente tatuajes y collares. Ha leído bien. Cuando digo esto, me refiero a que lo que colgaba de su entrepierna tomaba tal cual el sol de la Galia; escribe Polibio en sus *Historias* que, mientras sus aliados los celtas insubrios y boyos lucían pantalón y capa ligera, los lanceros gesatos (*gaesatae*) —que así se llamaban— tenían gran confianza en sí mismos y pensaban que de ese modo se desenvolverían mejor entre las zarzas. Aquí, en frentes infernales, entre fatales refriegas, asedios e incendios, es donde entra en juego la necesidad imperiosa de la poción mágica.

Izqda.: Panorámix cocinando su pócima mágica, en una antigua pegatina editada por Fromageries Bel («La Vaca que ríe»). Dcha.: Estatua del jefe galo Vercingetórix [*The Illustrated London News*, 7 de octubre de 1865].

Sobrevenida la guerra, los que habían de batirse en el campo de batalla recibían una sustancia líquida como saltaparapetos cuyo propósito era inducir una distorsión onírica de la realidad para el soldado; así, al saltar de la trinchera a campo abierto, creía ser el feroz verdugo de sus adversarios (que también consumían algo similar con el mismo fin).

La olla donde se elaboraba la poción parecía más bien una vasija ritual. Para hervir ingredientes, utilizaban ollas de barro. Cabe mencionar, por otro lado, el caldero denominado «de Gundestrup» en honor a la localidad danesa donde fue hallado; en él no se cocinó nada: se trata de un recipiente votivo, repleto de otras ofrendas. Allí se depositaba de todo, particularmente hidromiel (un licor fermentado a base de miel y agua). También se incluía muérdago, tesoro obtenido por los druidas de los sagrados robles (*druida* parece provenir del celta *dru*, «roble») que habían sido alcanzados por un rayo y usado como antídoto y amuleto, considerado emanación de la centella y —dice Plinio el Viejo— enviado del cielo; Panorámix lo cortaba con su hoz de oro para incorporarlo a la poción. Según sus creencias, este último componente era óptimo para ayudar a las mujeres a concebir e incluso llegaba a otorgar invisibilidad.

En las marmitas recuperadas se han hallado restos de cannabis y una variedad de *Papaver somniferum* (adormidera) que actúa como excitante y sedante al mismo tiempo. ¿Qué hay de las setas? Gordon Wasson se mostraba escéptico en 1968 y aseguraba no haber hallado evidencia del uso celta de hongos psicoativos en unas fuentes que, por otro lado, reconocía escasas; aun así, posteriores estudios han asociado el consumo de *A. muscaria* con el mismo héroe mitológico irlandés Cú Chulainn (por su comportamiento espasmódico y su maldición de debilidad) y han trazado lazos con menciones medievales a una «serpiente manchada» (*náthair bhreac*) o a una «vaca blanca con orejas rojas» (*bó [bhàn] chluasach dearg*) que alimentara a la diosa Brigid, razonando sobre esto último, no sin acierto, que druidas y bardos eran amigos de palabras poéticas y se expresaban mediante enigmas para acaso ocultar a propios y extraños la existencia de una sustancia que abría las puertas de la consciencia. El hecho de que *A. muscaria* fuera una seta común en las tradiciones de los pueblos euroasiáticos impide descartar su uso. Federico Paz lo da por hecho en *Cáñamo: la revista de la cultura del cannabis* y aventura: «Tanto disfrutaron los celtas de la carne de esta seta prodigiosa que no sería raro que toda nuestra humanidad no sea más que el sueño de un druida colocado de *Amanita muscaria*, quizás a punto de despertarse alguna madrugada de éstas». Resolvamos que no es descabellado que las setas en la sopa de Panorámix fueran amanitas.

Astérix y Obélix toman la poción mágica y emprenden el ataque a los romanos, en viñetas de la edición inglesa del álbum conocido en España como *La cizaña* [Proost].

¡Oh, sorpresa! Por añadidura, el hidromiel antes citado, cuya composición original distaba a buen seguro de la sola combinación de agua y miel, y la cerveza eran mezclados con el cornezuelo del centeno: a partir de la ergotamina, uno de sus alcaloides (el conjunto de síntomas por intoxicación con cornezuelo, llamado en la Edad Media «fuego de San Antonio» por la orden hospitalaria católica fundada para socorrer a las víctimas, se denomina ergotismo), se sintetizará en 1938 el LSD.

Alguno se figurará a un puñado de hombres pintados y con los *cascabeles* al aire alucinando con cómo danza el sol a su alrededor mientras cargan contra los romanos. Lo cierto es que los galos eran superiores en número y espíritu (¿la magia del arma secreta de los druidas?). Pero el que los compañeros de Astérix combatieran totalmente desnudos, desconcertante y aterrador al inicio para sus contrarios —según Polibio, pues además acudían ordenados, en vanguardia y profiriendo espantosos gritos—, fue a la postre su sentencia, cuando estos avanzaron y las incesantes saetas sobre sus cuerpos indefensos los hicieron salir despavoridos o lanzarse como kamikazes para morir. Era la batalla de Telamón (225 a. C.) y la euforia había dado paso al pánico; eso sí: solo en los gesatos. Insubrios, boyos y tauriscos opusieron férrea resistencia: «Cubiertos como estaban de heridas, mantenía a cada uno el espíritu en su puesto». Con todo, el poder armamentístico de Roma terminaría por imponerse.

Los primos segundos de Astérix

«¿Pe-pe-pe-pero no sabéis quiénes son los vikingos?», pregunta horrirzado Gudurix, el sobrino de Abraracúrcix. «Sí, unos sanguinarios que siembran el terror y beben en los cráneos de sus víctimas. Puede que seamos de provincias pero no estamos totalmente aislados», responde, confiado, el bueno de Obélix. Los vikingos son los primos lejanos de Astérix; sí, amigos, aquellos que uno ve en bodas, bautizos y, sobre todo, funerales. Pero, en este caso, un tanto peculiares. Se dice que eran pueblos germánicos asentados en Escandinavia y son descritos no solo como guerreros, sino, sobre todo, como auténticos expertos en la navegación, excelentes exploradores y, por extensión, grandes comerciantes. Claro, el cabotaje implicaba intercambio de mercancías y esto incluía el tráfico de esclavos y, si no había más remedio, el saqueo, el pillaje y...

En el siglo IX, las crónicas de los monjes irlandeses narran cómo unos asaltantes provenientes del mar devastaron monasterios como el de Clonmacnoise sin dejar apenas supervivientes. Eran vikingos. El relato de sus atrocidades se convirtió en una constante en siglos sucesivos.

Hace unos años visité Estocolmo. Una de sus atracciones era el imponente buque Vasa, orgullo de la flota sueca, hundido en las aguas del puerto con toda su tripulación al poco de iniciar su primera singladura, en el siglo XVII. Al acceder al barco pueden admirarse los trajes de la tripulación. Viéndolos, me pregunté si no aceptarían niños de diez años, pues muchas vestimentas eran muy pequeñas; el detalle tiene su explicación: la dieta de los escandinavos entonces era bastante pobre debido a las duras condiciones climáticas, motivo por el cual, de hecho, su alimentación dependía en buena medida de las incursiones. Pese a ello, o precisamente por ello, eran temibles guerreros e imponían verdadero respeto.

Todo esto está muy bien, pero el lector podría preguntarse qué tiene que ver con las setas. Verá: no debemos generalizar, habida cuenta de la notable diversidad de los territorios de la península y los países nórdicos, pero, de entrada, sabemos que los vikingos comenzaron a cultivar cereales, hortalizas y verduras al tiempo que capturaban reses y pescado para el invierno (era imperioso aprovisonar a la familia y tomar fuerzas para afrontar semejantes «aventuras») y que en lugares como Finlandia o Noruega pudieron tener acceso a una amplia variedad de setas salvajes y bayas silvestres; y, más allá, si antes hablábamos de los gesatos y demás galos amigos de Astérix, ahora debemos hacerlo de sus primos los vikingos berserkers, que no se batían desnudos del todo, sino cubiertos con pieles de oso, pero guardan un curioso paralelismo.

Los berserkers eran una clase que vivía especialmente para la guerra. Odín, el dios supremo de los vikingos, les infundía una gran furia en combate desde el Valhalla, el salón celestial que aguardaba a quienes siguieran a los héroes cayendo honorablemente en la lid. La señal era la aurora boreal: las valquirias los llamaban y les marcarían con su estela el camino a aquel lugar. Solo los guerreros más valerosos lo lograrían.

Ahora bien, hablemos del valor. Pongamos que a un vikingo de aquellos «se le supone», como rezaba la cartilla que nos daban a quienes hicimos el servicio militar, pero nunca está de más contar con cierta ayudita, como ha requerido siempre la guerra. El caso es que la de estos también llevó el concepto más allá y su leyenda adquirió un cariz dantesco. El danés Paul C. Sinding nos da la clave en *Las razas escandinavas* (1878): «*Berserker* es una palabra que aparece con frecuencia en las sagas y denota gigantes o guerreros. A menudo eran presa de una especie de frenesí, ya fuera por una imaginación excitada o por el uso de licores estimulantes; cometían entonces las extravagancias más salvajes y atacaban indiscriminadamente a amigos y enemigos». El *se le supone* berserker obedecía a unas cervezas de las que se han sugerido varias versiones:

«Cuando Erik [el Elocuente] tomó su lugar entre ellos, comenzaron a aullar de la manera más horrible. El rey les ordenó que dejaran de hacer ese ruido y dijo que los humanos no debían aullar como animales». Gigantes [*kæmpe(r)*, noruego alternativo a *berserkers*] en el salón del rey Frode [*Danmarks krønike*, Saxo Grammaticus y Fr. Winkel Horn, 1898]. A la derecha, *A. muscaria* en distintas etapas [*Forstliche Botanik*, Frank Schwarz, 1892].

54

— VERSIÓN *AMANITA MUSCARIA*. La teoría más aceptada. Actuar bajo sus efectos les confería una ferocidad sin precedentes. Tanto era así que incluso sus propios compañeros los dejaban solitos por el riesgo a ser atacados por ellos si se encontraban cerca.

— VERSIÓN LSD (léase ergotamina). Al ingerir pan contaminado con cornezuelo (*Claviceps purpurea*), las alucinaciones les hacían ver por todos lados bellas valquirias y vikingas llamando a luchar.

— VERSIÓN *HYOSCYAMUS NIGER*. Aquel «zumo de cebada» contenía *jusquiam,* el beleño negro cuyo *jugo* mató al padre de Hamlet. Su consumo genera sensación de total ligereza, como de levitar (vaya, como el «te da alas» del anuncio de cierta bebida con taurina, pero haciendo a aquellos creerse realmente Supermán). La hioscina, su principio activo, es a altas dosis toda una droga psicodélica. Y las brujas, según se ha documentado repetidamente, no solo aplicaban el ungüento del beleño a sus escobas para *volar* al aquellarre: lo introducían desde estas por la vía vaginal o rectal y, con la mucosa, su rápida absorción provocaba todo tipo de *experiencias.*

Las objeciones a la hipótesis de la amanita, que hacen a sus detractores decantarse por una de las otras dos entre otros argumentos, poseen su fondo de razón. La principal reside en que, si en efecto se secaban sus sombreros y se trituraban para hacer un brebaje caliente que era mezclado y cocido con alguna bebida espirituosa, hidromiel o algún licor, el cocinar las setas en líquido actuaría como catalizador para facilitar la absorción de sus sustancias en el cuerpo y ese hidromiel intensificaría los efectos, de suerte que en solo treinta minutos se dieran contracciones musculares, sudoración y sialorrea (espuma bucal). Estos efectos incapacitarían por completo a los guerreros para la batalla. Sin embargo, las toxinas de la amanita se eliminan como muscimol, un potente alucinógeno sin los efectos negativos de otras toxinas. Así, la práctica más habitual, también registrada en los chamanes siberianos, se dibuja tan escatológica como ahora sospechan: un guerrero ingería la poción y experimentaba sus efectos adversos, y luego, sus compañeros recogían su orina y la bebían: como esta contenía muscimol, no sufrían los efectos incapacitantes y sí los psicoactivos o alucinógenos *ideales* para luchar.

Imaginemos la escena: el jefe reúne a su tropa antes de la batalla y prepara una sopa con hidromiel y amanitas. Convoca a los reclutas —los llamados *chinches, bultos,* etc.— que han de consumir la poción y estos, tras media hora, sienten náuseas, salivación, embriaguez e incoordinación motora. Quedan completamente incapacitados. Poco después, como suele suceder con las borracheras, sienten ganas de orinar; en ese instante, el jefe se presenta con un gran caldero y les ordena —con toda la amabilidad que puede albergar un berserker— vaciar sus vejigas en él, lo cual hacen sin dudar. Una hilera de robustos guerreros cubiertos con la piel de algún oso al que tienen pinta de haber matado con sus propias manos empiezan a desfilar por allí con ojos sedientos. Breve fundido a negro, griterío progresivo... y los berserkers parten enardecidos.

La cuestión es que, como se ha dicho, del común entusiasmo inicial pasarían en escasos minutos a la locura, a una enajenación imprevisible, como movidos por una fuerza extraña; y en un punto podrían ser incapaces de distinguir entre propios y extraños. Los berserkers llegaron a perturbar seriamente la paz de los suyos (saqueos, violaciones, etc.) y los relegaron hasta desaparecer. Las gentes del pueblo, al contemplarlos en su apariencia y sus movimientos, llegaban a creer, alarmados, que mutaban en hombres lobo, en lo que quizás constituya el origen del mito.

Las setas del reno Rodolfo

A todos nos ronda la cabeza en algún momento un problema logístico, matemático y filosófico. Sobre el papel, Santa Claus ha de repartir juguetes a unos 360 millones de niños en todo el mundo en una sola noche. Esto implica dedicar a cada niño 0,00024 segundos para entregar los regalos solicitados. Si cada niño recibe, convengamos, dos kilogramos de juguetes, el trineo cargará con 720 000 toneladas, sin contar el peso de los renos y del propio Santa. En definitiva, esta enorme masa de regalos, renos y Papá Noel se descompondría al entrar en la atmósfera. ¿Acaso toma algo ese señor de rojo y blanco tan sonrisueño y adorable?

El Papá Noel primigenio fue san Nicolás de Bari, obispo de Mira. Nacido en Patara, actual Turquía, perdió a sus padres —fervientes cristianos— aún joven y repartió todo lo heredado entre quienes vivían en la pobreza, tomando el testigo de su fe. En concreto se nos ha transmitido un episodio en el que, tras llegar a sus oídos que un hombre iba a prostituir a sus hijas porque no podía pagar las dotes para las tres, de modo que pudieran casarse, Nicolás decidió acudir secretamente a la ventana de la casa familiar y, durante tres noches, arrojó por ella las respectivas bolsas repletas de monedas de oro, gracias a lo cual el padre abandonó aquella idea y las mujeres celebraron sus matrimonios.

En la Edad Media se implantó la costumbre de repartir regalos entre los niños el 5 de diciembre, víspera del día de san Nicolás. Con el tiempo, su figura encontró su eco a lo largo de los países centroeuropeos y nórdicos en la de Mikulás, personaje que no solo adoptó características del obispo sino también elementos de tales mitologías, y en la costumbre de regalar llegado el solsticio de invierno, asociada a un Odín representado entonces haciendo lo propio sobre su caballo (si bien, al margen de otras diferencias, lo que Odín obsequiaba en un principio no eran sino armas y pertrechos, a hombres adultos y no a niños buenos, para una muerte heroica en pos del Valhalla). La reforma protestante, con su rechazo a la veneración de los santos, contribuyó decisivamente trasladando asimismo la costumbre al 24-25 de diciembre y sustituyendo a san Nicolás por el Niño Jesús. De una forma u otra fueron fusionándose y confundiéndose la festividad cristiana y las costumbres paganas.

El ejército imperial sueco había caído derrotado por el del Imperio ruso en la batalla de Poltava el 8 de julio de 1709, en el marco de la Gran Guerra del Norte. El capitán Philip von Strahlenberg fue hecho prisionero y terminó desterrado en Siberia junto con otros oficiales; pasó unos diez años allí y los aprovechó viajando (gracias a un permiso, acompañando al naturalista prusiano Daniel Gottlieb Messerschmidt) para estudiar en profundidad la geografía, las lenguas y las costumbres de la flamante capital (Tobolsk) y todo el territorio. El resultado de sus investigaciones vio la luz en un *La parte norte y este de Europa y Asia* (1730), libro publicado a los siete años de su regreso a Suecia, tras la Paz de Nystad. En el capítulo trece, donde define alfabéticamente términos relativos al comercio y los pueblos rusos, aborda la «nación pagana» de los koriakos (*koræki*) —establecida en la península de Kamchatka y formada por gente sin apenas vello facial, con chamanes o magos pero sin ídolos, que reza al Ser Supremo cuando sale a cazar; gente buena e inofensiva pero sucia, que utiliza una palangana para sus necesidades y que trae el agua en la misma cuando la vacía— y leemos estas valiosísimas palabras:

«Los rusos que comercian con ellos [los koriakos] llevan allí una especie de setas, llamadas en lengua rusa *muchumor*, que cambian por ardillas, zorros, armiños, martas cebellinas y otras pieles. Los que son ricos entre ellos acumulan grandes provisiones de estos hongos, para el invierno. Cuando hacen un banquete, vierten agua sobre algunos de estos hongos y los hierven. Luego beben el licor que los embriaga. Los más pobres, que no pueden permitirse el lujo de almacenar estos hongos, se ubican, en estas ocasiones, alrededor de las cabañas de los ricos y aguardan la oportunidad de que los invitados bajen a hacer aguas; y luego sostienen un cuenco de madera para recibir la orina, que beben con avidez, como si todavía tuviera alguna virtud del hongo, y de este modo también se emborrachan».

Muchumor/Mukhomor [мухомор, de *múxa* («mosca») y *morít'* («matar»)] es, efectivamente, la palabra con la que el ruso y otras lenguas eslavas designan a la seta matamoscas, esto es, el agárico de mosca o falsa oronja, nuestra fascinante *Amanita muscaria*. ¿Recuerdan a los berserkers? Strahlenberg observó entre los rusos koriakos aquella práctica escatológica que planteábamos como probable *solución* de los vikingos. Otro explorador de Siberia, el ruso Stepan P. Krasheninnikov, nos enriquecerá después (1755) la descripción de los consumidores de amanitas que se excedían y trascendían una normal experiencia de «extraordinaria ligereza, alegría, valentía, y una sensación de bienestar energético»:

Ceremonia chámanica koriaka (Taigonos-Kamchatka). La chamana hace sonar el tambor y encabeza un canto para la protección de los renos y los niños [*The Jesup North Pacific Expedition: the Koryak. Religion and myths*, 6(1), Waldemar Jochelson, 1905].

«... están sujetos a diversas visiones, aterradoras o felices, dependiendo de las diferencias en temperamento, por lo cual unos saltan, unos bailan, otros lloran y sufren muchos terrores, mientras algunos podrían considerar a una pequeña grieta tan ancha como una puerta y a una tina de agua tan profunda como el mar».

Aún falta lo mejor. En 1774, el bávaro Georg Wilhelm Steller no solo corrobora el asunto de la orina y atestigua la ingesta de la amanita (esta vez deshidratada en trozos grandes, sin masticar, regada de agua fría): apunta que los koriakos son muy *aficionados* («Están tan ansiosos por conseguirla que se la compran a los rusos donde y cuandoquiera que sea posible») y, pues muchos eran criadores de renos, logra del mayoral Kukutov la declaración de que a los renos les encanta la seta y la comen mucho, tras lo cual se comportan como ebrios y caen en un pesado sueño. Los indígenas han de matarlos entonces, dado que, de comer alguno su carne, se intoxica sin quererlo. Para redondear la escena, y créanme que no fabulo, el inglés Henry Lansdell nos explica en 1882 que un koriako entra a su «yurta» o vivienda de invierno, con forma de reloj de arena, trepando por un palo, descendiendo por otro en la «cintura» del reloj... y procurando «evitar lo mejor que pueda el fuego en el fondo», pues se trata ni más ni menos que de la propia chimenea. Y junto a ella, como puede intuirse, se secan salmones, carnes de reno y setas colgadas en pieles y calcetines.

Concluyendo. Cuando llegaba el solsticio de invierno, el 21 de diciembre, y se trataba de *celebrar*, el chamán reunía a la tribu para consumir las falsas orongas. Había dos vías: tomarlas «a palo seco» y esperar sus efectos alucinógenos o beber la orina del chamán e incluso de los renos que las habían probado; opción, esta, más práctica, ya que evitaba los trastornos digestivos asociados al ácido iboténico mientras que el muscimol sí excitaba los receptores del ácido gamma-aminobutírico, principal neurotransmisor del sistema nervioso. Como venimos relatando: alucinaciones visuales y auditivas, disociación cuerpo-mente, euforia, comportamientos anómalos... y el chamán —así se lo ha retratado—, apareciendo siempre desde la parte alta de la casa durante la ceremonia.

Desde ahora no sería extraño que, llegada la Navidad, un lejano campanilleo les hiciera mirar al cielo en la oscuridad de la noche y vislumbrasen, perdiéndose entre los tejados, un trineo de renos colocados hasta las trancas dando bandazos mientras intenta arrearlos un *colorado* Papá Noel, anhelante de llevar emoción y fantasía a la próxima chimenea.

Mukhomor. Una *Amanita muscaria* captada al pie de un pino silvestre por el fotógrafo y químico ruso Serguéi Mijáilovich Prokudin-Gorskiï, 1905-1915 [Library of Congress].

Alicia, Jack, Gusano de Seda y la seta

Los ingleses son, por tradición, un país micófobo. En su gastronomía, rara vez se encuentran setas más allá de los champiñones y el término *mushroom* vale para todo: bajo ese paraguas al parecer proveniente del francés *mousseron* (a través del anglonormando y el inglés medio) y a su vez del latín *mussirio*, de origen incierto, se refieren por lo general tanto champiñones como níscalos como boletos. Esta confusión ya representa un problema. A cualquier hongo sin tronco ni láminas sí se le asigna un nombre específico, véanse *puffball* a *Calvatia gigantea*, *stinkhorn* a *Phallus impudicus* o *morel* a la apreciada colmenilla (*Morchella esculenta*), pero todos los hongos con láminas son clasificados como *Agaricus* por su similitud con los champiñones.

En las «augustas, incontestables y tranquilas glorias» de la época victoriana, recorría las verdes campiñas de Albión un personaje singular: Charles Lutwidge Dodgson, aspirante a clérigo anglicano, profesor de matemáticas y amante de la fotografía. Pasaría a la historia con su seudónimo, Lewis Carroll, como autor del clásico *Las aventuras de Alicia en el país de las maravillas*. Con el discurrir de los tiempos, sobre algunos personajes ha ido posándose una incómoda losa de conjeturas y presunciones a cuál más insólita que nos han deformado una realidad acaso más grave y compleja: Dodgson ha devenido, sin duda, uno de los mayores compendios enciclopédicos de sospechas jamás registrados.

Su prolífica carrera como fotógrafo, que le había ganado una importante reputación mucho antes de escribir, estuvo marcada por una particular fascinación por retratar niñas. Se dice que más de la mitad de sus obras (unas tres mil, de las que apenas quiso salvar de la destrucción un tercio) fueron retratos de muchachas de corta edad. Su modelo preferida sería la hija pequeña del nuevo decano de Christ Church (la facultad de la Universidad de Oxford en la que ejercía la docencia), Henry Liddell, con cuya familia labraría una estrecha relación —luego truncada por motivos aún discutidos— desde la llegada de este en 1856. Ese mismo año publicó un primer texto, un poema, como Lewis Carroll.

Fue la joven Alice, junto con sus hermanas Edith y Lorina, quien animó a Carroll a desarrollar una de aquellas historias que les contó durante sus viajes en barco. La protagonista se llamaba como ella. Cuando el libro vio la luz, en 1865, contaba con trece años, por los treinta de él.

No es objeto de estas líneas abundar en el asunto, pero baste señalar que una de las hipótesis sobre la raíz de la polémica en este punto alude a ciertas suspicacias de Liddell respecto al trato de Carroll con Lorina o Alice, en todo caso aclaradas más tarde (entre los rumores, también fue vinculado con su amiga la esposa del decano). No respondían solo a la diferencia etaria (la edad de consentimiento para mujeres en Inglaterra era de doce años), sino asimismo a las costumbres sociales, la presencia del reverendo «chaperón», etc. En cuanto a las fotografías, lo cierto es que eran muchos los profesionales que empleaban desnudos infantiles; la *trama* sobre Dodgson se prolonga debido a una difícil juventud y a escritos y correspondencia donde se advierten matices que no abordaremos.

La fantástica novela de Lewis Carroll confronta en esencia la represiva sociedad victoriana, en la que la estricta educación anglicana de los hijos dejaba escaso lugar a la imaginación, y el idílico universo de ensueño al que una niño consumido por el tedio se siente impulsado naturalmente a escapar. El descubrimiento de ese mundo onírico libre donde lo real y lo irreal conviven en armonía y en el que todo es posible conduce a enfrentarse con el relato de la realidad impuesto por los adultos.

«Sospecho que me convendría beber una cosa u otra; pero esta es la dificultad: ¿qué puedo beber o comer?», se planteaba Alicia tras haberse zafado de un perro en el bosque al que ha logrado huir, vuelta diminuta de nuevo tras comer una galleta, deseosa de volver a su tamaño normal por fin. Mirando en derredor hacia flores y plantas, y sin hallar nada al efecto... «Se dio cuenta de que estaba al lado de una gran seta, aproximadamente de su misma talla. Y así que hubo mirado debajo, a los lados y detrás de la seta, se le ocurrió que también debía mirar encima por si allí había algo». Allí toparía con (el) Gusano de Seda, que fumaba tranquilamente su pipa oriental, y, tras confiarle su problema y su temor por no poder recordar como antes, aquel la instó sin más a acostumbrarse:

«Y Alicia optó por esperar, sin decir palabra, que él volviera a hablar. No tardó más de dos minutos el Gusano de Seda en volverse a sacar la pipa de la boca. Dió un par de bostezos y se sacudió todo él. Luego bajó de la seta y se fué arrastrando por la hierba al mismo tiempo que decía:

—Un lado te hará crecer, el otro disminuir.

Y Alicia pensó: "Un lado de qué? ¿ Y el otro lado de qué?".

—De la seta —respondió el Gusano de Seda, como si ella se lo hubiera preguntado en voz alta. Y al cabo de un momento se perdió de vista».

Tras esto, la chica se quedó pensativa mirando la seta, esforzándose por comprender qué lados podía tener siendo redonda. Se acercó, extendió sus brazos para abarcarla y, con cada mano, le arrancó un trocito del borde; sin distinguir cuál era cuál, dio un pequeño bocado al de la mano derecha, aguardó el efecto... y al acto sintió un golpe brusco en el mentón: este le había tropezado en los pies. «Tanto se le había juntado la barbita a los pies que apenas podía abrir la boca». Las ilustraciones de Lola Anglada para la traducción publicada por la editorial Juventud en 1927 dibujaban en este momento a Alicia confundida, con una cabeza gigante que rozaba sus zapatos, mientras sostenía los trozos de seta. Finalmente pudo comer un poco del pedazo de la mano izquierda y la narración continúa con ella consiguiendo mover al fin la cabeza pero siendo incapaz ahora de verse los hombros y las manos y comprobando, encantada, que podía doblar su larguísimo cuello como una serpiente...

Alguien podría interpretar inicialmente los cambios de tamaño de Alicia como una alegoría de la pubertad, un período en el que el cuerpo experimenta transformaciones insospechadas, a menudo, sin que la maduración mental siga el mismo ritmo; esta sensación de no amoldarse a un mundo exterior desproporcionado, expresada en este caso de manera literal, actuaría como metáfora de la incomprensión adolescente, entre el deseo de libertad de niño y el afán de asumir responsabilidades de adulto. Alicia accede a la dimensión onírica siguiendo al Conejo Blanco

Dcha.: Alicia se topa con el Gusano de Seda (o la oruga), que fuma en su pipa o narguile (a buen seguro el opio de los fumaderos victorianos). Izqda.: Alicia *alucina* al probar la seta [*Alicia en el país de las maravillas* (trad. Juan Gutiérrez Gili), Lewis Carroll, 1927].

por una gran madriguera y cayendo de pronto, como en un pozo abismal: es el descenso al sueño profundo que permitiría el afloramiento del subconsciente. Pero lo que realmente capta nuestra atención como aficionados a las setas y estudiosos, en este pasaje, de la trascendencia histórico-científica de *Amanita muscaria* es cómo el citado episodio evoca igualmente de modo objetivo —pretendidamente o no— una experiencia similar a la intoxicación por el ácido iboténico de este hongo, que, por otra parte, sabemos que estaba presente en las islas británicas.

Se ha probado, como en parte adelantamos, que entre las alteraciones sensoriales y espaciotemporales ocasionadas por consumo de amanitas se hallan la macropsia y la micropsia, esto es, las distorsiones de la percepción visual por las cuales los objetos se aprecian con un tamaño superior e inferior respectivamente al real; pero también la pelopsia y la telopsia (que hacen visualizar los objetos más cerca y más lejos de lo que están), la macro- y microsomatognosia (sensación de que el cuerpo se agranda o empequeñece), la prosometamorfopsia (distorsión de rostros), la displatopsia (impresión de los objetos como alargados o planos), taquisensia (ilusión del tiempo como acelerado o ralentizado), etc. ¿Saben como se denomina precisamente a este conjunto de síntomas?: «síndrome de Alicia en el país de las maravillas» (SAPM), desde que así lo bautizase el psiquiatra británico John Todd en 1955 para clasificar un maremágnum de alteraciones íntimamente ligadas a la migraña y la epilepsia aunque no limitadas a esos trastornos. Lewis Carroll describe ambas afecciones y fenómenos auditivos previos en sus diarios, pero no se cree que los experimentara al escribir la novela. ¿Consumió *A. muscaria*? Es poco probable: no fumaba, casi no bebía y no parecía interesado en drogas, como el opio, que ya estaban muy asentadas en Inglaterra. Lo que sí se ha argumentado —lo hizo en 1996 el etnobotánico Michael Carmichael, siguiendo a nuestro Gordon Wasson al considerar que las menciones a la necesidad de comer o beber en el libro aludían a la ingestión de alucinógenos— es que, poco antes de empezar a escribir, el 18 de junio de 1862, Carroll efectuó su única visita a la Bodleian Library de la Universidad de Oxford, donde acababa de depositarse el ejemplar del estudio de M. C. Cooke *The seven sisters of sleep* (1860): tras el buyo, la coca y la belladona, la séptima «hermana» era la amanita... y los pliegos de ese capítulo (piénsese en el modo de imprimir de entonces) eran los únicos abiertos del volumen. En 2003, la investigadora Beatriz Acevedo Holguín, de la Universidad de Hull (R. U.), acudió a la biblioteca expresamente para comprobarlo y pudo dar fe de que solo habían sido abiertos el índice y la página 339, sobre el uso de *A. muscaria* por chamanes en Siberia.

De Mordecai Cubitt Cooke, acaso también leyó Carroll el espléndido *A plain and easy account of British Fungi* (1862), que vio la luz justamente durante esas primeras fases de desarrollo oral de la idea y que incluía una aún más detallada descripción de la amanita y de sus efectos psicoactivos, además de bellísimas ilustraciones. Por cierto: como el sueño en el título de aquel micólogo, él tenía asimismo siete hermanas.

Añadiendo más misterio y oscuridad a la figura del pobre Charles Lutwidge Dodgson, mucho años después de su muerte surgiría una inaudita teoría que lo identificaría como el mismísimo Jack el Destripador. Richard Wallace, quien se definía como psicoterapeuta, expuso en *Jack el Destripador: amigo alegre* (1996) que ciertas frases crípticas contenidas en las obras de Carroll podrían delatarlo como el responsable, junto con su cómplice el archivero de Oxford Thomas Vere Bayne, de los macabros crímenes cometidos en 1888 en el East End londinense. Más allá, basó su acusación en anagramas elaborados arbitrariamente a partir de *Alicia para niños* o la novela *Silvia y Bruno*, libros publicados en 1889.

El método no suena de por sí muy convicente, pero los resultados lo son aún menos. Wallace modifica u omite las letras a su antojo para que aparezca la palabra *destripador* como firma al final de alguna absurda confesión o para que esta incluya lindezas de todo tipo que retraten a Carroll como un psicópata. La tesis es evidentemente disparatada y carece de fundamento, máxime cuando el propio Wallace se desacredita afirmando, mientras urde su plan: «Si eliminamos ocho letras, reduciendo las cincuenta a cuarenta y dos [...], tenemos un manifiesto...». Con todo, no son pocos los que han otorgado algo de crédito a la incriminación tratando de encontrar pretexto, siguiendo la línea de controversia por sus fotografías, en la complicada infancia y adolescencia de Charles: deduciendo un posible abuso sexual de la referencia a una molestia nocturna, alegando que arrastraba un trauma por haber sido obligado a corregir su zurdera (extremo tampoco probado) y basándose, en suma, en su carácter enfermizo y hasta en su tartamudeo transitorio.

La firma de Dodgson/Carroll en una carta (a. 1899) y el nombre de Jack el Destripador en la carta Openshaw (1888), uno de los escritos de autores autoproclamados Jack.

Cuando sucedieron los asesinatos, Carroll estaba de vacaciones en Eastbourne (Sussex) y su compañero se hallaba inmovilizado por fuertes dolores de espalda. La identidad del primer asesino en serie moderno sigue siendo una auténtica incógnita y las últimas investigaciones del «ripperólogo» Russell Edwards, en torno al ADN mitocondrial del chal de una de las víctimas, han sido ya desacreditadas como todas las anteriores.

Ya desde agosto de 1888, en el número 106 de Whitechapel Road se había instalado un auténtico museo de cera en el que se recreaban los escenarios de cada crimen según se iban conociendo. Fotos, pintura roja y todo tipo de recreaciones perturbadoras alimentaban el morbo con los cadáveres no ya calientes, como suele decirse, sino ardiendo directamente. El 18 de octubre, la periodista Margaret Harkness (pseudónimo John Law) relató en el el vespertino *Pall Mall Gazette* su experiencia en una de estas instalaciones: «... un olor a muerte sube por tus fosas nasales y sientes como si tu garganta estuviera llena de algún hongo venenoso».

📖 PARA LEER MÁS :

Acevedo Holguín, B. (2003). Cómeme o bébeme: relatos de estados alterados. Lewis Carroll y la experiencia psicodélica en el siglo XIX. *Cultura y Droga*, 10.

Blom, J. D. (2016). Alice in Wonderland syndrome: A systematic review. *Neurol. Clin. Pract.*, 6(3):259-270.

Crundwell, E. (1987). The unnatural history of the fly agaric. *Mycologist*, 1(4): 178-81.

Dyer, R. (2020). Lewis Carroll [Charles Lutwidge Dodgson]: a chronology, 1832--1898; Lewis Carroll: material biográfico [trad. Adriana Osa]. *The Victorian Web.*

Fabing, H. D. (1956). On going berserk: a neurochemical inquiry. *Sci. Mo.*, 83(5).

Furci, G. (22 de diciembre de 2020). The influence of hallucinogenic mushrooms on Christmas. *Fungi Foundation*.

Hanninen, O. O. P. *et al.* (2010). *Medical and health sciences*, vol. 14. EOLSS Publ.

Lansdell, H. (1882). *Through Siberia*. Sampson Low, Marston, Searle and Rivington.

Laurie, E. R. y White, T. (1997). Speckled snake, brother of birch: «Amanita Muscaria» motifs in Celtic legends. *Shaman's Drum*, 44.

Lee, M. R. *et al.* (2018). «*Amanita muscaria* (fly agaric): from a shamanistic hallucinogen to the search for acetylcholine». *J. R. Coll. Physicians Edinb.*, 48(1).

Paz, F. (2012). Plantas de poder europeo: «Amanita muscaria». *Cáñamo*, 171.

Polibio. (1986). *Historias*, 2 [trad. Alberto Díaz Tejera]. CSIC.

Riedlinger, T. J. (1999). Fly-agaric motifs in the Cú Chulaind myth cycle. Lecture given at the Mycomedia Millennium Conference. *Erowid*.

Somerville, A. A.; McDonald, R. A. (Eds.) (2010). *The Viking age: a reader*. UTP Publ.

Steller, G. W. (1774). *Beschreibung von dem lande Kamtschatka*. Johann G. Fleischer.

Von Strahlenberg, P. H. (1730). *Das nord-und ostliche Theil von Europa und Asia.*

Dcha.: Ötzi, «el hombre de hielo», una de las momias humanas glaciares más antiguas jamás halladas. Sobre estas líneas, trozos de políporo del abedul ensartados en correas de cuero [a partir de Marco Samadelli, Gregor Staschitz/South Tyrol Museum of Archaeology/Eurac; CC BY 4.0].

ÖTZI Y LA DAMA DE ROJO: UN VIAJE A LA EDAD DE PIEDRA PASANDO POR LA DEL COBRE

Aquel verano, de 1991, había resultado de lo más movido. Tras la disolución del Pacto de Varsovia en julio, se habían sucedido desde agosto las independencias de Estonia, Letonia, Ucrania, Bielorrusia, Moldavia, Kirguistán, Uzbekistán, Lituania y Tayikistán, y la Unión Soviética era ya historia; el Parlamento sudafricano había derogado la última ley del *apartheid* y el asesino en serie estadounidense Jeffrey Dahmer había sido al fin detenido. Era el jueves 19 de septiembre y en España nos disponíamos a asistir al estreno de una prometedora serie, *Farmacia de Guardia*, cuando, lejos, en los Alpes de Ötztal, en la frontera entre el Tirol austriaco y el italiano Tirol del Sur, Helmut y Erika Simon bajaban el Finialspitze, una pico de más 3500 metros de altitud que era conocido por presentar, además, un descenso era verdaderamente peligroso.

Los Simon, alemanes, eran un matrimonio de avezados montañeros y optaron por una ruta poco frecuentada, quizás para escapar de las multitudes que, durante la temporada alta, convierten las tranquilas veredas en bulliciosas arterias urbanas. Mientras avanzaban lentamente por la pendiente, vislumbraron una extraña mancha oscura que sobresalía en el aguanieve de un barranco —era el mediodía de una jornada soleada y en una época inusualmente cálida en el lugar— y creyeron que se trataba de un muñeco. Procuraron acercarse con cautela y descubrieron que eran en realidad la espalda, los hombros y la cabeza de un ser humano. Tomaron la última fotografía que quedaba en su carrete del que creían la víctima de un fatal accidente de alpinismo ocurrido hacía años y prosiguieron rumbo a un refugio cercano para dar el aviso.

Aquel hombre había muerto hacía unos 5300 años y no precisamente escalando. Vivió aproximadamente entre el 3350 y el 3120 a. C. y tendría unos 46 años. Fue bautizado como Ötzi, el hombre del hielo.

Efectivos policiales de uno y otro lado de la frontera trataron sin éxito de recuperar el cuerpo durante varios días, en condiciones desfavorables debido, primero, a la gran cantidad de hielo derretido y al agotamiento del aire comprimido de su martillo neumático y, más tarde, a una bajada de temperaturas que volvió a dejarlo atrapado en el hielo. Las prendas de aquel misterioso individuo resultaron dañadas y se produjo un desgarro de su cadera izquierda. Sí pudieron extraerse una curiosa hacha y otros objetos. Corrió la voz y numerosos curiosos acudieron, además, a la zona, e incluso alguno quiso liberarlo con un pico.

El italiano Reinhold Messner, que se había distinguido por escalar por primera vez los catorce ochomiles sin bombona de oxígeno, pasaba por allí con su compañero Hans Kammerlander y fue uno de los primeros en observarlo *in situ*. Algunos elementos no encajaban en la escena: el hacha y arco de madera no correspondían en absoluto a un montañero ni a alguien contemporáneo. Entrevistado por la televisión local y la prensa, Messner compartió su perspectiva sobre el descubrimiento en unas declaraciones que finalmente captaron la atención de los científicos y facilitaron uno de los mayores hallazgos arqueológicos del siglo XX, que además proporcionaría información de gran trascendencia sobre los habitantes de Europa en la Edad del Cobre.

Los estudios han permitido deducir que Ötzi, que presentaba una herida de flecha en el omóplato izquierdo, murió de manera violenta, por un traumatismo craneal resultante de una caída o de haber sido golpeado con un objeto contundente. Lo que más llama la atención sobre su estado físico es la presencia de más de sesenta tatuajes que no habrían sido pensados como símbolos religiosos o decorativos sino como medidas terapéuticas para tratar su artritis reumatoide (con todo, uno en la espalda parece indicar la posición de las estrellas en el cielo y se ha especulado que Ötzi pudo haber sido un druida que, entre otras cosas, sirviera de GPS primitivo a su comunidad); junto con esta afección se le diagnosticaron enfermedad de Lyme, caries y parasitosis intestinal —*Trichuris trichiura*— y se ha sugerido que podría haber ingerido plantas medicinales u otros productos para combatir esto último. Superada la impresión del *levantamiento* del cadáver y su autopsia, semejante cuadro clínico nos induce, evidentemente, a mirar en el zurrón y en las demás pertenencias del hombre... y ahí encontramos un auténtico tesoro para nuestro estudio: el primero escondía una abundante «materia negra» que fue identificada como yesca elaborada a partir del hongo *Fomes fomentarius*; y, entre las segundas, una correa de cuero tenía atravesadas dos setas del políporo *Piptoporus betulinus*. Vayamos por partes.

Detalle de un ejemplar de políporo del abedul (*Pictoporus betulinus*) [a partir de *Nouvel atlas de poche des champignons comestibles et vénéneux*, 2; Paul Dumée, 1912].

El políporo del abedul (*Piptoporus betulinus*, recientemente redefinido como *Fomitopsis betulina*) es un hongo que crece incrustado horizontalmente en el tronco de abedules muertos y del que, por haber sido empleado habitualmente para proteger hojas de acero o afilar navajas, no se tenía constancia de que hubiera sido usado en la medicina tradicional europea más que como remedio contra las heridas. Sin embargo, los investigadores (Peinter *et al.*, 1998) sugirieron que podía haber servido para un fin distinto, de índole espiritual o medicinal, y generaron gran controversia. El caso es que previamente habían descartado que, en lugar de de *P. betulinus*, se tratase del muy similar *Fomitopsis/Lariciformes officinalis*, cuya utilización como purgante y medicamento para afecciones pulmonares sí está ampliamente documentada —en los análisis no se halló el ácido agárico (agaricina) propio de este último, pero sí se apreció la coincidencia de las huellas dactilares con *P. betulinus* mediante cromatografía líquida de alta eficacia—, pero, al entender que este hongo no proporcionaba buena yesca y no podía haber sido concebido con el mismo propósito que la «materia negra» del zurrón —apoyados en la exigua base bibliográfica—, creyeron conveniente proponer asimismo esa otra vía. Además, como ellos mismos recogen, nuestro Gordon Wasson y el también citado previamente Georg Steller habían sostenido que los indígenas de Kamchatka, en Siberia, tomaban el políporo del abedul como alimento, al menos mientras era joven, junto con el *muchumor* (*Amanita muscaria*) con el que se *recreaban*. El uso reconocido de otros políperos como agentes antiinflamatorios, antimicrobianos y anticancerígenos en la medicina popular, sobre todo rusa, terminaba de decidirlos en este sentido. En 1993, al poco del hallazgo de Ötzi, Paul Stamets sí había descrito de hecho el efecto de los tés de *P. betulinus* como antifatigante, calmante e inmunoestimulante. Por último, puede afirmarse que de estas setas halladas en la correa del hombre del hielo se han aislado compuestos bioactivos, como los triterpenos, que han inhibido el crecimiento de tumores malignos en perros (cáncer vaginal) y ratones (sarcoma) y han prevenido la poliomielitis en ratones y monos.

El hongo yesquero (*Fomes fomentarius*), por su parte, ha sido el más importante de los políporos usados durante milenios como yesca (o *amadou*) para hacer fuego, tal cual demuestran numerosos yacimientos en todo el mundo. Se ha convenido que es el más referido neutralmente por las fuentes como *punk* o *touchwood* («madera esponjosa») para diferenciarlo de champiñones, setas venenosas (*toadstools*), etc. Pero, aparte de este objetivo, muchos autores han documentado otros de tipo curativo y hasta espiritual, empezando por el mismísimo Hipócrates en el siglo v a. C.: el padre de la medicina narra su empleo como antiinflamatorio y cauterizador de heridas; su yesca se aplicaba, ardiendo, sobre la piel que cubría la zona del órgano afectado. Era conocido como «el agárico del cirujano» por cuanto servía a estos de astringente para detener hemorragias. En Japón era laxante y remedio

Ejemplares de hongo yesquero (*Fomes fomentarius*), en sendas ilustraciones de Emil Doerstling [*Pilze der Heimat; eine Auswahl der verbreitesten, essbaren ungeniessbaren und giftigen Pilze unserer Wälder. Zweiter Band,* 1-2; Eugen Gramberg, 1913].

para las hemorroides y en China se ha llegado a tratar con él el cáncer de esófago. Los investigadores de los hongos de Ötzi razonan que fue el reconocimiento de su potencial médico, al margen de su mera utilidad como yesquero, lo que condujo a las gentes a suponerle un cierto carácter espiritual y esta línea de investigación nos lleva, con ellos, de regreso a Siberia y rumbo a la isla japonesa de Hokkaidō, donde los pueblos janti y ainu respectivamente, sobrevenidas epidemias o desgracias varias, quemaban *F. fomentarius* alrededor de sus hogares durante toda la noche para ahuyentar a los demonios o malos espíritus que, según su creencia, las causaban. Por lo demás, se ha demostrado efectivo como aislante en gorros y otras prendas, o para la pesca a mosca, y en el este de América, como los mencionados janti siberianos, se fumaban las cenizas de su yesca solas o mezcladas con tabaco.

Lo que está claro, por si el lector lo presume en consonancia con nuestras descripciones previas de *Psylocibe cubensis* y *A. muscaria*, es que al entrañable Ötzi, diríase que el verdadero «hombre de las nieves» más allá de mitos y leyendas, no cabe atribuirle una idea recreativa o psicotrópica de estos hongos —no todo va a ser colocarse— sino, si acaso, la de narcóticos en el sentido de sedantes y la de nematófogos o antiparasitarios para tratar sus múltiples infecciones y dolencias. También puede pensarse, después de todo, que aquellas setas y aquella «materia negra» fueron a parar por arte de magia a su correa y a su zurrón o que se hizo con las primeras por mero placer estético. Sea como sea, este episodio nos recuerda de modo insólito esa suerte de universalidad y omnipresencia histórica del reino Fungi; el papel de unos seres que nos han acompañado siempre y sin los que no podría entenderse la vida.

En España contamos con nuestros propios Ötzi nacionales, e incluso con algunos más antiguos.

Los neandertales de la cueva de Sidrón, en Asturias, cuyos restos han perdurado hasta nuestros días, nos ofrecen una perspectiva incomparable en este recorrido por la prehistoria y la protohistoria fúngicas. El concejo de Piloña se encuentra en un entorno privilegiado, en el corazón de los Picos de Europa, donde la vegetación es variada y exuberante y predominan los bosques de hayas, robles, castaños, avellanos y pinos, junto con algunas plantaciones espurias de eucaliptos introducidas en la década de 1960 como pretendida solución milagrosa para el sector maderero; también aquí, claro, el paisaje ha sido moldeado por la acción humana a lo largo de los siglos, pero Piloña sigue ofreciendo al visitante un panorama bucólico y ensoñador de la mano de sus espléndidas arboledas caducifolias y sus abundantes cultivos de manzanos, destinados a la elaboración de una sidra sin parangón. En este idílico entorno se alza la cueva de Sidrón, donde se han hallado los restos óseos de trece individuos que datan nada menos que de hace 49 000 años. Lo que resulta particularmente reseñable es el estudio de la flora bucal de estos: el material genético presente en su sarro dental ha revelado que la dieta de estos neandertales incluía setas, piñones y musgo, y, sorprendentemente, no se han registrado evidencias que sugieran el consumo de carne, lo cual contrasta con otros yacimientos contemporáneos. En particular, se advierte la notable proporción de *Schizophyllum commune*, una especie de hongo basidiomiceto —que se reproduce por basidios o esporangios microscópicos— que prolifera silvestre sobre árboles en descomposición cuando la temporada lluviosa da paso al período seco, durante el cual la seta es recolectada abundantemente; considerada hoy de escaso interés culinario, pero al parecer provista de propiedades medicinales (inmunomoduladoras y antitumorales), *Schizophyllum commune* ha sido no obstante señalada en los últimos años como posible causante de infecciones micóticas (p. ej.: rinosinusitis) y de la llamada «pudrición blanca» de la madera. Por otro lado, uno de los individuos de la cueva padecía una infección que le había provocado un absceso dental y, además del patógeno gastrointestinal *Enterocytozoon bieneusi* —responsable de diarrea aguda en humanos—, en su sa-

Hombre de Neandertal en Le Moustier, 1915 (detalle) [Wellcome Collection].

rro se hallaron, curiosamente, fragmentos de ADN del moho *Penicillium rubens* (la primera especie de hongo que produciría la penicilina de Fleming) y restos de corteza de álamo con ácido salicílico (ingrediente activo de la aspirina); así pues, según sus investigadores, este neandertal parece haberse automedicado adoptando métodos similares a los nuestros para tratar sus dolencias: antibióticos naturales y analgésicos rudimentarios aunque efectivos; se desconoce si sucumbió a sus afecciones —lo cual era probable cuando se daban abscesos dentales— o logró sobrevivir, pero su caso no solo nos ofrece una visión única sobre las prácticas médicas ancestrales, sino que además, puesto que portaba una arquea *Methanobrevibacter oralis* de 10,3× de profundidad de cobertura, nos ha brindado el borrador del genoma microbiano más antiguo generado hasta la fecha (de unos 48 000 años) e información de valor incalculable para el examen de la evolución de nuestra microbiota.

La península ibérica, con fama de albergar pueblos resueltamente micófilos (véanse los catalanes y vascos) y también ciertamente micófobos (véanse los gallegos y castellanos) —por más que la categorización sea inexacta y reduccionista por definición—, nos proporciona, como es natural, incontables indicios de la existencia de hongos en las cazuelas domésticas a lo largo de los siglos. En Bañolas, la localidad gerundense que alberga su mayor lago natural, se han encontrado restos de poblados prehistóricos con palafitos en sus humedales y el yacimiento de La Draga se ha convertido en todo un parque arqueológico dedicado al período neolítico; allí, hace aproximadamente 7300 años, habitó una sociedad de cazadores-horticultores que, a tenor de los hallazgos del equipo del Museo de Arqueología de Cataluña y el Instituto Milá i Fontanals, empleaban hongos, entre otras cosas, como yesqueros: al menos dos de los 86 restos catalogados —de las especies *Coriolopsis gallica, Daedalea quercina, Daldinia concentrica, Ganoderma adspersum, Lenzites warnieri y Skeletocutis nivea*— mostraban signos claros de haber sido manipulados para extraer yesca. Más al interior encontramos Villar del Humo, en Cuenca, que, en medio de un entorno natural envidiable protagonizado por pinos carrascos y rodenos, acoge otro sitio arqueológico excepcional cuyas pinturas rupestres lo presentan como una auténtica catedral del Neolítico y el Mesolítico; concretamente en uno de los murales, en el que se representan bueyes, ciervos y figuras humanas, una gran hilera de hongos domina la escena: se ha podido identificar una especie específica, bautizada como *Psilocybe hispanica*, descrita por ver primera en el Pirineo oscense (a más de 300 kilómetros del yacimiento) —en efecto, como miembro de este género y portadora de psilocibina, se consumiría por sus efectos alucinógenos—, y las formas pseudohumanoides de algunos de estos hongos dejan entrever la posibilidad de un uso enteógeno en ceremonias rituales.

Mención aparte en el marco de la Península merece la que se ha dado en llamar la Dama de Rojo, de la cueva del Mirón, sita en el municipio cántabro de Ramales de la Victoria. El valle de Asón, por el que discurre el río del mismo nombre, ha sido testigo en el presente siglo del descubrimiento de un enterramiento inaudito en el que igualmente toman parte nuestros fabulosos hongos, y esta vez de una forma innovadora.

El esqueleto, a excepción del cráneo, estaba casi intacto, así que se lo pudo someter a un análisis en profundidad. Era una mujer robusta y alta para el período en que vivía, el Magdaleniense, última etapa del Paleolítico superior; desde un principio se dedujo que la señora gozaba de buena salud y que había muerto a una edad entre los 35 y los 40 años. Fue enterrada en la parte posterior del salón de la cueva, tras un bloque de piedra que apareció caído de manera accidental; la datación del esqueleto desveló que aquello había sucedido hacía 18 700 años. Al margen de un grabado adyacente que evocaba un personaje femenino, lo novedoso radicaba, sobre todo, en el color ocre rojo de la pintura que recubría el cuerpo, obtenido a partir de un pigmento de óxido de hierro: la práctica se remontaba a tiempos anteriores incluso a *Homo sapiens*, constituía a todas luces un ritual funerario y apuntaba a una cierta excepcionalidad en el fallecido por la cual era sepultado de modo diferenciado.

Las conclusiones de los análisis fueron que la dieta de la mujer era en un 80 % carnívora (de carne proveniente de la caza del muflón o el íbice)

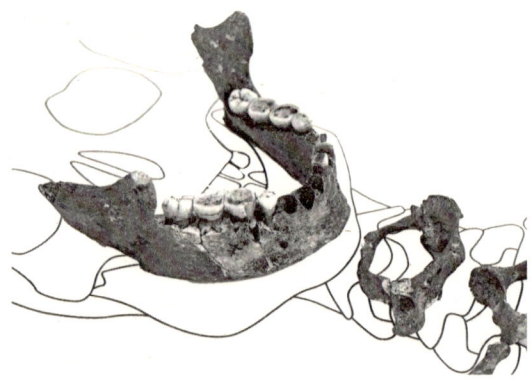

Mandíbula inferior y vértebras cervicales de la Dama Roja [Thilo Parg, CC BY-SA 4.0].

y en un 20 % dependiente de pescados —en especial, salmón—, vegetales, setas de la familia Boletaceae (boletos) y otros hongos, del orden Agaricales. Se han advertido indicios genéticos de champiñones, pero lo interesante es que los investigadores no circunscriben la ingesta de estos hongos a la del alimento único, sino que plantean, visualizando la placa dental, que pudieran emplearse, además de como medicamento (quizá para el tratamiento de tricocéfalos de los que infectarían a Ötzi), como condimento para aquellas comidas al estilo de los cazadores-recolectores. Cabra montés con salteado de boletos... no suena mal, ¿no?

A modo de resumen, en todo caso, las historias del hombre de Ötzi, los neandertales del Sidrón y la Dama de Rojo del Mirón ponen de relieve, antes que nada, el peso y la significación de las especies fúngicas en la farmacopea diaria de las poblaciones primitivas por encima de su papel en la dieta habitual de aquellas.

Sin perder de vista la trascendencia de las mitologías y las creencias populares transmitidas por vía oral desde los primeros tiempos y luego grabadas con tinta, esto es, el condicionamiento previo que las diversas generaciones pudieran experimentar con respecto a determinados hongos, no sería de extrañar que precisamente la necesidad de alimento o la simple curiosidad por aquellas criaturas emergidas de la tierra condujeran a la aprehensión de la idea del veneno, primero, y, con ella, a la del correspondiente antídoto o el lenitivo que mitigase la intoxicación.

Todo un compendio de conocimientos y sabiduría al respecto sería transmitido de padres a hijos, entiéndase, personificados en el chamán de la tribu o en las sucesivas figuras análogas y, de tal suerte, a lo largo de los tiempos, se iría forjando una cada vez más férrea y profunda relación del hombre con el medio, una singular simbiosis del ser humano con esa naturaleza feroz pero clemente que en unas cosmovisiones y otras se manifestaba aún sagrada.

La raza humana es observadora por esencia. Nadie discute que el uso de medicamentos en el pasado estaba sujeto al principio de acierto y error, salvo desgraciadas excepciones en las que tan solo se aplicaban protocolos obsoletos e improcedentes o en las que la temeridad y la desinformación tenían como consecuencia alguna que otra desgracia general. Una vez llegó a mis manos una noticia llamativa mientras trabajaba sobre interferencias farmacológicas en el test de embarazo: en la pertinente revisión bibliográfica, topé con una referencia del papiro Carlsberg, documento egipcio sobre medicina de unos 3500 años de antigüedad y que es custodiado en la gliptoteca homónima de Copenhague; el texto abordaba en un punto un método destinado a detectar el embarazo y el sexo del bebé: para averiguar si una mujer estaba encinta, debía orinar en dos recipientes, uno con semillas de trigo y otro con semillas de cebada, y el frasco cuyas semillas germinaran primero revelaría el estado de gravidez (si germinaba la cebada, al parecer, la mujer estaba embarazada; si germinaba el trigo, el bebé sería varón; si ninguna semilla germinaba, entonces la mujer no estaba en estado de buena esperanza). Sofie Schiødt, la estudiante de egiptología que tradujo el texto, aseguró que la prueba aparecía asimismo en un libro de folclore alemán de 1699, que la habría heredado a su vez de Grecia y de Roma. Para evaluar su veracidad, en 1963, unos investigadores la sometieron a estudio y publicaron los resultados en la revista *Medical History*: las semillas de trigo y cebada regadas con orina de hombres y mujeres no embarazadas no germinaban; sin embargo, en alrededor del 70 % de los casos con orina de gestantes se constató que en efecto empezaron a desarrollarse. Lo que no se pudo predecir con precisión fue el sexo de los niños. Invito a realizar el experimento en casa: sin duda, no tiene desperdicio.

📖 PARA SABER MÁS

Akers, B. *et al.* (2011). A prehistoric mural in Spain depicting neurotropic «Psilocybe» mushrooms? *Economic Botany*, 65: 121-128.

Berihuete-Azorín, M. *et al.* (2018). Punk's not dead. Fungi for tinder at the Neolithic site of La Draga (NE Iberia). *PLoS One*, 13(4).

Fortea, J. *et al.* (2003). «La cueva de El Sidrón (Borines, Piloña, Asturias): primeros resultados». *Estudios Geológicos*, 59: 159-179.

Ghalioungui. P. *et al.* (1963). On an ancient Egyptian method of diagnosing pregnancy and determining foetal sex. *Med. Hist.*, 7(3): 241-6.

Kean, W. F. *et al.* (2012). The musculoskeletal abnormalities of the Similaun Iceman ("Ötzi"): clues to chronic pain and.... *Inflammopharmacology*, 21(1).

Peintner, U. *et. al.* (1998). The iceman's fungi. *Mycological Research*, 102(10): 1153-62.

Power, R. C. *et al.* (2015). Microremains from El Mirón Cave human dental calculus suggest a mixed plant–animal subsistence economy during the Magdalenian in Northern Iberia, *Journal of Archaeological Science*, 60: 39-46.

Rosas, A. *et al.* (2006). Paleobiology and comparative morphology of a late Neandertal sample from El Sidrón, Asturias, Spain. *PNAS*, 103(51):19266-71.

Straus, L. G. (2015). «The Red Lady of El Mirón». Lower Magdalenian life and death in oldest Dryas Cantabrian Spain: an overview. *J. Archaeol. Sci.*, 30: 134-137.

Weyrich, L. S. *et al.* (2017). Neanderthal behaviour, diet, and disease inferred from ancient DNA in dental calculus. *Nature*, 544(7650):357-361.

UNA DE GRIEGOS Y ROMANOS

Era una tarde de principios de octubre. Había llegado el otoño y Claudio convocó a su círculo de amistades para celebrarlo con un suntuoso banquete. La vendimia había producido sus mejores caldos y era el momento perfecto para agradecer a Baco tan generoso don. En la mesa se disponían los manjares favoritos del emperador: faisanes, venados, pequeños jabatos... todos ellos acompañados por las frutas más exquisitas del bosque: granadas, moras, frambuesas, manzanas silvestres, madroños... y, por sobre todo, por el tesoro mágico de los bosques, alimento divino, ambrosía: las setas más exclusivas y suculentas del Imperio.

El viejo césar era un glotón empedernido. Inteligente y recto, pero enfermizo y suspicaz, antaño rata de biblioteca, despreciado en vida... y al parecer generoso con las ventosidades. Nadie comprendía cómo la joven Agripina había aceptado ser su esposa, o tal vez sí: ella sabía bien que, si enviudaba, la Corona recaería sobre su hijo Nerón. Se había dictado sentencia contra el soberano.

En medio del festín, un criado aparece con una humeante fuente de amanitas, el plato favorito de Claudio. Sus yemas, suaves y deliciosas, eran irresistibles al paladar. Agripina toma una seta y, con una mirada sensual, la acerca a los labios de su esposo; él, con la visión nublada por el exceso de vino especiado, le sigue el juego, degustándola y hasta lamiendo con deleite los perfumados dedos de la emperatriz. Repitió varias veces hasta vaciar la fuente. La sentencia se había cumplido: al cabo de pocos días, el emperador partiría en la barca de Caronte rumbo al Hades.

La escena nos resulta familiar gracias a una excelente serie televisiva basada en la más célebre novela de Robert Graves y producida por la BBC: *Yo, Claudio*, que cautivó a millones de personas en todo el mundo. Su visionado despertó en mí una extraña curiosidad por el verdadero rol que desempeñaron las setas en la historia del colosal Imperio romano.

Arriba: Claudio es envenenado con setas por Agripina en presencia de Nerón [*De claris mulieribus* (*Von etlichen frowen*), Bocaccio (trad. Heinrich Steinhöwel), ca. 1474]. Abajo: «Exaltación de la flor». Fragmento de una estela griega de Farsalia con dos mujeres o diosas (¿Deméter y Perséfone?) admirando lo que parecen setas [Museo del Louvre].

Hablar de Roma es quizás haberlo hecho antes de Grecia. Cuesta concebir que la antigua Grecia fuera culturalmente micófoba, tal como afirmó Gordon Wasson. Es difícil imaginar al glorioso Aquiles huyendo ante un champiñón o a la bella Helena rechazando un afrodisíaco tentempié de trufas. La explicación reside en que micofobia y micofagia —o, más allá, hasta micolofilia— son conceptos que no se excluyen mutuamente. Ya hemos adelantado que fue Wasson el encargado de trazar la distinción, pero fue él también el encargado de matizarlo. Se puede tener miedo a las setas pero sentir a la vez pasión por degustar níscalos a la plancha; e, incluso, los antiguos podían gustar o necesitar de ciertos hongos y al mismo tiempo, tras recolectar algunos, rogar a Dios o a los dioses —como de hecho hacían—, temerosos, para que no fueran tóxicos. Dentro del arte culinario, quien padece micofobia y micofagia se asemeja al japonés consumidor de fugu (pez globo), consciente de que dicho pescado contiene un veneno letal —la tetrodotoxina— que inhibe los canales de sodio y causa muerte instantánea por asfixia. Siempre hay un porqué.

Cuando Robert Gordon Wasson paseaba por las montañas Catskill, al sureste de Nueva York, durante su luna de miel con su joven esposa (y futura colaboradora etnomicóloga) Valentina Pavlovna, rusa de nacimiento, el encuentro con unas setas ubicadas al borde de la carretera dio pie a una discusión entre ellos sobre si eran o no comestibles. Se produjo de modo patente un auténtico choque de culturas —o siquiera de raíces—, la eslava de Valentina frente a la anglosajona de Robert. El intenso debate los llevó a la conclusión de que sus discrepancias tenían origen en las diversas tradiciones folclóricas europeas y teorizaron sobre una marcada división histórica entre «micófilos», como los pueblos eslavos, y «micófobos», como los anglosajones. Y de aquí pasarían, indagando, a darse de bruces con una suerte de pretérito tabú de índole religiosa muy arraigado —que también hemos abordado en parte en páginas anteriores—, transmitido de pueblo en pueblo a lo largo de los siglos.

Si, al tratar la cuestión de Egipto y del enigmático *soma*, apuntábamos que no han sido pocos los que han sostenido que solo los faraones podían acceder a los hongos *Psilocybe* ni los que han identificado a *Amanita muscaria* con el «alimento de los dioses» del que hablan las fuentes —con más o menos credibilidad—, el caso griego nos retrotrae a un Nerón que, en palabras de Robert Graves (*The Atlantic Monthly*, agosto de 1957), habría corroborado cruelmente la consideración de los hongos como manjar divino proclamando: «Sí, causaron la deificación de mi difunto padrastro».

A inicios del siglo III a. C., en el marco de la segunda sofística helenística y del intento de recuperación de la retórica, la literatura y el esplendor del pasado griego, en suma, cuando ya Roma dominaba el Mediterráneo, Ateneo de Naucratis alumbró su *Banquete de los eruditos* o *Deipnosophistae*, una obra monumental de quince libros que, además de revelar información inestimable sobre el mundo literario y la vida en la Grecia clásica, constituye todo un tratado gastronómico y devino una significativa fuente de recetas en esa lengua. Ambientada en una serie de ágapes dados por el rico patricio romano Publio Livio Laurencio y estructurada como un diálogo en el que el autor los relata a su amigo Timócrates, contiene constantes referencias a los hongos y, por añadidura, la relación de los ingredientes para un plato confiada por el médico Dífilo de Sifnos, experto en nutrición. Antífanes parece despreciar las setas cuando dice: «La cena es un pan de cebada [...] y algunas fruslerías: una cerraja, o una seta, y cosas semejantes que nos proporciona el lugar, míseros productos para los miserables», no obstante las acoge resignado después: «Pues ¿quién de vosotros sabe el futuro que está destinado a sufrir cada uno de nuestros amigos? Así que, rápido, coge estas dos setas de encina y ásalas»; según se asevera, pocos de estos frutos de la tierra son comestibles y casi todos matan por asfixia, por lo que Epicardo predice: «Como las setas entonces, desecados, os asfixiaréis»; y Nicandro expone: «Aborrecibles sufrimientos están guardados en el olivo, el granado, la encina y el roble: las asfixiantes cargas que llevan pegadas de setas tumefactas». Pero también Nicandro recomendará enterrar en estiércol un tallo de higuera y regarlo con agua corriente: «... y entonces crecerán en el fondo hongos inofensivos; selecciona de ellos lo que sea bueno para comer y no merezca desprecio y corta la raíz»; y luego asegurará: «Y allí también podéis asar las setas, del tipo que llamamos ἀμάνιται [*amanîtai*, "amanitas"; se entiende que las comestibles]». Diocles de Caristo, por lo demás, las menciona tras cebollas y trufas entre las «plantas silvestres para hervir»; y frente a aquella concepción negativa inicial, diríase que plasmación de la micofobia generalizada en el pueblo heleno, se alza definitivamente el citado Dífilo describiendo las setas de la isla de Ceos como «sabrosas, laxantes del vientre y nutritivas», aunque las reconoce asimismo «indigestas y flatulentas» y se explaya:

«Sin embargo, muchas provocan también la muerte. Parece que son apropiadas para comer las muy finas, tiernas y fáciles de romper que nacen en los olmos y pinos. Y son inapropiadas para comer las negras, lívidas y duras, y las que después de hervidas y servidas se endurecen, las cuales producen la muerte al ser consumidas. El remedio consiste en una poción de hidromiel y ojimiel, nitro y vinagre; tras su ingesta hay que vomitar. Por eso conviene así mismo prepararlas preferentemente con vinagre y ojimiel, o miel, o sal, pues de este modo se elimina su principio asfixiante».

Algún autor se ha aventurado a ofrecer una receta basada en las palabras de Dífilo, a la que ha dado en llamar «setas con miel» o *mykai*, por el término griego antiguo que emplea Ateneo (μύκαι); el especialista en estudios clásicos Mark Grant (*Roman cookery*) propone treinta gramos o una onza de *Boletus edulis* («boleto comestible», *porcini*), una cucharada de vinagre de vino tinto, una cucharada de miel clara y, si se quiere, sal marina: «Cubrir los champiñones con agua hirviendo y dejar en remojo durante media hora. Luego agregar vinagre y miel y cocinar a fuego lento, tapado, media hora. Sazonar con sal, si así se desea, y servir caliente». Por cierto: de μύκαι (y, a través de él, de μύκητας/μύκητες) parece provenir el nombre de la legendaria ciudad de Micenas (Μυκήνας), fundada por Perseo en el Peloponeso: Pausanias cuenta que, según ha oído, el héroe tenía sed y se le ocurrió recoger un hongo, del que empezó a brotar un agua que bebió con fruición; si no, el epónimo correspondería a la funda caída de la vaina de su espada (μύκης).

Diferentes especies del género de hongos saprofitos *Mycena*, bautizado, como al parecer la ciudad fundada por Perseo, a partir de la palabra griega antigua *múkēs*, «hongo». Ilustración a partir de *The Oxford book of flowerless plants*, Barbara Nicholson, 1966.

Naucratis («fuerza naval», «la que domina los barcos»), ubicada en el delta del Nilo, fue la primera colonia establecida por los griegos en el antiguo Egipto de modo permanente (620-615 a. C). La egipcia, si hemos de dar crédito a las consideraciones de *Psilocybe* como «don de Osiris» y de *A. muscaria* como alimento/carne de dioses, *soma, aakhut* en incluso llave de vida simbolizada en el *ankh*; o siquiera a los razonamientos genéricos de estudiosos como Josep Maria Fericgla (*El hongo y la génesis de las culturas*) acerca de los enteógenos como agentes que, una vez descubiertos, son o se intenta que sean rápidamente monopolizados por la casta, la clase o el estamento social dominante, es, sin duda, una cultura tan micófoba como micófaga y acaso micófila. Y es que, dejando al margen de nuevo los siempre sugerentes psicoactivos, la relación de esta civilización con los hongos ha sido ancestral y fecunda.

En la medicina egipcia, los hongos llegaron a desempeñar un papel esencial. El políporo *Ganoderma lucidum* —referido en castellano como «pipa» por la forma de su seta—, que se creía igual al popularizado como remedio natural en China (*língzhī*), Japón (*reishi*) y el resto del mundo asiático, ha sido descrito como empleado para la terapia del cáncer: su extracto acuoso, se ha afirmado, modula las funciones del sistema inmmunológico y presenta propiedades antimicrobianas, y algo similar sucede, por ejemplo, con *Ganoderma resinaceum* (tal cual podrá presumirse, también se ha manifestado que la infusión de *Ganoderma* fue prohibida a personas ajenas al faraón y su familia tan pronto como se supo de su poder). Como es sabido, por otra parte, los antiguos egipcios empleaban levadura para la elaboración de pan —ergo debían de albergar alguna noción de fermentación— y fabricaban cerveza; recientemente se ha constatado, tras observarse trazas en huesos humanos (lo han hecho el químico Mark Nelson y el antropólogo George Armelagos), que la cerveza de los nubios del Alto Egipto contenía notable cantidad de tetraciclina, un antibiótico natural producido por una bacteria del suelo del género *Streptomyces*: los nubios bebían «birra» para combatir infecciones —no es mala idea, ¿no?—. La tetracilina no sería *descubierta* en nuestra era hasta 1945-1948, de la mano de Benjamin Duggar.

Las interacciones económico-culturales que se dieron entre griegos y egipcios, escenificadas claramente en Naucratis y en el comercio a través del Nilo, propiciaron un interesante intercambio de ideas. Entre estas, se extendió la singular creencia de que las esporas de los hongos descendían a la tierra mediante rayos enviados por los dioses.

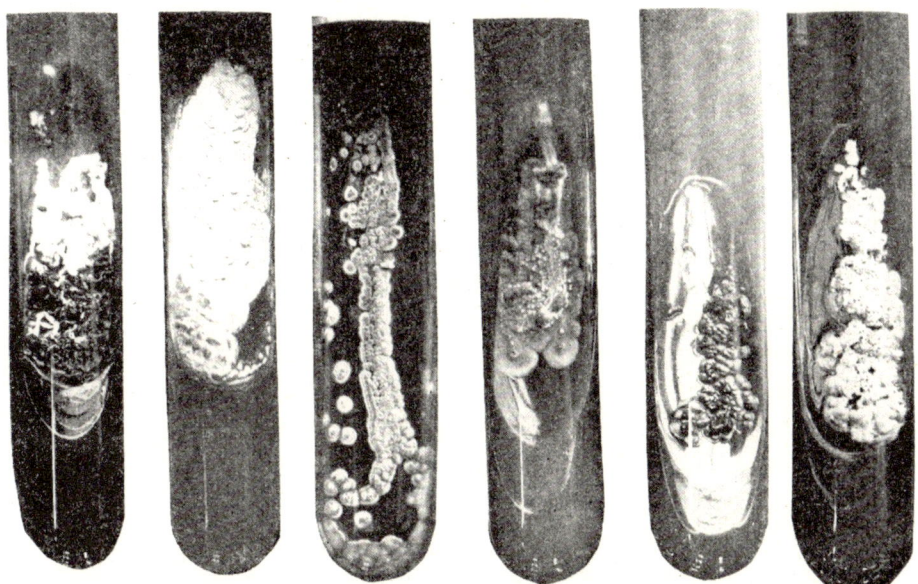

Crecimiento típico de especies de suelo de bacteria *Streptomyces* —*twisted fungus* u «hongo enrrollado» según el microbiólogo David A. Hopwood (*Streptomyces in nature and medicine*)— en medios sintéticos [a partir de *The actinomycetes: classification, identification and descriptions of genera and species*, Selman A. Waksman, 1961].

El peculiar crecimiento de los hongos, que desafiaba el patrón habitual advertido en las plantas, avivó la insaciable curiosidad de los filósofos griegos y Aristóteles, de hecho, profundamente intrigado por estos organismos, se decidió a intentar desentrañar su naturaleza enigmática; no en vano había escrito en sus *Partes de los animales*: «... es necesario no rechazar puerilmente el estudio de los seres más humildes, pues en todas las obras de la naturaleza existe algo maravilloso». Le desconcertaba que los hongos se reprodujeran con tal rapidez sin que él pudiera observar semillas visibles; concluyó que estas debían ser extremadamente diminutas e invisibles al ojo humano. El estagirita, primer taxónomo, clasificó los hongos como criptógamas o «plantas sin flores», aunque esta categorización no le satisfizo del todo. En *De anima* (o *Acerca del alma*), Aristóteles esbozará un enigma que no ha comenzado a aclararse hasta hace muy poco: el de por qué algunos hongos y escamas u ojos de peces aparecían ígneos y brillantes en la noche («no todo lo que se ve es visible a la luz [...]: ciertas cosas, desde luego, no se ven a la luz y, sin embargo, producen sensaciones en la oscuridad...»); lo retomaremos en páginas sucesivas.

Para bien o para mal, los hongos estaban intrínsecamente ligados a la sociedad helena. Hipócrates, genio mayor de la medicina, que acabó con la peste de Atenas en el 430 a. C. por medio del fuego, abordó las infecciones fúngicas por la vía de la observación clínica en sus lecciones en la escuela de Cos; a él se deben, como muestra, los primeros registros de aftas o úlceras en membranas mucosas que luego se sabrían ocasionadas por *Candida albicans* (en la infección bautizada como candidiasis bucal) y el relato de la curación de la hija de Pausanias con hidromiel y un baño caliente tras haber comido un hongo crudo (en un caso, a buen seguro, de gastroenteritis por setas). Dioscórides es el primero en hablar del agárico blanco (*agarikón* o *Laricifomes officinalis*), base del «elixir de larga vida», si bien ignora si es tal o una planta: «Es útil contra los torcijones del vientre, contra la indigestión, contra las rupturas y espasmos de nervios, y contra las caídas de alto»; siguiendo a Plinio el Viejo y al mismo Dífilo —los duros *noxii fungi* frente a los tiernos *innocentiores*—, señalará la distinción entre hongos perniciosos/perjudiciales (*fungi perniciosi*) y comestibles (*fungi esculenti*). Eurípides, figura insigne de la gran triada de poetas trágicos de la Antigüedad, habría perdido a su mujer, a su hija y a dos hijos por una intoxicación con setas, según su propio relato de este hecho presenciado en una casa de campesinos durante un viaje a Icaria. Y así habrían ido forjándose los cimientos del concepto de los hongos que de algún modo heredaríamos.

Los horticultores griegos se atrevieron con el cultivo habitual de hongos comestibles alrededor del 200 a. C. y su experiencia hizo posible

Representación de setas en una traducción árabe del *De materia medica* de Dioscórides [Metropolitan Museum of Art, cco 1.0].

un creciente conocimiento común sobre sus usos prácticos. Teofrasto había abierto camino en su ensayo *De odoribus* (o *Sobre los olores*) al advertir que el hedor de lo putrefacto se hallaba en todas las cosas pero las cosas que se producían por materia en descomposición, como los hongos que crecían del estiércol, no tenían mal olor, así como que, en general, «las cosas cocidas, las delicadas y las menos terrosas» ofrecían gran aroma. Lo seguiría Nicandro detallando en sus *Geórgicas* la manera de cultivar los hongos en estiércol humedecido, como hemos mencionado, y así se recolectarían especies como la seta de chopo (*Agrocybe aegerita*), hongo saprofito —descomponedor— del que cuenta Dioscórides: «Escriben algunos que, si tomamos las cortezas del pópulo blanco y del negro [léase «del chopo/álamo blanco y del negro», género *Populus*] y, desmenuzadas, las soterramos en algún lugar bien estercolado, producen en cualquier tiempo hongos, que seguramente se pueden comer».

No podemos concluir sin referirnos brevemente a los misterios de Eleusis, quizás el culto más emblemático de la cultura griega, que se celebró en la ciudad homónima entre los siglos VII a. C. y IV d. C. El término *misterio*, del latín *mysterĭum* y a su vez del griego *mystērion*, implica un secreto que los iniciados o «mistos» (μύσται) debían guardar celosamente. Se trataba de ritos de iniciación en honor a las diosas Deméter y Perséfone al parecer confiados como sendero a la inmortalidad y la vida futura; eran presididos por los hierofantes o sumos sacerdotes. Enamorado perdidamente, Hades/Plutón, dios del inframundo y hermano de Deméter, había raptado a su sobrina Perséfone/Proserpina, hija de esta, cuya ira provocó la desolación de los campos; Zeus ordenó a Plutón que la liberase y él accedió, no sin antes asegurarse su compañía durante unos meses haciéndola comer unas semillas de granada, que la obligarían a regresar del mundo de los vivos a razón de un mes por semilla; el «renacimiento» de Perséfone tras el invierno marcaba el inicio de la primavera. Había misterios mayores y menores y un día señalado era la Epidauria, procesión al Eleusinión o templo de Deméter en Atenas, pero la meta era propiamente, de vuelta, el Telesterión de Eleusis, donde culminaría la iniciación: los mistas realizaban sacrificios, recitaban fórmulas sagradas antes de entrar y debían ingerir el *kykeón*, un brebaje psicoactivo de menta, agua y cebada mezclado, entre otras cosas, con cornezuelo de centeno —en Mas Castellar (Gerona) se ha hallado un posible santuario dedicado a Deméter y Perséfone con restos de *Claviceps purpurea* en una mandíbula humana y otros de cerveza y levadura en una suerte de *kernos* o vaso ritual—. La revelación de aquellos ritos secretos ulteriores implicaba ser condenado a muerte.

Escena de simposio representada en el interior de una copa griega (*kýlix*), en la que una hetaira prostituta de alta alcurnia alimenta al hombre mientras mesa su barba. Atribuida a Macrón, ca. 490-480 a. C. [Museo de Bellas Artes de Boston].

Tarquinio el Soberbio, último rey de la antigua Roma, representado con una seta como trono por John Leech [*The comic history of Rome*, Gilbert Abbot à Beckett, 1850].

Lo cierto es que el relato de los misterios eleusinos aquí sintetizado, confrontado con sus análogos en otras tradiciones o extrapolado como representación a las complejas realidades históricas de civilizaciones que no pueden entenderse sin el mito, pero sobre todo complementado por necesarios hallazgos arqueológicos que han de materializar lo que en un punto dado solo puede limitarse a la categoría de órdago o de cábala, parece refrendar (al menos en una primera lectura) las palabras de Fericgla:

> «El control de los enteógenos y de su manipulación otorga la capacidad de establecer relaciones directas con las deidades correspondientes y, en consecuencia, de dominar, crear y recrear los mundos mágicos, extáticos y míticos de una sociedad dada, mundos que se encuentran en la base, en el núcleo mismo de los valores de un pueblo».

Robert Graves también ha sugerido que la ambrosía griega, alimento reservado a los dioses del Olimpo (y definido por los gramáticos como una papilla espesa de miel, agua, fruta no especificada, aceite de oliva, queso y cebada perlada), pudiera ser, así como el néctar, una modulación encriptada de un hongo. Tiene su miga, verá. Se retrotrae para ello a Ixión, nefasto rey de los lapitas, que asesinó a su suegro arrojándolo a un foso lleno de brasas ardiendo e, ignorado por todos los dioses, fue finalmente perdonado por un compadecido Zeus, del que algunas versiones añaden que lo habría salvado del terrible castigo que le aguardaba ofreciéndole la ambrosía y, con ello, la inmortalidad. Llegado al Olimpo, el infame Ixión intentó violar a su esposa Hera y presumió de ello, por lo que, comprobado su crimen, Zeus lo mató con un rayo (único modo de matar a quien estaba protegido por la ambrosía) y fue condenado a girar eternamente en una rueda de fuego en la mazmorra del Tártaro, lo más profundo del inframundo; lo inmortalizó José de Ribera con su cuadro en 1632. Cuenta Graves en *Qué comían los centauros* (1958) que un buen día, leyendo el estudio sobre Zeus del profesor A. B. Cook, descubrió para Robert G. y Valentina Wasson la imagen de un espejo etrusco del 500 a. C. que muestra a Ixión atado a su rueda y, en un detalle que había pasado desapercibido a todo el mundo (más que nada, porque el propio autor apenas aludiría a una «flor» que no tenía relevancia alguna), con una seta a sus pies, que él considera una falsa oronja aun sin apreciar la parte exterior del sombrero. Abreviando: Graves no da cabida a la teoría de que Zeus ofreció la ambrosía a Ixión, pero abraza una narración alternativa del castigo de este (por la cual no habría sido condenado a dar vueltas eternamente en la rueda sino a observar desde un banco dorado en el infierno todos los manjares que pasaban ante sí) y traza una analogía con su *homólogo* Tántalo, que también ha ido a parar al inframundo (por haber revelado secretos divinos, oídos en los banquetes a los que fue invitado, y haber robado néctar y ambrosía) y que fue obligado a pasar hambre y sed ante el agua de una alberca y un árbol frutal inalcanzables. Su investigación lo conduce a buscar un anagrama oculto —¿a qué nos recuerda?; aquí no parece haber (tanta) trampa— entre los nombres griegos de los ingredientes de la ambrosía y el néctar, e incluso del *kykeón* en los misterios eleusinos, que aparentemente también habría empleado Deméter para buscar a su hija perdida:

AMBROSÍĀ («AMBROSÍA»)	NÉKTAR («NÉCTAR»)	KYKEÓN («CICEÓN»)
Méli	*Méli*	*Minthá*[r]*ion*
Údōr	*Údōr*	*Údōr*
Karpós	*Karpós*	*Kukōmenon* (¿«agitado»?)
Elaios		*Álphitois*[/-*on*]
Tūrós		
Álphita		

Las iniciales de los ingredientes de la ambrosía (miel, agua, fruta, aceite de oliva, queso y cebada perlada) arrojan la palabra *múkēta*, acusativo de *múkēs* (μύκητες, «hongos»), que respondería a la pregunta «¿Qué comen los dioses?»; y las de los ingredientes del *kykeón*, por el final, arrojan *múka*, que, según se dice, es una forma previa para el nominativo/vocativo *múkēs* y respondería a «¿Qué me concede la visión mística?». En cuanto al *múk* de la receta del néctar, Graves comienza a divagar especulando con un supuesto *múos* (*muîa*) para «mosca» (por la casi ubicua seta matamoscas)... hasta que se percata de lo elástico de su argumento y decide detenerse. Curiosas casualidades... ¿no?

El griego Galeno, príncipe de los médicos, el más insigne de la Roma imperial, termina de redondear el *idilio* —entiéndase— de la antigua Grecia con el reino Fungi en una frase atribuida donde ensalza las virtudes de la trufa para provocar «una excitación general que predispone a la voluptuosidad». Si las lluvias son favorables y se da el caso, no duden en salir a su encuentro: puede que, además de un manjar que saborear en la mejor compañía, prueben un buen método de «terapia de pareja».

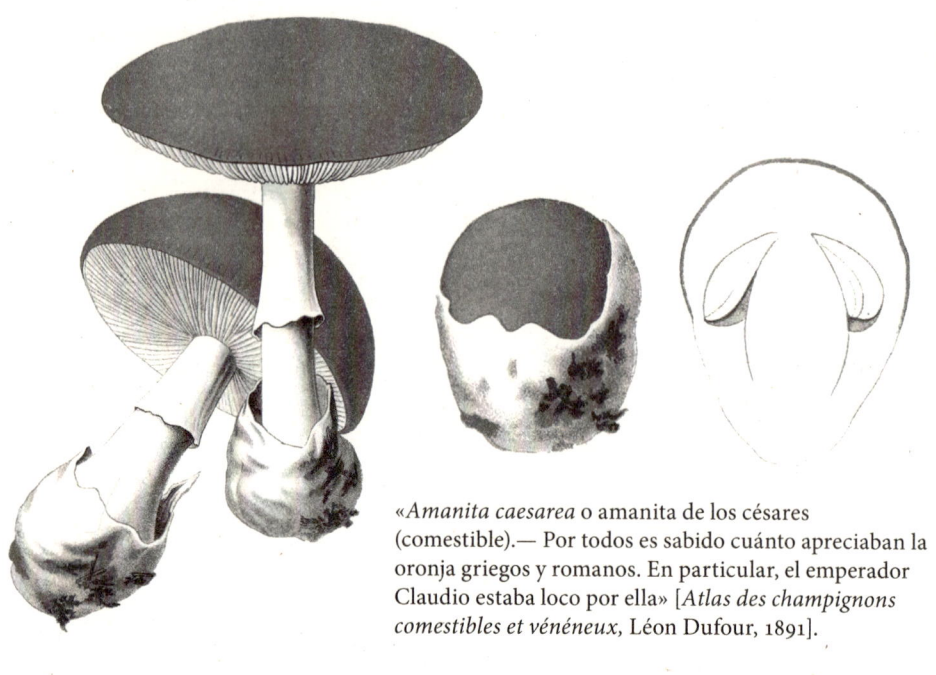

«*Amanita caesarea* o amanita de los césares (comestible).— Por todos es sabido cuánto apreciaban la oronja griegos y romanos. En particular, el emperador Claudio estaba loco por ella» [*Atlas des champignons comestibles et vénéneux,* Léon Dufour, 1891].

Mosaico romano de un jabalí buscando trufas en el Salón de los Animales del Museo Vaticano. Excelentes olfateadores, estos animales se ven atraídos por el gran aroma de estos hongos pues contienen esteroides semejantes a sus feromonas [*Crappy Kitchen*].

La sociedad romana llegó a ser un auténtico crisol de culturas. A la urbe, epicentro del vasto imperio, llegaban continuamente súbditos de todos los rincones, sobre todo por motivos comerciales o por la mera ambición de prosperar, y el pueblo romano evolucionó profundamente. Florecían múltiples comunidades que tejían una rica y a la vez compleja amalgama de tradiciones y costumbres que, eso sí, debían ahora ser integradas plenamente bajo la estructura estatal. En contra de lo que pudiera suponerse, la Administración mostraba una notable tolerancia hacia estas transformaciones socioculturales, siempre que no representaran una amenaza para la estabilidad del imperio. Los usos culinarios ajenos eran por lo general aceptados y, de hecho, la gastronomía romana se vio enormemente influenciada por los griegos desde el principio.

Los romanos no podían más que albergar, si no admiración resuelta, sí un profundo respeto hacia sus predecesores griegos, en concreto hacia sus leyes, su política y su intelectualidad. El panteón de dioses romano era una adaptación del griego y su aprecio por las setas constituyó, a decir verdad, un calco de la tradición helénica. De esta manera, los romanos se convirtieron pronto en unos micófobos micófagos. Y no es de extrañar que Séneca describa a los hongos como un «veneno voluptuoso», capaz de seducir a las personas al punto de que los consumieran hasta cuando ya no sentían hambre; en un fenómeno que hoy asociaríamos con la irresistible atracción del chocolate. El día en que una lata de champiñones nos produzca el mismo efecto que una caja de bombones, me cuestionaré el rumbo de la humanidad.

Siguiendo el ejemplo griego, los romanos también cultivaron champiñones ante la incapacidad de los bosques para satisfacer la creciente demanda. El método empleado era ingenioso: se mezclaba estiércol en descomposición con moho extraído de pantanos en lechos cuidadosamente preparados de 1,5 pies de ancho y profundidad; las esporas se sembraban en la superficie y se cubrían nuevamente con más estiércol antes de regar abundantemente el lecho dispuesto. En cuestión de días podían cosechar champiñones frescos y la superficie se mantenía productiva durante varios meses. Como se ha expresado, sea como sea, los romanos rogaban a los dioses que el fruto de la tierra no les causase mal.

Plinio el Viejo documentó casos notorios de intoxicaciones mortales provocadas por hongos, como la del *praefectus vigilum* Anneo Sereno, comandante de la guardia del emperador Nerón (esto es, jefe de los «vigiles» o miembros de la fuerza de bomberos y policía). Gran amigo del propio Séneca, quien le había dedicado sus diálogos *De tranquillitate animi*, *De constantia sapientis* y *De otio* y quien llega a escribir «... lloré con tanta desmesura a mi carísimo Anneo Sereno...», Sereno no murió solo, sino acompañado de tribunos, centuriones, «familias enteras y todos los convidados», en lo que debió de suponer una absoluta tragedia. Plinio, de hecho, se pregunta, intrigado: «¿Qué gusto puede haber en tan peligroso manjar?». A lo largo de su descripción se percibe una evidente temor a las setas, probablemente derivado de esta luctuosa experiencia que en términos tan claros detalla («Ya dijimos los remedios contra estos, y diremos otros»), pero acto seguido no duda en reconocer: «Entretanto en estos hay también algunos [buenos]. Glaucias tiene [por] ser útiles los boletos para el estómago. Los porcinos se secan colgados [...]. Estos curan las fluxiones del vientre, llamadas reumatismos [...]. También se lavan como el plomo para medicamentos de los ojos»; y ofrece indicaciones sobre el modo de cocerlos, que, por otro lado, no son sino confirmación de ese recelo: «Haránse más seguros cocidos con carne o con pezonzillos de pera. [...] Véncelos también la naturaleza del vinagre y los es contraria». Plinio refleja *grosso modo*, ni más ni menos, la postura que hoy denominaríamos micófoba y micófaga de griegos y romanos; en este fragmento no puede afirmarse que llegue a micofilia.

Si para el ámbito griego hablábamos de Ateneo de Naucratis y su *Banquete de los eruditos*, para el romano podemos traer a colación un auténtico recetario titulado *De re coquinaria* que se atribuye a Marco Gavio Apicio. Se trata de la muestra más evidente del papel de la gastronomía en una sociedad romana con gran calidad de vida. Sus variadas recetas destacan el uso de *boleti* (uno de los términos genéricos para referirse a las setas en latín), *Fungi farnei* (setas de fresno) y trufas, ingredientes fundamentales en la *gustatio* —los entremeses que precedían a las comidas principales—, pues se creía que estimulaban el apetito. Si eran de temporada, las setas se consumían crudas o asadas en un pincho sobre las brasas, disfrutando así de su frescura y sabor natural. Si estaban deshidratadas, era necesario acompañarlas con sal, vinagre y miel para realzar su palatabilidad y mitigar sus posibles efectos adversos. Para asegurar su disponibilidad durante todo el año, los almacenaban secos en recipientes sellados alternando capas de setas con capas de serrín: una vez sellada la tapa con yeso, estos frascos se guardaban en un lugar seco. Reproducimos dos platos que celebran estas delicias micológicas:

— COLMENILLAS: Se cocinan brevemente en garo [despojos de pescado en salmuera] y pimienta, luego se escurren; se puede usar caldo con pimienta triturada en lugar de garo. También pueden cocinarse en agua con sal, aceite y vino; servir con cilantro picado.

— CHAMPIÑONES: Guisados en vino reducido con hojas de cilantro; retirar las hojas antes de servir. Además, es posible asimismo cocinar los tallos de champiñones o champiñones muy pequeños (brotes) en el caldo, espolvorear con sal y servir. Otra receta más: tomar los champiñones guisados y cubrir con los huevos; agregar pimienta, apio de monte, un poco de miel, caldo y aceite.

Habiendo escrito estas recetas y estando en ayunas, mis jugos gástricos están efervescentes. Me imagino a mí mismo vestido con una sábana blanca reclinado ante una mesa, degustando con el viejo Claudio y con Petronio un plato delicioso de níscalos a la brasa. Antes, me he cercionado de la ausencia de Agripina, por si acaso. Despierto de mi ensoñación y me preparo un platito de champiñones con ajo y perejil, lo que hay en casa. Quien no se consuela es porque no quiere.

📖 PARA LEER MÁS:

Apicio. (1977). *Cookery and dining in Imperial Rome* [trad. Joseph Dommers Vehling]. Courier Corporation.

Apicio. (2006). *De Re Coquinaria: Antología de recetas de la Roma*. Alba Editorial.

Ateneo. (1998). *Banquete de los eruditos* (vols. 1-5). Gredos.

Cayo Plinio Segundo. (1629). *Historia natural de...* Juan González.

Dioscórides. (1566). *Acerca de la materia medicinal, y de los venenos mortíferos*.

Fericgla, J. M. (1994). *El hongo y la génesis de las culturas*. La Liebre de Marzo.

Gerenutti, M. *et. al.* (2021). Therapeutic applications of *Ganoderma lucidum*: Progress and Limitations. En De Almeida Junior, S. (2021). *Produtos Naturais e Suas Aplicações: da comunidade para o laboratório*. Editora Científica.

Graves, R. (1957). Mushrooms, Food of the Gods. *The Atlantic*, 200(2).

Graves, R. (1958). *Steps. Stories, talks, essays, poems, studies in history*. Cassell & Co.

Guerra Doce, E. y López Sáez, J. A. (2006). El registro arqueobotánico de plantas psicoactivas en la prehistoria de la península ibérica: una aproximación entobotánica y fitoquímica a la interpretación de la evidencia. *Complutum* 1(17): 7-24.

Hwang, C. H. *et al.* (2013). Chlorinated coumarins from the polypore mushroom *Fomitopsis officinalis* and their activity against *Mycobacterium* tuberculosis. *J. Nat. Prod.*, 76(10): 1916-22.

Öztürk, M. *et al.* (2021). *Biodiversity, Conservation and Sustainability in Asia*, 1. Springer International Publishing.

Robles Rey, E. (2012). Fungi et boleti: sus utilidades en la cultura clásica. *Micobotánica-Jaén*, año VII, n.º 2.

Teofrasto. (1988). *Historia de las plantas*. Gredos.

Wasson, R. G. *et al.* (1981). *El camino a Eleusis: una solución al enigma de los misterios*. Fondo de Cultura Económica.

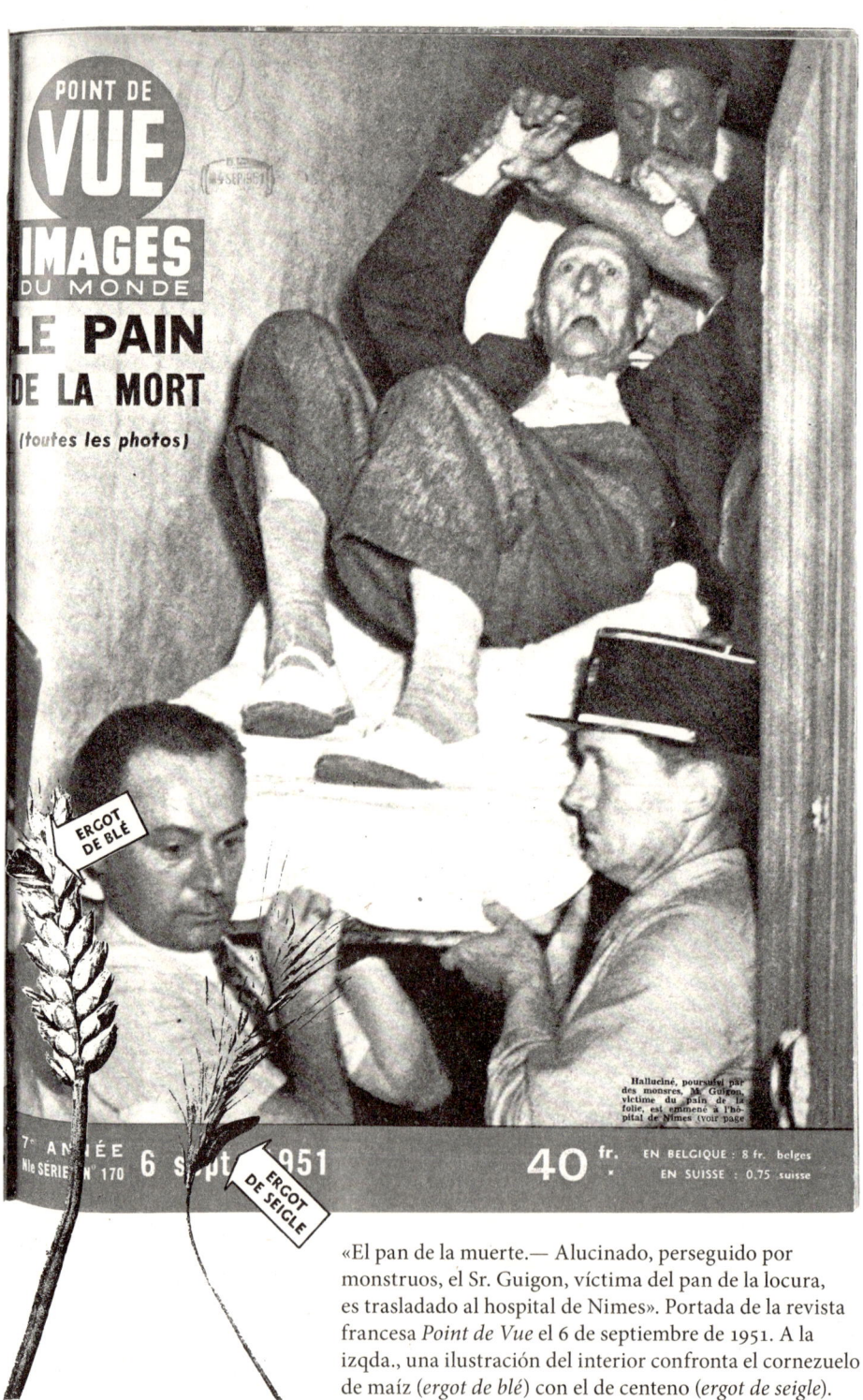

«El pan de la muerte.— Alucinado, perseguido por monstruos, el Sr. Guigon, víctima del pan de la locura, es trasladado al hospital de Nimes». Portada de la revista francesa *Point de Vue* el 6 de septiembre de 1951. A la izqda., una ilustración del interior confronta el cornezuelo de maíz (*ergot de blé*) con el de centeno (*ergot de seigle*).

UNA DE CUERNOS... DEL CENTENO, OBVIAMENTE

Pont Saint-Esprit es una apacible comuna de la Occitania francesa ligada a su río, el Ardèche, uno de los afluentes más significativos del Ródano. A su paso, este, de fuertes crecidas estacionales, se ramifica en una serie de canales secundarios y remansos intercalados con meandros abandonados, islotes, lagunas y marismas, con una exuberante vegetación ribereña de cañizares y sauces, donde nutrias, galápagos, cangrejos, ranas, barbos y ciprinos, visitados asiduamente por infinidad de aves migratorias, se recrean gozando de un auténtico paraíso natural. Los habitantes de Pont Saint-Esprit disfrutan de una vida plácida con buen clima mediterráneo todo el año. Pero aquel caluroso 16 de agosto de 1951, mientras se recuperaba aún de los estragos de la guerra, el pueblo despertó abruptamente en medio de una pesadilla colectiva.

El doctor Gabbai acababa de abrir su consulta y la sala de espera estaba repleta. La señora Oulot acudía con su persistente hipertensión; Louis, el capataz de la obra vecina, luchaba contra un lumbago crónico; y el pequeño François, hijo de Juliette —una encantadora vecina aquejada de asma histeriforme que había soportado una discusión doméstica pasada de decibelios la noche anterior—, hacía imposible que el médico encontrara un momento de tranquilidad. De pronto, un hombre irrumpe bruscamente por la puerta y se dirige al galeno apartando a los demás pacientes: se trata de André Giralt; según sus propias palabras, siente que su cuerpo se está descomponiendo; un ardor intenso lo abrasa y presenta síntomas característicos de la enfermedad de Raynaud. A los veinticinco minutos aparece el segundo paciente: Charles Grandjhon, un niño de once años acompañado por su madre, con el rostro descompuesto: su hijo, dice ella, ha intentado estrangularla. A medida que avanza la tarde, un aluvión inusitado de pacientes invade este y los otros dos dispensarios de la villa. Ante la gravedad del panorama, Gabbai decide pedir auxilio a los hospitales de la no muy lejana Montpellier.

En las calles antes tranquilas de Pont Saint-Esprit también se gesta un caos apocalíptico. Todos cuantos colapsan los centros médicos del lugar presentan al inicio síntomas similares: cefaleas agudas, mareos, punzantes dolores abdominales, náuseas y emesis o vómitos incesantes; por lo que los médicos se apresuran a diagnosticar una intoxicación alimentaria colectiva. Pero no era una cualquiera: lo que estaba por llegar desafiaría, en efecto, cualquiera de sus expectativas. Esa mañana, como siempre, el joven cartero Léon Armunier había comprado su panecillo en Roch Briand, «el mejor panadero, el único que hacía pan blanco», en la calle principal; y, como él, tantos otros; mientras realizaba su habitual reparto postal, empezó a alucinar, se precipitó de su bicicleta y fue trasladado por los vecinos al hospital, en el que le hubieron de colocarle una camisa de fuerza; más tarde relatará: «Vi serpientes, monstruos a mi alrededor. A veces también me sentía rodeado de llamas. [...] Tenía la impresión de que mi cuerpo se encogía». Junto a él, en aquella habitación, otros cuatro jóvenes permanecen encadenados a sus camas debido a sus incontrolables ataques de locura. Sin tardar mucho tiempo, identificaron el foco, pero la situación estaba del todo descontrolada. Gran parte de los pacientes empezó a padecer graves convulsiones, alucinaciones aterradoras y otros síntomas inquietantes, y una histeria colectiva se adueñó de todos en cada rincón del pueblo. El vecino Paul Pagès recuerda a una pareja de pacíficos ancianos discutiendo y agrediéndose en plena calle; el agente Danthony vio a un tipo —el minero español José Puche, de cuarenta y pocos— gritar que era un avión y romperse las dos piernas saltando por la ventana; uno anunciaba sin cesar su reciente muerte con mirada perdida, una niña se creía perseguida por un tigre; algunos aullaban, otros gemían... y alguien suplicaba que le colocaran nuevamente en su sitio el corazón, al que creía huído por sus pies.

Más de trescientas personas resultaron infectadas y entre cinco y siete de ellas murieron, paro cardíaco o por suicidio. Las investigaciones revelaron finalmente que el panadero había empleado harina contaminada con cornezuelo del centeno para elaborar pan. El mismo doctor Gabbai publicó su estudio conjunto con los doctores Lisbonne y Pourquier, de Montpellier, en el siguiente número del *British Medical Journal*: «Intoxicación ergotamínica en Pont St. Esprit». Antes se creyó que el «pan maldito» había sido envenenado con el mercurio del fungicida sueco Panogen y recientemente hasta se ha especulado —no sin fondo de razón, como tendremos ocasión de comprobar por otras experiencias históricas en líneas siguientes, aunque sin pruebas— con el LSD en manos de la CIA y de su programa MK-Ultra durante la Guerra Fría.

El cornezuelo del centeno (*Claviceps purpurea*), como hemos mencionado, es el agente responsable del ergotismo, síndrome originado por los alcaloides de su esclerocio o estructura de supervivencia a base de micelio duro en forma de cuerno (con la que sustituye el ovario de la planta parasitada). El hongo puede hallarse en diversos cereales, aunque la contaminación del centeno es la más común. Los inviernos fríos seguidos de primaveras húmedas crean las condiciones propicias para que germine. Si las masas de esclerocios no son eliminadas de los granos contaminados a golpes o mediante tamizado, tanto humanos como animales pueden ingerirlos inadvertidamente y quedar intoxicados.

La sintomatología clínica del ergotismo se manifiesta de dos maneras principalmente: la convulsiva o espasmódica y la gangrenosa, ambas variantes con síntomas similares al principio. Tras algunos fenómenos gastrointestinales atenuados, la primera manifestación del trastorno suele ser una sensación de hormigueo en las extremidades, especialmente en las inferiores, seguida por un dolor localizado en los miembros afectados. La variante convulsiva suele darse tras una torsión involuntaria del tronco y las extremidades, acompañada de flexiones dolorosas e involuntarias de los dedos y tobillos; a esto se suman somnolencia, vértigos, delirios febriles, letargo, diplopía y convulsiones, además de sudoración profusa y rigidez muscular; el tronco se ve afectado progresivamente por espasmos extensores y el individuo adopta una dolorosa postura de descerebración u opistótonos, que puede durar incluso varios días. La variante gangrenosa se traduce en una gangrena seca provocada por el estrechamiento de los vasos sanguíneos (vasoconstricción) que inducen los alcaloides del hongo llamados ergotamina y ergocristina: atrofia o resta volumen a miembros concretos, como los dedos de manos y pies, y asimismo provoca la aparición de piel seca o descamada, distonía o alteración cromática, disminución de sensibilidad en zonas afectadas y pérdida progresiva dc tejido, que en casos graves requiere la amputación para preservar la salud del paciente.

El cornezuelo del centeno ha sido un ineludible compañero de viaje en la historia de la humanidad. Hay vestigios de su presencia en yacimientos neolíticos como Langweiler (Alemania); además, se han descubierto granos de *Claviceps* en estómagos de momias, cuya ingestión pudo haber sido accidental. Con la introducción del cultivo del centeno, alrededor del 8000 a. C., y el subsiguiente descubrimiento del pan por parte de los sumerios, comienzan a registrarse los primeros casos de intoxicación.

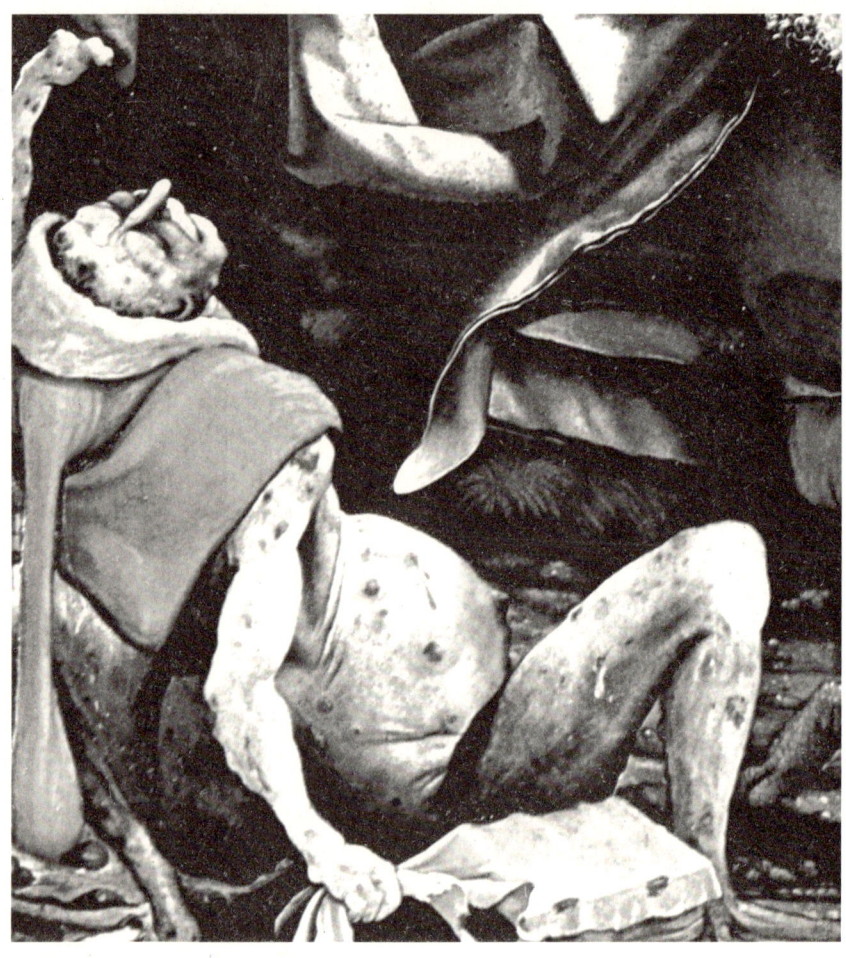

Detalle de «Las tentaciones de san Antonio», escena del *Retablo de Isemhein* (1503-15) del alemán Matthias Grünewald, con una víctima de ergotismo [Musée Unterlinden].

La primera referencia clara al ergotismo de la que se tiene constancia data del 1100 a. C., en China, aunque también se lo ha vinculado con alguna tablilla babilonia (ca. 2500 a. C.) alusiva a mujeres recogiendo «hierbas nocivas»; ya en el 600 a. C. se habla de pústulas nocivas en las espigas del grano en una tablilla asiria. Como se ha relatado, los cultos eleusinos empleaban este hongo en sus ritos. Las flores negras que Hipócrates refiere como *melanthion*, de las que resalta su utilidad para detener hemorragias tras el parto, son a todas luces cornezuelo y, además, muchas fuentes antiguas recogen su uso para acelerarlo, aunque desaconsejan su abuso por el riesgo de las contracciones forzadas para la criatura (si estaba mal colocada) y la madre (si irritaban sus órganos digestivos).

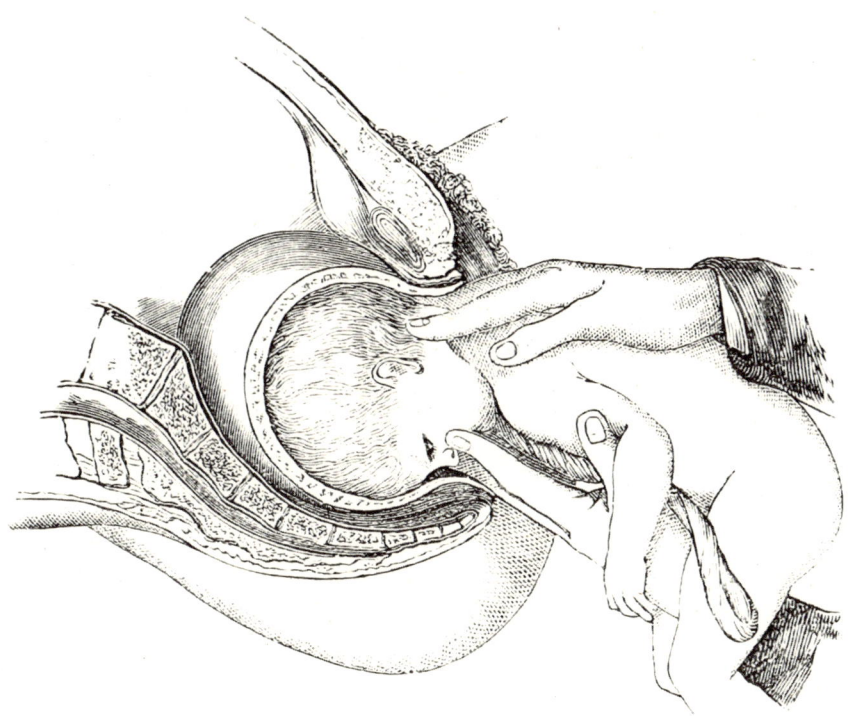

«Los medios para una rápida salida de la cabeza cuando ha descendido al estrecho inferior y el occipucio ha rodado hasta el pubis son: cornezuelo (hipodérmicamente si el caso es urgente); presión manual sobre el fondo del útero a través del abdomen por un asistente experto previamente asegurado; instar a la mujer a empujar durante una contracción, con todo el esfuerzo voluntario que pueda disponer; y tracción aplicada juiciosamente [...]. El cornezuelo administrado para acelerar el parto es, en el mejor de los casos, un remedio peligroso [...]; puede producir rigidez tetánica e incluso la ruptura del útero, además de lesionar o incluso matar al niño por compresión. [...] Si se recurre a él durante un parto tedioso, una dosis de 3 a 5 granos de polvo o diez gotas de extracto fluido administradas cada veinte minutos, para aliviar los dolores leves, es su única aplicación segura» [*A manual of obstetrics*, Alfred F. A. King, 1889].

Se cree que, durante sus campañas en la Galia, las legiones de Julio César se vieron mermadas por una importante epidemia de ergotismo. En el 944-945 a. C., Francia registró unas 20 000 muertes en un primer brote en regiones como la Aquitania o Limousin y hasta 40 000 apenas veinte años después, en ambos casos por la ingesta de pan contaminado. En aquellos países en los que el centeno constituía una parte imprescindible de la alimentación, la enfermedad devino particularmente frecuente; Europa (principalmente Francia, Alemania y Rusia) padeció cerca de ochenta grandes epidemias entre los siglos IX y XIV y otras sesenta y cinco hasta finales del siglo XIX; la Unión Soviética e Inglaterra asistieron a los últimos casos entre 1926 y 1928. Varios estudios han abordado en los últimos años la relación entre esta intoxicación y las circunstancias que precipitaron la Revolución francesa tras una cosecha desastrosa, un invierno gélido y una primeravera lluviosa. Con todo, los episodios ergotamínicos de la Edad Media acaso son, de hecho, los que más interés han suscitado en el estudio de *Claviceps purpurea*: posteriormente hemos comprobado que los Anales Xantenses ya recogen en el año 857, en el valle del Rin, la variante gangrenosa: *Plaga magna vesicarum turgentium grassatur in populo et detestabili eos putredine consumpsit, ita ut menbra dissoluta ante mortem deciderent* («Una gran plaga de vejigas hinchadas se apoderó de las gentes y las consumió con una putrefacción detestable, de modo que sus miembros desintegrados [se les] cayeron antes de morir»). El cultivo del centeno se había visto favorecido por avances agrícolas como el arado de vertedera (siglos X-XI), que posibilitaron un mejor manejo de la tierra y un mejor cultivo de las zonas lluviosas del centro y norte de Europa, pero esto, unido al citado clima, también fue el mejor germen para la proliferación del cornezuelo; el desconocimiento general sobre el origen de tal «micotoxicosis» (enfermedad causada al tomar alimentos contaminados por micotoxinas), arraigada la vinculación de plaga y pecado, y asociados los síntomas de convulsiones y espasmos a posesiones demoníacas, terminó por dar pie a que el ergotismo causase semejantes estragos.

En este contexto histórico emergió, tal cual adelantábamos, la figura de san Antonio Abad, cuyas reliquias descansaban en Dauphiné (Francia) cuando el joven Guérin de Vallorie contrajo aquel «fuego sagrado» (*ignis sacer*) y su padre Gastón, señor de Vallorie, peregrinó a aquella iglesia benedictina con el voto de dedicar su vida a las víctimas si se recuperaba: así fue, ambos fundaron juntos la hoy extinta Orden de San Antonio (ca. 1095) y la intoxicación sería conocida como «fuego de San Antonio» por esos conventos-hospitales antonianos que sustituyeron el pan negro (o blanqueado) de centeno por el pan realmente blanco o de trigo y acogieron a los enfermos en todo el mundo, ofreciéndoles no solo asilo, alimento y tratamiento, sino también la esperanza real de sobrevivir a tan mortífero mal. En lugares como Alemania, Francia o Bélgica, donde el cultivo del centeno era mayoritario, la intervención de los monjes de la nueva orden fue particularmente encomiable, pero, además, España atesoraba un recurso inestimable para afrontar la fiebre: nada más y nada menos que hacer el Camino de Santiago, esto es, peregrinar a la tumba del apóstol en Santiago de Compostela. La explicación científica tiene que ver con los campos de Castilla.

En la grotesca representación de *La tentación de san Antonio* (ca. 1535) de Jan Mandijn, entre demonios y criaturas volantes, seres gangrenosos y calaveras, el monje ora cobijado en una ermita sobre cuyo techado crece una extraña planta negrecida [Frans Hals Mus.].

Una gran parte del Camino discurre por tierras castellanas y leonesas, cerca de los amplios campos de trigo de provincias como Burgos o Palencia; cuando los aquejados de ergotismo pusieron rumbo a Compostela para rogar al santo su intercesión como había hecho Gastón de Valloire, pasó a tejerse una gran red de sanatorios y hospitales a lo largo de la ruta, en su mayoría gestionados por benedictinos y antonianos. Concretamente en el municipio burgalés de Castrojériz pueden observarse hoy las ruinas del monasterio de San Antón, fundado por la orden en 1146, y en el actual convento de clarisas de Santa Engracia en Olite (Navarra) se estableció, en torno a 1274, la segunda encomienda antoniana.

En 1670, el francés Mathieu Thullier, médico del duque de Sully, estableció una relación entre el ergotismo y el cornezuelo de centeno al observar que la presencia de este hongo en el centeno coincidía con una mayor incidencia del mal de San Antonio; probó su teoría administrando esclerocios de cornezuelo a animales y constatando sus fallecimientos, pero no publicó sus hallazgos; fue su hijo, junto con el médico del rey Denis Dodart, quien en 1676 resolvió la causa del ergotismo gangrenoso. Paralelamente, en 1695, el suizo Johann C. Brunner demostró en Alemania la existencia del ergotismo convulsivo. A partir de entonces, empezó a implementarse la práctica de separar los esclerocios del *Claviceps* de los granos de centeno, lo que conduciría con los siglos a la desaparición progresiva de los episodios epidémicos de esta terrible intoxicación que no obstante, como veníamos diciendo, aún se manifestaría esporádicamente hasta en el mismo siglo xx.

No hace falta decir que el ergotismo se ha relacionado con la brujería. En Francia, en la región de Lorena, hubo tantas persecuciones de brujas como epidemias de ergotismo; en los conventos se debatía si este fenómeno podría ser una forma de posesión demoníaca. Un caso notable ocurrió en 1670 en el condado de Finnmark, en el norte de Noruega, donde 137 personas fueron acusadas de brujería y dos tercios de ellas acabaron ejecutadas: un manuscrito sobre estas persecuciones sugiere que la intoxicación por *Claviceps* estaba detrás de muchos de aquellos comportamientos; en la documentación de los juicios se hablaba de la adquisión de la brujería por el consumo de productos a base de harina

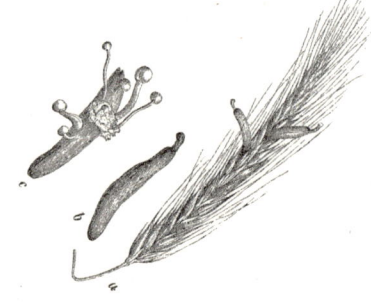

Izqda.: Hongos venenosos en Alemania; entre *Amanita muscaria* (1), *A. bulbosa* (2), *Scleroderma vulgare* (4) y *Russula emetica* (5), el cornezuelo de centeno o *Claviceps purpurea* (3) [*Die Giftpflanzen Deutschlands*, Peter Esser, 1910]. Sobre estas líneas, ilustración austrohúngara en detalle de los esclerocios extraídos del centeno [*Naše škodljive rastline*, Martin Cilenšek, 1892].

(como la cerveza) con «sospechosos granos negros». El uso del cornezuelo por parte de parteras ya era notorio en la Edad Media, pero conllevaba enormes riesgos: dosis excesivas podían provocar abortos o que los niños nacieran muertos; y las alucinaciones experimentadas por las embarazadas alimentaban la creencia popular de que las parteras eran brujas que sacrificaban bebés al diablo. Emblemático es el episodio de Salem: en 1692, hasta 150 personas de esta y otras ciudades de varios condados de Massachusetts (EE. UU.) fueron encausadas por brujería, y diecinueve de ellas —catorce mujeres y cinco hombres—, declaradas culpables y ahorcadas. La irracionalidad del proceso judicial en aquella coyuntura puritana se evidenció cuando dos perros fueron sacrificados como supuestos cómplices.

El proceso para determinar si alguien había de ser considerado brujo comenzaba con una acusación presentada ante el juez sin necesidad de pruebas específicas; bastaba una simple sospecha. Diríase que acusaciones como «me cae mal», «es una zorra» o «se ha acostado con mi marido» podían traducirse rápidamente en «¡es una bruja!» y, en algunos casos, los maridos sorprendidos *in fraganti* alegarían que habían sido tentados e incriminarían a esa mujer. El siguiente paso era detener al acusado y someterlo a examen por parte de dos o más magistrados: si el juez entendía probable su culpabilidad tras escuchar a los testigos, se enviaba al acusado a prisión mientras esperaba juicio —especialmente si el juez era uno de los *tentados*—. Por último, se llevaba a cabo el juicio; de existir veredicto de culpabilidad, se decidía cómo sería *purificada* la persona. Así concluía el proceso: una bruja menos en la comunidad.

De la misma manera, varios historiadores, encabezados por la estadounidense Mary Kilbourne Matossian, han atribuido los síntomas de los señalados en Salem a una intoxicación por cornezuelo, razonada además por las condiciones climáticas favorables a su crecimiento y por la distribución etaria de afectados y presuntos brujos.

Alguien podrá preguntarse si, al margen de sus pretéritas aplicaciones médicas en los ámbitos de la obstetricia y la ginecología (donde hoy ha sido reemplazado por derivados sintéticos y semisintéticos), el cornezuelo de centeno ha servido para algo más que para causar la muerte de miles y miles de personas o para ser empleado como enteógeno en brebajes varios e incluso propiciar el descubrimiento de la dietilamida de ácido lisérgico, a la que luego dedicaremos el capítulo que merece.

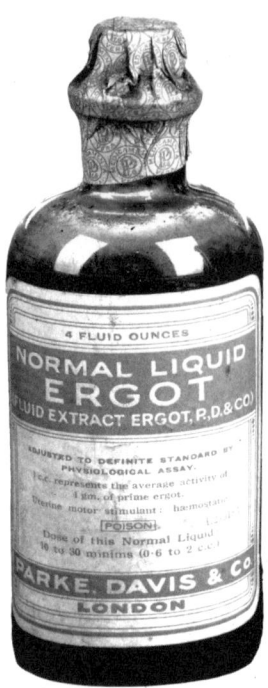

Izqda.: Frasco de extracto de cornezuelo fabricado en Londres (1891-1950) por la filial de la farmacéutica estadounidense Parke, Davis & Co. [a partir de Medical Photographic Library, Wellcome Images; CC BY 4.0]. Dcha.: Una bruja volando en su escoba, en una representación francesa del siglo XV [*Le champion des dames*, Martin Le Franc, 1451].

En efecto, a pesar de este oscuro historial y de las múltiples tragedias ya inexorablemente asociadas a su nombre, y sin poder ser desligado de su condición de parásito, *Claviceps purpurea* no puede ser tampoco desdeñado en el entorno del ecosistema natural y también se le han descubierto propiedades beneficiosas en la medicina moderna. Las ergolinas, alcaloides derivados del hongo, se utilizan en el tratamiento de la migraña (la ergotamina, desde 1918) y trastornos circulatorios. Además, se han explorado sus efectos en la regulación del sistema nervioso central y su potencial en terapias para enfermedades neurodegenerativas. En este sentido, algunas regiones han podido beneficiarse del comercio relacionado con el cornezuelo y sus derivados; a lo largo de la historia, las culturas han hallado formas insólitas de aprovechar los recursos naturales a su disposición y el estigmatizado cornezuelo no es una excepción.

La ergotoxina del hongo fue aislada de una solución de diversos componentes, en 1907, por los químicos ingleses George Barger y Francis Howard Carr, que la bautizaron de tal modo pues poseía más efectos tóxicos que poder terapéutico. Arthur Stoll, bioquímico suizo, fue el primero en aislar la ergotamina, en 1918, que ya entonces empezó a comercializarse como tal para combatir las referidas migrañas y las hemorragias obstétricas. La ergometrina, alcaloide minoritario, fue obtenida por los doctores Dudley y Moir en 1935. Ya con Hofmann se pudo sintetizar por vez primera un alcaloide de *C. purpurea*, la ergobasina, tras estabilizar ácido lisérgico, en lo que supuso el origen de la sintetización de la molécula de una de las mayores drogas alucinógenas existentes, el LSD.

Mi curiosidad por el cornezuelo se despertó el día en que una compañera de La Coruña me contaba acerca de las setas que su abuela conservaba en la despensa de su casa de labranza. Entre ellas había unos granos oscuros que nadie se atrevía a tocar. La abuela le advertía que eran unas *excoriaciones* del centeno: «... aunque son venenosas, sirven para muchas cosas, pero no se lo digas a nadie». Este relato hizo a mi memoria retrotraerse a la época de las meigas; me transportó a aquella Galicia mágica del *bosque animado* de Wenceslao Fernández Flórez, por el que desfilaban las almas errantes de la Santa Compaña en ordenada procesión. El *cornello* —como ellos lo llamaban— llegó a ser un auténtico negocio en tierras gallegas y sacó adelante la economía de muchas familias; las condiciones agroclimáticas de aquellos campos favorecían el crecimiento del hongo y, sobre todo desde mediados del siglo XIX y a lo largo del XX, las mayores compañías farmacéuticas de Estados Unidos, Gran Bretaña y Alemania dirigieron sus miradas a esta región. Los granos oscuros se transformaron en el codiciado «oro negro» gallego. El documental *Negro púrpura* (2021), sin ir más lejos, retrata a Galicia como uno de los lugares de mayor producción de *C. purpurea* en el mundo; el principal era Rusia, pero dos factores beneficiaron al producto ibérico: de entrada, según las crónicas contemporáneas, la calidad del cornezuelo español era superior (en los mercados se diferenciaba claramente entre el *spanish ergot* y el *russian ergot*); por añadidura, la capacidad rusa —y después soviética— para garantizar un suministro constante era incierta debido a las vicisitudes políticas por las que atravesaba el país eslavo y, cuando la producción se resentía —al estallar la guerra ruso-japonesa en 1904, al desencadenarse las revoluciones de 1905 y 1917 y su guerra civil, o sobrevenidas la primera y la segunda guerra mundial—, el precio del cornezuelo alcanzaba considerables picos: durante esos períodos de inestabilidad o incertidumbre, las compañías se encomendaron a aquellos campesinos gallegos que llevaban tanto tiempo limpiando el cereal y ya vendían los «granos» en ferias a farmacias de la zona e intermediarios.

Una noticia aparecida en *El Correo Gallego* el 12 de octubre de 2012 me resultó más que significativa a este respecto. En ella se constata que, a principios de la década de los 30, el Estado español no quiso permanecer ajeno al caudal de fortuna que emanaba del agro gallego y el Instituto Bioquímico Miguel Servet de Vigo ya había introducido en el mercado un medicamento elaborado con extracto de cornezuelo, pero fue necesario esperar hasta 1940 —atención a la fecha— para que la industria española se lanzara decididamente al negocio, dando lugar a la creación de la compañía farmacéutica Zeltia con el propósito de establecerse en este prometedor mercado. La fundación de Zeltia, justo al finalizar la contienda civil, subraya la relevancia que las autoridades del régimen otorgaron a este producto en medio de la desolación.

Algunas muestras de la notoriedad alcanzada por el cornezuelo de centeno en la prensa gallega y nacional. En *El Ideal Gallego* del 25/06/1920 se recoge la revalorización del *cornello* local por la escasez del ruso; *El Eco de Santiago* anuncia que se compra (a altos precios) en Valladolid el 29/09/1921, como de nuevo *El Ideal Gallego* en La Coruña el 5/07/1949; en los cincuenta se llegan a pagar 1000 pts. por un kilo, según un reportaje de *La Voz de Galicia* recogido en *La Noche* (28/03/1951); *Pueblo* alerta del contrabando del cornezuelo español, «muy acreditado en los mercados exteriores», el 5/11/1952.

De la planta de Porriño saldría al mercado un medicamento denominado Purpuripán —suministrable en gotas, inyectables o comprimidos—, compuesto por alcaloides totales purificados del cornezuelo, para las hemorragias puerperales. Zeltia llegó a acumular 30 toneladas del hongo en sus almacenes en 1953 y se erigió como primera productora mundial. Llegaron a pagarse hasta mil pesetas por un kilogramo en 1951 y, a mediados de esos años cincuenta, el precio se mantenía casi en el de un ternero: unas 800 pesetas. No es difícil imaginar el impacto de esta actividad en la vida del campesinado gallego.

Tras la guerra de Corea, la demanda del cornezuelo comenzó a decrecer por la aparición de nuevos fármacos derivados del hongo y sustancias sintéticas. Y el nuevo *fruto* de sus alcaloides no se vendería en farmacias...

📖 PARA LEER MÁS :

Álamo González, C. y López-Muñoz, F. (Eds.). (2007). *Historia de la psicofarmacología*, 2. Editorial Médica Panamericana.

Barger, G. (1931). *Ergot and Ergotism. A monograph based on the dohme lectures delivered in Johns Hopkins University, Baltimore.* Gurney and Jackson.

Bartolomé de Diego, S. (1943). Paradojas del campo: plagas útiles. *Agricultura: revista agropecuaria*, 132.

Caporael, L. R. (1976). Ergotism: the Satan loosed in Salem? *Science*, 192(4234): 21-26.

Challier, P. (15 de marzo de 2010). Gard. Intoxications à Pont Saint-Esprit par la CIA au LSD? *La Dépêche*.

Foucherand, L. (6 de septiembre de 1951). Le pain de la mort. *Point de Vue.*

Gabbai, M. *et. al.* (1951). Ergot poisoning at Pont St. Esprit. *Br. Med. J.*, 2(4732): 650-651.

Iglesias, S. y Villanueva, A. P. (2021). *Negro púrpura* [película]. Illa Bufarda.

Laval R., E. (2004). Sobre las epidemias del fuego de San Antonio. *Revista Chilena de Infectología*, 21 (1): 74-76.

Lozano Sánchez, F. S. (2020). Epidemias por ergotismo o fuego de San Antonio. Historia, ciencia y arte. *Revista de Medicina y Cine*, 16(e).

Nélaton, A. (1876). *Elementos de patología quirúrgica*, 1. Imp. de los Señores Rojas.

Precedo, Á. (12 de octubre de 2021). La «Galicia meiga» que descubrió el LSD tras consumir centeno con hongo. *El Correo Gallego.*

Quesada Díaz, A. y Ortega Díaz, A. (2011). El cornezuelo del centeno a lo largo de la historia: mitos y realidades. *Pasaj. Cienc.*, 14: 16-25.

Ramírez-Quintero, J. D. (2018). Sobre el daño de los ardientes o del fuego de San Antonio. *Acta Médica Colombiana*, 43(3): 156-160.

Soriano del Castillo, J. M. (2007). *Micotoxinas en alimentos.* Díaz de Santos.

Spanos, N. P. (1983). Ergotism and the Salem witch panic: a critical analysis and an alternative conceptualization. *J. Hist. Behav. Sci.*, 19(4): 358-69.

Encuentro de Hernán Cortés con Moctezuma II en 1519 (detalle) [Gallo Gallina, 1820-39].

Escenas de los capítulos «De las setas» y «De ciertas hierbas que emborrachan» del Códice Florentino o *Historia general de las cosas de Nueva España* (libro XI) de Sahagún (1575-77). De arriba abajo, diversas setas no identificadas, unos hongos alucinógenos y la seta chimalnaácatl. Junto a ellos, recolección de amaranto y tratamiento curativo de un enfermo.

CRÓNICAS DE NUEVA ESPAÑA: CURARSE CON LOS AZTECAS

Cuenta una leyenda que, hace muchos años, en el lugar en el que la vasta tundra siberiana da paso a los espesos bosques de la taiga oriental, más allá de las montañas, dos hermanos contemplaban la inmensidad de un paisaje que una jornada más, a cambio de frío y de peligros impredecibles, prometía abundante caza para asegurar el sustento de la familia. Dignos herederos del espíritu de sus antepasados, aunque cada vez menos, tenían aún como objetivo a muchas de aquellas mismas criaturas: mamuts, rinocerontes lanudos, osos de las cavernas y bisontes eran solo algunas de las especies gracias a las cuales nutrían su despensa, vestían sus cuerpos y protegían sus hogares. Pero quizás no por mucho tiempo. ¿Aguardaba en algún lugar una vida mejor, más tranquila, menos dura? Uno de ellos habló con preocupación: «Esta tierra feroz, conforme nuestras familias sigan creciendo, quedará irremediablemente mermada; acaso nuestros sucesores acaben disputándose el último mamut vivo». Había que garantizar la pervivencia segura de la prole que cada noche se reunía en torno al fuego para comer. Puede que fuera la hora de partir.

Una familia marchó hacia donde se escondía el sol, la otra se encaminó a donde nacía. Con los años, los descendientes de esta última tribu llegarían a un gran río que dividía la tierra en dos partes: jamás habían presenciado algo semejante; lo más extraño era que esa agua no había quien la bebiera, ¡estaba salada! Allí permanecieron largamente y, al llegar el otoño, el agua se tornó en hielo abriendo una suerte de puente y se hizo algo transitable aquel cauce. Armados de valor y empujados por la necesidad, trataron de cruzar. Así fue como atravesaron el estrecho de Bering, poblaron la zona y, a la postre, se dispersaron por toda América.

Por su parte, los miembros de la otra tribu continuaron su travesía guiados por la trayectoria del sol hacia tierras desconocidas. Pero estas ya estaban habitadas por otros pueblos. Debieron batirse por los recursos

—en otras palabras, guerrear entre ellos— y, a lo largo de los siglos, como es habitual entre los humanos, establecieron alianzas o rivalidades con sus competidores locales, dando lugar a nuevos linajes. Su necesidad y su urgencia, cierto día, más tuvieron que ver con que había caido el imperio de Constantinopla y eso que hoy llamaríamos la «coyuntura geopolítica» los empujó al mar. El 12 de octubre de 1492, Cristóbal Colón descubrió América, si bien quienes verdaderamente la tuvieron antes frente a sus ojos fueron esos audaces cazadores siberianos que se lanzaron a la aventura bajo la premisa de «más cornadas da el hambre» que popularizara el Espartero, célebre torero sevillano del siglo XIX, que murió precisamente de la de un miura en la plaza de Madrid; a buen seguro, aquellos sabían que el hambre puede ser más letal que cualquier embestida de un mamut. El descubrimiento fue, en realidad, un reencuentro entre dos ramas dentro del inmenso árbol genealógico humano. Resultó que aquellas comunidades primigenias habían dado origen a innumerables culturas en todo un Nuevo Mundo hasta entonces ignoto para el Viejo.

Teorías y relatos aparte, las primeras civilizaciones que encontraron los descubridores fueron las mesoamericanas, principalmente la azteca y la maya. Estas culturas habrían heredado el conocimiento sobre el uso de setas de sus antepasados siberianos y lo aplicaban en su vida cotidiana. Los hongos tenían en ellas una función alimenticia y, como puede presumirse, también un fin de un marcado carácter ritual.

La medicina maya, de índole chamánica, empleaba diversas plantas entendidas como medicinales o curativas y, al igual que aztecas, olmecas o zapotecas, otras tantas específicamente para experimentar efectos psicoactivos, propiciar trances, neutralizar el dolor en los sacrificios o materializar iniciaciones y *pasos* a distintas etapas: toloache (*Datura stramonium*), peyote (*Lophophora williamsii*), lirio blanco de agua (*Nymphaea ampla*), semillas de «ololiuqui» (*Turbina corymbosa*)... Asimismo, contaban con bebidas embriagadoras como el hidromiel «balché», obtenido a partir de la corteza del árbol epónimo (*Lonchocarpus longistylus*). Pero, más allá, introduciéndonos en el reino Fungi, hemos de empezar considerando que, de las cerca de 350 especies del género *Psilocybe* y, entre ellas, de los al menos 116 hongos psilocibios existentes, más de cincuenta se hallan en México y eran consumidos por los indígenas (en su práctica totalidad como enteógenos, por más que de alguno como *P. zapotecorum*, bautizado en honor a tal tribu, se ha sugerido que hasta pudo ser comestible pese a su nulo interés culinario).

Ya hemos señalado que los siberianos solían experimentar con *Amanita muscaria*, y el ubicuo Gordon Wasson expone que, paulatinamente, aquí irían sustituyendo la seta matamoscas —escasa y causante de desagradables reacciones gastrointestinales— por los abundantes psilocibios.

Por Bernard Lowy, fundador del Herbario Micológico de la Universidad del Estado de Luisiana (EE. UU.), hemos sabido del simbolismo de *A. muscaria* en los códices mayas Madrid, París, Dresde y Galindo, y también él traza su vinculación con la peculiar leyenda mexicoguatemalteca del rayo: la seta citada por el quiché *kaquiljá* o «rayo», que habría emergido de la tierra con su extraño poder al caer uno de aquellos, es a su juicio esta amanita tan común en los bosques de Chiapas y a uno y otro lado, a la que, para diferenciarla de otros *yuyos* o «frutos rojos salvajes» (en quechua) como la comestible *A. caesarea*, llamaban «yuyo de[l] rayo»; ¿recuerdan los robles sagrados del muérdago de los druidas celtas?, ¿y las creencias de los hongos en Naucratis y la antigua Grecia? Teofrasto y Plinio el Viejo hablaban de las trufas como nacidas de la tormenta y la tempestad; en efecto, truenos y relámpagos han sido siempre asociados a lo divino y lo sobrenatural en nuestros antepasados.

Los mayas tomaban la denominada *xibalbaj okox* («seta del infierno») o *k'aizalaj okox* («seta que hace perder el juicio»), y los aztecas, *teonanácatl* («carne de Dios»): en ambos casos se trataba de *Psilocybe cubensis*, también usada por mazatecas, miztecas, totonacas, zapotecas, etc.

La seta *teonanácatl*, custodiada por un ser maligno, en el Códice Florentino (libro XI).

113

Diccionarios al parecer redactados por frailes misioneros católicos en el altiplano de Guatemala, como el *Vocabulario de la lengua cakchiquel* (a. 1555) de fray Domingo de Vico o el *Thesaurus verboru[m]: vocabulario de la lengua cakchiquel v[el] guatemalteca* (a. 1650) de fray Thomás de Coto, recogen estos términos en sus entradas, en lo que supone un testimonio único de su relevancia; y este último añade —en mixezoqueano— un hongo *k'e kc'un*, «que embriaga o vuelve borracho», y un *muxan okox,* «que enloquece al que lo come» o «[que hace] caer en un desmayo».

En el valle de los grandes lagos de Anáhuac, o de México, arraigó profundamente el culto a los hongos y se extendió, de la mano de culturas como las mencionadas, por toda América Central. Desde la prehistoria existía la costumbre de moler hongos «sagrados» con agua sobre las maquetas de piedra destinadas a la construcción de templos y sobre rocas adornadas con petroglifos, para ingerirlos con fines curativos; pero, además, los hongos de piedra o «piedras fúngicas» hallados igualmente en Honduras o El Salvador (no confundir con los sabrosos perrechicos vascos de Orduña o *ziza zuriyak*, que Telesforo de Aranzadi traduce como «setas de piedra»), tallados con forma de especies alucinógenas y hasta con estípites antropomorfos que representan la acción del molido, dan cuenta de la trascendencia de estos hongos en la tradición mesoamericana. La escultura de Xochipilli, el «príncipe de las flores», hallada en las faldas del volcán mexicano Popocatépetl, en la que Wasson supo identificar grabada, entre plantas como el «ololiuqui», una seta endémica luego reconocida como *Psilocybe mexicana* (después *P. aztecorum*) tanto en su cuerpo como en el pedestal sobre el que reposa la deidad, constituye un argumento terminante a este respecto.

Izqda.: *P. mexicana* [*Mushrooms, Russia, and history*; V. P. y R. G. Wasson, 1957]. Dcha.: Hongos de piedra de Guatemala [The wondrous mushroom, Wasson, 1980]

La cultura azteca tiene en el consumo de setas una de sus señas de identidad: si *teonanácatl* es «carne de Dios», *nácatl* es «carne», con *na-* como marca de plural para el conjunto de los hongos. Topónimos na-huas como Nanacatepec («cerro de los hongos») o Nanacamilpa («lugar en que crecen los hongos») surgen de la distinción de esas zonas por su abundancia en estas especies. Nanacatzin, el «señor de los hongos», uno de los cuatro dioses del Metztitlán o «lugar de la Luna», era para estos mexicas el responsable de hacerlas brotar en la oscuridad de la noche.

Los hongos comestibles continúan siendo un componente esencial de la dieta contemporánea. Los últimos estudios (González-Morales, A. *et al.*, 2022; Valle Marquina, R. *et al.*, 2023) constatan que en México se re-gistran hasta 450 especies comestibles, lo que convierte al país en el se-gundo más rico del mundo —solo superado por las más de seiscientas de China—; de estas, unas trescientas cincuenta son aplicadas en la me-dicina tradicional indígena. La corneta (*Turbinellus floccosus*), la morilla (*Morchella esculenta*) o la amanita rojiza (*Amanita rubescens*) son algu-nas de las setas más comunes por su valor gastronómico y por los be-neficios para la salud que desde antiguo se les atribuía en estados como Oaxaca o Tlaxcala, además de por el impacto económico de su comer-cio en muchas regiones. Nos detendremos en el cuitlacoche, un hongo negruzco que parasita las mazorcas de maíz y provoca «tizón» en sus granos (el cornezuelo propio de este cereal), y que, no obstante, no solo es comestible, sino que resulta muy apreciado por su alto componente nutritivo y su potencial nutracéutico, manifiesto en propiedades antio-xidantes, antiinflamatorias, antitumorales e inmunomoduladoras.

No por nada el *Diario de Navarra* rotuló un artículo con el título «Huitlacoche: el horroroso manjar de los dioses». De él, del que se afirma que lo cocinaron los aztecas y que hasta hace no mucho no pasaba de ser una plaga (como en verdad lo es para quienes cosechan maíz con el fin de transformarlo en harina o comercializarlo fresco), se dice ade-más que, aunque pueda haber sido descrito como comida de dioses, es un maíz enfermo que parece un repugnante invento de película de ho-rror: «Cuando pelamos las hinchadas mazorcas de maíz infestadas por un hongo patógeno, *Ustilago maydis*, que afecta a las plantas de maíz en todo el mundo, nos encontramos con unas deformidades tumorales francamente repulsivas». Con todo, esas agallas o tumores vegetales que invaden el grano, siendo jóvenes, empezaron a ser recolectadas como en su momento el cornezuelo de centeno, pero, en este caso, no para su uso en embarazos o migrañas, sino para ingerirlas como alimento y medicina; los primeros consumidores de cuitlacoche o huitlacoche (del náhuatl *cuitlacochi*) no fueron sino los campesinos pobres milperos, que hacían uso de él para subsistir y acaso no imaginaban que un día sería considerado una delicia en varios países. Posee un característico sabor dulce dada la acumulación de carbohidratos en el área de infección del maíz; el mismo artículo anterior lo define como exquisito, «a producto fresco y natural, superior al de las mejores trufas (otro hongo con aspecto de tumor)». Por cierto: en la lengua maya se lo refiere como *ta' wa nal chaak*, «excremento de Chaak [el dios de la lluvia] en el maíz»: también sobre él descansaba la creencia de que había sido arrojado por la lluvia o generado por un rayo, como venimos observando en otros casos.

En cuanto a los usos estrictamente medicinales y las utilidades de los hongos, por ejemplo, se ha documentado el empleo de *Pycnoporus sanguineus* —*cichilnanacatl* en náhuatl— para el tratamiento de enfermedades cutáneas —se frotaba el himenio (la parte interior del sombrero o píleo, en la que se encuentran las esporas) sobre la zona afectada— e incluso como cosmético, por su intenso color rojo anaranjado; la lengua de vaca (*Hydnum repandum*) —*xiljuananacatl*— estaba indicada para combatir especialmente el adenocarcinoma de colon; y del boleto amargo o camaleón rojo (*Tylopilus felleus*) —*mazatliyel*— se ha probado que su D-glucano evita que crezcan células malignas de sarcoma. Pero en la cultura azteca existía la firme creencia de que las enfermedades eran causadas por influencias maléficas provenientes de manantiales o espíritus; los dioses desempeñaban un papel crucial en la salud humana y castigaban a aquellos que transgredían sus norm: el antes aludido Xochipilli penalizaba a quienes desobedecían preceptos o tabúes relacionados con períodos de abstinencia y ayuno, condenándolos a enfermedades venéreas y melancolía. Cuando en medicina se entrelazan observaciones empíricas con suposiciones teóricas sobre fuerzas invisibles causantes del sufrimiento —generalmente vinculadas a conflictos interpersonales—, se alumbra una cosmovisión espiritual entre la superstición y el totemismo que podría tener su manifestación más primaria en el «mal de ojo» de nuestra cultura mediterránea. En este contexto, el sacerdote asumía el rol médico; combinaba conocimientos empíricos con rituales destinados a contrarrestar hechizos malintencionados. Afortunadamente para ellos, aquellos sacerdotes, chamanes y curanderos eran sabios observadores, contaban con una extraña intuición y aplicaban su pericia para curar o aliviar toda clase de dolencias, motivo por el cual gozaban de prestigio e influencia. El vasto conocimiento experimental sobre las propiedades de plantas y minerales constituía uno de los cimientos de la práctica médica de los sanadores de la época y, concretamente, el de las plantas alucinógenas y los hongos —que, no lo olvidemos, fueron considerados vegetales hasta mediados del siglo XX— adquiría una relevancia clave en los procesos terapéuticos y las aplicaciones reconstituyentes o analépticas. Las semillas de «ololiuqui», que con los españoles pasaron a ser conocidas como «de la Virgen», se usaban para inducir visiones enteogénicas que permitieran emitir diagnósticos a través de la adivinación; extraídas de la *coatl xoxouhqui* o «serpiente verde» (*Rivea/T. corymbosa*), embriagaban y enloquecían, tanto como las semillas de otra convolvulácea llamada «tlitliltzin» (*Ipomoea violacea*): con alto contenido de ácido lisérgico, ambas provocaban efectos similares a los derivados de psilocibios.

Como puede intuirse, los hongos psicoactivos también eran protagonistas en las ceremonias religiosas, como relataron los cronistas de lo que se bautizó como Nueva España. Huelga recordar que aquellas eran parte intrínseca y característica de unas civilizaciones nativas que tenían en el sacrificio antropofágico de esclavos, a cargo de las clases acomodadas, una expresión básica de tributo divino y de afirmación de estatus social; en festividades y fechas señaladas, los mexicas privilegiados ofrecían a los dioses un esclavo que llegaban a devorar como si fuera un capón navideño; aquel pertenecía, de hecho, a las tribus sometidas o derrotadas en guerra y fue por esto que los conquistadores recibieron a su llegada el a la postre decisivo apoyo de estas comunidades para derrocar al Imperio azteca. En este panorama, por añadidura, hizo su entrada en escena un insólito aliado de estos: la viruela.

El 5 de marzo de 1520, Pánfilo de Narváez zarpó de Cuba al mando de una flotilla con destino a Nueva España. A su llegada a Cempoallán, luego Cempoala (Veracruz), las naves transportaban consigo una insospechada bomba biológica en la figura del esclavo africano Francisco de Eguía, portador del virus de la viruela, que lo propagó desde la vivienda totonaca en la que se alojaba y ocasionó una fatal epidemia. La población quedó terriblemente diezmada por la enfermedad. Huelga apuntar que este episodio se produce en medio de los enfrentamientos entre la autoridad española, personificada en Diego Velázquez de Cuéllar como gobernador de Cuba, y las tropas del propio Hernán Cortés, que había emprendido por su cuenta la conquista del Imperio azteca; en Veracruz ya se habían desencadenado combates entre mexicas y los totonacas aliados de Cortés, tras un ataque de los primeros: Narváez arriba como lugarteniente de Velázquez para castigarlos y prender a su vez al mismo Hernán Cortés, que tiene que reunir una guarnición hispano-indígena con la que enfrentarse a él. La mayoría de los soldados decidió unirse a Cortés y a los totonacas y Narváez marchó, no sin antes haber dado pie a la trágica proliferación del virus que causaría la muerte, entre otros, no solo de Cuitláhuac, sucesor de Moctezuma II, sino también de Maxixcatzin, señor de Tlaxcala y buen amigo de Cortés, y el gran irecha o rey de Tzintzuntzán Zuangua, que se había negado a defender a los mexicas.

Se ha estimado que México contaba con una población aproximada de 22 millones de personas y, para finales de 1520, solo quedaban alrededor de 14 mill. Es innegable que, sin la intervención devastadora de la viruela y otras enfermedades importadas, la conquista en este y otros lugares como el Perú habría tenido quizá un desenlace diferente. Sin embargo, conviene advertir que los conquistadores no eran conscientes de que el sistema inmunológico de los pueblos nativos no estaba preparado para enfrentar tales patógenos; no existía en ellos esa idea de arma biológica sugerida. Tiempo después, otros ejércitos sí emplearían la viruela como herramienta bélica contra tribus, pero esa es otra historia.

En la *Historia general de las cosas de Nueva España*, de fray Bernardino de Sahagún, el franciscano incluye, en nahúatl y castellano, un capítulo XVIII «que habla del dios llamado Xipe Tótec, que quiere decir *desollado*». De él dice que era honrado por los habitantes de la orilla del mar, que había nacido en Zapotlán (Jalisco) y que le atribuían «las viruelas, también las apostemas que se hacen en el cuerpo y la sarna; también las enfermedades de los ojos, como es el mal de los ojos que procede de mucho beber...»; los aquejados le hacían voto de vestir «su pellejo» en su fiesta e iban por el pueblo pidiendo limosna con él, y allá donde les abrían los sentaban sobre hojas de zapote, les echaban al cuello mazorcas de maíz ensartadas y les daban de beber su vino —el pulque, fermentado de aguamiel—. En efecto, Xipe Tótec era una deidad portadora del maíz y patrona de su siembra, y en el Códice Magliabechiano podemos observarlo retratado junto con la diosa del maíz Chicomecóatl («siete serpientes/mazorcas») en medio de las ceremonias del maíz y del hongo, lo que nos retrotrae a la relación que entre ambos hemos trazado por medio del cuitlacoche. Al hablar de los respetados mercaderes y tratantes mexicanos que desde Tlatilulco comenzaron a operar por todo el territorio, bajo el amparo de su dios Yacatecuhtli, Sahagún describe los banquetes que celebraban como manifestación de poder, en medio de ceremoniosos bailes (areitos) y ofrendas al dios del sol y la guerra Huitzilopochtli:

Folio 90r del Códice Magliabechiano (siglo xvi). Junto a Chicomecóatl y Xipe Tótec, la ceremonia del hongo [*Codex Magliabechiano xiii. 3*, Duque de Loubat, 1904].

«La primera cosa que se comía en el convite eran unos honguillos negros que ellos llaman *nanácatl*, (que) emborrachan y hacen ver visiones, y aún provocan a lujuria; esto comían antes de amanecer, y también bebían cacao antes de amanecer; aquellos honguillos (los) comían con miel, y cuando ya se comenzaban a calentar con ellos, comenzaban a bailar, y algunos cantaban y algunos lloraban, porque ya estaban borrachos con los honguillos; y algunos no querían cantar, sino sentábanse en sus aposentos y estábanse allí, como pensativos, y algunos veían en visión que se morían, y lloraban, otros veían que los comía alguna bestia fiera, otros veían que cautivaban en la guerra, otros veían que habían de ser ricos, otros que habían de tener muchos esclavos, otros que habían de adulterar y les habían de hacer tortilla la cabeza, por este caso, otros que habían de hurtar algo, por lo cual les habían de matar, y otras muchas visiones que veían. Después que había pasado la borrachera de los honguillos, hablaban los unos con los otros acerca de las visiones que habían visto».

Es lo anterior uno de los primeros y más valiosos testimonios de la ingesta de psilocibina en esta región. Fray Bernardino, en realidad Bernardo de Rivera, nació en Sahagún hacia 1499 e ingresó en el convento de San Francisco de Salamanca mientras estudiaba las carreras de Artes y Teología; en 1529 marchó a México junto con otros veintinueve franciscanos para tomar el testigo de los primeros doce que habían viajado allí años atrás y, aprendiendo presto el náhuatl, empapándose desde el primer momento de la feroz y fascinante civilización indígena, terminó por convertirse —con su obra de docente, estudioso y divulgador a la par que evangelizador (oficio, este, que no entendía posible sin un conocimiento profundo de las creencias y costumbres de los pueblos por catolizar)— en el padre de la antropología del Nuevo Mundo. En otro pasaje del título antedicho, también conocido como Códice Florentino, describe el *teonanácatl* —la seta divina ya referida— como otro «honguillo» surgido bajo el heno, redondo, de pie alto y mal sabor, y añade que daña la garganta y que emborracha, pero también es medicinal contra calenturas y gota: «hánse de comer dos o tres, no más, (y) los que los comen ven visiones y sienten bascas [náuseas] en el corazón; a los que comen muchos de ellos provocan a lujuria y aunque sean pocos». Acerca de los teochichimecas, «del todo barbados», hombres silvestres que dormían entre cabañas y cuevas apartadas, y que labraban pedernales o navajas para sus flechas y portaban espejos colgados para no perder de vista a los suyos, destaca su conocimiento de las virtudes de hierbas y raíces y los dibuja como primeros descubridores del peyote (*péyotl*), que tomaban en lugar de vino, y de esos «hongos malos» que embriagaban como este. El micólogo mexicano Gastón Guzmán también atribuye el Códice Magliabechiano a la dirección de Sahagún y expone, sobre la ilustración mencionada, que quiso incidir en la consideración de ciertas especies como «hongos del demonio» mediante la representación de un personaje maligno que haría las veces de aquel hasta entonces desconocido para ellos: «... parece que es una persona importante que toma al indígena para llevárselo a su mundo extraterrestre» —Erich von Däniken estaría orgulloso—; además, sí incide acertadamente en que los píleos de aquellas setas aparecen coloreados de verde y las revelan, así, como pertenecientes —tal cual adelantamos—al género *Psilocybe*: sus hongos psicoactivos se *manchan* de verde o azul al ser manipulados.

El relato de otros notables historiadores complementa al de Sahagún brindando una viva y espeluznante imagen del punto en que el consumo de alucinógenos se incardina en la práctica sacrificial y demás rituales aztecas, erigiéndose como inherente a la cultura y el espíritu indígena.

En su *Historia de las Indias de Nueva España e islas de la tierra firme*, el dominico fray Diego Durán escribe:

«Acabadas las ceremonias, sentado Moctezuma en el más supremo lugar [...], sacaron todos los que habían traído presos de la guerra y á la honra de su coronación los sacrificaron a todos, cosa de grandísimo dolor [...], lo cual era tan ordinario y tan común entre ellos [...] y no lo encarezco mucho, pues había días de dos mil, tres mil hombres sacrificados, y día[s] de ocho mil [...], la cual carne se comían y hacían fiesta con ella después de haber ofrecido el corazón al demonio.

Acabado el sacrificio y quedando las gradas del templo y patio bañadas de sangre humana, de allí iba todos a comer hongos crudos, con la cual comida salían todos de juicio y quedaban peores que si hubieran bebido mucho bino, tan embriagados y fuera de sentido que muchos dellos se mataban con propia mano, y con la fuerza de aquellos hongos v[e]ían visiones y tenían revelaciones de lo porvenir, hablándoles el demonio en aquella embriaguez...».

Motolinía, fray Toribio de Benavente, reconocido como excelente nahuatlato y primer etnógrafo del mundo mexica, narra sensibilizado en su *Historia de los indios de la Nueva España* cómo cierto hongo ya presentado era para ellos un impío cuerpo de Cristo o una hostia secular:

«Era cosa de gran lastima ver los hombres criados a imagen de Dios vueltos peores que brutos animales; [...] se herían y se descalabraban unos a otros y acontecía matarse, aunque fuesen muy amigos y propincuos parientes. Y fuera de estar beodos son tan pacíficos [...]. Tenían otra manera de embriaguez que los hacía más crueles era con unos hongos o sctas pequeñas, que en esta tierra los hay como en Castilla, mas los de esta tierra son de tal calidad que, comidos crudos y por ser amargos, beben tras ellos o comen con ellos un poco de miel de abejas; y de allí a poco rato veían mil visiones, en especial culebras, y [...] gusanos que los comían vivos, y así medio rabiando se salían fuera de casa, deseando que alguno los matase; y [...] acontecía alguna vez ahorcarse, y también eran contra los otros más crueles. A estos hongos llaman en su lengua *teonanácatl*, que quiere decir carne de Dios, del demonio que ellos adoraban; y de la dicha manera con aquel amargo manjar su cruel dios los comulgaba».

Presenciar situaciones como estas condujo a los misioneros católicos españoles a entender la ingestión de hongos con fines psicoactivos como ocasión de pecado —en quienes tuvieran noción del mismo— o, cuando menos, como evidencia de salvajismo y barbarie. Pero tal juicio no podía difuminar la enorme estimación del conjunto de los hongos en el plano alimenticio o el medicinal ni en la idiosincrasia nativa, en suma.

El toledano Francisco Hernández, médico de cámara de Felipe II y «protomédico general de nuestras Indias, islas y tierra firme del mar Océano» —*Historia natural de la Nueva España*—, recoge unos hongos mortíferos (*citlalnanacame*); otros (*teihuinti*), leonados y aromáticos, que «no causan comidos la muerte, pero producen cierta demencia temporal que se manifiesta en risa inmoderada...»; otros que no producen precisamente risa sino visiones de guerras y demonios; otros (*iztacnanacame*), comestibles, «de naturaleza fría, sin sabor ni olor notables»...

Ya en nuestro tiempo, tras los estudios de los etnomicólogos de los años 30 y la expedición de Wasson en 1957, investigadores del Colpos y las universidades de la Sierra Juárez e Intercultural del Estado de México, de visita en siete comunidades chinantecas del estado de Oaxaca, han constatado el uso de treinta y seis especies (treinta y una comestibles, tres medicinales y dos recreativas) y la existencia de hasta treinta y un taxones de *Psilocybe*, esto es, más de la mitad de los documentados en el país. Con el nombre de *nïï dsia jiun* aluden por igual a algunos hongos, que clasifican según su tamaño entre las mayores hembras (*P. yungensis*) y los menores machos (*P. zapotecorum*), pues de tal forma se conoce al mágico ser bajito que visualizan al tomar cualquiera de ellos —en dosis de al menos cuatro esporomas (setas)—, que les ofrece respuesta a sus atenazantes interrogantes sobre la enfermedad y la muerte. La criatura no aparece si la dosis es de uno o dos esporomas, que se administran estos indígenas simplemente para recuperar energía tras una dura jornada. De algunos (*P. mexicana, P. hoogshagenii*) ha podido probarse el empleo ceremonial y en otros casos no se han concretado denominaciones más allá de otros psilocibios pero del género *Panaeolus*, como *P. sphinctrinus*.

¿De qué modo sobrevivió, más allá del ámbito nutricional y terapéutico, la idea de estos hongos como alucinógenos? Concluimos con un esbozo del neurólogo Carod-Artal sobre el sincretismo observado en varias comunidades entre los ritos mazatecos y los católicos: recolectados los hongos al amanecer y con luna nueva, tras reunirlos son bendecidos en la iglesia y se rezan oraciones. Para experimentar con *Psilocybe* (en un altar, de noche, purificando tabaco e incienso y en presencia del chamán, que diagnostica y trata las dolencias) se exigen ayuno y abstinencia sexual y de alcohol, entre otros preceptos.

De haber sido el objetivo, querer arrancar a un pueblo tan *trascendental* cultura y saber se equipararía a querer vaciar el mar con un cubo.

📖 PARA LEER MÁS :

Carod-Artal, F. J. (2015). Alucinógenos en las culturas precolombinas mesoamericanas. Las drogas alucinógenas en las culturas... *Neurología*, 30 (1): 42-49.

De Benavente, T. (1914). *Historia de los indios de la Nueva España* [ed. de Daniel Sánchez García]. Herederos de Juan Gili.

De Sahagún, B. (1938). *Historia general de las cosas de Nueva España*, vols. 1-5. Pedro Robredo.

Dubovoy, C. (1968). Conocimiento de los hongos en el México antiguo. *Boletín Informativo de la Sociedad Mexicana de Micología*, 2: 16-24.

Durán, D. (1867). *Historia de las Indias de Nueva España y islas de Tierra Firme* [est., n. e il. de José F. Ramírez], 1; Imp. de J. M. Andrade y F. Escalante.

Gordon Wasson, R. (1983). *El hongo maravilloso «Teonanácatl»: micolatría en Mesoamérica*. Fondo de Cultura Económica.

Guzmán, G. (2015). El uso tradicional de los hongos sagrados: pasado y presente. *Etnobiología*, 9(1): 1-21.

Guzmán, G. (2016). Las relaciones de los hongos sagrados con el hombre a través del tiempo. *Anales de Antropología*, 50(1): 134-147.

Hernández, F. (1959). Historia natural de Nueva España. En Hernández, F. (1959). *Obras completas*, 2. Universidad Nacional de México.

López-García, A. *et al.* (2020). Conocimiento tradicional de hongos de importancia biocultural en siete comunidades de la región chinanteca del estado de Oaxaca. *Scientia Fungorum*, 50: e1280.

López Martínez, L. X. (2022). Bioactive ingredients of huitlacoche (*Ustilago maydis*), a potential food raw material. *Food Chemistry: Molecular Sciences,* 4.

Mayer, K. H. (1977). *The Mushroom Stones of Mesoamerica*. Acoma Books.

Mikulska, K. (2022). La deidad como mosaico: imágenes del dios Xipe Tótec en los códices adivinatorios de Mesoamérica central. *Mesoamérica antigua*, 33(3): 432-458.

Palma Ramírez, G. (2020). Revisión histórica de los hongos psilocibios. *Educación y Salud*, 8(16): 174-186.

Peinado, M. (17 de septiembre de 2021). Huitlacoche: el horroroso manjar de los dioses. *Diario de Navarra*.

Pijoan, M. (2003). Medicina y etnobotánica aztecas. *Offarm*, 22(9): 128-136.

Ramírez-Cruz, V. *et al.* (2006). Las especies del género *Psilocybe* conocidas del estado de Oaxaca, su distribución y relaciones étnicas. *Rev. Mex. Mic.*, 23: 27-36.

Valle Marquina, R. *et al.* (2023). Del bosque a la cocina: los hongos comestibles silvestres. *Inventio*, 19(48): 1-12.

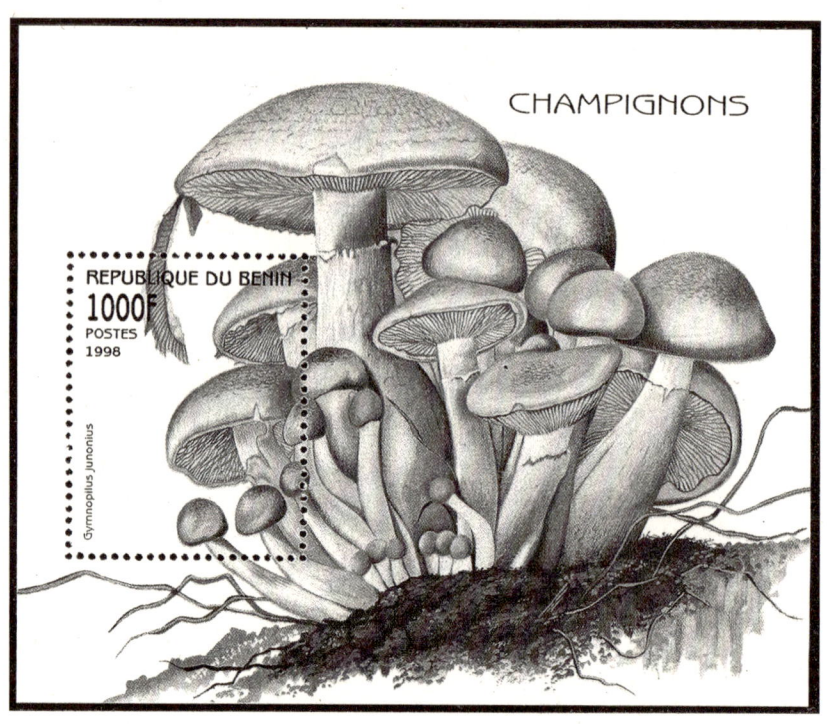

Gymnopilus junonius, en un sello de la República de Benín (África occidental), 1998.

L'Amerique (grabado de J. D. Nargeot según Charles A. Chasselat, ca. 1828). Un sacerdote inca haciendo un sacrificio al sol [Wellcome Collection].

EL TEMPLO DEL SOL

«La pampa es un reino infinito; la tierra, con toda su onda, muestra la facha de Dios en todo su esplendor. El chango, achicado al mango, solo puede tirarse en el pasto y mirar cómo la Vía Láctea se pega el palo en ese cielo relimpio.

Así ven las cosas Pedro González y Palomo Goretti. Nacidos en los arrabales de Buenos Aires, mirando al río de la Plata, embretados en la Pampa por culpa de la yuta que les robó hasta la ñata. Mira, los dos tienen que ser hijos del baldío por culpa de unos guachos porteños que afanan todo. La miseria los mandó a volar de la *city*, y ahora la vieja tierra los abraza.

Después de laburar a pata, se ponen al palo alrededor de un fuego que armaron en dos patadas; tiran a asar los chorizos que van a ser el corazón del chivito. En un rincón está el espetón con unas setas. Si el chorizo es el corazón, estas son el alma, lo que le da todo ese sabor. Y ese todo es la felicidad que sentís cuando te lo mandás. Después de tener los ingredientes bien asados, mi viejo, se mandan con el chivito legado de su madre yorugua: abren el pan y le mandan todos los ingredientes sazonados con la salsa. Al toque de arrancar el festín, les agarra un ataque de risa que les sale desde adentro. Miran el cielo lleno de estrellas, las setas empiezan a hacer su magia. Son *Gymnopilus junonius*, ingredientes de siempre en el plato, pero... bien cocinados. Después de rellenarse el buche, y con el cachete *inflao* de risotadas, a los dos guachos les cae el amargo en el pecho; se mandan a agarrar la guitarra y arrancan a recitar los versos de Martín Fierro hasta la memoria les llegue:

Cantando me he de morir, / cantando me han de enterrar / y cantando he de llegar / al pie del Eterno Padre; / dende el vientre de mi madre /vine a este mundo a cantar. / Que no se trabe mi lengua / ni me falte la palabra: / el cantar mi gloria labra / y, poniéndome a cantar, / cantando me han de encontrar / aunque la tierra se abra [José Hernández: *El gaucho Martín Fierro*]».

Con este texto intento rendir un homenaje a los intrépidos gauchos, señores de las tierras indómitas del Cono Sur. Desde el Brasil hasta Tierra del Fuego, son paradigma de la libertad. Pero no los menciono únicamente por su espíritu: de ellos también nos llega toda una exquisitez culinaria que toma el testigo de sus originales churrascos (asados primero por los tupíes y guaraníes catolizados por la Compañía de Jesús en el siglo XVII y luego desarrollados, con técnicas mejoradas, por los troperos o conductores de ganado, sobre todo vacuno), que degustaban entre pedazos de zapallos —calabazas— o boniatos asados: nos referimos al chivito, delicioso bocadillo de carne y otros muchos ingredientes, cuyo nacimiento sitúan los uruguayos en Punta del Este cuando una turista argentina pidió algo de carne de chivo para comer y el dueño del restaurante, ante la inexistencia de aquella por el lugar, le improvisó un bocata de churrasco de ternera, jamón, manteca y pan francés. De entre la gran variedad de componentes que se le irían añadiendo en diversas regiones (queso, panceta, lechuga, tomate...), uno común en aquellos lares se haría especialmente popular e imprescindible: la amarga seta de *Gymnopilus junonius*. Lo curioso es que este es llamado el «hongo de la risa» por su aparente psilocibina y en la mayoría de los países se lo considera no comestible, pero en Uruguay es una de las especies silvestres más consumidas, también hervida o escabechada acompañando al choripán. Crece al pie de eucaliptos y pinos o sobre su madera muerta.

Mesoamérica, como venimos evidenciando, siempre ha sido un faro de la etnomicología. Aquellas tribus siberianas, pioneras del Nuevo Mundo, que se expandieron a lo largo del continente americano, trajeron consigo un vasto conocimiento ancestral sobre los hongos. Hasta en la región de los Grandes Lagos y los territorios de Canadá y Estados Unidos, pueblos como los ojibwa, los menomini, los omaha, los dogrib, los iroqueses o los pies negros cultivaron dietas, terapias y rituales análogos a los de los mexicas mediante políporos de *Fomes* y *Nidularia*, mediante *A. muscaria* y mediante un buen número de otros hongos que, si no alimentaban, sí ayudaban en infusión a las mujeres estériles o siquiera servían para mascar con tabaco y para ahuyentar malos espíritus gracias a su humo. Sin embargo, al meridión de Mesoamérica y en contraste con esta zona, las evidencias de una tradición micológica parecen desvanecerse; incluso el conocimiento de los hongos entre las comunidades nativas, a menudo, brilla por su ausencia. En Colombia, hasta hace poco tiempo, muchos investigadores ignoraban la relación entre las setas y las tribus indígenas; recientemente se ha descrito una ceremonia fúngica celebrada por los embera-chamí. Mirando al Cono Sur, las circunstancias son similares e iniciativas como la de la Sociedad Argentina de Botánica, que llevó a cabo un exhaustivo trabajo de campo entre los campesinos criollos del valle de Traslasierra (Córdoba) y pese a reconocer «escasos y fragmentarios los datos etnomicológicos disponibles» registró doce especies de uso práctico y once tóxicas, han procurado en los últimos años arrojar algo de luz sobre el asunto. Lo más reseñable de esta última investigación radica en que, respecto a los útiles para fines medicinales (al margen de los nutritivos, tintóreos, etc.), los doce hongos no eran todos propiamente hongos: además de *Bovista cunninghamii, Calvatia cyathiformis, C. fragilis, Disciseda candida, Mycenastrum corium, Myriostoma coliforme* y *Scleroderma bovista*, gasteroides (de la clase Gasteromycetes) denominados todos «polvillo del diablo» y utilizados como cicatrizantes por medio de su gleba —masa de esporas cuando no existe himenio—, se reconocieron dos especies de líquenes (organismos con forma de costra nacidos, en rocas y cortezas de lugares húmedos, por la simbiosis de hongos con algas o cianobacterias): *Usnea amblyoclada* y *U. angulata*, ambos simplificados como «barba de piedra». Estos líquenes se aplican en la desinfección de heridas (por decocción de talos en agua y sal y lavado de la zona afectada) y, convertidos en infusión con que hacer gárgaras, para aliviar dolores dentales o de garganta y para tratar tanto la disfonía como la tos, anginas, etc.; apenas tienen alternativa farmacéutica y son, por ello, muy valorados. Pero ¿qué hay más allá? El estudio y, ante todo, sus escasos ecos dan cuenta de la limitada cultura superviviente en torno al reino Fungi y se pierde el rastro de los hongos pasados y presentes de esta tierra.

Myriostoma coliforme (en la fuente, designado con su nombre ilegítimo *Lycoperdon coliforme*) [*Coloured figures of English fungi or mushrooms*, James Sowerby, 1797)].

La frustración me embarga al contemplar cómo el legado de nuestros antepasados siberianos se ha desvanecido a lo largo de los siglos en este lado del mundo. La distancia geográfica no puede servir como excusa; los hombres siempre hemos ido llenando y portando una mochila que traspasar a las generaciones venideras; en su interior se acumulan las enseñanzas y experiencias de nuestros predecesores, un tesoro invaluable que, aunque a veces relegado al fondo del saco, permanece latente, esperando ser redescubierto. Esta reflexión me impulsa a hurgar en el zurrón de las culturas precolombinas de Suramérica, en busca de indicios del legado micológico que una vez hubo de florecer en ellas.

Con el tiempo, la diosa Fortuna premia mi constancia. César Augusto Velandia y otros profesionales de la Universidad del Tolima (Colombia) han dedicado sus esfuerzos a desenterrar los vestigios de una cultura micófila suramericana en un meticuloso estudio titulado «Micolatría en la iconografía prehispánica de América del Sur», que rescata numerosas evidencias de la existencia pretérita de una tradición ya casi extinta. Nada queda de la incidencia de los hongos en la cosmovisión y la vida cotidiana y escaso es el rastro en la dieta o las aplicaciones terapéuticas, pero el arte emerge como un testigo silencioso de sentimientos, creencias y formas de vida antiguas para recordar quiénes fuimos.

Comienzan los autores tratando de hallar explicación a las dificultades afrontadas a la hora de investigar la materia: en su opinión, la suya es una sociedad históricamente micófoba desde el momento en que el Tribunal del Santo Oficio prohíbe el consumo de agentes psicoactivos y se emprende una aculturación que los relega: «Y, si para Mesoamérica, que cuenta con un vasto registro etnológico sobre el uso de plantas psicotrópicas y en particular de hongos, ocurrió algo así, para Suramérica ni siquiera se plantea el problema». Lo cierto es que parece tomarse sinecdóquicamente la proscripción de la ingesta de aquellos hongos, causantes tanto de revelaciones y éxtasis como de suicidios y brutalidad —que habían llevado a los misioneros a entenderlos nocivos—, como justificación para el completo destierro u olvido de toda una cultura gastronómica, naturista, taumatúrgica, mitológica y espiritual alrededor del hongo. Sin duda hay un fondo de razón: en 1692 se promulga el edicto contra el uso del peyote y otras *yerbas o raíces*; y de 1658 nos llega un proceso contra la vecina de Toluca María Vallejo y otros indios y mestizos por practicar heréticos «ritos supersticiosos» y tomar nanacates (concretamente, el sagrado *teonanácatl*); además, se sabe que los misioneros se enfrentaron repetidamente a la censura inquisitorial por traducir a lenguas vernáculas textos sacros y asimismo tratados etnográficos.

OS LOS INQVISIDORES CONTRA
LA HERETICA PRAVEDAD, Y APOSTASSIA, EN LA
Ciudad de Mexico, eftados, y Prouincias de la Nueua Efpaña, nueua Galicia,
Guatemala, Nicaragua, Yucatan, Verapaz, Honduras Yslas philipinas, y fu
diftrito, y iurifdicion por authoridad Appoftolica. &c. Por quanto el vfo de
la Yerba o Raiz llamada Peyote, para el effecto que en eftas Prouincias fe ha introducido de
defcubrir hurtos, y adebinar otros fuccefos, y futuros côtingentes occultos, es accion fuperfticiofa
y reprouada oppuefta à la pureça, y finceridad de nueftra Santa Fee Catholica, fiendo anfi, que
la dicha yerba, ni otra alguna no pueden tener la virtud, y eficacia natural que fe dize para los
dichos effectos ni para caufar las ymagines, fantafmas, y reprefentaciones en que fe fundan las
dichas adeuinaciones, y que en ellas fe vee notoriamente la fugeftion, y afiftencia del demonio,
autor defte abufo, valiendofe primero para introduzirle de la facilidad natural de los Indios, y
de fu inclinacion à la idolatria, y deribandofe defpues à otras muhcas perfonas poco temerofas
de Dios, y de fee muy informe, con cuyos excefos ha tomado mas fuerça el dicho vicio, y fe comete con la frequencia que fe hecha deuer. Y deuiêdo Nos por la obligacion de nueftro cargo ata
jarle, y occurrir à los daños, y graues offenfas de Dios nueftro Señor, que del refultan. Auiendo
lo tratado, y conferido con perfonas doctas, y de rectas conciencias, acordamos dar la prefente
para vos, y à cada vno de vos, por la qual exortamos, requirimos, y en virtud de fanta obediencia
y fopena de excomunion mayor latæ fententiæ trina Canonica monitione præmiffa, y de otras
penas pecuniarias, y corporeles à nueftro arbitrio referuadas. Mandamos, que deaqui adelante

Fragmento del edicto del Santo Oficio contra el uso del peyote (1620).

Pero incluso decididos críticos del papel de la Inquisición (y de los propios misioneros, que habrían contado solo una parte de la experiencia) como el historiador mexicano Fernando Benítez, siguiendo al mismo Gordon Wasson, reconocen al instante que «los hongos y el peyote continuaron siendo devorados por millares de hechiceros y brujas en el sigilo de las montañas apartadas, no obstante los esfuerzos del clero y del auxilio que le prestaba el Santo Oficio» (*Los hongos alucinantes*, 1964). En todo caso, por más que solo nos refiramos a psilocibios y otros agentes psicoactivos, resulta llamativo hasta qué punto la huella micológica es más que rastreable precisamente en México y el conjunto de la región mesoamericana y queda tan difuminada en América del Sur.

Ante la falta de referencias sobre cómo se representaban los hongos en la Suramérica prehispánica, y sobre cómo podría descifrarse su presencia o ausencia en el registro arqueológico, el equipo de Velandia acudió de hecho a las fuentes de Mesoamérica con vistas a esbozar a partir de ellas la hipótesis meridional, por influencia o por desarrollo independiente. Así, repasa diversos códices y la nomenclatura náhuatl que ya hemos desgranado, verifica la tradición y traza un primer lazo con la mención al «par sagrado» de Wasson: los hongos se dibujaban (a veces) por pares, por ejemplo, en el Códice de Viena y tal articulación iconográfica también se observa en las urnas funerarias santamarianas del noroeste argentino, donde además están acompañados, como en tantas muestras mesoamericanas, de animales tales como serpientes.

Junto a dos pares sagrados del Códice de Viena [*Codex Vindobonensis Mex.*], detalle de fosfenos apreciados por Reichel-Dolmatoff [*El chamán y el jaguar*, 1978] en un mural taibano, vasija del lago Macupy (Teffé, Brasil) [Métraux en *Rev. Mus. La Plata*, 32, 1930] y cabezas de piedra de las Mercedes (Costa Rica) [*Costa Rican stonework*, J. A. Mason, 1945].

Advierte el mismo patrón en pinturas rupestres y cuencos cerámicos de Colombia, y en rocas de Chile, y observa variaciones de la idea (setas enfrentadas, no paralelas) en la propia Argentina y Costa Rica. De esta suerte va hilando toda una línea de continuidad que lo conduce de nuevo a Colombia y a unos murales de los indígenas tucanos con «dibujos alucinatorios», abordados previamente por el arqueólogo Gerardo Reichel-Dolmatoff: los «fosfenos» que este describe, formas irregulares percibidas subjetivamente sin estímulo lumínico externo y que constituirían la base de la alucinación —¿se han preguntado alguna vez qué son esas manchas y diseños que ven al presionarse los ojos?—, concordaban con los definidos por los indígenas y con los experimentados por él en primera persona en sesiones de ingestión de ayahuasca. El especialista cree, y los investigadores de la Universidad del Tolima con él, que las concordancias son muy estrechas como para no pasar de casualidades y que los motivos captados por los indios bajo la influencia de la droga se reflejan inequívocamente en su acervo material: «Se puede decir que prácticamente todos los elementos que consideramos como *decorativos* y que en nuestro criterio "adornan" los objetos manufacturados por los indios son derivados de formas percibidas bajo la influencia de los alucinógenos, es decir, *están basados en fosfenos…*». Una afirmación atrevida, quizá, pero no carente del todo de fundamento.

La trama interpretativa se prolonga cuando entran en juego perspectivas eróticas aportadas por los indios, con los hongos *parejos* como órganos sexuales femeninos que devoran a los elementos masculinos cual una nasa o cesta de pesca atrapa a los peces, o con esculturas pares que invierten el diseño y colocan el píleo hacia abajo propiciando simbolismos fálicos. Descifrar por entero la lógica que articula estas estructuras, reconocen, deviene demasiado difícil, pues ordinariamente se nos escapa la significación del mito dentro del cual hallan sentido. Pero las aportaciones de Schultes y Bright sobre unos enigmáticos pectorales de oro descubiertos al sur de Panamá, en los que sobre una cabeza antromorfa descansan dos medias esferas unidas al cuerpo por un pedúnculo, han llevado a varios estudiosos a proponer que se trata igualmente de un indicio más del empleo religioso de hongos psicoactivos en Suramérica.

Concluyen Velandia y su equipo que la comparación de las representaciones fúngicas de las distintas culturas permite presumir en la América del Sur prehispánica no ya una micofilia, sino toda una micolatría. Ese grado de reverencia —*latrīa, latreía*: «adoración»— acaso sea más prudente seguir reservándolo al caso mesoamericano (recordemos *El hongo maravilloso: micolatría en Mesoamérica*, de Wasson), pero futuros trabajos («... falta mucha investigación», admiten) pueden hacernos cambiar de opinión sobre tan curiosa red de comunicaciones simbólicas.

Aún en Suramérica, el panorama andino respecto al conocimiento de los hongos y de su tradición tampoco se presentaba muy alentador, al menos, hasta hace poco. ¿Cómo es posible? En la provincia peruana de Yayos (Lima) existe un distrito llamado Hongos pues antiguamente lo ocupaba una laguna a cuyas orillas crecían hongos silvestres; Singer bautizó como *Psilocybe peruviana* una especie observada sobre un manto de musgo en Cuzco; y Schultes y Hofmann identificaron como *P. yungensis* el «hongo del árbol» del que los yurimaguas extraían cierta bebida según reportaron los misioneros jesuitas; pero ¿qué hace que el pulso de una cultura familiarizada con los hongos parezca tan débil también en el mundo inca frente a las constantes señales mexicas? O, más allá, ¿por qué ese desequilibrio de pruebas, repercusión e interés?

El biólogo Peter Trutmann, junto con la antropóloga Amarilda Luque, es en este caso quien nos permite empezar a seguir la pista. En el VI Congreso Nacional de Investigaciones en Antropología del Perú, celebrado en Puno en octubre de 2012, expuso la cruda realidad de una profunda amnesia cultural respecto al valor y la influencia de los hongos:

«En marzo [de] 2010, a 4000 metros sobre el nivel del mar, al fin de una noche de lluvia y frío, en la necrópolis antigua de Marcahuasi, vimos campos llenos de hongos de varios tipos. Como micólogo sabía que algunos fueron buenos para comer. No fue sorpresa que los hongos fueran el tema de conversación con los campesinos que encontramos. Pero nos sorprendieron más sobre su falta de conocimiento de los hongos a su alrededor. Mi impresión de Lima y Perú fue que eran una sociedad micofóbica (quiero decir con temor de hongos, en vez de micófila). Al fin, un caballero, don Cevillero, del pueblo San Pedro de Casta, respondió que sí los conocía y los comía:

"Se come[n] hongos que crecen de plantas y no aquellos que salen del excremento. Los jóvenes ya no conocen ni comen los hongos. Los comimos porque estuvimos muy pobres".

Fue muy raro escuchar dichas palabras para una persona europea, donde [*sic*] el consumo de hongos tiene un valor alto. Los comentarios de don Cevillero y el impacto de ver crecer hongos a 4000 metros sobre el mar fueron los impulsos claves que estimularon las reflexiones sobre la importancia y uso de hongos en el Perú.

La próxima sorpresa fue que existía poca literatura sobre el tema de hongos nativos del Perú. Goa (2003) [*sic*; Eric Boa, autor de *Los hongos silvestres comestibles*], en su reporte para la FAO de las Naciones Unidas, casi no mencionó al Perú, con excepción del uso de *Suillus luteus*...».

La revisión bibliográfica de algunas fuentes recientes sobre este y otros hongos comestibles, así como de un ignorado estudio lingüístico (*Hybris, violencia & mestizaje*, de César Delgado) que evidenciaba que fueron un elemento básico para los pueblos quechua y aymara, conduce a Trutmann y Luque a reconocer un uso y conocimiento en las comunidades de la sierra y a sentar una sorprendente premisa inicial: «El Perú alrededor de Cusco y en la época de la conquista no fue micofóbico».

Desconcierta que contemos con abundantísima información y hasta propaganda sobre contextos tachados de micófobos a causa de los descubridores y evangelizadores hispánicos y, por el contrario, con una tan exigua y sujeta a conjeturas en los que que se suponen ajenos a ese influjo.

El Perú se sitúa entre el ecuador y el trópico de Capricornio, en la denominada zona intertropical, pero la cordillera de los Andes y la fría corriente marina le imprimen rasgos geográficos singulares, más complejos que el sofocante calor y la densa vegetación que cabría atribuirle.

Como el octavo país del mundo en número de especies (uno de los diecisiete catalogados como «megadiversos») y el diez por ciento de las de la flora mundial, y con hasta 55 pueblos indígenas identificados (cincuenta y uno en la Amazonía y cuatro andinos), sería razonable presuponer no solo una enorme riqueza fúngica en el territorio, sino además una gran conexión popular con ella y una atávica sabiduría relacionada.

Increíblemente, esa vaga asociación casi pleonásmica de la selva con lo insondable se vuelve literal en este punto: la región amazónica permanece apenas inescrutada en lo que concierne a los hongos y tan solo algunos investigadores, como Catherine Dávila Arenas *et al.*, han logrado extraer ciertos resultados, advirtiendo antes de la carencia de base documental hasta el momento: este equipo estudió la microbiota comestible de los machiguengas en la cuenca del Alto Madre de Dios y registró diez especies comestibles tradicionales (géns. *Pleurotus, Polyporus, Oudemansiella, Schizophyllum* y *Favolus*), bien localizadas por los instintivos taxónomos locales y muy apreciadas en patarasca —envueltas en hojas y a la brasa—, guisos, caldos y fritos con yuca. Sus propios entrevistados les confiaron que el hábito de la recolección, ya relegado al autoconsumo y al intercambio vecinal, fue en el pasado mucho mayor, pero aportaron algunas de las pautas heredadas a la hora de seleccionar: eran preferibles los hongos que aún no esporulasen, siempre se centraban en los surgidos de la madera y las larvas de coleópteros sobre sus cuerpos fructíferos indicaban si se podían comer o no. Con la terminación *igémpita/-gempita* aludían a esporocarpos con forma de oreja y con *tsigevi/kviteviro* mencionaban los de estípite diferenciado.

Trutmann y Luque, de hecho, renunciaban a la Amazonía y se centraban en los hongos de las culturas prehispánicas costeras, por un lado, y serranas, por otro:

— Culturas de la sierra. Al norte del país, los pucará nos han legado piezas de cerámica en las que aparece el rostro de un felino con ojos desorbitados, como en trance, con orejas con forma de seta; y esculturas como la de un sujeto con iguales ojos, un hongo en la mano y otro en el turbante. Junto al lago Titicaca, en Chucuito, se encontraron sencillas piedras con forma de píleo o de hongo fálico que abundan en la idea de la fertilidad. De los wari de los Andes centrales ha quedado, p. ej., una vasija con un felino antropomorfizado cuyas orejas han sido descritas como la muy común en la zona *Calvatia cyathiformis*. Y de los incas, de quienes —aunque parezca inaudito— se asegura que no se ha es-

Schizophyllum commune, llamado *shitovi* o *shitoviro* en el Alto Madre de Dios de Perú [*Les champignons (fungi, hyménomycètes) qui croissent en France*, C. C. Gillet, 1878].

De izqda. a dcha.: Copa de piedra cupisnique con hongos y cóndor [The Michael C. Rockefeller Memorial Collection, 1964; Metropolitan Museum of Art]; botella moche de pico de estribo coronada por *Amanita muscaria* [Peabody Museum (Gift of Friends of the Museum, 1916)]; y «tumi» chimú rematado por una cabeza poblada de hongos [Bequest of Jane Costello Goldberg; Metropolitan Museum of Art, 1986].

tudiado su vinculación con los hongos, se aducen aun así evidencias de iconografía en un pendiente de oro, moldeado como una seta de sombrero convexo cual hongo alucinógeno, descubierto en el mítico Machu Picchu, en las inmediaciones del formidable Templo del Sol, que albergaba las momias reales (Tintín, Milú y el capitán Haddock aterrizaron en Perú para rescatar de él al profesor Tornasol, recluido por haberse puesto la pulsera de una).

Detalle friqui: en Enderal, universo ficticio de una extensión del videojuego *Skyrim*, el protagonista destapa a un alquimista como causante accidental de una antigua plaga de hongos creados en laboratorio, que vuelven loco a quien los posee: tras recoger muestras, puede entregarlas al laboratorio del descendiente de aquel para buscarle una cura (con el riesgo de que este repita los errores de su abuelo) o entregarlas a los boticarios del Templo del Sol para evitar que se propaguen. Al decantarse por esta opción, en el Templo le garantizan que lo más seguro es destruirlas.

— Culturas de la costa. Los cupisnique, de la costa septentrional, nos ofrecen una pieza especialmente interesante, hoy custodiada en el Museo Metropolitano de Arte de Nueva York: se trata de una copa en la que aparece grabado un «árbol de vida», cuyo tronco es rematado con la cabeza de un cóndor y cuyas ramas están atestadas de setas; por su cronología (1200-200 a. C.), estaríamos ante una prueba de que aquí se consumían hongos al mismo tiempo que los olmecas en México, lo que queda de sobra respaldado por el hallazgo de restos de hongos en el yacimiento chileno de Monte Verde: ya en el Pleistoceno tardío, los primeros habitantes de Suramérica comían papa silvestre, frutas y, según sus arqueólogos, los mismos hongos que hoy se comen allí. Los paracas, sin ir más lejos, produjeron finos textiles en los que una figura chamánica con una seta en cada mano parece volar. En cuanto a los moches o mochicas, volvemos a observar cerámicas, esta vez aún más realistas y definidas, con múltiples cabezas de curanderos y guerreros adornadas de hongos; y nos llama la atención sobre todo, por su color rojo y sus lunares, ¿cuál si no?, la inconfundible *Amanita muscaria*. El círculo se completa con cuchillos ceremoniales («tumis») de los indígenas chimúes y lambayecanos que se ven coronados por cabezas de las que sobresalen hongos; se empleaban tanto para degollar prisioneros como para realizar trepanaciones y otras operaciones quirúrgicas o curativas.

Las conclusiones de Trutmann y Luque remarcan la certeza de que los peruanos prehispánicos tenían noción de los hongos y los utilizaron, con fines más medicinales-espirituales que culinarios, al menos desde el 1200 a. C. hasta el Imperio inca (1200-1532 d. C.). Identifican en esta etapa, con los citados, varios psilocibios, *Morchella elata* y *M. esculenta*.

Pese a no haber dudado en sostener que Perú no se volvió micófobo con la conquista, dedican escaso espacio a tal coyuntura: remiten a diversos misioneros, de entre los que destacan al jesuita Diego González Holguín (*Vocabulario de la lengua general de todo el Perú*) como autor de la más completa descripción de hongos, y, esta vez, a un cronista indígena del virreinato, Felipe Guamán Poma de Ayala, que habría hablado de los hongos como parte de la dieta inca. Consultando la *Primer nueva corónica y buen gobierno* de este último hemos constatado tal cosa —«... tenían bastimento de comida y regalos de maíz [...], callampa [*Agaricus campestris*], concha [*Pleurocollybia cibaria*], paco [hongo perdido], hongos de los dichos yuyos [que nos evocan a los aztecas], llachoc, onquena, ocororo, pacoy yuyo, cicllayuyo [...]. Comienza [el labrador] a guardar de este mes [marzo] las comidas y frutas y secarlas, para que ayga para todo el año que comer, [...] y en este mes hay mucho pescado, camarón, chiche, hongos calampi, concha...»— y asimismo el relato de los agüeros o malos presagios que algunos incas confiaban al *moscoc*, adivino que interpretaba sueños: veían «... entrando la lechuza o murciélago, o mariposa o culebra dentro de su casa, o nacer hongo dentro de la casa [...]; ("he visto hongos, he partido calabazas en sueños")...».

La principal barrera, lamentan los autores, radica en que estos términos no permiten descifrar la mayoría de las especies y hay que dar por hecho que los usados hoy lo eran ya hace quinientos años. Con todo, queda más que probada la importancia alimenticia y medicinal de los hongos también en la cultura inca y el conjunto de América del Sur.

Diríase que la presencia de la coca y de sus alcaloides habría hecho innecesaria la de los hongos alucinógenos ampliamente documentados en Mesoamérica, por más que esta se diese (*P. zapotecorum, peruviana, yungensis*); en otras palabras, que aquí se concedió primacía a la coca para esos propósitos rituales. La verdad es que la coca servía para todo —medicina, ofrenda, objeto de cambio—, incluso para mitigar la fatiga o el hambre en las minas y haciendas (como los *Psilocybe* en pequeñas dosis de los chinantecos), donde llegó, según se ha dicho, a formar parte del salario y los indígenas renunciaban si no la había. Los cronistas dieron cuenta de su protagonismo en la economía y en la vida diaria de la gente.

Pongamos que no es tan extraño que no haya prevalecido la aplicación psicotrópica de los hongos allá donde reinó la coca (con los incas, exclusiva de la élite; luego, *popularizada*): lo raro —dejando al margen la justificación del problema lingüístico— es que, por ejemplo, Trutmann y Luque únicamente pudieran certificar la supervivencia de dos hongos comestibles (*Calvatia* y *Morchella*) en la dieta de los peruanos de hoy.

En la página oficial de la célebre cadena Radio Programas del Perú leemos (5 de abril de 2024): «Los hongos: el alimento del futuro [...]. Aunque con el paso de los años ya no se consumen tanto [...], en el Perú existe una serie de propuestas que buscan impulsar el consumo de este superalimento. [...] Ecosfera Fungitech ofrece "Cultiva tu propio mundo", donde a través de un "módulo tecnológico" ayudan a automatizar la producción de hongos comestibles, permitiendo una producción continua...».

📖 PARA LEER MÁS :

Dávila-Arenas, C. (2013). Estudio etnomicológico de la micobiota comestible en dos comunidades nativas de la cuenta de Alto Madre de Dios, Reserva Biósfera del Manu. *Sagasteguiana*, 1(1): 121-130.

Flamini, M. *et al.* (2018). Hongos útiles y tóxicos según los yuyeros de La Paz y Loma Bola (Valle de Traslasierra, Córdoba, Arg.). *Bol. Soc. Argent. Bot.*, 53 (2): 319-338.

Flores, E. y Masera, M. (Coords.). (2010). *Relatos populares de la Inquisición novohispana: rito, magia y otras supersticiones, siglos XVII-XVIII.* CSIC Press-UNAM.

Guamán Poma de Ayala, F. (1980). *Primer nueva corónica y buen gobierno*, vols. 1-2. Biblioteca Ayacucho.

Guzmán, G. (2012). Nuevas observaciones taxonómicas y etnomicológicas en *Psilocybe* s.s. (...) de México, Africa y España. *Acta Botánica Mexicana*, 100: 79-106.

López-García, A. *et al.* (2020). Conocimiento tradicional de hongos de importancia biocultural en siete comunidades de la región chinanteca del estado de Oaxaca, México. *Scientia Fungorum*, 50:e1280.

Mellizo, Á. (6 de febrero de 2014). El «chivito», 70 años como suculento símbolo de la cocina uruguaya. *El Mundo*.

Trutmann, P. *et al.* (2019). Una primera guía de hongos del bosque de Kañaris - A first guide to the fungi of the cloud forest of Kañaris [*paper*].

Trutmann, P. y Luque, A. (2012). Los hongos olvidados del Perú. VI Congreso Nacional de Investigaciones en Antropología Perú; Puno, 2-5 octubre 2012: 1-15.

Velandia, C. *et al.* (2008). Micolatría en la iconografía prehispánica de América del Sur. *International Journal of South American Archaeology*, 3: 20-43.

Richard E. Schultes (centro), con el curandero Salvador Chindoy (izqda.) y otro indígena de la etnia kamsá o kamentsá, en el valle de Sibundoy (Colombia), ca. 1940 (detalle) [ECON; Harvard University Herbaria & Libraries].

Una copia española del *Sgt. Pepper's Lonely Hearts Club Band* (1967), octavo elepé de los Beatles y emblema de la cultura psicodélica [Odeon; Parlophone].

138

DE *INDIANA JONES* A *LUCY IN THE SKY WITH DIAMONDS*

Indiana Jones en busca del Arca Perdida. Un ícono del cine de aventuras que nos transporta a la vibrante década de 1930. Su escena inicial nos sumerge en la inmensidad de la densa selva centroamericana, donde el intrépido Indiana arriesga su vida para recuperar el ídolo de una tribu escondida, un tesoro perdido en la bruma del tiempo: el destino le juega una mala pasada cuando un villano astuto se lo arrebata, en una muestra paradigmática de una amenaza extendida en aquella época por toda la región, aunque no siempre bajo el noble pretexto de la arqueología.

A inicios del siglo xx, las selvas tropicales eran vistas como vastos océanos de recursos infinitos. La llegada del automóvil hizo del caucho un bien muy codiciado, pero, por otra parte, el entorno comenzó a concentrar las miradas de una moderna industria farmacéutica (Pfizer, Bayer, Upjohn, Parke Davis...) que, al tiempo que por ejemplo la cosmética, se asentaba tras sentar sus cimientos en el último decalustro y, tratando acaso de convertir en negocio a gran escala la labor de curanderos y chamanes, advirtió en aquella espesura un inagotable botiquín natural, capaz de ofrecer remedios más eficaces que el legendario bálsamo de Fierabrás. Aparecieron las tabletas, cápsulas e inyectables y empezó a advertirse el potencial de la síntesis de medicamentos. Paralelamente, cientos de botánicos no quisieron permanecer ajenos a tan ilusionantes noticias. Entre ellos, un veinteañero de nombre Richard Evans Schultes.

Nacido en Boston de padres alemanes y británicos, su porte aristocrático y su inseparable pipa eran fiel reflejo de sus convicciones victorianas. En sus clases de Botánica en Harvard en los años setenta, enfundado en su bata, Schultes aún proyectaba filmaciones de rituales indígenas con plantas *mágicas* en los que él mismo participó; exponía especímenes, cerbatanas y pipas de opio junto con máscaras y ropajes; e insistía en memorizar los nombres científicos y familiarizarse con el mundo natural. Sus enseñanzas encandilaron a generaciones enteras.

Había empezado a estudiar Medicina en esa universidad en la que después impartiría docencia, pero una asignatura de etnobotánica del profesor Oakes Ames cambió sus planes y lo condujo a explorar, fascinado, el rastro de esa estrecha relación entre el mundo vegetal —en el que, recordemos, se incluyeron los hongos hasta hace no mucho— y el ser humano, representado por los pueblos de México. Leyó, entre otros, al ya presentado Francisco Hernández, médico de cámara de Felipe II, y su tesis doctoral como botánico trataría de dilucidar qué quedaba del hongo *teonanácatl* o de plantas como el «ololiuqui» no ya en la identidad de los nativos de Oaxaca y sus nuevos vecinos, sino en la biodiversidad de una selva cada vez más castigada. Sus investigaciones entre los imponentes anaqueles de la biblioteca Widener, que testimonios como aquel o los de Motolinía y Sahagún encaminaban hacia una idea de misteriosos hongos y *yerbas* como fuente del éxtasis o la revelación (más allá de como alimento y medicina), toparían, sin embargo, con la versión del mismísimo Departamento de Agricultura de los Estados Unidos. En la persona del respetado William E. Safford, bajo cuya firma se publicaron desde 1915 varios artículos en revistas como el *Journal of Heredity*, este había desacreditado un trabajo de campo de tres siglos y negado tajantemente la existencia de un hongo narcótico mexicano, considerando que las especies descritas por los cronistas hispanos eran meras invenciones de los autóctonos: a su juicio, los habían engañado con diversas denominaciones y descripciones nahuas a fin de que no supieran cuál era realmente esa «carne de Dios»: el peyote. Safford («An Aztec narcotic») llegó entonces a declarar: «Se ha atribuido a los aztecas un conocimiento de botánica que estaban lejos de poseer». La sentencia nos resulta hoy osada, pero, escrita desde su despacho de la Oficina de Industria Vegetal por todo un pionero, descubridor de las plantas útiles de la isla de Guam, a buen seguro habría desalentado a cualquiera.

Con todo, Richard Schultes no se arredró. Movido por su intuición, convencido del valor de las fuentes hispánicas, prosiguió sus pesquisas en busca de fundamentos. *Audaces fortuna iuvat* («La fortuna favorece a los audaces»), reza el proverbio latino, y la modulación de Louis Pasteur define su actuación con precisión aún mayor: ... *dans les champs de l'observation, le hasard ne favorise que les esprits préparés*; esto es, «... en los campos de observación, el azar favorece solo a las mentes preparadas». En Washington, en la colección del Herbario Nacional, una carta dirigida por Blas Pablo Reko —austriaco asentado en México— al doctor Joseph N. Rose en 1923 refutaba a Safford en su razonamiento de que, por no haber hallado en los lugares indicados hongo alguno sino ese cactus carnoso y sin espinas —*Lophophora williamsii*, peyote— cuya corona discoide y aparentemente peltada habría confundido a los descriptores, este era el verdadero *teonanácatl*: «... ciertamente está equivocado. En realidad es, como declara Sahagún, un hongo que se da en el estiércol y que todavía lo usan bajo el mismo nombre los indios de la sierra de Juárez, en Oaxaca, durante sus fiestas religiosas». El propio Reko habría visto esos especímenes y enviaría varias muestras al Museo Botánico de Harvard. Sin dudarlo, Schultes entabló correspondencia y al poco puso rumbo a Oaxaca con él desde Ciudad de México. Era el año 1938.

Don Pablo, como lo conocen en México, es un apasionado de la etnobotánica que en 1919 ya ha defendido la identificicación de otro referido término castellanizado del náhuatl, «nanacate», con un hongo negro de efectos narcóticos. Comparte con Schultes una visión similar sobre la materia, enfrentados ambos al paradigma vigente en la ciencia, y rápidamente establecen una conexión singular (no será así en lo político y habrán de apartar el tema en las conversaciones: mientras que este es fiel a una cosmovisión anglosajona y, llegada la guerra, servirá al Gobierno estadounidense investigando la presencia de *Hevea brasiliensis* en la selva amazónica para fabricar caucho, Reko alberga al parecer bastantes simpatías por el flamante nacionalsocialismo alemán). Sea como sea, el destino los ha unido para un propósito común. Se les suma Robert J. Weitlaner, también austriaco y radicado en tierras mexicanas, estudioso *in situ* de otomíes y chinantecos y el primero en tener en sus manos esos especímenes, que luego confió a don Pablo. De este modo se descubre nuestro Schultes, cual Indiana Jones, «a la aventura».

Al llegar a Teotitlán, en las faldas de la sierra mazateca (hoy «de Flores Magón»), compran mulas y provisiones varias, y acto seguido se internan en aquella. Entre humildes casitas de adobe con tejados de paja encuentran alojamiento en el pueblo de Huautla gracias a José María Dorantes, antiguo arriero que había prosperado como comerciante y que, según Weitlaner, hacía de anfitrión a los interesados en la cultura de los mazatecos que arribaran por allí. El mismo Dorantes habría comido tres *teonanácatl* y conocía sus efectos. Todo parece apuntar hacia una experiencia religiosa presenciada por Schultes y compañía gracias a la mediación de Dorantes (como las que al cabo de unas décadas proyectará en las aulas de Harvard) y a la verificación de los auténticos hongos sagrados, pero nada más lejos de la realidad. En un giro insospechado de la trama, no serán ellos quienes asistan a una esta vez: paralelamente han llegado —y aquí es donde esa realidad supera nuevamente a la ficción, pues así ocurrió por motivos inciertos— Irmgard Weitlaner (hija de Robert J.) y su esposo Jean Bassett Johnson, en una expedición co-mandada —para más inri— por un enigmático antropólogo e historia-dor de arte (autor de una *Historia de la arquitectura española*) del que aún hoy no se sabe a ciencia cierta su rostro pero se acepta que pudo ser espía británico: Bernard Bevan; que diríase que venía, asistido por los anteriores contra los intereses de su padre y yerno respectivamente, a llevarse antes la exclusiva. ¿Acaso no tiene esta historia todos los vi-sos de inspirar una película como las de la genial saga de George Lucas?

La cuestión es que, tras esta suerte de *deus ex machina* o de viraje aparentemente inverosímil, motivado por la indefinición del relato que realiza el protegido de Schultes Wade Davies y que nos transmite el mé-dico Julio Glockner, la terna formada por el joven matrimonio John-son-Weitlaner y el supuesto informante inglés (acompañada por una cuarta persona, la señorita Louise Lacaud) es testigo como nunca na-die antes, ese verano de 1938, de una ceremonia mazateca de ingesta de «niños santos»: así se aludía en la región a aquellos hongos psilocibios, a partir de *ndi sxi tho* o *ndi xijtho*, «pequeño[s] que brota[n]». Dorantes habría convencido al chamán con el argumento de que uno de los in-vestigadores tenía una pariente enferma en Ciudad de México que im-ploraba ser agraciada con su poder de sanación.

El ritual daba comienzo —lo detalla Bassett Johnson— tal cual ilus-traban las viñetas de códices como el Tudela o el Magliabechiano: con el chamán arrojando hasta cuarenta y ocho semillas de maíz sobre una estera durante siete veces, tras consumir tres hongos entre preces y can-tos, para interpretarlas y adivinar el diagnóstico de la dolencia; se trata de una práctica largamente documentada. Su estado evolucionaba, con cada lanzamiento, de la incerteza a una fe resuelta de la que procuraba hacer partícipe a la persona para que existieran esperanzas de que se curase, en este caso de un «viento seco»; con el séptimo terminaba por asegurar que la enferma estaba bien y que podía enviarle un telegrama para corroborarlo. Entiende Bassett Johnson que ese «brujo» era solo un canal o altavoz utilizado por el propio hongo sagrado para hablar. Dos años después, publicará una «Nota sobre el descubrimiento del *teo-nanácatl*» respondiendo a una errónea atribución de este a Schultes: se-gún su versión, llegó a Huautla junto con la comisión citada para pro-seguir la investigación primigenia de su suegro y conoció allí a Schultes y a Reko, «quienes estaban recopilando datos y especímenes etnobo-tánicos» (no sitúa con ellos a Robert J. Weitlaner); al parecer, Schultes permaneció ajeno inicialmente a la ceremonia, pero Basset Johnson le transmitió sus descubrimientos. Además, remarcaba, antes que él habían hablado repetidamente de ese hongo autores como Motolinía o Sahagún; en efecto, ya lo hemos dibujado empapándose de tales relatos en Harvard. Resumidamente, nuestro Schultes no llega a ver ni a ingerir psilocibios en esta ocasión pero puede hablar, gracias a Basset Johnson y hasta a Bevan —a quienes acredita— de las tres especies utilizadas en el ritual: *steyi* o *tsami-ye* (que llamaban en español «honguitos de San Isidro»), *tsamikishu* (hongos «desbarrancadera» o «del derrumbe») y *tsamikindi* (sin traducción). Por desgracia, en contra de lo que sostiene Glockner vía Davis, Schultes no llegó a tenerlos nunca entre sus manos ni poseyó más información que esos nombres —lo constatamos en su artículo *Teonanacatl: the narcotic mushroom of the Aztecs—*, pero lo que sí pudo fue identificar como del género *Paneolus* los hongos enviados por Blas Pablo Reko (que llegaron muy deteriorados y no permitieron mayores precisiones) y ofrecernos, tras su regreso a Oaxaca en 1939, la denominación completa y la descripción de uno que él mismo supo empleado en ceremonias: *Panaeolus campanulatus* var. *sphinctrinus*. Esa era, a todas luces, la famosa carne de los dioses, el *teonanácatl* de Sahagún. O, al menos, por fin descifrado, uno de ellos.

Con el tiempo, aquel profesor de bata blanca de Harvard en los setenta, al que sus alumnos podían ver inhalando rapé en la selva amazónica o escuchar sus experiencias alucinógenas, había llegado a convertirse en el padre de la etnobotánica. Y aún recordaba con emoción sus aventuras y la importancia de llamar a las cosas por su nombre.

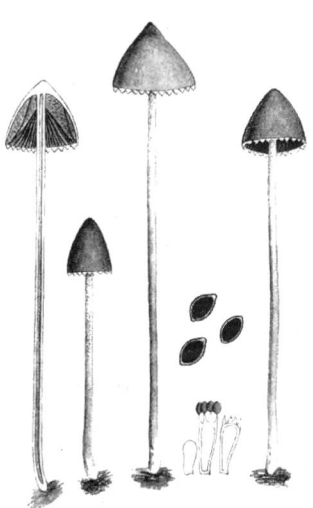

Panaeolus campanulatus Linn. var. *sphinctrinus* Fr.: el *teonanácatl*, la llamada «carne de los dioses» [*Iconographia Mycologica*, vol. 18; Giacomo Bresadola, 1931].

En el mismo 1938, en la tranquila ciudad de Basilea, el joven químico Albert Hofmann trabaja en derivados del cornezuelo con el objetivo de encontrar un estimulante (analéptico) para el sistema respiratorio. Hace cerca de diez años terminó sus estudios y, rehacio a dedicar sus esfuerzos a los nuevos sintéticos en lugar de a sustancias naturales, empezó a trabajar en la farmacéutica Sandoz como colaborador del profesor Stoll. Este se había propuesto aislar y presentar puros los principios activos de plantas reconocidas como medicinales y Hofmann contribuiría con entusiasmo en la investigación de la escila esclareciendo la estructura de la sustancia fundamental de sus glicósidos. Pero el aprendiz sabía que, allá por 1917, Arthur Stoll se había aventurado a estudiar los alcaloides de *Claviceps purpurea* y que a los dos años había aislado la ergotamina, y, concluido aquello, le pidió permiso para retomar su investigación.

Sandoz había desdeñado aquel campo de trabajo (pese a que la ergotamina halló pronto aplicación como hemostático en los partos y contra la migraña) y otros laboratorios anglosajones estaban tomando su testigo, por lo que sus esfuerzos se encaminarían a evitar que la empresa cediera su destacado puesto en ese ámbito. Stoll, no sin alentarlo, le previno: toparía con muchas dificultades, pues aquellos alcaloides eran muy delicados, inestables y de fácil descomposición. Así quedó sellado, escribe Hofmann, el sino y tema principal de toda su carrera.

«Su historia es una de las más fascinantes del mundo de las drogas. En el transcurso del tiempo, su papel e importancia han ido invirtiéndose: temido al comienzo como portador de veneno, se transformó, con el correr del tiempo, en un rico filón de valiosos medicamentos [comercializado como Secale Cornutum]».

A partir del cornezuelo pudo Hofmann producir numerosos compuestos de ácido lisérgico y, al combinar este con propanolamina, surgió uno idéntico a su alcaloide principal, la ergobasina (igualmente usada en obstetricia). Primera síntesis parcial, con éxito. En ese punto intentaría, por un lado, mejorar las propiedades de la ergobasina modificando su aminoalcohol y, por otro, sintetizar nuevos compuestos del ácido lisérgico para un uso distinto al obstétrico. Así llegó, en busca de un analéptico respiratorio, a la síntesis de una vigésimoquinta sustancia: la dietilamida del ácido lisérgico, que abrevió como LSD-25; similar a la del ácido nicotínico, prometía cualidades estimulantes parecidas. Pero Sandoz se limitó a probar que también era útil sobre el útero y que los animales testados se mostraron intraquilos con la narcosis y no mostró mayor interés.

Los informes sobre el LSD-25 se mantuvieron desterrados en un cajón hasta cinco años, durante los cuales Hofmann tuvo que trabajar en otra dirección mientras albergaba la sospecha de que su potencial era mucho mayor. Pensaba asimismo que la ergotoxina, el preparado de alcaloides que había dado lugar al ácido lisérgico, era en realidad una mezcla de varias sustancias y finalmente logró descomponerla en tres alcaloides (dos de ellos nuevos y uno ya aislado previamente en ese mismo laboratorio) que, hidrogenados, compondrían el medicamento llamado «hidergina», eficaz para mejorar la función cerebral en personas mayores o con demencia y muy estimado; así como, por separado, la dihidro-ergotamina daría origen a otro pensado para estabilizar la circulación y la presión sanguínea, y la metergina facilitaría la inducción del parto en casos requeridos (ensayada con éxito en veintisiete de treinta casos). Todo este proceso —incluidos la preparación de la producción de los fármacos a gran escala y los controles de ampollas y comprimidos—, lejos aún los tiempos del *teamworking*, lo realizó Albert Hofmann solo, asistido por cuatro ayudantes. Los tres grandes fármacos extraídos del cornezuelo de centeno, Hydergin, Dihydergot y Methergin, llevan su firma.

Pero Hofmann seguía dándole vueltas al LSD-25. Era ya la primavera de 1943 y resolvió, en contra de la norma no escrita de excluir de los ensayos las sustancias no evaluadas como interesantes, repetir la síntesis y solicitar una comprobación ampliada.

Cuando está acabando de sintetizar, purificando y cristalizando la diamida como tartrato (o sal), el suizo se ve extrañamente perturbado:

«El viernes pasado, 16 de abril de 1943, tuve que interrumpir a media tarde mi trabajo en el laboratorio y marcharme a casa, pues me asaltó una extraña intranquilidad acompañada de una ligera sensación de mareo. En casa me acosté y caí en un estado de embriaguez no desagradable, que se caracterizó por una fantasía sumamente animada. En un estado de semipenumbra y con los ojos cerrados (la luz del día me resultaba desagradablemente chillona) me penetraban sin cesar unas imágenes fantásticas de una plasticidad extraordinaria y con un juego de colores intenso, caleidoscópico. Unas dos horas después, este estado desapareció».

Confundido, pensando qué había hecho mal para intoxicarse, dedujo que el LSD podía absorberse por la piel y que bastaba una mínima cantidad. Y, con vistas a comprobarlo, planificó un autoensayo para el día 19 partiendo de 0,25 miligramos de tartrato. Tras acometerlo, concluir en el momento sus breves anotaciones acerca de la experiencia le supuso un esfuerzo inmenso. Los efectos, los mismos de la ocasión anterior, eran esta vez intensísimos y apenas podía siquiera hablar con claridad, por lo que pidió a una ayudante que lo acompañase en su camino a casa en bicicleta —era difícil procurarse un coche en aquel contexto—: «Todo se tambaleaba en mi campo visual y estaba distorsionado como en un espejo alabeado [curvado]. También tuve la sensación de que la bicicleta no se movía. Luego mi asistente me dijo que habíamos viajado muy deprisa». Pese a su confusión, ya en casa, acierta a pedir que se haga acudir al médico y se pida leche (como desintoxicante) a los vecinos. Con todo, llegado un momento ya no puede mantenerse en pie y se recuesta. Todo a su alrededor adopta formas grotescas y se mueve, amenazante.

> «Apenas reconocí a la vecina que me trajo leche —en el curso de la noche bebí más de dos litros—. No era ya la señora R., sino una bruja malvada y artera con una mueca de colores. [...] Todos los esfuerzos de mi voluntad de detener el derrumbe del mundo externo y la disolución de mi yo parecían infructuosos. En mí había penetrado un demonio y se había apoderado de mi cuerpo, mis sentidos y el alma. Me levanté y grité para liberarme de él, pero luego volví a hundirme impotente en el sofá. La sustancia con la que había querido experimentar me había vencido. [...] ¿Estaba muriendo? ¿Era el tránsito? Por momentos creía estar fuera de mi cuerpo y reconocía claramente, como un observador externo, toda la tragedia de mi situación. Morir sin despedirme de mi familia...».

Al llegar el médico, aún no podía mediar palabra, pero ya había pasado el cénit de la crisis. Explicados los hechos por su ayudante, y pese a sus propios ademanes gestuales, aquel observó normales la presión sanguínea, el pulso y la respiración y no identificó anomalías más allá de unas pupilas dilatadas. Se limitó a llevarlo a la cama. Y entonces...

> «... comencé a gozar poco a poco del inaudito juego de colores y formas que se prolongaba tras mis ojos cerrados. Me penetraban unas formaciones coloridas, fantásticas, que cambiaban como un caleidoscopio, en círculos y espirales que se abrían y volvían a cerrarse [...] en un flujo incesante [...]. Lo más extraño era que todas las percepciones acústicas, como el ruido de un picaporte o un automóvil que pasaba, se transformaban en sensaciones ópticas».

Izqda.: Ilustración a partir del diseño de Yates-Wilson para la portada de *John Bull*, 28/08/1848. Dcha.: Tira de diez dosis (100-120 microgramos) de papel secante de LSD con el rostro de Albert Hofmann, en diseño de Alex Grey [LordToran, PD].

A la noche se había recuperado por completo, pudo explicarle a su esposa lo sucedido y cayó rendido en un sueño profundo. Al día siguiente salió al jardín, soleado tras la lluvia, y «el mundo parecía recién creado».

Incrédulos al inicio Stoll y los responsables de la sección farmacológica, tres de ellos terminaron sometiéndose al experimento, con un tercio de la dosis de Hofmann, y quedaron deslumbrados. Había nacido el LSD, quizá la droga de mayor impacto del siglo XX, alumbradora de la psicodelia y, con ella, no solo de una auténtica revolución en el mundo de las artes (música, pintura, cine, literatura), sino asimismo de una nueva dimensión en el ámbito de la percepción y la conciencia, y de una insólita ventana al conocimiento de la mente humana con ella. Cada 19 de abril, desde 1985, se celebra el Día de la Bicicleta por este insólito motivo solo tangencialmente relacionado con el ciclismo.

Werner Stoll, hijo del anterior, emprendió en 1947 la primera investigación sistemática del uso de LSD en psiquiatría, como médico asistente de la clínica Burghölzli de la Universidad de Zúrich. Publicó los resultados en un artículo titulado «La dietilamida del ácido lisérgico, un *phantasticum* [alucinógeno] del grupo del cornezuelo de centeno». Se había servido de pacientes esquizofrénicos (para testar un posible carácter terapéutico del choque, lo que quedó en suspenso) y de personas sanas y el empleo de dosis muy bajas, de 0,02 a 0,13 mg, provocó que sus reacciones se quedaran en la euforia y no alcanzaran los graves síntomas de Hofmann; el efecto era mayor en los primeros y se sugería que una sustancia como el LSD podría provocar psicosis esquizoide, pero también que, por su enorme eficacia, acaso pudiera ser usada como recurso en el estudio psiquiátrico. El propio Werner acometió otro autoensayo con 0,06 mg y en este caso, no obstante lo reducido de la dosis, su *viaje* transitó desde los colores, las formas, los fenómenos atmosféricos y el movimiento, pasando por arcos góticos, rascacielos y cimas de montaña donde pensó en los grandes románticos y sintió eufórico lo sublime del arte, hasta el frío, la depresión más honda, un pesado aletargamiento que lo hacía hablar de manera cursi, un deseo sexual inexistente ante la imposibilidad de imaginar a una mujer... e incluso, horas después del experimento, aún deprimido, la reflexión sobre la posibilidad del suicidio.

Ese compuesto nacido de la ergotamina de aquel hongo, *C. purpurea*, que había sido primero causa de ruina campesina y de epidemias devastadoras y luego «oro negro», otorgaba un impulso grandioso a la investigación de los alucinógenos. Si la dosis activa —cantidad necesaria para producir el efecto deseado— de la mescalina, el alcaloide del peyote, es de 0,2-0,5 gramos, la de la dietilamida de ácido lisérgico es de 0,00002–0,0001 g (hasta diez mil veces más). Pero no todo quedaba ahí.

La visión cotidiana del mundo y la realidad era sometida, con la embriaguez lisérgica, a una sacudida extrema en la que podía llegar a suprimirse del todo la barrera entre el yo y el tú —*lisérgico* viene del griego *lýsis*, «[di]solución», y *ergot*—; el paciente de una psicoterapia se desprendería, con cierto suministro, de esa coraza del ego y se posibilitaría una conexión mucho más estrecha con el terapeuta (aunque de esto se sigue que resultaría mucho más influenciable). Algunas clínicas europeas pasaron a desarrollar «terapias psicolíticas» consistentes en dosis medias con intervalos de días y en ulteriores puestas en común grupales y sesiones de expresión mediante dibujo; otras estadounidenses apostaron por «terapias psicodélicas», con una muy fuerte dosis única, en sesión individual, para forzar una experiencia mística a través del choque (*shock*). Tanto en psicoterapia como en psicoanálisis, el LSD no obra en calidad de medicamento, no es un psicofármaco como los tranquilizantes: lejos de relajar y esconder esos conflictos internos de la persona, de restarles gravedad, los exacerba y los descubre, hace que se vivan más intensamente y que resulten nítidos de cara al tratamiento; se trataría propiamente, dice Hofmann, de un «recurso medicamentoso» en el marco de ese proceso. Por otra parte, la dietilamida de ácido lisérgico devuelve con frecuencia a la conciencia lo que se hallaba olvidado o reprimido: desde las primeras sesiones psicoanalíticas en busca de traumas se constató que los pacientes no simplemente las rememoraban: las revivían, volvían a vivirlas, con todo lo que esto podía tener de beneficioso pero también de arriesgado; la poderosa efectividad de la sustancia no daba tiempo, según muchos especialistas, a una verdadera concienciación y la cura era menos duradera. Todo esto redundaba en que la terapia con LSD exige de una profunda selección y preparación previa de los pacientes. Para personalidades inestables o con tendencias psicóticas, Hofmann desaconsejaba sin dudar los experimentos por la psicosis y el perenne perjuicio anímico que se darían. Sin embargo, en clínicas norteamericanas ya se estaban aplicando con moribundos: los enfermos terminales de cáncer cuyos dolores ya no calmaban los analgésicos los veían ahora atenuados o erradicados, acaso más por haberse separado su conciencia del cuerpo que padecía el dolor físico que por una acción analgésica.

Persuadida de su eficacia y su potencial médico-psiquiátrico, la farmacéutica Sandoz puso la sustancia activa a disposición de investigadores y cuerpo médico en el mismo 1947, a través de la marca —propuesta por Hofmann— Delysid. El prospecto del preparado experimental avisaba de reacciones como las descritas, e igualmente daba cuenta de que los estados psíquicos excepcionales inducidos por el LSD en personas sanas podían evocar los observados en algunas enfermedades mentales; aun así, pronto se descartó que implicara psicosis alguna.

Como una suerte de psicosis se ha definido el fenómeno desatado en los años sesenta por los Beatles. Lo recoge por ejemplo Philip Norman, su biógrafo: «En la adormilada y ordenada Gran Bretaña de mediados del siglo XX, la beatlemanía parecía lindar con la psicosis». Los cuatro consumieron LSD, como es sabido, y como ellos lo hicieron Pink Floyd, The Doors, Jimi Hendrix, Cream, The Who, Joe Cocker, The Grateful Dead y un sinfín de artistas; con experiencias dispares, muchos de ellos remarcaron la importancia que había adquirido en sus composiciones o, cuando menos, en su conciencia y cosmovisión, tanto como otros confesaron que se vieron en la obligación de dejarlo. George Harrison y John Lennon animaron a Paul McCartney y Ringo Starr a probarlo porque, desde que lo ingirieran ellos involuntariamente (su dentista lo puso en su café y en el de sus esposas), les había cambiado la vida y no lograban relacionarse con los otros dos a ciertos niveles. La canción *Yellow Submarine* tiene que ver con el submarino que Lennon creyó conducir aquella noche confundiéndolo con la casa de George; *Lucy in the Sky with Diamonds* lleva las iniciales del compuesto —aunque Lennon se encargó luego de aclarar que fue por una casualidad inadvertida—.

ALAIN BERTRAND

Mural psicodélico [Alain Bertrand, 2012; CC BY-SA 4.0]

Y en la psicodélica portada del elepé *Sgt. Pepper's Lonely Hearts Club Band* emerge Aldous Huxley, acérrimo defensor del LSD y los hongos psicoactivos como auxiliares para *experiencias visionarias*, al que Hofmann dedica todo un capítulo en su libro junto con Timothy Leary.

El psicólogo Leary era «el apóstol de las drogas» y Nixon lo describiría como «el hombre más peligroso de América». John Lennon lo admiraba y, cuando le pidió que compusiera una canción con su lema como candidato a gobernador de California, no dudó en acceder; sucedió que Leary fue encarcelado por posesión de drogas y el músico terminó ideando *Come Together* para la banda. Había consumido setas sagradas en Cuernavaca (México) y puede decirse que allí brotó en parte toda la contracultura psicodélica, y por extensión *hippie*, que inundaría desde Estados Unidos a Europa en los sesenta y setenta, pues regresó naturalmente «como un hombre cambiado» y dispuesto, en su caso, a propagar tal *revelación* por el mundo. También profesor en Harvard como adelantamos (fundador del Harvard Psilocybin Project), Richard Schultes se enfrentó con él y con todos los que, como él —Huxley incluido—, quisieron instrumentalizar esas especies con fines metafísicos y trascendentales más allá de los simples colores que él había visto.

Grabación del sencillo *Give Peace a Chance*, de John Lennon junto con Yoko Ono, en la habitación 1742 del hotel Queen Elizabeth de Montreal (Canadá), el 1 de junio de 1969. Entre ambos, en primer plano, el profesor Timothy F. Leary [Roy Kerwood, CC BY 2.5].

Desde su comunidad en la finca neoyorquina Hitchcock y, más tarde, desde la League for Spiritual Discovery (LSD), Leary promovió todo un movimiento en defensa del uso legal de LSD con propósitos espirituales. Hofmann manifiesta que lo que más propició que este pasara de medicamento a estupefaciente fueron las actividades del profesor y de su compañero Alpert, que fueron de hecho destituidos porque sus test se habían tornado más bien en fiestas de LSD para estudiantes; entrevistado con él en Suiza, donde había solicitado asilo tras escapar de la cárcel, Hofmann reconoce que Leary distinguía claramente las drogas psicodélicas de las que generaban peligrosas toxicomanías y que no era justo su calificativo de apóstol, pero le critica haber involucrado a jóvenes y haber convertido los experimentos con LSD y psilocibina en un espectáculo mediático. Un año después, cuando lo acogió en su casa del campo, «Leary parecía haber cambiado. Se mostraba inquieto y distraído, de modo que en esta oportunidad no se dio un diálogo productivo». Fue su último encuentro.

Con el prometedor desarrollo de la informática, el psicólogo y gurú proclamó jubiloso: «El PC [ordenador personal] es el LSD de los noventa». Murió de cáncer en 1996.

📖 PARA LEER MÁS :

Basset Johnson, J. (1940). Note on the discovery of teonanacatl. *American Antropologist*, 42: 549-550.

David, W. (1997). *One River: explorations and discoveries in the Amazon rain forest*. Simon & Schuster.

Gilmore, M. (25 de agosto de 2016). Beatles' acid test: how LSD opened the door to «Revolver». *RollingStone*.

Glockner, J. (abril de 2014). Schultes: el etnobotánico ante la carne de los dioses. *Saberes y Ciencias*, 26: 19-20.

Hofmann, A. (1980). *LSD. Cómo descubrí el ácido y qué pasó después en el mundo* [trad. Roberto Bein]. Gedisa.

Jünger, E. y Hofmann, A. (2017). *LSD. Carteggio 1947-1997*. Giometti & Antonello.

Kandell, J. (13 de abril de 2001). Richard E. Schultes, 86, dies; trailblazing authority on hallucinogenic plants. *The New York Times*.

López Rejas, J. (8 de agosto de 2023). Y la Tierra tembló con Los Beatles hace 60 años. El *Cultural*.

Schultes, R. E. (1940). Teonanacatl: the narcotic mushroom of the aztecs. *American Antropologist*, 42: 429-443.

Vergara Mardones, H. (2011). *Fármacos, salud y vida: las armas y metas de la farmacia*. Droguería Ñuñoa.

Arriba: «La escena de la muerte del emperador [Carlos VII del Sacro Imperio Romano Germánico]» [*Harper's New Monthly Magazine*, mayo de 1870]. Abajo: Monedas de plata del emperador Carlos VII como el pretendiente Carlos III de España, 1706.

UN PLATO DE SETAS CAMBIÓ EL DESTINO DE LA HUMANIDAD

Por un clavo, se perdió una herradura; / por una herradura, se perdió un caballo; / por un caballo, se perdió un caballero; / por un caballero, se perdió una batalla; / por una batalla, se perdió un reino; / y todo por falta de un clavo de herradura.
PROVERBIO INGLÉS. Variación de George Herbert, 1640-1651

Las líneas que encabezan este capítulo evocan la infausta suerte de Ricardo III en la batalla de Bosworth (1485), en el contexto de la guerra de las Dos Rosas. La blanca de la casa de York y la roja de la de Lancaster se disputaban el trono de Inglaterra en el combate que habría de poner fin al enfrentamiento civil e inauguraría la singladura histórica de los Tudor. Cayó el rey de su montura junto a un pantano y, negándose a cabalgar otra, fue muerto por el verdugo que encarnaba el conde de Richmond —luego Enrique VII—, en la escena que Shakespeare inmortalizaría con su lamento «¡Un caballo, un caballo, mi reino por un caballo!».

Pequeños cambios pueden generar grandes efectos, como se ha procurado exponer con la teoría del caos. Cualquiera de nosotros ha tenido alguna vez la sensación de que nuestra vida es a menudo una concatenación de eventos inopinados y aparentemente insignificantes que, sin embargo, tejen en suma la más trascendental trama de la existencia personal o colectiva. ¿Cuántas veces, sea en la ficción o en la realidad, el inspector de turno ha resuelto un caso por los restos de una colilla, una huella o un destello en la imagen vaga de una cámara de vigilancia? Detalles diríase que nimios ejercen con frecuencia como detonante.

La historia parece dictar una ley: los grandes acontecimientos que transforman el destino de las generaciones no son, muchas veces, fruto de meditadas decisiones o de revoluciones soñadas, sino obra de sucesos menores que necesariamente crean las condiciones propicias para tales trances o crisis, reveladas como mera consecuencia dramática de estos.

Nuestra ambiciosa premisa no es del todo creación propia; nos la inspira alguien que a todas luces constituye un argumento de autoridad nada desdeñable: François Marie Arouet, más conocido como Voltaire. En sus *Memorias*, retrato del panorama político europeo de la primera mitad del siglo XVIII desde su particular —y controvertida— posición ilustrada, narra cómo, hallándose en Holanda como hombre de la corte prusiana para intentar suspender la edición del *Antimaquiavelo* de Federico II (improcedente en un momento en que este exigía caprichosamente al pobre pueblo de Lieja el pago de un millón de libras), tuvo noticia de la muerte del emperador Carlos VI. Era octubre de 1740. La causa había sido una indigestión de setas derivada en apoplejía. Y aquí su rotunda sentencia: «... aquel plato de setas cambió los destinos de Europa».

Carlos VI era el archiduque Carlos de Austria, soberano del Sacro Imperio Romano Germánico, que había sido pretendiente a la Corona de España frente a Felipe de Anjou y que incluso llegó a ser proclamado como Carlos III (bajo el amparo de la Gran Alianza y el papa Clemente VII) durante la guerra de sucesión; desembarcó en esta tierra en 1705 y solo pudo reinar sobre la corona de Aragón, hasta que marchó en 1711 para asumir el cetro imperial a la muerte de su hermano José I.

La mañana del día doce, el emperador se encontraba de cacería en su pabellón de caza (*jagdschloss*) del palacio de Halbturn (Austria) cuando empezó a sentir mucho frío. Nos cuenta su biógrafo Pierre Massuet que, para cenar, «le había cogido el gusto a un plato de champiñones [*champignons*, setas], de los que [esa noche] comió con exceso». Entre la una y las dos de esa madrugada siguiente tuvo cólicos y vomitó en abundancia: «Todo enfermo como estaba, quiso regresar a Viena el día trece por la mañana y ordenó que partieran a toda prisa». Los persistentes vómitos y el vaivén del carruaje agravaron su debilidad y se desvaneció más de una vez; llegó al palacio de la Favorita, caída la tarde, en un estado lamentable. Pero pasaron dos días, con una cierta tranquilidad, y, aunque aún tenía fiebre, en la corte se mostraron esperanzados; los médicos aseguraron que apenas se había tratado, en efecto, de una indigestión y del cansancio del viaje. Sin embargo, la noche del dieciséis la diecisiete, la enfermedad se agudiza y cobra tanta fuerza que se temen lo peor: la fiebre no cesa ahora de subir y el dolor intestinal es ingente; según era costumbre, lo sangraron —le practicaron una sangría o flebotomía, para eliminar residuos nocivos de su cuerpo— hasta en dos ocasiones y en otra más por la mañana, lo que acabó por extenuarlo. Ocurrió que, por si fuera poco, le habían diagnosticado gota y la sangría, que dos de los doctores habían desaconsejado por ello, no resultó más que perjudicial:

Bodegón con jarrón azul y setas [Otto Scholderer, ca. 1891; Städel Museum].

«La pluralidad prevaleció y el paciente fue la víctima». Tampoco disminuyeron el mal las sanguijuelas (empleadas entonces con similares propósitos curativos) ni los enemas. Su abdomen inferior, su vientre y su estómago comenzaron a hincharse... no había nada que hacer. El día diecisiete comunicaron al archiduque que le quedaba poco tiempo de vida; Massuet atestigua que, aun así, don Carlos no quiso creer nada y llegó a bromear con los físicos sobre la triste noticia: «Mírenme bien a los ojos —les dijo riendo—, ¿tengo cara de moribundo? Cuando vean que tengo la vista borrosa, pueden hacerme administrar los sacramentos, sin que yo lo ordene». Y ante la insistencia de estos, les espetó:

> «Ya que sois unos ignorantes, que no sabéis la causa ni el estado de mi enfermedad, quiero que después de mi muerte se abra mi cuerpo, para ver lo que me habrá matado, y vendréis enseguida a decírmelo».

No tuvo finalmente más remedio que hacer testamento y una confesión general con el nuncio Camillo Paolucci, advertido con insistencia tal cual estaba siendo de su muerte inminente. Era ya de noche y se sintió mejor, pero sus dolencias se recrudecieron y le fue dado el viático. El emperador, resignado, mostró al parecer una gran entereza y se preocupó de consolar a todos los presentes. El caso es que todavía volvió a dormir, ahora plácidamente, hasta la madrugada del dieciocho al diecinueve, en que se le administró la extremaunción y bendijo a su familia, listo para emprender —decía— «el gran viaje». Pese a su crítico estado, «luchó contra la muerte y vivió un día entero en esta angustia». Llegó el diecinueve de octubre y, al verlo entrar, tuvo tiempo de recordar al nuncio una última voluntad: el día primero del mes había sido su cumpleaños y algo lo había movido a pedirle que, de pasar algo, otorgara su bendición a su hija mayor, embarazada, a la que no se permitiría verlo moribundo para evitar riesgos; a la emperatriz, su otra hija viva y su yerno se la dio él mismo. Dictó un último nombramiento y encomendó el cuidado de su familia a su primer ministro, el conde Gundaker de Starhemberg. Por la tarde-noche, «una cantidad de materia negra brotó de su nariz y de su boca»; tuvo repetidas *ausencias* (privaciones de conciencia) y, alrededor de las dos de la madrugada, se certificó su muerte, a la edad de cincuenta y cinco años.

¿Qué setas eran aquellas que habían llevado a la tumba a Carlos VI e iban a revolucionar como nunca la situación política de Europa y el mundo? Modernamente, en las menciones a la figura del soberano del Sacro Imperio y *casi* rey de España parece haberse impuesto la tesis de que lo evenenaron las letales amanitas de la especie *phalloides*, en parte por la relativa similitud de los síntomas observados en una lectura inicial y en parte, quizá, por una simple generalización reduccionista que ha acabado distorsionando la realidad historiográfica, pues la práctica totalidad de tales referencias, en puridad vagos acercamientos, se limitan a incluirlo en una relación de personajes insignes sobre los que ha sobrevolado esa sospecha con mayor o menor fundamento. Pero ni la fuente original, la biografía publicada por Pierre Massuet en 1741, ni las sucesivas de las fechas inmediatamente posteriores (La Lande, 1743; Goujet, 1749; von Bielfeld, 1765-1770) permiten inferirlo; tan solo en el *Tableau de Paris* de 1788 empiezan las vinculaciones con la familia de Eurípides u otras figuras que abordaremos más tarde —pero solo hablando genéricamente de setas que «han sido funestas para personajes ilustres»— y, ya 1796, Charles Burney deja la puerta abierta afirmando que el deceso del emperador «fue ocasionado por el veneno o la indigestión de setas». El historiador William Coxe aportó el dato de que fueron «guisadas en aceite» y en su relato, resumen del de Massuet, intuyen aunque precavidamente los Wasson un diagnóstico semejante al de *A. phalloides*. Con todo, más allá de una fase gastrointestinal (que se habría manifestado antes, dado el exceso) y otra de mejoría aparente, no puede hablarse con certeza de la hepatorrenal que el cuadro clínico de esta intoxicación arroja. Por el contrario, los síntomas sí coinciden plenamente con los de la apoplejía por indigestión que testimoniara Voltaire —quien realmente, como Massuet, no utilizó otro término que *champignons*—, la misma con la que Marcia, Leto y Eclecto maquinaron explicar la muerte del glotón Cómodo tras haberlo estrangulado su esbirro Narciso («Cómodo, nuestro emperador, ha muerto de apoplejía [...]. Nunca prestó oídos a nuestros consejos; [...] por un atracón, la muerte se lo llevó»), protagonizada por suspensión de las funciones cerebrales, fiebres altas, limitación del sentido y el movimiento, estertores, etc. Virginia León Sanz, autora de una interesante semblanza en el presente siglo, no duda en declarar que lo que comió Carlos VI eran «setas a la catalana»; ¿se imaginan la escena? Tampoco es nada descabellado, pues la base de operaciones del archiduque, el lugar desde el que había gobernado la España austracista frente al bando borbónico, no fue otra que Barcelona, ganada con el asedio de 1705. Fuera como fuese, haríamos bien en no ignorar las acreditadas voces subsecuentes a los hechos, que remarcan la abundancia en que don Carlos llegó a comer sus preciadas setas esa noche, y concluir que el plato que cambiaría el rumbo de la humanidad acaso solo fue uno más colmado de lo normal: aun con inocentes *champiñones*, «más mató la cena que sanó Avicena».

El primer perjudicado, la primera víctima colateral, del fallecimiento de Carlos VI resultó ser alguien completamente insospechado. Su majestad imperial era un enamorado de la música y en septiembre de 1728 había conocido, en Trieste, al maestro veneciano Antonio Vivaldi, que un año atrás le había dedicado la colección de doce conciertos denominada *La cítara*. La fascinación por el compositor, con el que —según ha trascendido— dijo haber conversado ese día más que con todos sus ministros en los dos años previos, lo condujo a concederle una medalla de oro y conferirle el título de caballero, y desde ese momento se convertiría en su mecenas. En mayo de 1740, Vivaldi se trasladó en Viena atendiendo a la invitación del emperador y allí esperaba prosperar con sus óperas cuando estas habían dejado de ser apreciadas, desplazadas por los nuevos aires, en su tierra natal. Todas las esperanzas que debió depositar en el teatro de la corte de la Puerta de Carintia (Kärntnertortheater), junto al que se instaló, se fueron al traste con el funesto suceso y lo que desencadenó. La capital del Sacro Imperio vio morir en la pobreza al sexagenario Vivaldi, aquejado de una infección y de su asma bronquial, la noche del 27 al 28 de julio del año siguiente.

Federico el Grande en la batalla de Zorndorf, 1758 [Carl Röchling, 1904].

El asedio de Yorktown [Louis Charles Auguste Couder, 1836].

De nuevo, pequeños detalles, azares, infortunios o casualidades que llegan a tener una repercusión decisiva. Pero la desgracia del autor de *Las cuatro estaciones* sería dejada en anécdota por los acontecimientos que aguardaban al mundo desde la madrugada del 20 de octubre de 1740.

El hartazgo de setas se lleva a Carlos VI sin que tenga descendencia masculina, tras la pérdida del niño Leopoldo Juan a los seis meses de nacer. Pero, antes incluso de fallecer su hijo, había promulgado la Pragmática Sanción (1713), en virtud de la cual no solo establecía la indivisibilidad de los territorios de los Habsburgo, sino que permitía la sucesión femenina, de modo que el trono habría de ser ocupado por su hija María Teresa y no por cualquier otro pariente o advenedizo; lo que ocurría era que hacer cumplir una cosa y otra conllevaría en la práctica un enorme esfuerzo económico y político y su implantación no estaba garantizada. El mayoritario reconocimiento de la ley en Europa dio paso, tras su muerte, a las reservas y muchos países retiraron su apoyo; María Teresa, que sería reina de Hungría y de Bohemia, se vio casi en quiebra, abandonada por los ministros de su padre y ciertos nobles, y asediada.

Federico II de Prusia invadió Silesia (Austria) en ese mismo año 1740 y estalló la guerra de sucesión austriaca, que no obstante perdió con el Tratado de Aquisgrán en 1748 (junto con Francia, España, Suecia, Sajonia y Baviera y otros países, frente a un Sacro Imperio y un Archiducado de Austria apoyados sobre todo por Gran Bretaña, las Provincias Unidas, el Imperio ruso y Cerdeña) y que además, puesto que sí había conseguido conservar parte de la Silesia originalmente invadida, dio pie a su vez a otra contienda, la guerra de los Siete Años (1756-1763), cuando Austria quiso recuperarla. En cualquier caso, este enfrentamiento, culminado con el Tratado de París, sí fue favorable para Prusia y además reavivó las hostilidades entre Gran Bretaña y Francia por sus posesiones en América e India; los segundos salieron claramente humillados y los primeros engrandecieron su imperio colonial, pero, precisamente, las colonias británicas que habían propiciado el triunfo con sus recursos se sintieron utilizadas, no recompensadas, y los tributos impuestos para recuperar la economía de la Corona terminaron por empujarlas al motín del té de Boston. Finalmente, las represalias contra las trece por este suceso, plasmadas en las *intolerable acts*, desencadenaron la guerra de Independencia en 1775 y nacieron los Estados Unidos, a lo cual contribuyó, junto con España, una Francia sedienta de venganza.

El hilo de episodios concatenados prosigue con lo que puede intuirse: el respaldo francés a las trece colonias se le acaba volviendo en contra, pues la debilita financieramente y fomenta ideas antiabsolutistas y republicanas entre sus propios súbditos; la crisis económica, que ya era considerable, deviene insostenible para la monarquía de Luis XVI y, al oponerse la nobleza y los Parlamentos a las correspondientes reformas económicas, fallidos los Estados Generales y autoproclamada la Asamblea Nacional Constituyente, el 14 de julio de 1789 es tomada la fortaleza de la Bastilla y da inicio la Revolución francesa. Un hecho frecuentemente pasado por alto se reveló determinante para que esto sucediera; lo hemos sugerido en páginas anteriores: un período de malas cosechas devino el marco temporal de notables revueltas populares previas —que en conjunto serían conocidas como «guerra de la harina»—, si bien tal circunstancia fue solo un síntoma o resultado más de toda una crisis institucional preexistente; lo cierto es que coincidió con una liberalización del comercio del grano y la harina que fue seguida de una rápida subida de precios al resentirse la recolección. Apenas una semana después del pistoletazo de salida al proceso revolucionario, aquellos otros sucesos hallarán su eco en el llamado Gran Miedo, un episodio espontáneo de pánico rural dirigido contra la aristocracia (que desembocará en la abolición del feudalismo como medida disuasoria ante unos campesinos cada vez más armados y *enloquecidos*), entre cuyas causas los historiadores han barajado la escasez de alimentos, el desempleo, la proliferación de rumores sobre represalias por parte de la nobleza y, naturalmente, la intoxicación por cornezuelo del campesinado.

En su libro *Poisons of the past* (1989), la estadounidense Mary K. Matossian —defensora de la tesis sobre las brujas de Salem— se preguntó por qué el pánico se produjo en ciertas zonas de Francia y no en otras, en el verano de 1789 y no en otro momento, descartando que se tratase solo de una expresión uniforme y organizada de descontento social. Sacó a la palestra los registros de numerosos abortos espontáneos en regiones como la de Artois y el relato de «un tal Dr. Geoffrey [*sic*; por Geoffroy, presumiblemente Étienne-Louis Geoffroy (1725-1810)] en la revista de la Sociedad de Medicina francesa acerca de un deterioro de la salud pública entre julio y septiembre: «... la icteria, la diarrea y los ataques nerviosos eran comunes [...]; había visto a cinco pacientes que habían "perdido la cabeza"; se habían vuelto maníacos, imbéciles; o parecían aturdidos [...]; encontró muchos casos de dolor de estómago, diarrea y cólicos. Geoffrey atribuyó todos los síntomas al consumo de "harina en mal estado" e informó que todos se sintieron aliviados por un cambio hacia un "pan mejor"». Otros dos médicos parisinos, decía, constataron enfermedades nerviosas en embarazadas. Pero la pista más elocuente era el testimonio del médico de una villa de la vieja Bretaña:

«[Jean-Pierre] Goubert cita a un médico residente en la ciudad de Clisson que afirma que, en julio de 1789, la cosecha de centeno se vio gravemente afectada por el cornezuelo [...]; se encontraron cuernos de cornezuelo tóxicos en aproximadamente una doceava parte de todas las espigas de centeno. Esta era, sin duda, una cantidad ingente; la harina de centeno con un uno por ciento de cornezuelo es suficiente para causar una epidemia a gran escala».

Bien es cierto que las particulares condiciones climáticas observadas en territorio francés en los prolegómenos de la Revolución, con meses de invierno y primavera acusadamente fríos y húmedos seguidos de un periódo cálido y seco, y de nuevo por humedad en verano, pudieron sobradamente favorecer el crecimiento de hongos y la propagación de esporas, así como la formación de alcaloides de *Claviceps purpurea*. Pero, dejando al margen la ¿rocambolesca? hipótesis de que el cornezuelo de centeno hubiera servido como catalizador último a los hechos que marcaron el final de la Edad Moderna, toda vez que sí podemos afirmar convencidos, siguiendo a Voltaire, que aquellos encuentran sus primeros orígenes en un atracón de champiñones del emperador Carlos VI, continuemos explorando el rastro de nuestras omnipresentes setas en los acontecimientos más decisivos de la historia reciente.

Si hubiéramos de pensar en un símbolo por excelencia de la Revolución francesa —y por extensión, de toda la Francia contemporánea—, probablemente sería una mujer tocada con gorro frigio que lleva por nombre Marianne. En el imaginario colectivo ha quedado erróneamente asociada, por cuanto la evoca, a *La Libertad guiando al pueblo*, pero el célebre cuadro de Eugène Delacroix no se inspiró en estos sucesos sino en la revolución que tuvo lugar en el mismo año en que fue concebido, 1830; la que dio paso al reinado de Luis Felipe de Orleans. Marianne es hoy la encarnación de la *libertad*, la *igualdad* y la *fraternidad* e iconos cinematográficos como Brigitte Bardot o Catherine Deneuve le han prestado su rostro en diferentes esculturas, pero originariamente tenía una consideración muy negativa: fue bautizada así en referencia al jesuita español —y profesor de la Universidad de París— Juan de Mariana, como personificación de aquellos a los que los contrarrevolucionarios denominaban «marianos» por cuanto defendían como él la posibilidad del tiranicidio si el rey traicionaba a su pueblo (aunque, en Mariana, la tiranía pasaba necesariamente por una deslealtad a la fe). Marianos eran, por ejemplo, los *sans-culottes*: los rebeldes del pueblo llano —obreros, artesanos, pequeños comerciantes— que no vestían los distinguidos calzones, sino pantalones, y se destacaban por su fiereza y violencia a la hora de enfrentarse tanto a los enemigos abiertos de la causa revolucionaria como, más tarde, a los girondinos que dominarían la Asamblea; de igual forma, portaban un birrete rojo, que pronto se generalizaría en el resto como símbolo de su poder político. Esa simpática prenda sobre sus cabezas distaba de ser un mero adorno. Nuestro recorrido tras la pista de los hongos en relación estrecha e indisociable con el rumbo de la humanidad solo podía traernos hasta aquí.

En micología, para referirnos al sombrero de una seta, además de ese término solemos emplear *píleo*. Si acudimos al *Diccionario de la lengua española*, que sin embargo no le reconoce ninguna acepción relacionada con los hongos, comprobaremos que proviene del latín *pileus*, «sombrero de los hombres libres». En efecto, el píleo era una suerte de gorro que, en la antigua Roma, recibían los esclavos como insignia al

«La toma de la Bastilla, 1789». Marianne y los gorros frigios de los *sans-culottes*, en un detalle de una ilustración de Tancredi Scarpelli [*Storia d'Italia*, Paolo Giudici, 1931].

convertirse en libertos; asimismo era portado en la antigua Grecia por soldados de infantería y con él se representaba a los héroes «dióscuros». Cuando los *liberatores*, encabezados por Casio y Bruto, asesinaron a Julio César en los idus de marzo del 44 a. C., habrían exhibido por las calles una de sus lanzas coronada por un píleo como muestra de que liberaban al pueblo romano de su yugo, lo que con los siglos se replicaría en sucesivos «postes de la libertad» no ya con píleos, sino con los singulares tocados heredados de los antiguos frigios, que prevalecieron hasta desbancarlos y fueron instrumentalizados como «gorros de la libertad» en las revoluciones estadounidense y francesa.

Tan solo cuatro años después del final de la guerra de Independencia de los Estados Unidos, James Woodhouse, un humilde zapatero inglés que había alcanzado cierta fama como poeta (pero sin llegar a poder abandonar la vida de servidumbre) y ahora regentaba una librería en Londres con la ayuda de un amigo, escribió a su esposa una oda titulada «Otoño y el petirrojo», que vería la luz en 1803 en *Norbury Park and other poems*. En ella, Woodhouse personifica la Creación en la figura de Hannah y canta: «Aunque tu lluvia áspera, tu escarcha y tu tormenta / el rostro risueño del frágil verano deformen, / tus mejillas ásperas y tus ojos legañosos / alegran mi corazón con mayores alegrías...»; pues, para él, la vista de su capa rojiza (otoñal) es más hermosa que la de su vestido bordado verde y brillante (vernal), y más encantadores que sus flores primaverales le resultan sus setas, «... setas que brotan tras la lluvia; / que ya no temen la fatal guadaña, / sino que orgullosamente extienden sus alegres gorros, / cubiertos de seda y nieve, y adornados por debajo con un rosa radiante». Proclama sobre aquellas: «Como estandartes, benditos, hablan de paz / y me dicen que pronto cesará la angustia; / augurando aún, felices, con aspecto agradable, / la cosecha arrebatadora del amor a la vuelta de la esquina...». Y aún falta lo mejor; así se descubre, en su encuentro definitivo, ante las hijas de toda una «raza fúngica [*fungus race*] engendrada por el cálido abrazo de Febo»:

> *... tallos fusiformes, robustos o ligeros,*
> *como columnas atrapan la minuciosa mirada,*
> *para pedir atención dondequiera que yo vague;*
> *sosteniendo cada uno una cúpula torneada;*
> *como hermosos paraguas, plegadas o extendidas,*
> *muestran su cabeza muy coloreada:*
> *gris, moradas, rubias, blancas o castañas,*
> *como escudo de guerra o corona de prelado moldeadas;*

como gorro de la libertad o capucha de fraile,
o cuenco invertido reluciente de China; [...]
un grupo rutilante, congregado, se yergue,
como bandas de elfos o hadas en orden de batalla.

Woodhouse vio en aquellos hongos los postes de la libertad que hacía cuatro años había visto alzar a los soldados norteamericanos contra los británicos, los mismos estandartes que en apenas dos años se clavarían en tierra francesa. Al poco de la publicación de aquel libro, en 1813, otro poeta, el romántico Samuel T. Coleridge, atestiguaría en *Omniana, or Horae otiosiores*: «... hay un hongo común que representa tan exactamente el mástil y el gorro de la libertad que parece ofrecido por la propia naturaleza como el emblema apropiado del republicanismo galo. ¡Patriotas seta con un gorro de la libertad en forma de seta!». Lo que quizás no sabía ninguno era que esa seta sería descrita en 1836-38, concretamente como *Agaricus semilanceatus*; que en 1871 sería transferida de género y renombrada como *Psilocybe semilanceata*; que ese mismo año M. C. Cooke (*Handbook of British fungi*) ya consignaría «gorro de la libertad» como su nombre común; y que, cómo no, se trataba de una especie psicoactiva, que ya en 1799 había causado delirios, pupilas dilatadas, risas descontroladas y miedo a morir a los hijos de una familia londinense sin que el doctor supiera por qué: el naturalista James Sowerby, que acudió a retratar los ejemplares, los confundió como pertenecientes a otra especie también muy abundante pero inofensiva. Cuando Albert Hofmann, ya en 1963, detectó su psilocibina, el gorro de la libertad resultó el primer hongo europeo del que se sabía que la poseía.

Al ver a todo presidente estadounidense entonando ufano el *Star Spangled Banner*, con la mano en el pecho, al tiempo que mira con ojos llorosos su bandera adornada por un enjambre de pequeños luceros, no puedo evitar pensar que aquel desafortunado plato de *champignons* ingerido por Carlos VI, a la larga, les produjo unos insospechados beneficios colaterales. Cuando veo al presidente de la República Francesa conmoverse con las notas de *La marsellesa*, me viene a la cabeza el dichoso cornezuelo, que tal vez, de manera indirecta, ayudó a derogar los derechos feudales de la nobleza. Viendo un *Psilocybe,* no puedo dejar de acordarme del padre Mariana, aquel jesuita por el que surgió Marianne. Quizás cada ficha micológica debiera reconocer a estos hongos como padres de lo que se ha dado en llamar «Derechos Humanos».

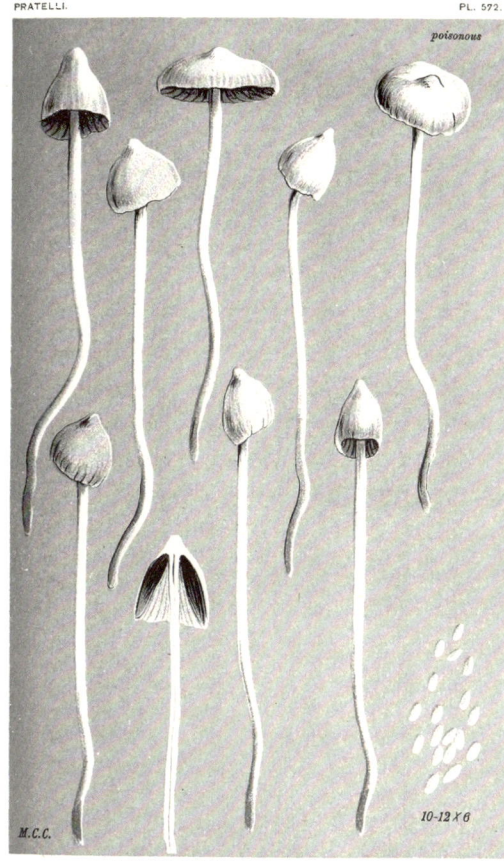

Izqda.: Varios *Psilocybe semilanceata* [*Illustrations of British Fungi*, M. C. Cooke, 1886]. Arriba: Denario de Bruto con píleo de liberto entre dagas al reverso (43-42 a. C.) [Münzkabinett Berlin]; Escudo de armas del Distrito de Columbia (EE. UU.), con un poste de la libertad [*The State Arms of the Union*, Henry Mitchell, 1876].

📖 PARA LEER MÁS:

Hooper, W. (Trad.). (1770). *Letters of baron Bielfeld*. Robinson & Roberts; Richardson.

León, V. (2003). *Carlos VI. El emperador que no pudo ser rey de España*. Aguilar.

Massuet, P. (1741). *Histoire de l'empereur Charles VI*. François L'Honoré e hijos.

Matossian, M. K. (1989). *Poisons of the past: molds, epidemics and history*. Yale U. P.

Mercier, L. S. (1788). *Tableau de Paris, faisant suite aux editions...* Ámsterdam

Omissi, A. (2016) The cap of liberty: Roman slavery, cultural memory, and magic mushrooms. *Folklore*, 127(3).

Rudé, G. (1988). *La Revolución francesa* (trad. Aníbal Leal). Verlap.

Southey, R. y Coleridge, S. T. (1812). *Omniana, or Horae otiosiores*. Longman *et al.*

Talamoni, M. et. al. (2006). Intoxicación por *Amanita phalloides*, diagnóstico y tratamiento. *Archivos Argentinos de Pediatría*, (104)4.

Voltaire. (1920). *Memorias* (trad. Manuel Azaña). Calpe.

Woodhouse, J. (1803). *Norbury Park, a poem; with several others*. Watts & Bridgewater.

Nagasaki (Japón) bajo el ataque estadounidense con la bomba atómica Fat Man, 9 de agosto de 1945 [Charles Levy, U. S. National Archives and Records Administration].

LOS HONGOS VAN A LA GUERRA

En el frente reina un silencio abrumador, roto únicamente cada pocos minutos por el estruendo de los bombardeos y el fragor de los largos intercambios de fusilería, cuyo eco hace que la percepción del tiempo se desdibuje. La singularidad de aquel lugar se hace evidente: tras una tupida de alambradas, una colina coronada por un denso pinar domina la totalidad del valle, lo que le supone albergar un gran valor estratégico. La posición, aparentemente inexpugnable, se prepara para vivir una jornada trascendental. En el puesto de mando, los oficiales leen con asombro el insólito aviso recién llegado del cuartel general.

«... hoy es un día glorioso para nuestras armas: la colina 212 será asegurada gracias al glorioso 7.º Batallón de Champiñones, bajo el mando del heroico coronel Rebozuelo. Sabemos que tras la arboleda se ubican los puestos de intendencia y los fogones de los que depende la subsistencia de las tropas enemigas. Nuestros servicios de inteligencia han detectado actividad de recolección de setas en el bosque por parte de varios soldados: o algunos son aficionados a ellas o, en el mejor de los casos, están pasando más hambre que el perro de un ciego. La primera fase del asalto estará a cargo del escuadrón suicida de *Amanita phalloides*: sus efectivos, camuflados como *A. caesarea*, se catapultarán hacia el pinar; al despuntar el alba, el enemigo recolectará con avidez los abundantes ejemplares: nuestra única acción entonces será la espera. Con el fin de no levantar sospechas, la 1.ª Compañía de Níscalos será desplegada simultáneamente, pero se infiltrará en su seno un buen número de *Lactarius deterrimus* para labores purgantes...».

Un creciente murmullo ha dado paso a sonoros aplausos y vítores. De repente, el sonido de un repicar en la puerta. Es el cabo Pepe Linares, responsable de cocina: este joven orondo y de voz pausada es, con sus iniciativas, el único capaz de hacer callar a los mandos: «Con permiso, tengo el placer de obsequiarles, a modo de aperitivo, estas deliciosas oronjas recogidas por un servidor, con gran riesgo de su salud, en la tierra que separa las dos líneas del frente». Ni una palabra en la estancia. El coronel Gutiérrez, oficial de más alto rango, se dirige a la fuente de las humeantes setas; toma un palillo y se lleva una a la boca. Tiene un gusto dulzón pero agradable; una mueca de placer invade su rostro: «Señores, vengan a probar: esto sí que es glorioso. ¡Enhorabuena, Pepe!».

La guerra, definida por Carl von Clausewitz como «la simple continuación de la política con otros medios» y por otros como el fracaso de la política y la humanidad, ha manifestado a lo largo de la historia una constante: la búsqueda de cualquier medio para debilitar al adversario. En este contexto, el uso de agentes biológicos emergió desde antiguo y, en los últimos tiempos, las armas químicas, que llegarían a revelarse como uno de sus métodos más devastadores, supondrían el portal a una inédita dimensión del horror en los enfrentamientos bélicos; hasta hace no mucho no estaban proscritas y, pese a pioneras regulaciones en los albores del pasado siglo, provocaron estragos en la Gran Guerra (se pasó del gas lacrimógeno francés al letal gas cloro empleado por los alemanes en la segunda batalla de Ypres, que causó miles de muertes tras crueles agonías). Posteriormente, las restricciones se endurecieron y, ya en 1925, los Estados firmantes del Protocolo de Ginebra asumieron la prohibición del empleo de gases asfixiantes o venenosos y técnicas bacteriológicas —aunque aún no de su producción o almacenamiento—.

Los hongos no han sido una excepción en el espectro de tácticas subversivas. Se ha llegado a sugerir que ya los asirios habrían contaminado las reservas de agua de sus enemigos con alcaloides de cornezuelo, pero la muestra más clara de la instrumentalización directa de los hongos como arma de guerra se da en el marco de la Segunda Guerra Mundial.

La firma de Hitler

Los alemanes, al igual que los británicos, exhibieron desde sus orígenes una marcada tendencia micófoba. Retrotrayéndonos a aquellos, de los pueblos germánicos rescatan Robert Gordon y Valentina Wasson el testimonio de la *Danmarks Kronike* de Saxo Grammaticus (la misma fuente en que habíamos vistos representados a los guerreros berserkers), que, ocupándose de la historia del rey danés Hading y su guerra de cinco años en Suecia en el siglo v, narra precisamente cómo sus soldados gastaron todas sus provisiones en la larga contienda y, abocados a la emaciación (adelgazamiento morboso), «comenzaron a calmar su hambre con setas del bosque. A la postre, bajo la presión de la extrema necesidad, devoraron sus caballos y finalmente se saciaron con los cadáveres de perros. Peor aún, no dudaron en alimentarse de miembros humanos». No debieran ser aquellas setas tan sabrosas como las que degustaba el coronel Gutiérrez en la historieta de inicio de este capítulo, o al menos no eran tenidas por tal manjar; de nuevo, la realidad supera a la ficción. La micofobia alemana se plasmó en nombres populares con claras connotaciones despectivas, partiendo de una genérica consideración de la seta *mala* (compartida con ingleses, irlandeses, holandeses o noruegos) como una infecta silla de sapo —*poggenstohl*, en inglés *toadstool*—, por más que las ranas, venenosas o no, no se posen sobre hongos ni exista vínculo físico o biológico entre ellos. Ya al término de la Edad Media, los germanos se van volviendo micófagos, según los Wasson por influencias mediterráneas, y el peyorativo *krotenschwamm* («esponja/seta de sapo») se ve restringido a un tipo de amanita (la *pantherina*) y reemplazado por el latín *boletus* y su evolución *boltz, bültz, pilz*. La oronja o amanita de los césares fue descrita como *keyserling/kaiserling* en 1601. Pero el arraigo del carácter micófobo persistió, pues, sin ir más lejos, especies como *Boletus satanas* abundaban en esa idea oscura y diabólica.

Esta particularidad cultural de la micofobia fue hábilmente explotada por la maquinaria de propaganda del Partido Nacionalsocialista Obrero Alemán (NSDAP), que, en su cruzada particular contra la raza judía, no dudó presentar a los propios niños, en las escuelas, la imagen de ciertos hebreos como setas ponzoñosas de las que cabía mantenerse alejado: el libelo *Der Giftpilz* (*La seta venenosa*), escrito por Ernst Hiemer y que fue distribuido como libro de texto desde 1938, mostraba en su portada una seta antropomorfa de nariz pronunciada que lucía una estrella de David; entre sus ilustraciones, una en que una joven rubia advertía a un niño que recolectaba en el bosque: «Así como los hongos venenosos suelen ser difíciles de distinguir de los buenos, con frecuencia es complicado reconocer a los judíos estafadores y criminales...». El editor, Julius Streicher, fue ejecutado por los estadounidenses en Núremberg.

Portada *La seta venenosa* (Ernst Hiemer, 1938) [Stürmer-Verlag].

La propagandística no habría sido la única aplicación práctica de las setas por parte del Tercer Reich, pues una leyenda las presenta además como aliados insospechados de los servicios secretos de Hitler; aunque no hemos hallado ninguna evidencia histórica de ello, sí podemos hablar de referencias bibliográficas previas sobre la posibilidad de tal uso.

Sobre un *reisepass* alemán de 1941 [Auge=mit, CC BY-SA 4.0] y una *carte d'identité* militar francesa de 1914 [Gradis; Archives Nationales, CC BY-SA 4.0], ilustraciones de *C. comatus* (aquí *porcellanus*) y *C. atramentarius* [*Pilze der Heimat*, Eugen Gramberg, 1913].

Se cuenta que, en época medieval, los monjes amanuenses de la cristiandad recolectaban una especie, *Coprinus comatus*, conocida como «seta de tinta», para efectivamente emplearla en la escritura e ilustración de los manuscritos: se trata de un hongo delicuescente, esto es, que tiene la propiedad de deshacerse produciendo un líquido, generalmente negruzco, y este podía ser utilizado como tinta; en el segundo gran conflicto mundial, cuando la supervivencia podía depender de un pasaporte o un salvoconducto, Alemania habría expedido documentos tintados con la seta y la inteligencia nazi (Abwehr, Sicherheitsdienst) solo habría tenido que analizar los sospechosos al microscopio para detectar en ellos la presencia o ausencia de sus esporas, comprobando así si el documento era auténtico o falso. ¡Hasta se ha dicho que Hitler firmaba con ella! Como adelantábamos, de tal extremo no se ha aportado prueba alguna, pero tratemos de arrojar algo de luz a este asunto.

La especie que inicialmente pudo usarse para escribir no fue esta sino su hermana *C. atramentarius*, «capuchón de tinta», no tan *barbuda* (sin escamas): Thomas J. Hussey ya nos previene de confundirlas en su *Illustrations of British mycology* (1855), donde apunta que frases escritas con el líquido de esta última «han resistido la prueba de sesenta años sin desvanecerse en lo más mínimo». Ambas eran comestibles en sus etapas jóvenes y, de hecho, ¿sabían que en el Reino Unido, originalmente, el kétchup no era una salsa de tomate sino de setas?: en *A treatise on the esculent funguses of England,* los micólogos Badham y Currey escriben: «... según nuestra propia autoridad, *periculo ventris nostri* ["a riesgo de nuestros estómagos"], tan buenos [son] para el kétchup como para el propósito al que comúnmente se destinan sus jugos, es decir, para hacer tinta...». ¿Y qué hay de la presunta entrada en escena de estas criaturas en los campos de batalla modernos? No hemos de mirar a 1939-45, sino a 1914-18: Louis C. C. Krieger, definido el mejor pintor de hongos estadounidenses, constata a los dos años de la Gran Guerra («Common mushrooms of the United States», 1920) que los franceses se lo plantearon y parece predecir o dar fundamento a lo que no hemos podido probar en el caso alemán posterior: «... en Francia, durante la guerra, se propuso usar tinta *Coprinus* en lugar del producto regular, que se estaba encareciendo cada vez más. Pero incluso en tiempos de paz, la tinta de hongo resultaría valiosa, ya que podía emplearse en documentos legales o en cualquier documento importante susceptible de ser falsificado». Nuestro M. C. Cooke (*British edible fungi*) nos había dado la clave en 1891:

> «Ya se ha mencionado que el líquido negro, causado por la fusión de las láminas, puede usarse como tinta al mezclarse con aguagoma para asegurar su permanencia. Hace algunos años se propuso utilizar esta tinta para imprimir billetes de banco y otros documentos susceptibles de falsificación. La ventaja era que, en cualquier momento, al humedecer las letras, las esporas grandes se veían con bastante claridad al microscopio, lo que permitía determinar de inmediato la tinta genuina. La tinta común, al no tener tal origen, no presentaba tal apariencia. Para verificar esto, basta con escribir una o dos palabras sumergiendo una pluma en el líquido que gotea de las láminas de un *Coprinus* [*atramentarius*] en descomposición, dejándola secar durante unos días. Luego, humedézcala y, o bien pase la tinta con un lápiz de pelo de camello limpio a un portaobjetos de vidrio, o bien examínela en reposo con el microscopio y un objetivo de 6 mm».

C. atramentarius («coprino antialcohólico», tóxico si se ingiere con etanol) y *C. comatus* («chipirón de monte») se hallan extendidos por España, sobre todo al norte. Por si alguien se anima...

El regalo del Tío Sam

Uncle Sam (United States) se presenta en la Segunda Guerra Mundial, pasando de suministrar material al resto de los aliados a erigirse en contendiente, como ese tío grandote que interviene para zanjar la riña, en este caso como garante de la democracia liberal y el *american dream.* Su participación alteró por completo el curso de la contienda y nos dejó imágenes icónicas, desde el desembarco de Normandía hasta las catastróficas bombas atómicas lanzadas sobre Hiroshima y Nagasaki.

¿Alguna vez se han parado a considerar que las explosiones formaron en el aire la figura inconfundible de una seta? ¿A qué se debió? El fenómeno se denomina propiamente «nube de hongo» (*mushroom cloud*) y se produce por la súbita formación de un gran volumen de gases de baja densidad a determinada altitud: tras la detonación, la bola de fuego se eleva y se da la denominada «inestabilidad de Rayleigh-Taylor», en la cual el aire es absorbido por la nube generada —llevando consigo en este caso polvo y escombros—, el más denso penetra velozmente por debajo hacia el centro y los gases galientes giran en su interior, hasta que alcanzan su equilibrio y el ascenso cesa, aplanando la nube según el flujo turbulento se descompone. La devastación cobra así forma de seta.

«Prueba Trinity». Nube de hongo provocada por la bomba de plutonio detonada en el desierto de la Jornada del Muerto (Nuevo México, EE. UU.) el 16 de julio de 1945, como ensayo para el bombardeo de Nagasaki el 6 de agosto [a partir de National Archives].

Victoriosos, los Estados Unidos se consolidaron como la potencia hegemónica y, para contrarrestar la influencia soviética en Europa más allá de mediante el patrocinio de Gobiernos y mercados capitalistas, corrieron a idear la OTAN y establecer bases militares en lugares estratégicos. Pero, antes de las bases, unos insólitos polizones llegaron con ellos.

La finca presidencial de Castelporziano, reserva natural estatal de Italia y residencia del jefe del Estado, próxima a Roma, registró a mediados de los 80 una inusual afección de sus pinos piñoneros costeros. Pese a darse en un recinto restringido al público, la plaga se propagó extrañamente y causó la muerte de cientos de árboles, que hubieron de ser talados. El culpable era *Heterobasidion annosum*, un hongo basidiomiceto que ejerce como patógeno forestal atacando las raíces. ¿Cómo había llegado hasta ahí? Los investigadores realizaron cultivos a partir de basidiocarpos encontrados en los pinos dañados y secuenciaron el ADN extraído: descubrieron la presencia de un fragmento de ADN mitocondrial existente solo en las poblaciones norteamericanas de *H. annosum*. La primera hipótesis se asoció con una planta importada, lo que se descartó tras verificar que no se habían introducido especies invasoras salvo algunos eucaliptos; la explicación más plausible apuntó entonces a la intervención humana. Tras una profunda investigación a través de documentos y entrevistas acerca del historial de la finca, se concluyó

Izqda.: «Compre bonos de guerra». El Tío Sam guiando a sus soldados (1942) [Library of Congress]. Dcha.: «Enfermedad del pino blanco: *Polyporus annosus* [sinónimo de *H. annosum*]» [*The white pine (*Pinus strobus Linnaeus)*, V. M. Spalding *et. al.*, 1899].

176

con rotundidad que los responsables (accidentales) fueron los soldados de la 85.ª División del 5.º Ejército de la U. S. Army —la División Custer—, que en el verano de 1944 acamparon en ese bosque tras la captura de Roma, durante su avance contra alemanes e italianos: los palés y cajones en los que transportaban el equipamiento habían sido fabricados con madera sin tratar de árboles infectados por *H. annosum*.

¡Que vienen los rusos!

Últimos compases de la Segunda Guerra Mundial. Los campesinos soviéticos que, en edad de ser movilizados, tuvieron que abandonar sus tierras y partir al frente engrosando las filas del Ejército Rojo de Obreros y Campesinos, van regresando tras la precipitación del colapso del Eje.

En el óblast de Chkalov, históricamente Oremburgo, muchos supervivientes topan con una alfombra de trigo invadida por la maleza, descuidada la cosecha en favor de las armas. Los silos aún contienen el grano almacenado y, sin pensarlo, acuden a ellos: amasan el pan, elaboran *blinis* —tortitas— y *pirozhki* —bollos rellenos—, y preparan un gran festín para celebrar el consumado triunfo en la Gran Guerra Patria. Días después, muchos empiezan a manifestar síntomas alarmantes: dolor de garganta, hemorragias nasobucales, vómitos, diarrea...; los mismos que hace ya más de una década se observaron aisladamente en Siberia Occidental y que en 1942 han reaparecido en decenas de miles de personas por toda la Unión Soviética, hasta afectar en 1944, el año crítico, a más del diez por ciento de la población del país y cobrarse la vida de un buen número, especialmente en este óblast... sin que nadie sepa realmente su causa. La mayoría ha sido diagnosticada solo de amigdalitis crónica. El Comisariado del Pueblo de Salud logra al fin, en julio de este año 1945, definir el nombre de la afección: «aleucia tóxica alimentaria» (Алиментарно-токсическая алейкия, ATA), una micotoxicosis con sintomatología semejante a la exposición a radiación, caracterizada por una leucopenia extrema: número de leucocitos en sangre muy inferior al normal. ¿El motivo? La harina del trigo del invierno anterior estaba contaminada por mohos del género *Fusarium*, en concreto *F. sporotrichioides* y *F. poae*, y su ingesta, unida a la inhalación de las micotoxinas impregnadas en el grano, había resultado fatal. Varios cientos de personas morirán aún hasta 1948-49, cuando la enfermedad desaparece.

El 17 de mayo de 1991, millones de personas en toda la URSS descubrirían que Lenin, el hombre que había liderado la Revolución y cuyo testigo había tomado Stalin como arquitecto del socialismo antes de la Gran Guerra Patria, era en realidad un hongo; mejor dicho, un tipo que, de tanto tomar setas *mágicas*, se había vuelto una de ellas y también una onda de radio, pues en el MIT habían constatado que estas poseían las mismas propiedades acústicas. Así se lo reveló un individuo llamado Serguéi Kuriojin en una entrevista en el programa *La quinta rueda*, de la Televisión de Leningrado, de la mano de gráficos, citas y filmaciones que a todas luces confirmaban lo que tanto tiempo había permanecido oculto a sus ojos. De entrada, al parecer, la sección transversal del vehículo blindado en que Lenin viajaba tenía justo la estructura de un micelio, pero, más allá, *ninel* (su nombre al revés) era un famoso plato francés de champiñones; ¡¿sería posible!? Este delirio, obra de un cómico vanguardista en plena glásnost, hizo presa en más víctimas de las que piensan; ¡claro, *lo decía* el MIT! El día de Navidad dejó de existir la URSS. [A partir del cartel de la exposición «Lenin: meme», Museo Nevskaya Zastava].

«¡Recoged la cosecha hasta el último grano!» (1941) [Iskusstvo, «Arte»:
Moscú-Leningrado; Museo Estatal y Centro de Exposiciones «Rosizo»].

Las micotoxinas de *Fusarium* pertenecen al grupo de los tricotecenos y son más de 40 que producen los mohos comunes del grano. Muy estables, no se disuelven en agua ni se inactivan con calor o luz ultravioleta. La Organización Mundial de la Salud, en su *Respuesta de la salud pública a las armas biológicas y químicas* (2003), reconoce a los tricotecenos como uno de los dos tipos de micotoxinas de los que se ha hablado como posibles agentes bélicos, aunque aclara que la teoría se desestimó:

«... dos categorías de micotoxinas se han considerado como agentes bélicos, a saber, las aflatoxinas y los tricotecenos; [...] un documento iraquí "se refiere a los requisitos militares para producir cáncer hepático usando aflatoxinas y la eficacia contra blancos militares y civiles". Se argumentó el uso de los tricotecenos como armas ("lluvia amarilla") en Kampuchea y Laos durante 1975-1984, lo cual fue posteriormente desvirtuado».

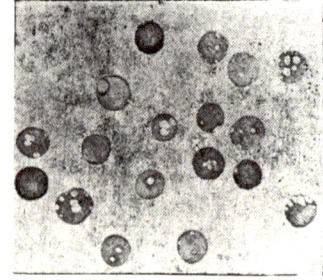

Arriba: Periódico *Bolchevique*, del distrito de Tashlinski [Chkalov/Oremburgo], el 21 de septiembre de 1944. En la foto, «la pesadora N. G. Tayailinova y el capataz V. E. Kondratov pesan el grano antes de enviarlo al punto de carga»; sobre ella se lee: «¡Más pan para el frente, para la Patria!». Dcha.: Frotis sanguíneo de paciente grave con ATA (aún diagnosticada como amigdalitis crónica): solo 1400 leuc./mm³, eritrocitos vacuolados [Материалы по «Септической ангине» o *Materiales sobre «Amigdalitis crónica* (sic)», Gasparian *et al.*; edit. en Chkalov, 1944].

Efectivamente, tras su derrota en la guerra de Vietnam, la Secretaría de Estado estadounidense denunció ante el Congreso presuntos ataques aéreos de la URSS en el sudeste asiático, durante los cuales se habría rociado una sustancia amarillenta sobre aldeas y cultivos; se afirmó que la *yellow rain* contenía tricoteceno T-2 y otros componentes. Las acusaciones se desmoronaron al poco tras el contundente informe de respuesta soviético (1982), que razonaba detenidamente por qué eran contrarias a la evidencia científica —lo que luego habría de corroborar la OMS— y las retrataba como «una colección de conjeturas y acusaciones sin fundamento, carentes de toda prueba [...]. Concebida con el indecoroso propósito de difamar a la Unión Soviética y acusarla de participar en el uso de armas químicas, pretende distraer la atención de la verdadera guerra química llevada a cabo por Estados Unidos en el sudeste asiático hace años [agente CS, herbicidas y napalm en Vietnam] y de sus extensos preparativos para una nueva guerra química». Era, ni más ni menos, la Guerra Fría.

MK-Ultra: la CIA y la droga de control mental definitiva

«Bacterias, virus, hongos y un grupo de microbios conocidos como *rickettsiae* [*sic*] son, con diferencia, los agentes más potentes que podrían incorporarse a los sistemas de armas. Sin embargo, no hay garantía de que otros organismos vivos no adquieran mayor importancia en el futuro como posibles agentes bélicos», admite Naciones Unidas en 1969, en un informe de su secretario general. Ya en la guerra de los Siete Años, el Ejército británico había distribuido deliberadamente mantas contaminadas con viruela a los indígenas americanos que luchaban del lado de los franceses y, en este siglo XX que nos ocupa, la Unidad 731 del Imperio japonés usó pulgas transmisoras de peste bubónica contra sus prisioneros y contaminó cosechas durante la segunda guerra sino-japonesa, pero es en la Guerra Fría, tras concluir la contienda mundial sin que temible potencial de las nucleares hallase más rival que el ántrax, cuando se desarrollan verdaderos programas de armas biológicas con el objetivo claro de hacer de estas la herramienta definitiva para atacar. El libro *Paz o peste: la guerra biológica y cómo evitarla* (1949), del exinvestigador del U. S. Biologic-Warfare Program Theodor Rosebury, solo logró reafirmar a EE. UU. en su afán ante la *amenaza* de la URSS a su hegemonía.

De este modo, los proyectos esbozados antes de la IIGM por los Estados beligerantes a ambos lados del telón de acero asisten ahora, en la nueva coyuntura organizada de dos bloques diferenciados política, social, económica y militarmente (en 1955 nace el Pacto de Varsovia en respuesta a la OTAN), no ya a su terminación, sino a su total profesionalización y perfeccionamiento. Contaminaciones de cultivos e infecciones como las que el Reino Unido había venido ejecutando —tularemia, botulismo o el citado ántrax— contra el ganado y la población alemana, o las que algunos médicos alemanes practicaron con presos para confeccionar vacunas —*Rickettsia prowazekii*, hepatitis A— [«Hitler ordenó repetida y estrictamente —recordaba el Dr. Klaus Reinhardt (2013-14)— que no se usaran armas biológicas, ni siquiera con fines defensivos [...]. Sin embargo, su orden de extremar los esfuerzos para defenderse de las armas biológicas dejó la puerta abierta a las autoridades que intentaron eludir la prohibición...»], tuvieron su continuación, intensificadas y sofisticadas hasta niveles insólitos, en sucesivos experimentos y pruebas a los que la sociedad permanecía ajena. Los Laboratorios de Guerra Biológica del Ejército de los Estados Unidos (USBWL) y centros satélites como Pine Bluff cultivaban bacterias *Brucella suis* (causante de brucelosis) y *Francisella tularensis* (causante de tularemia) con las que llenaban bombas de racimo para la Fuerza Aérea. En 1951, los trabajadores del Centro de Suministros Navales de Norfolk (Virginia) fueron expuestos sin saberlo a esporas del hongo *Aspergillus fumigatus* en una simulación de enfermedad fúngica: la mayoría eran negros y, según el informe, escudado en un hipotético ataque enemigo, se eligió esa especie dado que estos ya habían demostrado ser más susceptibles al género *Coccidioides* que los blancos; un artículo en el *New York Times* rememoraba este episodio decenios más tarde y añadía: «En 1949, y durante los 20 años posteriores, el Ejército liberó bacterias entre millones de personas inadvertidas. En las audiencias [del Senado] de 1977 [en torno a actuaciones de la CIA], testigos del Pentágono reconocieron que se rociaron bacterias y partículas químicas sobre San Francisco, San Luis, Mineápolis y otras 236 localidades pobladas».

Con todo, la cuestión, sin duda, más novedosa, controvertida e interesante para nosotros en este punto, la que remarca hasta qué extremo la Guerra Fría conduce la guerra biológica a una dimensión jamás pensada, no es otra que la que en cierto modo adivina el secretario general de Naciones Unidas en la cita de inicio de este apartado. Saldría a la luz en la década siguiente, a pesar de que Richard Helms, director de la CIA, hubiese tratado de impedirlo ordenando la destrucción de los archivos.

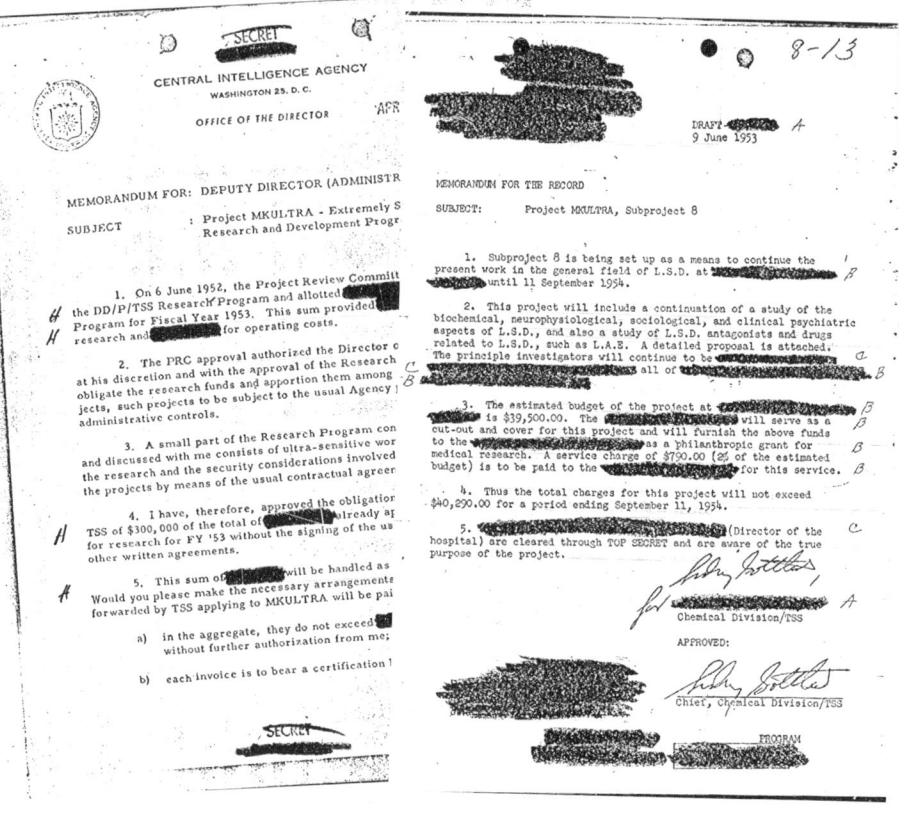

Izqda.: Primera página del memorando de A. Dulles por el que se aprueba MK-Ultra.
Dcha.: Memorando del Subproject 8 de MK-Ultra, para uso de LSD. Revelados en virtud
de la FOIA [General CIA Records, FOIA 00017352 (13/04/1953) y 00017481 (9/06/1953)].

Entre los años 1953 y 1973, la Agencia Central de Inteligencia (CIA) del
Gobierno estadounidense desarrolló en secreto un programa ilegal de
experimentación humana denominado MK-Ultra, en el que se propuso
encontrar, mediante «el uso encubierto de materiales biológicos y químicos», la fórmula para desvelar secretos en la mente de espías, quebran-
tar la voluntad de un agente externo y, más allá, manipular la conducta
del individuo: esa *mind control drug* no sería otra que el portentoso LSD
sintetizado por Albert Hofmann en Suiza a partir de alcaloides de cornezuelo y, en sus manos, devendría un arma absolutamente aterradora.

La idea parte del entonces subdirector adjunto de planes Helms y,
tras obtener la autorización del director Allen Dulles, su realización
es encomendada al leal Sidney Gottlieb, joven originario del Bronx y
jefe de la División Química del Equipo de Servicios Técnicos (TSS) de
la agencia, quien había propuesto investigar el potencial de la flamante

dietilamida del ácido lisérgico como instrumento de espionaje. Tal cual relata el exasistente de la Oficina de Inteligencia John D. Marks en su alucinante estudio *La búsqueda del candidato de Manchuria* (1979) —sobre la base de más de quince mil documentos, que no fueron triturados por hallarse mal clasificados y que obtuvo al amparo de la Ley de Libertad de Información (FOIA), y de incontables entrevistas—, la actividad del proyecto aprobado, como solía ocurrir en el Gobierno, «ya estaba en marcha [como MKDELTA], incluso antes de que le otorgara una estructura burocrática»; al mismo tiempo que, en plena guerra mundial, los médicos de las Schutzstaffel administraban mescalina a prisioneros en Dachau para probar si moldeaba el comportamiento de los indóciles, en experimentos que ni siquiera combinados luego con hipnosis les sirvieron para nada más que conocer algunas de sus intimidades, la Oficina de Servicios Estratégicos (OSS) —primer órgano de inteligencia estadounidense y precursor de la CIA, disuelto en 1945— creaba un comité de la «droga de la verdad» (en clave TD, de *truth drug*) que testó mescalina, otro alcaloide vegetal como la escopolamina, barbitúricos y marihuana líquida y vaporizada, sin éxito en cuanto al pretendido fin de la revelación de secretos. Los sujetos en este caso fueron precisamente disciplinados funcionarios del Proyecto Manhattan (quienes trabajaban en el

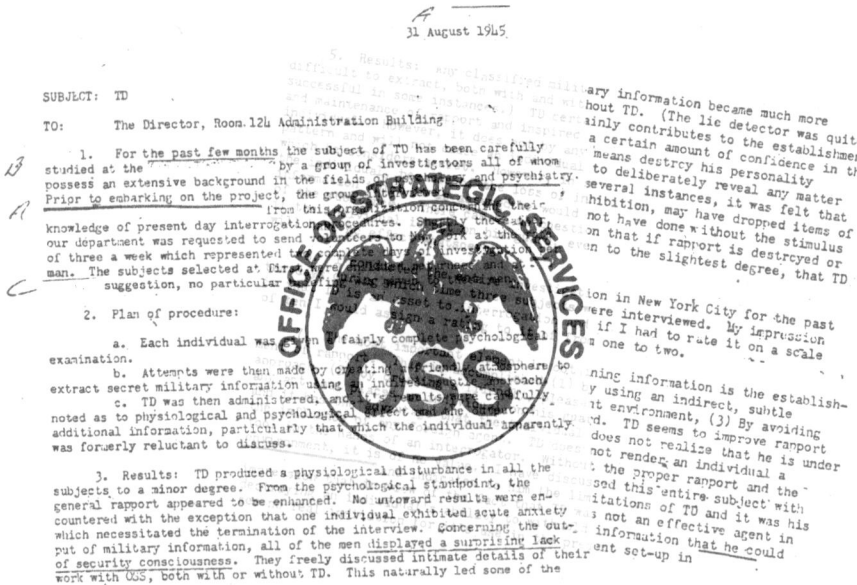

«TD: sobre su eficacia en interrogatorios». Extractos del breve informe, revelado en virtud de la FOIA, acerca de la droga de la verdad. Sobreimpresionado, logo de la Oficina de Servicios Estratégicos [General CIA Records, FOIA 00144766, 31 de agosto de 1945].

diseño de las bombas atómicas que *firmarían* con la imagen de una seta el asolamiento de Hiroshima y Nagasaki) y otros voluntarios investigadores del propio comité. Sí se hicieron avances al intentarlo con marihuana en cigarrillos y personas desprevenidas: al implacable gángster neoyorquino Del Gracio, convocado en un apartamento tras serle solicitada la colaboración de la mafia contra el Eje, *se le soltó la lengua* y desveló los entresijos del narcotráfico; y varios soldados sospechosos de simpatizar demasiado con los comunistas aportaron más información que antes. No obstante, aun habiendo llegado a emplear detectores de mentiras como complemento, el comité y la OSS cesan en sus labores concluyendo que, si bien la TD facilita una buena sintonía e inspira confianza al sujeto, «no destruye en absoluto su patrón de personalidad ni hará que un individuo revele deliberadamente ningún asunto que considere secreto», al margen de algún descuido debido a la deshibibición por la complicidad y el engaño. Fundada la CIA en 1947 —en virtud de la National Security Act—, el Gobierno no solo continuará los esfuerzos de la OSS en busca de una droga de la verdad para interrogatorios, sino que asumirá la experiencia alemana (aun literalmente, reclutando a sus profesionales con la operación Paperclip, como la URSS con Osoaviajim) y, espoleado por el temor a una estrategia de control mental de su nuevo enemigo soviético, no vacilará en tratar de instrumentalizar el invento que, mientras exploraba las profundidades de la conciencia, había llevado a Hofmann a los límites mismos del conocimiento: «Como nunca antes en la historia —escribe Marks—, las potencias en guerra buscaron ideas de científicos capaces de alcanzar esas fronteras; ideas que podrían marcar la diferencia entre la victoria y la derrota».

Project MK-Ultra llega precedido por Project Bluebird (rebautizado como Artichoke, «Alcachofa»), que desde 1951 ya opera aplicando técnicas de hipnosis y polígrafo más combinaciones de pentotal sódico con anfetaminas a voluntarios y no voluntarios, y en territorio tanto nacional como extranjero (presuntos agentes dobles japoneses o cautivos norcoreanos, en plena guerra de Corea), sin otro anhelo que el que explicita la propia agencia en sus memorandos de alto secreto: «... controlar a un individuo hasta el punto de que obedezca nuestras órdenes en contra de su voluntad e incluso de leyes fundamentales de la naturaleza como la [del instinto de] supervivencia». Las noticias del descubrimiento del LSD habían arribado a los Estados Unidos a los seis años de producirse: el psiquiatra vienés Otto Kauders, presidente de la Sociedad Austro-Americana, habló entusiasmado sobre él y su potencial clínico durante una visita al pionero Hospital Psicopático de Boston en 1949 (semanas antes de fallecer por embolia asociada a flebitis) y el centro pidió a los laboratorios Sandoz una pequeña muestra que, probada en una primera dosis por el superintendente auxiliar Bob Hyde, sería seguida de cada vez más destinadas a investigadores, pacientes y voluntarios (sobre todo estudiantes). Intrigados por sus posibles aplicaciones de inteligencia, Sid Gottlieb y su división del TSS empezaron a financiar los programas de aquella y otras instituciones desde 1952: nuevamente, la actividad era ya una realidad y la CIA vino a institucionalizarla al servicio del Gobierno con MK-Ultra. Al contrario que a los médicos y al igual que al Ejército, a la agencia no le interesaba la reacción del LSD en personas enfermas, sino en las sanas. ¿De veras las volvía *locas*? ¿Cómo?

En 1953, la CIA llega a plantearse pagar 240 000 dólares por hasta diez kilos de dietilamida de ácido lisérgico, correspondientes a cien millones de dosis, tras el —falso— soplo de que Sandoz iba a poner en venta tal cantidad (tiempo atrás, al Ejército había llegado asimismo el inquietante rumor de que la URSS había adquirido unos cincuenta millones). El agregado militar en Suiza habría confundido kilos con gramos, según se reconocería después: lo cierto era que la farmacéutica apenas había fabricado un total de cuarenta gramos hasta la fecha y el proceso era arduo, pues se empleaba auténtico cornezuelo y este no se podía cultivar a gran escala (solo el laboratorio Eli Lilly & Co., de Indianápolis, consigue obtener algo de LSD al año siguiente, fabricando ácido lisérgico y con sustancias químicas existentes en el mercado, sin necesidad del hongo, y cede sus existencias a la inteligencia y los militares). Aun así, la compañía prometió enviar cien gramos semanales para MK-Ultra y, lo primordial para ellos, «no permitiría que la droga cayera en manos comunistas».

El LSD no producía una suerte de «psicosis modelo», como originalmente habían deseado los médicos con vistas a poder hallar un antídoto para la esquizofrenia. Algunos voluntarios parecían experimentar brotes —y se volvían vulnerables— y otros no, y los pacientes esquizofrénicos raramente mostraban reacción salvo con dosis mucho más altas. «Más que cualquier otra cosa, el LSD tendía a intensificar las características preexistentes del sujeto, a menudo hasta el extremo. Una pequeña sospecha podía convertirse en una paranoia grave, especialmente en compañía de personas percibidas como amenazantes». El ambiente en que acontecía el «viaje» (*trip*) y las expectativas del sujeto también eran factores determinantes junto con la personalidad. Viajes inducidos a investigadores desprevenidos lo corroboraban. Por tanto, el paso próximo era salir de oficinas y hospitales a constatar el poder del arma. De este modo tendría lugar la polémica muerte de Frank Olson, biólogo de la

División de Operaciones Especiales (SOD) del Cuerpo Químico del Ejército en la instalación militar para la guerra biológica de Camp Detrick (Frederick, Maryland), que presuntamente se suicidó arrojándose por una ventana la madrugada anterior a su ingreso en un sanatorio de la esfera de la CIA, tras caer en una profunda paranoia y depresión desde que, días antes, Sid Gottlieb, la cabeza pensante de MK-Ultra, añadiese sin avisar la droga a las copas de Cointreau que tomaban durante un retiro de trabajo. «Al fin y al cabo, los funcionarios de la TSS y la SOD trabajaban en estrecha colaboración [en el proyecto paralelo MKNAOMI] y compartían uno de los secretos más oscuros de la Guerra Fría: que el Gobierno estadounidense mantenía la capacidad —que a veces usaba— de matar o incapacitar a personas seleccionadas con armas biológicas», razona John Marks. Cuando los inadvertidos sujetos hubieron bebido y Gottlieb los informó, unos rieron a carcajadas, otros se arrancaron a filosofar toda la noche, otros se incomodaron... y el extrovertido aunque prudente Olson se mostró psicótico, sospechándose víctima de una broma, en una perturbación creciente que lo llevaría a intentar renunciar y, creyéndose perseguido por la propia CIA, lo abocaría a la tragedia.

Era solo el primer año de vida oficial de MK-Ultra y Gottlieb, que había actuado sin permiso superior expreso, ya cargaba un muerto, pero, lejos de suponer su ocaso, aquello no les impidió proseguir sus operaciones otros diecinueve. La CIA, aunque lo reflejaba en sus registros internos, se aseguró naturalmente de encubrir la prueba (ni la propia familia tuvo constancia hasta que en 1975 salió a la luz el informe de la Comisión Rockefeller sobre la agencia: fue indemnizada con 750 000 $). Una segunda autopsia en 1994, que evidencia lesiones en cabeza y pecho a todas luces previas a la caída, avivará la hipótesis de un asesinato: Olson se habría arrepentido de estar ayudando a crear un *monstruo* en Detrick.

La administración de LSD sin consentimiento se prolongaría una década: «... los experimentos con avisos previos serían *"pro forma* en el mejor de los casos y generarían una falsa sensación de logro y disposición"*. Para Allen Dulles y sus principales asesores, la posible importancia del LSD superaba claramente los riesgos y el problema ético de administrar la droga a sujetos involuntarios». Los individuos serían desde drogadictos, delincuentes de poca monta y prostitutas (carentes de poder y crédito para una hipotética venganza) hasta miembros de las altas capas sociales o personas incómodas que servirían como ensayo para aplicarlo a un Fidel Castro, tal cual el propio Marks afirma que se contemplaba como meta. Meretrices y proxenetas se tornaron también en aliados activos: estas conducían a ciertos sujetos a uno de los pisos fran-

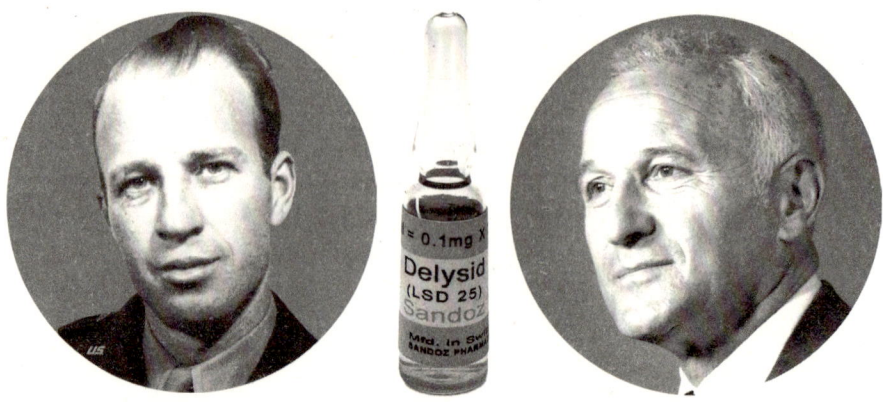

A la izqda., retrato de Frank R. Olson [U. S. Army]. A la dcha., retrato de Sidney Gottlieb [National Security Archive]. Entre ambos, ampolla de Delysid, la marca propuesta por Hofmann para la distribución del LSD entre investigadores y médicos [Sandoz Pharm.].

El Ejército dispuso de LSD algo más tarde que la CIA. En 1955-58 se probó en más de mil soldados voluntarios como agente incapacitante (1.ª fase) y subrepticiamente en 95 voluntarios de una recepción social simulada, que desconocían la naturaleza del test —complementado con polígrafo y reclusión en cámara de aislamiento—, como arma de inteligencia (2.ª). En 1961-62 se aplicó, en Europa y el Extremo Oriente, a 17 sujetos no voluntarios interrogados como presuntos espías, en el transcurso de los proyectos Third Chance y Derby Hat (3.ª). En imagen, fotograma de soldados de la U. S. Army *colocados* de LSD en Edgewood Arsenal (Maryland), 1958 [*Effects of lysergic acid diethylamide (LSD) on troops marching*, Motion Picture Films on the U. S. Military's Chemical and Biological Warfare Program; Dept. of Defense, DA/AMC/MUCOM; National Archives].

cos del proyecto y aplicaban la dosis en ese momento de vulnerabilidad y necesidad de afecto inmediatamente posterior al sexo, que se revelaba para ellos asimismo como arma de espionaje. Aun así, finalmente,

«... los hombres de MK-Ultra no lograron aparentemente grandes avances con el LSD ni con otras drogas; [...] estuvieron frustrantemente cerca, pero nunca lograron encontrar un mecanismo de control fiable. El LSD, sin duda, penetraba hasta lo más profundo de la mente. Podía despertar una amplia gama de sentimientos, desde el terror hasta la introspección. Pero, al final, la psique humana resultó tan compleja que ni siquiera el más hábil manipulador podía anticipar todas las variables. Él podía usar el LSD y otras drogas para socavar el libre albedrío. Podía lograr victorias temporales y alterar estados de ánimo, percepciones e incluso creencias. Tenía el poder de causar un gran daño, pero, en última instancia, no podía conquistar el espíritu humano».

La CIA no cejó en su empeño de asegurar la hegemonía geopolítica estadounidense a toda costa y, cuando el objetivo no era ya el control de conducta (de cuyo programa había sido apeado Sidney Gottlieb) sino directamente la eliminación física, en 1963 suministró a la mafia de Chicago la pastilla con toxina botulínica que introducirían en el batido del citado Fidel Castro. El mismo Gottlieb propuso y transportó la bacteria que había de asesinar a Lumumba en el Congo. En cuanto a MK-Ultra, tras destruir antes de retirarse —en 1973, en medio del escándalo Watergate— todos los registros principales por mandato de Richard Helms (salvo los extraviados que verían la luz en el setenta y siete), Sid testificó en secreto ante el Comité Church en 1975 y no pudo recordar nada. En 1983, por la demanda civil de Velma Orlikow (expaciente de un psiquiátrico de Montreal), reconoció su uso de LSD, si bien en no más de cinco interrogatorios, y eludió cualquier pregunta sobre conducción psíquica.

Como escribía nuestro Marks, el LSD escapó en los 60 de ese mundo de académicos y espías, y sería clave en la conmoción cultural de entonces. «El viaje concluiría [...] con "la juventud de *América* puesta de LSD"».

No podemos acabar este relato tan cinematográfico como verídico sin una escena poscréditos que, por su pertinencia, de seguro hará al lector demandar una secuela. Alguien podía haber oído algo de esta historia, sobre la que esperamos haber arrojado luz, pero quizá no este detalle...

«Hombre sosteniendo un terrón de azúcar de la droga psicodélica LSD» (Marion S. Trikosko, 27/09/1967). Además de con papel secante o en forma líquida, el tripi se tomaría de esta forma, así como en micropuntos (comprimidos) [Library of Congress].

«¡Tirad ácido, no bombas!». *Activismo psicodélico*: manifestación en San Francisco contra la guerra de Vietnam, 16 de noviembre de 1969 [Robert Altman, CC BY-SA 4.0].

Sí: previamente al LSD, ese «niño problemático» que había gestado a partir de un hongo Albert Hofmann (cuyo temor a que, indebidamente manejado, adquiriese la reputación de droga terrible resultaría más que justificado), y a las demás sustancias mencionadas en este apartado, la inteligencia de los Estados Unidos —sin ir más lejos, con Sid Gottlieb al frente— quiso emplear las setas como armas de guerra química/biológica (CW/BW) en sí mismas. Sucedió en el curso del proyecto Artichoke: lo ratifican los documentos desclasificados a los que hemos tenido acceso y Marks dedica a este hecho todo un capítulo en su fantástico libro, con referencias a conocidos nuestros como las amanitas de Claudio y Agripina, los Wasson, el *teonanácatl* azteca y, cómo no, el profesor Leary.

Al parecer, un investigador de drogas habló al director de Artichoke, Morse Allen —un exmarine reconvertido en oficial de seguridad que, como asistente en la Comisión de Servicio Civil del Ejecutivo, se había encargado de redactar los primeros informes sobre agentes comunistas, preludio del macartismo—, sobre una planta cuyas semillas habrían sido empleadas en ceremonias indígenas (las llamaba «piule» y se trataría de la denominación mazateca para lo que conocimos como semillas de la Virgen del náhuatl «ololiuqui»: *Rivea/Turbina corymbosa*) y sobre el sustrato real de las legendarias *setas mágicas*, hasta entonces desterradas al terreno de la fábula en el ámbito occidental moderno. Allen, «interesado en cualquier cosa que distorsionara la realidad», se lanzó a investigar sobre su historia y organizó una expedición en su búsqueda.

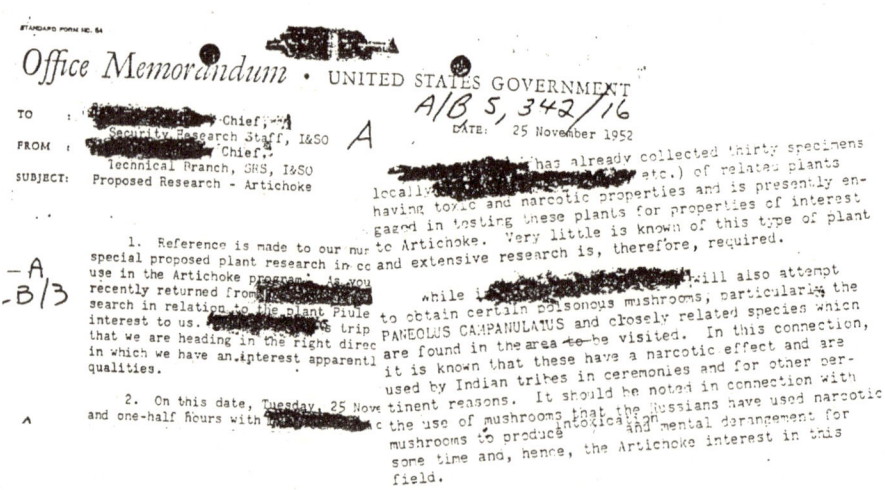

Extractos del memorando enviado por Morse Allen (al mando de la Rama Técnica del SRS) a su jefe para iniciar formalmente la investigación de hongos alucinógenos del proyecto Artichoke [General CIA Records, FOIA 00149544, 25 de noviembre de 1952].

El memorando (25/11/1952) en que proponía la hoja de ruta a su superior en la Oficina de Inspección y Seguridad (el jefe del Equipo de Investigación de Seguridad, general Paul F. Gaynor) empezaba consignando los individuos y lugares que se necesitaba visitar en México y terminaba especificando la persona que había de autorizar el viaje, pasando por la duración de este, la asistencia precisa, quién se encargaría de evitar problemas con la ley por la cuarentena obligada al introducir especies foráneas, qué identidad/pretexto/cobertura utilizar, cuáles serían los objetos específicos de la investigación y cuánto presupuesto se requería (no más de dos mil dólares). «El autor solicita que este asunto se aborde de inmediato, pues el tiempo en este caso es definitivamente esencial», concluía.

«[*Censurado*] ya ha recogido treinta especímenes localmente [censurado] de plantas relacionadas que poseen propiedades tóxicas y narcóticas y está actualmente ocupado en testar estas plantas para [detectar] propiedades de interés para Artichoke. [...] Mientras esté en [*censurado*], también intentará obtener algunas setas venenosas, particularmente *Pan[a]eolus campanulatus* [var. *sphinctrinus*, el ya ilustrado *teonanácatl*] y especies estrechamente relacionadas que se encuentran en el área por visitar. A este respecto, se sabe que tienen un efecto narcótico y son usadas por tribus indias en ceremonias y para otras causas pertinentes. Cabe señalar, en relación con el uso de setas, que los rusos han utilizado setas narcóticas para producir intoxicación y enajenación mental durante algún tiempo y de ahí el interés de Artichoke en este campo».

Dadas la limitación de la disponibilidad variable por temporadas y la escasa practicidad de viajar continuamente a por setas, Allen se reunió con los líderes de la industria fungicultora en el corazón de los cultivos de setas (Toughkenamon, condado de Chester, Pensilvania) y, apelando a su patriotismo, logró de ellos —pese a sus reticencias, ante el peligro de que se filtrase a sus clientes— el compromiso de que cultivarían cualquier hongo que el Gobierno quisiera. Pero, para no dejar nada al albur, estimó más razonable buscar la manera de fabricar los equivalentes sintéticos de sus principios activos: entraba en juego, por ende, la División Química de Gottlieb, en cuyas manos quedaba.

Sidney Gottlieb y sus hombres, que en cuestión de meses pasarían a encabezar el inminente MK-Ultra, se volcaron en estudiar el universo de los hongos alucinógenos y de plantas como *T. corymbosa*, y trabajarían con la vasta red de universidades, hospitales y laboratorios privados subcontratados por la CIA para explorar su potencial en la obtención tanto de venenos como de drogas manipuladoras del comportamiento. Uno de esos subcontratistas era la farmacéutica Parke, Davis & Co. y un joven especialista en química de su sede de Detroit, James Moore, acostumbrado a guardar secretos desde que participara en el Proyecto Manhattan como estudiante de posgrado, se convirtió en el *hombre para todo* de la CIA en lo relativo a setas: con la excusa de su interés por la química natural y el pretexto de sus labores en Parke Davis, se reunió con expertos micólogos, tuvo acceso a abundante información y recolectó especímenes y muestras de los que iba entregando análisis a Gottlieb sin hacer más preguntas, al tiempo que suministraba todo tipo de sofisticadas armas alucinógenas para la guerra (bencilato de 3-quinuclidinilo, dimetiltriptamina...). Moore había sido designado para probar la «carne de los dioses», *Panaeolus campanulatus* var. *sphinctrinus*, por primera vez en el seno de la Agencia Central de Inteligencia... pero no dieron con ella en tierras mexicanas y no pudieron descifrar su secreto.

Robert Gordon Wasson —que, recordemos, no era sino un antiguo banquero entusiasmado por la etnomicología— adelantó de lleno a la CIA y consiguió que la chamana María Sabina le permitiera tomar parte en un ritual con esos hongos sagrados ya en 1955. Artichoke había ido dando paso a MK-Ultra y la investigación de las setas magicas quedaría

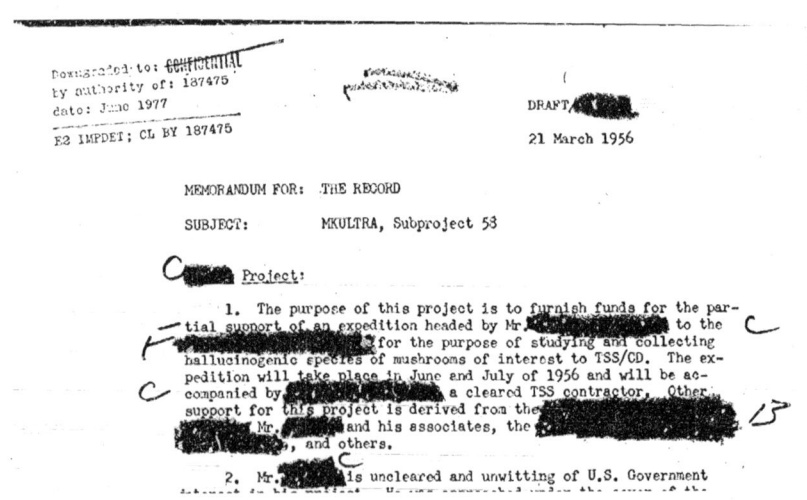

«El propósito de este proyecto es proveer fondos para la financiación parcial de una expedición encabezada por el Sr. [*Censurado*] a [*censurado*] a fin de estudiar y recoger especies alucinógenas de hongos de interés para TSS/CD». Comienzo del memorando original de Subproject 58 (MK-Ultra) [CIA; The Black Vault, 0000017457, 21/03/1956].

relegada, un año después, a su subproyecto 58. Un soplo llegado de México alertó a la agencia y Moore escribió a Wasson pidiéndole acompañarlo en la futura expedición prevista, incluso insinuando poder contar con alguna financiación; el *viaje*, efectivamente patrocinado, sería un fiasco para Moore: si Wasson volvió a tener una «sensación de éxtasis», él apenas se notó «desorientado»..., pero la indigestión que experimentó (perdió siete kilos) y el hecho de que pudiera regresar con varios ejemplares identificados de *Psylocibe* en la mano mantuvieron vivas las esperanzas de la inteligencia. Para colmo, el micólogo parisino Roger Heim, director del Museo Nacional de Historia Natural de Francia, que había asistido con los dos últimos a la ceremonia, pudo anticiparse también a cultivar artificialmente los hongos (lo hizo a partir de impresiones de esporas, extrayendo en vidrio la *huella* de los píleos de aquellos) y, de los cien gramos disecados de *P. mexicana* que tuvo a bien enviar a Basilea al mismísimo Albert Hofmann, este logró aislar y sintetizar la psilocina y la psilocibina (tal cual bautizó a sus alcaloides psicoactivos), *deshechizando* al fin con ello —según sus propias palabras— las misteriosas setas indígenas. Era 1958. Si quería operar con setas alucinógenas a corto plazo, la CIA tendría que recurrir igualmente a Sandoz.

Tras algunos intentos, no obstante, cuando la CIA hubo adquirido algo de psilobicina y le fue inyectada a nueve reclusos negros tumbados en camas, todo lo que observaron fueron miedos a la locura o la muerte, visiones sangrientas y estados oníricos o fantasiosos: «... el hongo alucinógeno nunca se tornó una buena arma de espionaje. Hacía que la gente se comportara de forma extraña, pero nadie podía predecir adónde los llevarían sus viajes. Los funcionarios de la agencia ansiaban certeza». Subproject 58 solo fue uno de los hasta 149 subproyectos de MK-Ultra.

📖 PARA LEER MÁS:

Badham, D. y Currey, F. (1847). *A treatise on the esculent funguses of England*. Reeve Brothers.

Cole, L. A. (25 de enero de 1994). The worry: germ warfare. The target: us. *The New York Times*.

Cooke, M. C. (1891). *British edible fungi: how to distinguish and how to cook them*. Kegan Paul, Trench, Trübner & Co.

Cristopher, G. W. *et al.* (1997). Historical overview of biological warfare. En Bozue, J. *et al.* (Eds.). *Medical aspects of chemical and biological warfare*. Office of the Surgeon General, Borden Institute, Walter Reed Army Medical Center.

Dreyfus, H. (19 de febrero de 2014). Nazis wanted to use mosquitoes as biological weapons. *Tablet*.

Evans, M. (Ed.). (2024). *Deposition of Sidney Gottlieb, PhD, in Civil Action No. 80-3163, Mrs. David Orlikow, et al., Plaintiffs, vs. United States of America, Defendant, May 17, 1983, 174 pp.* CIA Behavior Control Experiments Focus of New Scholarly Collection. Briefing Book #880. National Security Archive.

Franz, D. R. *et al.* (1997). The U.S. Biological Warfare and Biological Defense Programs. En Bozue, J. *et al.* (Eds.). *Medical aspects of chemical and biological warfare.* Office of the Surgeon General, Borden Institute, Walter Reed Army Medical Center.

Gasparian [Гаспарян], A. M. *et al.* (1944). Материалы по «Септической ангине» [*Materiales sobre «Amigdalitis crónica* (sic)*»*]. Чкаловская коммуна.

Guillemin, J. (2006). Scientists and the history of biological weapons: a brief historical overview of the development of biological weapons in the twentieth century. *EMBO Reports* (2006)7.

Hussey, T. J. (1855). *Illustrations of British mycology.* Lovel Reeve.

Joffe, A. Z. (1978). *Fusarium poae* and *F. sporotrichioides* as principal causal agents of alimentary toxic aleukia,. En Wyllie, T. D. y Morehouse, L. G. (Eds.). *Mycotoxic fungi, mycotoxins, mycotoxicoses*, 3. Marcel Dekker.

Krieger, L. C. C. (1920). Common mushrooms of the United States. *The National Geographic Magazine*, XXXVII(5).

Linzer, R. E. *et al.* (marzo de 2008). Inferences on the phylogeography of the fungal pathogen *Heterobasidion annosum*, including evidence of interspecific horizontal genetic transfer and of human-mediated, long-range dispersal. *Molecular Phylogenetics and Evolution*, 46(3).

Marks, J. (1979). *The search for the «Manchurian Candidate».* The CIA and mind control. Times Books.

Organización Mundial de la Salud. (2003-2004). *Respuesta de la salud pública a las armas biológicas y químicas:*

guía de la OMS [trad. de Carlos Arturo Hernández]. OPS/OMS.

Paterson, R. R. M. (2006). Fungi and fungal toxins as weapons. *Mycol. Res.*, 110(9).

Reindhart, K. (2013). The Entomological Institute of the Waffen-SS: evidence for offensive biological warfare research in the Third Reich. *Endeavour*, 37(4).

Riedel, S. (2004). Biological warfare and bioterrorism: a historical review. *Proc. (Bayl. Univ. Med. Cent.)*, 17(4).

U. S. Congress. *et al.* (1977). *Joint hearing before the Select Committee on Intelligence and the Subcommittee on Health and Scientific Research of the Committee on Human Resources, United States Senate: Ninety-fifth Congress, first session, august 3, 1977.* USGPO.

U. S. Congress. *et al.* (1994). *Cold War era human subject experimentation. Hearing before the Legislation and National Security Subcommittee of the Committee on Government Operations, House of Representatives: One Hundred Third Congress, second session; september 28, 1994.* USGPO.

UN. Secretary-General. (1969). *Chemical and bacteriological (biological) weapons and the effects of their possible use: report of the Secretary-General.* A_7575_Rev.1_S_9292_Rev.1-EN. UN.

URSS. (21 de mayo de 1982). *Letter dated 20 may 1982 from the Permanent Representative of Union of Soviet Socialist Republics to the United Nations addressed to the Secretary-General.* A/37/50/Rev.1 54 Chemical and bacteriological (biological) weapons. UN.

Yang, S. (30 de marzo de 2004). Researchers say US military accidentally introduced tree pathogen to Italian estate during WWII. *UC Berkeley News.*

Zima, V. F. (1996). Голод в СССР 1946-1947 годов: происхождение и последствия [esp.: *Hambruna de invierno en la URSS (1946-1947): origen y consecuencias*]. ИРИ РАН: Instituto de Historia de Rusia, Academia de Ciencias de Rusia.

¿NACIDA PARA MATAR? *AMANITA PHALLOIDES* NO MATÓ A MANOLETE

Desde antiguo, infinidad de autores han dado a la imprenta ríos de tinta acerca de la romántica y paradójica belleza de las armas, de la ciencia y estética de un arte indisociable del fin brutal para el que fue diseñado, y de la fascinación humana por su poder devastador sofisticado con los siglos. François-René de Chateaubriand, testigo y cronista de la gestación de la Francia contemporánea, se apeó de la Revolución cuando vio ante sí una cabeza enhiesta en la punta de una lanza, y sin embargo se atreve a aventurar: «La invención de la máquina de matar, en momentos en que era necesaria al crimen, suministra una prueba memorable de la acción oculta de la Providencia cuando quiere cambiar la faz de los imperios»; concluirá sus *Memorias de ultratumba* afirmando sin gran pesar: «... el mundo no sabría cambiar de faz sin que haya dolor». Pero ya hemos hablado de hongos que verdaderamente quisieron ser empleados por los Estados como el más perfecto y elegante «kalásnikov»; céntremonos ahora en una seta a la que la historiografía, más o menos académica, ha venido a dibujar directamente como un arma nacida para asesinar y, comenzando por las de papas y emperadores, parece que ha acabado achacándole hasta la pérdida del torero Manuel Rodríguez Sánchez, Manolete: la cicuta verde u oronja mortal, *Amanita phalloides*.

¿Acaso, en efecto, la Providencia ideó un mal para destruir la obra de su creación, desafiando de raíz todo el saber teológico racional?

Lo cierto es que *Amanita phalloides* es ampliamente considerada la seta más venenosa y mortífera de cuantas se conocen. Empezamos bien. Posee tres grandes grupos de toxinas: falotoxinas, virotoxinas y amatoxinas, y, entre estas últimas, la más letal: alfa-amanitina (α-amanitina), que también se halla en especies como *Conocybe filaris*, *Galerina marginata* o *Lepiota brunneoincarnata* —de otros géneros igualmente responsables de multitud de fallecimientos por consumo— y otras amani-

Wandtafel-Serie eßbarer und giftiger Pilze. Tafel I: Amanita phalloides.

107/57

Der grüne Knollenblätterpilz
⟨Amanita phalloides⟩
in verschiedener Färbung und in allen Entwicklungsstufen.

Der gefährlichste Giftpilz!

Hüte dich vor allen Pilzen, die auf der Hutunterseite weißliche Blätter tragen und am Stielgrund einen Knollen mit Hautfetzen zeigen. Diese häutige Hülle umschließt in der Jugend den ganzen Pilz.

Der Knollen steckt oft tief im Laub und wird daher leicht übersehen.

Bearbeitet, herausgegeben und verlegt von M. und F. Kallenbach, Darmstadt, Schriftleiter und Herausgeber der Zeitschrift für Pilzkunde (Organ der Deutschen Gesellschaft für Pilzkunde, Darmstadt).

Offset-Reproduktion der Kunstanstalt
F. Gahl & Co., Frankfurt a. M.

Zur Anschaffung empfohlen von verschiedenen Kultusministerien / Alle Rechte vorbehalten.

Druck der Union
Deutsche Verlagsgesellschaft, Stuttgart

107/57

«La seta verde de la muerte (*Amanita phalloides*) en varios colores y en todas las etapas de desarrollo.— ¡La seta venenosa más peligrosa! Tenga cuidado con todos los hongos que presentan hojas blanquecinas en el dorso del sombrero y un bulbo con una membrana cutánea en la base del estípite. Esta membrana envuelve completamente al hongo durante su juventud. El bulbo suele estar enterrado profundamente en el follaje, por lo que es fácil pasarlo por alto». Pasquín alemán de 1928-29 que previene a la población de la ingesta de cicuta verde, reproducido a partir de una lámina científica [Kallenbach, M. y F. (Eds.). *Zeitschrift für Pilzkunde* (órgano de la Sociedad Alemana de Micología, Darmstadt), 1929; Union Deutsche Verlagsgesellschaft, Stuttgart].

198

tas: *A. bisporigera, A. exitialis, A. fuliginea, A. hygroscopica, A. ocreata, A. porrinensis, A. suballiacea, A. subjunquillea, A. verna, A. virosa...* Podríamos referir a los casi seiscientos miembros identificados del género *Amanita* como una gigantesca estirpe de hermanos Dalton, en la que solo unos pocos ejercen como los hábiles forajidos del salvaje Oeste (que eran tres de quince) pero acaban inmortalizando por su fama al apellido. Con todo, aunque nuestra *A. muscaria*, la seta de *Los pitufos*, rivaliza seriamente con ella en celebridad y hasta resulta más reconocible en la cultura popular, nadie iguala la mala reputación de *A. phalloides*. Es mucho más abundante que sus asimismo letales parientes blanquecinas, los llamados «ángeles destructores» *A. virosa* (que aparece en Europa y solo en primavera) y *A. ocreata/A. bisporigera* (restringidas a Norteamérica), y, aunque la cantidad de toxinas varía en función de factores como el clima o las condiciones del terreno y la última de las citadas parece arrojar niveles superiores, la cicuta verde constituye, por razones evidentes, la mayor amenaza entre las portadoras de estas amatoxinas, que causarían el 90 % de las muertes por intoxicación con hongos en el mundo.

Tanto α-amanitina como β-amanitina e γ-amanitina, principales péptidos cíclicos de este hongo, muestran la particularidad de que se unen de modo irreversible a la ARN polimerasa II, la enzima encargada de transcribir el ADN en ARN (esto es, la que transcribe los genes que codifican las proteínas), bloqueando el mecanismo; por ende, impiden la síntesis proteica —no se sintetiza el ARN mensajero— y provocan como consecuencia la muerte celular. Además, estas amatoxinas son sustancias liposolubles y termoestables: se absorben fácilmente y ni se descomponen ni ven reducidos sus efectos al cocer o congelar; afectan al páncreas, a los riñones... y sobre todo al hígado, pues es el primer órgano con el que topan desde el tubo digestivo. La modesta pero suficiente porción de toxinas que no se elimina por excreción renal (orina) es excretada hacia la bilis y permanece en la circulación enterohepática, reiniciando el proceso: el hígado es atacado entonces repetidamente y las células hepáticas acaban por destruirse. Producida la insuficiencia por necrosis, el trasplante de hígado puede ser la única solución. Todo esto transcurre, tras un lapso asintomático o de latencia de 6 a 24 horas por lo general (pero que puede alcanzar las treinta y seis, pues se produce en relación inversa a la dosis consumida, de suerte que el caso se considera leve a partir de las quince), a lo largo de tres fases: gastrointestinal, de mejoría aparente y hepatorrenal. ¿Les suenan de algo? Nos disponemos a corroborar que el plato de setas que cambió el destino de la humanidad, probablemente, no era uno de oronjas mortales:

— FASE GASTROINTESTINAL. Se manifiesta súbitamente desde esas 6-24 h tras la ingestión del hongo y se prolonga de 12 a 36 h, con un cuadro parecido al cólera: dolor abdominal, náuseas, vómitos y diarrea profusa, mucosanguinolenta a veces. Las falotoxinas se unen a una proteína clave en las células, la actina G, e impiden su polimerización, la formación de los filamentos del citoesqueleto; producen así la parálisis celular y la muerte de la célula intestinal.

— FASE DE MEJORÍA APARENTE. Dura de 12 a 24 horas y puede extenderse a 48 según la exposición. El paciente parece recuperado, pero las amatoxinas (que, a diferencia de las falatoxinas, sí son absorbidas por el intestino) prosiguen su silenciosa destrucción interna. Disminuye la coagulación; aumentan la bilirrubina, la creatinina, la urea... se presume el deterioro hepático y renal.

— FASE HEPATORRENAL: acontece entre 48 y 96 horas después de la ingesta si no se aplica a tiempo el tratamiento adecuado (descontaminación gastrointestinal, interrumpción de la circulación enterohepática de amatoxinas, fármacos para proteger el hígado...), o antes si la dosis fue alta. Hígado y riñones sufren un daño significativo, como demuestran marcadores ya disparados; se registran hipoglucemia (bajo nivel de glucosa), encefalopatía (pérdida de la función cerebral, al no poder eliminar las toxinas de la sagre)... Se consuma la insuficiencia multiorgánica, con hemorragias, posibles convulsiones e incluso coma. El fallecimiento puede darse entre los 6 y los 16 días que siguen a la ingesta.

La fase hepatorrenal, en que se evidencian síntomas graves tras la necrosis centrolobulillar hepática, del tipo de hemorragias gastrointestinales, ictericia (coloración amarillenta por el incremento de bilirrubina en sangre), convulsiones y posterior entrada en coma, es la que decantaría el diagnóstico hacia un envenamiento frente al atracón del gotoso y febril emperador Carlos VI, al que de hecho practicaron sangrías y que apenas experimentó ausencias o supresiones pasajeras de la conciencia.

«Los micólogos —reconocen los propios Wasson— tienden a exagerar la importancia de las intoxicaciones por hongos en la historia. En sus escritos encontramos repetidamente una lista de personas eminentes que murieron supuestamente por consumir hongos venenosos, una lista que copian sin verificar». No reproduciremos la lista. Desmontemos varios casos más de la auténtica leyenda negra de *A. phalloides*.

Claudio, el icono: ¿confundió sus amanitas con la cicuta verde?

Vayamos al grano. Ya hemos descrito al amigo Tiberio Claudio Druso como un tipo listo y prudente, aunque aquejado de múltiples problemas de salud y defectos físicos (tartamudez, cojera, etc.), y vilipendiado, ridiculizado por los suyos; lo de la generosidad con las ventosidades viene porque Cayo Suetonio Tranquilo testimonia su ocurrencia de promulgar un edicto por el que cualquiera pudiese dar rienda suelta a los gases durante los banquetes, tras enterarse de que un comensal había puesto en riesgo su vida conteniéndose por pudor. Tras dos compromisos fallidos, se casó cuatro veces y fue siempre acusado de estar dominado por esas mujeres a las que tanto amaba (en contra de la costumbre, «no tuvo nunca comercio con los hombres»). Con todo, se convirtió en «el hombre más poderoso de Roma» por sorpresa y ejerció un gobierno audaz que condujo al Imperio a su mayor expansión desde Augusto.

La adaptación televisiva de la novela de Graves a cargo de la BBC, por la que muchos se interesaron en la figura del césar, lo representa en su último capítulo aceptando el bocado de una seta del tenedor de Agripina, su última esposa, y pereciendo esa misma noche. El planteamiento se basaba en lo que Suetonio (*Los doce césares*) solo había recogido como una de las hipótesis extendidas sobre su muerte, apoyada en su —este sí, contrastado— singular gusto por las setas: «Conviénese en que murió envenenado, pero no se sabe con certeza dónde ni por quién. Dicen algunos que fué en el Capitolio, en un festín con los pontífices y por el eunuco Holato [...]; otros en una comida de familia, y por la misma Agripina, que con este objeto había envenenado una seta, manjar de que se mostraba muy ávido». El mismo historiador revela en la página anterior que Claudio, al final de sus días, aun herido por las infidelidades de Mesalina —su tercera mujer, madre de su hijo Británico—, «dio evidentes muestras de arrepentimiento por haberse casado con Agripina y adoptado a Nerón». Con la complicidad de este, aquella habría querido eliminar sutilmente a su tío carnal y marido para acelerar, ambiciosa, el relevo en el cargo. Cuestión de herencias, como es sabido...

También hemos apuntado, refiriéndonos a la micofilia de Claudio, que una tradición plausible señala como su favorita a la amanita de los césares (*A. caesarea*), tan distinta al resto de las amanitas famosas y que no por nada se denomina de tal manera; pero lo que se dice es que su asesinato se ejecutó con *A. phalloides*. De entrada, ¿pudo el versado emperador confundir su querida y anaranjada oronja con la cicuta verde?

Agripina habría recurrido a una experta envenenadora llamada Locusta, la misma a la que posteriormente Nerón emplease para liquidar por su parte a su hermanastro Británico: ¿conocía y manejaba ya Locusta esta especie en torno a la que todavía hoy reina la confusión? Aunque aceptásemos pulpo como animal de compañía en lo primero, admitiendo un descuido o la torpeza de Claudio, ni siquiera podríamos hacerlo *stricto sensu* —o de poco serviría— en lo segundo si hemos prestado atención a Suetonio o leemos a Tácito y Dion Casio, que igualmente hablan de un veneno inyectado en el alimento y no de un alimento tóxico de por sí. En la serie, Agripina maquina el crimen con el secretario del tesoro Palas, que incide en que no será fácil llevarlo a cabo pues cada bocado del césar es probado antes por alguien; y, narrando a Británico la escena *off screen*, mientras la contemplamos, el liberto Narciso explica: «Incapaz de envenenar su comida, ella debió envenenar la suya. Sí, envenenó la suya o parte de ella. Estaba en un plato de setas, que a él le encantaban, y del que ella había estado comiendo. Él había acabado el suyo y pedía más, como hacía a menudo. Fue entonces cuando ella le ofreció la suya de su propio plato». Añade Narciso que Claudio, al que vemos comiendo sereno, descubrió como él la trampa pero aceptó su triste destino.

Suetonio afirma que, según la mayoría, perdió la voz en el acto y falleció al amanecer; y que según otros vomitó todo y le hicieron tomar otra dosis de ponzoña en sopa o lavativas (hasta escribirá que a la jornada siguiente recibió a unos cómicos para distraerse, pero que en realidad habían sido llamados para ganar tiempo mientras se disponía todo secretamente para la sucesión en el trono); Tácito, que el efecto no se advirtió al inicio por la embriaguez añadida del sujeto y que, con el pretexto de ayudarlo justamente a vomitar, se le introdujo una pluma emponzoñada en la garganta. Conforme a Narciso, «murió esa noche, solo».

Ya expusimos que el cuadro de intoxicación por *A. phalloides* empieza con una latencia que alcanza las treinta y seis horas en exposiciones escasas: un simple muerdo no podría haber terminado así con Claudio. Sin entrar en síntomas hepatorrenales, podemos asegurar que lo que ingirió no fue cicuta verde, sino uno comestible y contaminado, presumiblemente *A. caesarea*. Séneca ya aludía a ciertos hongos que actuaban sigilosa y gradualmente sin reacción negativa inmediata, y por esto creen los Wasson que el veneno sí pudo ser el de esta seta pese a la indefinición del diagnóstico. ¿Trabajaba la convicta Locusta con amatoxinas en el siglo I? Las fuentes antiguas invitan a pensar que lo que aquella mujer usaba y pudo matar al césar y a su hijo era arsénico, «sublimado corrosivo» (cloruro mercúrico) o algún preparado vegetal.

Clemente VII, el colmo: ¿fallecido por oronja mortal... a los cuatro meses?

La atribución a *Amanita phalloides* de la muerte de Clemente VII es, sin duda, la más disparatada: no solo no está claro en absoluto que comiera setas, sino que entre los primeros síntomas que manifestó y el instante de su defunción transcurrieron exactamente 118 días: ¡casi cuatro meses! Entonces, ¿cómo puede ser que su nombre forme parte de esa lista a la que todos, incluido el autor, hemos podido conceder algún crédito en un principio? Quizás por una combinación de juego del teléfono roto o *escacharrado*, micofobia, dramatización y mera pereza historiográfica.

La *Enciclopedia británica* lo describió en 1833, antes de despellejarlo líneas abajo, como «el más infortunado de los papas». Hablamos del que fuera Julio de Médici (1478-1534), que no debe ser confundido con el primer antipapa de Aviñón, Roberto de Ginebra (1342-1394). Hijo ilegítimo de Juliano de Médici con una amante, nació sin padre pues a este lo asesinaron un mes antes los enemigos de la familia florentina, si bien su primo León X lo legitimó aduciendo esponsales *de praeaesenti*; elevado a arzobispo y cardenal por sus virtudes políticas, accedió al mando de los Estados Pontificios en una coyuntura crítica que lo devoró, y en este hecho y no en otro se halla el origen de su desgracia. Hubo de hacer frente al avance de la reforma luterana en medio de la desolación de las guerras italianas y las invasiones otomanas, y se puso del lado francés ante Carlos I de España y V de Alemania con el propósito de no quedar bajo la órbita del Sacro Imperio Romano Germánico, pero fue humillado con el saqueo de Roma (1527) —escapó disfrazado de su cautiverio— y capituló; sumado a aquello, la puntilla no ya religiosa ni política, sino vital, será el cisma anglicano, al no poder aceptar como católico la separación del monarca inglés tras prendarse de Ana Bolena: «... largo tiempo se halló atormentado por la cuestión del divorcio de Enrique VIII con Catalina de Aragón...», escribe Louis Grégoire, y Jean-Marie-Vincent Audin detalla: «... se presencia entonces en Inglaterra un espectáculo muy triste. El populacho de las ciudades principales hacía pedazos la bula del pontífice y, lo mismo que en Wittemberg, encendía hogueras para quemar las decretales [...]. El clero, impelido por el miedo y la ambición, se acerca a un rey que corta cabezas y distribuye obispados. [...] Clemente no debía sobrevivir mucho tiempo a las penas morales que lo afligían». Era 1534 y el emperador demandaba un concilio; el papa no se atrevió y Trento solo llegó a los once años de su partida.

El juego del teléfono escacharrado comienza por la circunstancia contrastada de que, como puede suponerse en semejante contexto de intereses e intrigas, tratándose de una figura capital involucrada en la configuración del orden geopolítico del momento, a Clemente VII habían tratado de envenenarlo unos y otros varias veces —seis personas fueron apresadas en 1530, entre ellos los coperos del papa Antonio y Gio Batta (luego liberados por falta de pruebas), y el posadero milanés Giovanni Antonio (que fue ahorcado)—, y su biógrafo Rodocanachi apunta: «Como era la costumbre, se atribuyó la muerte al veneno». En 1528, refugiado en un palacio episcopal lejos del Vaticano, el afligido pontífice («Me han despojado de todo lo que poseo [...]; incluso el dosel de mi cama no es mío, es prestado») había quedado encamado con gran hinchazón en los pies y se pensó que los hombres de Carlos V lo habían envenenado, aunque todo se debía su penosa huida a caballo. En cualquier caso, entre otras obras, la colosal *Historia de los papas* (1910) en cuarenta tomos (1886-1933) del alemán Ludwig Freiherr von Pastor desarrolla una cronología pormenorizada de su enfermedad que, consignando tal rumor extendido en Roma, certifica algo sonrojante para nosotros: que Clemente no fue intoxicado por ninguna seta.

El papa muestra los primeros signos de indisposición el 30 de mayo. Se creyó que se debía a la «conducta insensata» de su sobrino el cardenal Hipólito de Médici, entregado desde siempre a una vida de pompa y disfrute secular —relación con la bellísima condesa de Fondi incluida— y que ahora amenazaba con renunciar a la púrpura para arrebatar el mando de Florencia a su primo y enemigo acérrimo el duque Alejandro. Tras una leve mejoría, su estado empeoró preocupantemente.

«Los médicos [veintitrés, ocho de ellos dedicados en cuerpo y alma a su diagnóstico] no estaban seguros de la naturaleza de la enfermedad; algunos creían que el papa había sido envenenado en su viaje desde Marsella [tras reunirse con el rey Francisco I], y no faltaron acusaciones en las que florentinos por un lado y franceses por otro fueron imputados por el crimen. En realidad, su dolencia era probablemente gástrica, quizás maligna».

Clemente perdió la confianza en sus galenos. Experimentaba sucesivas mejoras y recaídas, alguna de estas últimas tan acusada que en ella llegó a dársele por muerto. Hizo testamento el 30 de julio y, aunque parecía reponerse, se volvió realmente débil, a lo que contribuyeron las nada halagüeñas noticias de la situación de Roma: cuando, el 18 de agosto, el pirata Barbarroja —que existió más allá de los dibujos animados— asaltó Fondi, al parecer con idea de raptar a la condesa para el harén de Solimán el Magnífico, se anunció que el sumo pontífice se debatía entre la vida y la muerte después de un enésimo ataque de fiebre, y que rehusaba comer nada mientras se retorcía de dolor. Recibió la extremaunción el día 24..., pero volvió a recuperarse y esta vez más aún, al extremo de que, si bien conservaba cierta calentura, a principios de septiembre reía y departía y dejó de temerse por él. Con todo, se produjo un agravamiento definitivo en la jornada del 21 y, a la *hora tertia post meridiem* del 25 de septiembre de 1534, Clemente VII pereció cristianamente.

Unas pocas crónicas nos mencionan una afección estomacal: «... al poco enfermó el papa Clemente VII, del estómago, con una calentura ardiente que, agravándosele con notables dolores, le puso en el último aprieto...», dice José Álvarez de la Fuente (1746); las más, la fiebre: «Desalentado Clemente VII con tantos obstáculos y lleno de terror para lo venidero, estaba devorado de una profunda tristeza que le condujo al sepulcro. Le acometió una calentura lenta y pereció de resultas...», recoge el conde de Beaufort (1852). William Robertson relata (1839) que cayó en «una enfermedad de languidez que, minando por grados su constitución, puso al fin término a su pontificado...». Y el citado Audin (1849) zanja rotundo: «... después de la autopsia pronuncia [el facultativo] la sentencia de la ciencia: "muerto de una afección de corazón". El corazón había matado al enfermo: esta es toda la historia de Clemente VII». Ni una sola referencia bibliográfica, ni un solo registro, sugiere siquiera que unas setas desconocidas pudieran haberse llevado a Julio de Médici a los casi cuatro meses del indicio original.

Elijan ustedes. Hay varias opciones, pero ninguna es *Amanita phalloides*, a no ser que simplemente quieran una víctima más para la lista.

Clemente VII [*Iconografia italiana degli uomini e delle donne celebri*, A. Locatelli, 1837].

Yasir Arafat, la incógnita: ¿de verdad no fue envenenado?

Arafat, el líder palestino por antonomasia, cuya kufiya —en palabras del poeta nacional de Palestina, Mahmud Darwish— «se convirtió en el signo moral y político de la patria», dejó este mundo el 11 de noviembre de 2004 en una de las muertes más misteriosas del presente siglo.

A sus 75 años, aquel viejo guerrillero que había conducido a la Organización para la Liberación de Palestina (OLP) a su mayor pujanza y se había tornado la bestia negra del Estado de Israel, que había procurado asesinarlo en incontables ocasiones a través del Mosad —como constató el periodista israelí Ronen Bergman en *Rise and kill first* (2018)— e incluso había patrocinado la creación de Hamás para contrarrestar su poder —como reconocerían el gobernador de Gaza, Yitzhak Segev (1981); el oficial israelí de asuntos religiosos en la franja, Avner Cohen (2009); o el mismo Benjamin Netanyahu (2019)—; aquel que hacía una década había sido proclamado el primer presidente de la Autoridad Palestina y decidió instalar su sede en los territorios ocupados, concretamente en Jericó, con la promesa de redimir a su pueblo empezando por Jerusalén; aquel que, sin embargo, desde 2001 sobrevivía confinado en lo que quedaba en pie de su cuartel general de Ramala, acusado de fomentar la violencia durante la segunda intifada, fallecía en un hospital militar de París tras una extraña enfermedad que duró un mes entero.

Nueva York, 1974. Yasir Arafat interviniendo en la Asamblea General de las Naciones Unidas [a partir de Bernard Gotfryd; Library of Congress].

El informe médico, que solo salió a la luz pasado un año, reportó un «accidente cerebrovascular hemorrágico agudo» provocado por una «infección no identificada». La esposa del rais, Suha Arafat, no había solicitado una autopsia y, a lo largo de todo ese tiempo y en lo sucesivo, los rumores alcanzarían fronteras inauditas, desde la hipótesis evidente del envenenamiento hasta la de que portaba el virus del sida —pasando por las de un cáncer, cirrosis, etc.—; no obstante, ambas son desestimadas explícitamente por los doctores, que asimismo identifican que padecía un trastorno sanguíneo grave (coagulación intravascular diseminada, CID), según publica *The New York Times*. ¿Qué ocurre?, que el análisis de su cepillo de dientes, su kufiya y el resto de sus ropas en el Instituto de Radiofísica de Lausana (Suiza) reveló en 2012 que contenían unos niveles anormales de polonio 210, elemento muy radioactivo, y, tras tenerse acceso también a su historial clínico, se desveló que Yasir Arafat gozaba de buena salud hasta que enfermó repentinamente; la idea de una intoxicación cobró enteros y la viuda requirió entonces que se exhumara el cuerpo. Tres equipos lo examinaron: aunque el francés no divulgó sus resultados, el suizo y el ruso detectaron un alto contenido de Po-210 y Pb-210 (plomo); y los hallazgos helvéticos, si bien no lograron explicar el deceso, apoyaron razonablemente la idea de que Abu Ammar pudo ser envenenado. Aquel, con todo, seguiría siendo «un caso sin resolver».

¿Y si unas setas, y no cualesquiera sino *A. phalloides*, tuvieron algo que ver? Lo cierto es que aquí hay más indicios a favor de los esperables.

Todo se había desencadenado en la madrugada del 12 de octubre, unas cuatro horas después de la cena. Arafat, que hasta asentarse en Jericó raramente dormía dos veces seguidas en una misma cama —conforme pudo saber *El País*— y que en los últimos tiempos, recluido por el Gobierno israelí y asediado por el Ejército, ha visto convertida en paranoia su preocupación por su seguridad, cuenta presuntamente asimismo con un catador porque teme ingerir alguna ponzoña; a finales de abril, durante una entrevista televisiva, el primer ministro de Israel, Ariel Sharon, lo amenazó abiertamente declarando que se liberaba de su compromiso —contraído con George Bush hacía tres años— de no dañar físicamente al mandatario palestino, que aquel ya no tenía validez. Tras comer no se sabe qué esa noche, empieza a sufrir con intensidad náuseas, dolor abdominal, vómitos y diarrea acuosa; al cabo de unos días, un aspirado de su médula ósea en Túnez arroja signos de un estado alterado de la coagulación de sangre, y el 29 es trasladado al Hospital de Instrucción del Ejército Percy de Clamart (Francia), al suroeste de París —donde residían su mujer y su hija—, para más pruebas.

Lo que inicialmente se consideró una gripe derivó en enterocolitis inflamatoria, CID grave con trombocitopenia (déficit de plaquetas) y hemofagocitosis en médula ósea (macrófagos que engullen células sanguíneas). Pero, además, al poco de ingresar, el paciente desarrolló «problemas hepáticos con ictericia colestásica», coloración amarillenta de la piel por un obstáculo que impide el paso de bilis al duodeno. ¿No parece que, a grandes rasgos, se va cumpliendo un diagnóstico similar al de la intoxicación con cicuta verde y nos embarcamos en la definitiva y esclarecedora fase hepatorrenal? Sucede que, a tenor del registro, Arafat no padeció fiebres, pero sí se informó de pérdidas del conocimiento desde los primeros estadios de la enfermedad, así como de momentos en que pudo comer, hablar y rezar; aun así, cuesta inferir un periodo de mejoría aparente entre la información existente. Los estudios infecciosos (VIH incluido) y microbiológicos resultaron negativos y la presencia de un tumor patológico era muy improbable. El deterioro de la salud del rais avanzó de tal modo que el 6 de noviembre se consumó una insuficiencia renal aguda y finalmente, a las 3:30 del 11, murió «a consecuencia de una hernia cerebral secundaria a una hemorragia cerebral».

El equipo suizo, basándose en la lectura de los informes clínicos facilitados por la viuda, explica que no se efectuó necropsia por la incapacidad médica de rastrear el origen de la afección: «A pesar de la cantidad de expertos médicos involucrados y las numerosas investigaciones realizadas, no se pudieron identificar los mecanismos fisiopatológicos que originaron los síntomas que experimentó Yasir Arafat, por lo que no se realizó autopsia». Y añade: «... las muestras biológicas para análisis toxicológicos y radiotoxicológicos tomadas durante su hospitalización fueron destruidas en 2008». Las especulaciones acerca de un envenenamiento se desataron y la muerte del exespía ruso Litvinenko en 2006, única hasta la fecha por ingesta sustancial de polonio 210, invitó a explorar su rastro en las pertenencias y el cadáver del dirigente palestino, con las consecuencias ya mencionadas. Se constató, en efecto, su existencia, pero los rusos (que desestimaron la importancia de las pertenencias) afirmaron que no podían definirla como causante del óbito y más bien se debería a causas ambientales del mausoleo de Ramala —lo que ratificaron los franceses—, pues no habían advertido un espectro completo de síndrome de irradiación aguda, y los suizos sí defendieron la hipótesis de la intoxicación pero sin poder determinar su origen ni su implicación como desencadenante. La fiscalía francesa cerró la investigación sustentándose en las averiguaciones no difundidas del equipo galo y la de Arafat es hoy por hoy, oficialmente, una muerte natural.

Podrá pensar el lector, intuyendo un sensacionalismo por otra parte lógico (habida cuenta de la leyenda que venimos abordando), que, una vez descartada la hipótesis del polonio, se recurrió a las oronjas mortales en el *summum* del disparate. En honor a la verdad, no fue así y, de hecho, ya hemos señalado semejanzas en los síntomas notificados que ni siquiera son concebibles en otros casos: la entrada en escena de *A. phalloides* se produce antes incluso de que se exhume el cadáver. Con motivo de la apertura de la investigación ordenada en 2012 por la Fiscalía del Tribunal Judicial de Nanterre, tras denuncia de Suha Arafat, la revista gala *Slate* ya avisaba de que los análisis del enfermo en Percy excluían la presencia de radiación radiactiva (alfa, beta, gamma) en su organismo y reproducía declaraciones exclusivas del doctor Marcel-Francis Kahn, del Hospital Bichat, sobre una alternativa más probable:

«La hipótesis del polonio no se sostiene [...]. Todos los especialistas saben que la intoxicación por un producto radiactivo no causa los síntomas observados en Arafat. En particular, no presentó pérdida de cabello ni leucopenia grave [...], como se observa en personas intoxicadas con isótopos. Por otro lado, todo encajaría perfectamente con la intoxicación por alguna de las toxinas de la *Amanita phalloides* o del cortinario de las montañas».

El cortinario de montaña (*Cortinarius orellanus*) es un hongo pardo originario de Europa que contiene orellanina, una micotoxina como las amatoxinas de *A. phalloides*, y su consumo es también mortal potencialmente. Kahn citaba entre esos factores que encajan la facilidad de administración, la aparición retardada de síntomas, la CID, la progresión prolongada (de la que especifica que, en el cortinario, alcanza los treinta días) y la insuficiencia hepatorrenal con trastornos de coagulación terminales. Realmente, las toxinas de *C. orellanus* producen síndrome nefrotóxico, esto es, atacan principalmente a los riñones y su insuficiencia es sobre todo renal, mientras que el síndrome faloidiano de α-amanitina y compañía es hepatotóxico y más grave, pues del hígado se extiende a los demás órganos y produce el fallo multiorgánico; ya decíamos que las amatoxinas son responsables del 90 % de las defunciones relacionadas con hongos. Los síntomas son además ligeramente diferentes: los problemas gastrointestinales de la infrecuente intoxicación cortinárica son leves o inexistentes, y esta se manifiesta asimismo por sed intensa, micción excesiva, dolor lumbar... Pero hay un dato más que resta importancia a la ausencia de estas referencias en el informe médico y que nos hace descartar no solo al cortinario, sino de la misma manera a la letal amanita: su lapso de latencia; en uno es larguísimo, de dos o tres días hasta los veinte (lo que dificulta enormemente su vinculación con síntomas tan alejados en el tiempo), mientras que en la otra, como apuntábamos, es de un mínimo de seis horas y, aunque puede concluir antes, esto solo se registra en circunstancias extremas de dosis muy abundante. Sería fantasioso dibujar a Arafat poniéndose tibio de cicuta verde después de que su teórico catador (que, por más que hubiera ingerido menos, habría presentado algún indicio) la aprobase.

Existe alguna otra seta venenosa cuyos efectos coinciden *grosso modo* con los descritos por los doctores de Percy. El «coral de fuego venenoso» (*Podostroma cornu-damae*), propio del sureste asiático y al que se atribuyen fallecimientos en Japón al inicio de este siglo, ocasiona dolor abdominal, diarrea, vómitos, coagulación intravascular diseminada, alteración mental, insuficiencia multiorgánica... pero, como habría generado el polonio según el Dr. Kahn, igualmente caída del cabello y leucopenia grave, lo que tampoco experimentó el cariñosamente llamado Abu Ammar. Que llegara a su mesa en Ramala es aún más improbable.

A fin de cuentas, quizás deberíamos haber empezado por preguntarnos por qué no ha trascendido lo que comió el finado aquella noche.

El legendario Yasir Arafat, que propició que la OLP reconociera a Israel en los Acuerdos de Oslo (1993) y que recibió el Premio Nobel de la Paz junto con los ministros israelíes Rabin y Peres, feneció con toda certeza envenenado y sin ver cumplido su sueño de orar (ni reposar) en una Jerusalén capital de un Estado de Palestina. Tras la petición de archivo de la investigación, en 2013, el periodista y doctor en Medicina Jean-Yves Nau se preguntaba en *Slate*: «¿Queremos saber la verdad?».

* * *

Sí, *Amanita phalloides* tiene tras de sí un interminable reguero de sangre real al margen de la fábula. Conforme se escriben estas líneas se ha confirmado la declaración de culpabilidad de Erin Patterson, una mujer australiana de 50 años que en 2023, inventándose un cáncer, invitó a su casa de la pequeña Leongatha —al sureste de Melbourne— a cuatro familiares de su exmarido (sus padres y sus tíos) e introdujo fragmentos de oronjas mortales deshidratadas por ella en el solomillo Wellington que les sirvió: solo sobrevivió al intento de asesinato el hermano político de la suegra, al que salvó un trasplante de hígado tras varias semanas en coma inducido; preguntada por el origen de las setas, Patterson, que afronta una posible cadena perpetua, mintió fríamente pronunciando el nombre de un supermercado. En los últimos años se están reportando numerosas muertes accidentales en Hispanoamérica —regiones de la Araucanía y el Biobío (Chile), Córdoba (Argentina), Saladoblanco (Colombia)—, Norteamérica —California (EE. UU.), la Columbia Británica (Canadá)—, la India —varios distritos del estado de Assam, entre ellos veinte trabajadores del té en 2008 y otros dieciséis en 2022—, Francia (zonas de Nueva Aquitania, Auvernia-Ródano-Alpes)...; España ha lamentado algunas en lugares como Gerona, Sangenjo o Ciudad Real; y las intoxicaciones se cuentan por centenares cada año, sin que sean pocas las que obligan a trasplantar. Desde sus primeras descripciones en los siglos XVIII y XIX, el hongo ha causado estragos sin duda en buena parte del mundo y, sin ir más lejos, Victor Gillot documenta 123 casos fatales auténticos en 1900, sobre todo en territorio francés, y hasta 153 en 1912; pero autores como O. E. Fischer (1918) desconfían pronto de tales cifras, reivindicando que la inmensa mayoría de las intoxicaciones ni siquieran hallan eco en la literatura médica, y llegan a sentenciar: «La afirmación de que nueve décimas partes de todos los casos mortales se deben a ella parece bastante conservadora». El hecho de que el tratamiento periodístico —y aun el científico— de la denominada *death cap* comience por esos amarillistas listados de personajes ilustres de los que se da por cierto que murieron por cicuta verde —*venden* más que la realidad anónima— nos aleja, efectivamente, del auténtico conocimiento.

Pues nuestro ánimo, como puede constatarse, no es el de frivolizar ni el de menospreciar el peligro del que será por siempre «el hongo de la muerte», sino el de desagraviarlo en su justa gravedad y singularidad e invitar de alguna forma a la reflexión, no solo debemos aseverar que *A. phalloides* no mató a Manolete, sino que creemos oportuno terminar con una información comúnmente desconocida y no publicitada sobre él que resulta muy alentadora. Sorpresas da la vida, el malo de la película está siendo objeto de ensayos exitosos en el tratamiento del cáncer. Explica Noor Hamdan, de la Universidad Mustansiriya de Bagdad:

«Muchas terapias citotóxicas pueden detener la progresión de la enfermedad desde el tumor, pero en su mayoría son demasiado dañinas para las células normales, lo que pone a los tejidos sanos en una situación crítica [...]. Esto limita su eficacia y su uso como terapia química, y enfatiza la necesidad inmediata de producir agentes que reduzcan los efectos adversos en los tejidos normales. Para superar esta necesidad, el uso de [amatoxinas de] setas (p. ej., α-amanitina) se ha extendido al campo del cáncer...».

Al inhibir la ARN polimerasa II, como relatábamos, la α-amanitina impide la síntesis de proteínas de las células del organismo: esto incluye a las tumorales cuando se trata de enfermos de cáncer. Con base en este hecho y ante la ineficacia de la quimioterapia a la hora de prolongar la existencia en tantos casos, la doctora alemana Isolde Riede estudió durante años una fórmula para aprovechar tal ventaja de la seta evitando sus efectos nocivos, no con la idea de destruir el mayor número de células posible sino con la de conseguir una estabilización duradera y, con ello, mejorar la esperanza y la calidad de vida del paciente. Riede obtuvo sus primeros frutos en 2008-09, en sendos cánceres de próstata y de mama: sus disoluciones homeopáticas de *A. phalloides* en distintas dosis frenaban el crecimiento de células cancerosas sin dañar a las sanas y, administradas debidamente, estabilizaban al paciente a largo plazo. Desde entonces, su revolucionaria terapia (con antecedentes centenarios según ella misma) se ha revelado exitosa al aplicarse en diferentes tipos de cáncer y, en 2021, estima una tasa de supervivencia a un lustro del 62 % para el de de colon, del 90 % para el de tiroides, del 89 % para el de próstata y del 57 % para el de leucemia linfocítica crónica. Y ojo: sin apenas efectos secundarios —en su sitio web tan solo menciona una ligera inflamación de ganglios linfáticos y fiebre u otro síntoma gripal, que son, de hecho, la señal de que el sistema inmunitario reconoce la sustancia y se inicia la eliminación de células malignas, manifiesta en un incremento de la lactato deshidrogenasa (enzima encargada de ayudar a las células a producir energía)— y sin precisar de hospitalización:

«Muchos pacientes con tumores buscan tratamientos alternativos sin efectos secundarios. La quimioterapia y la radioterapia inducen efectos secundarios graves, como neuropatía o inflamación. Ambas generan mutaciones en las células y resistencia a la terapia desde la primera aplicación. El tratamiento con *Amanita* [*phalloides*] como tratamiento antitumoral alternativo ofrece varias ventajas. Generalmente no presenta efectos secundarios indeseables, no produce intoxicación y no induce mutaciones. [...] El paciente no requiere hospitalización y puede viajar libremente».

La doctora observa una limitación en el caso de las personas mayores, pues el sistema inmunitario podría responderles peor: «La saturación del organismo podría ocurrir después de 10 años, incluso si las enzimas hepáticas no presentan ninguna intoxicación». Por lo demás, por ejemplo, en el cáncer de próstata las células tumorales están próximas a la línea germinal, por lo que podrían crecer más rápidamente y ser más difíciles de detener; se entiende que se requeriría una dosis superior y el riesgo aumentaría. Y es que la principal virtud de la terapia con *A. phalloides* es propiciar una estabilización prolongada y de calidad administrándola siempre en la menor concentración efectiva: «Esto reduce la presión selectiva sobre las células para que desarrollen resistencia. Se deben evitar —agrega— las terapias combinadas con altas concentraciones de fármacos, para mantener la sensibilidad de las células tumorales al tratamiento el mayor tiempo posible». Aplicación simple, sólida, asequible... ¿qué pensará la industria farmacéutica de esto?

¡Quién nos lo iba a decir! La malvada oronja mortal, que con unos pocos bocados ha llevado a la muerte a tantos (aunque no a todos los que se cree), con unas pocas gotas puede alejar de aquella a otros muchos...

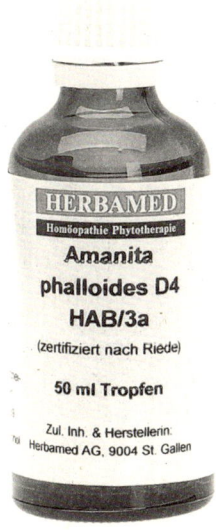

«Herbamed AG, en Bühler (Suiza), produce diluciones de *A. phalloides* según la *Farmacopea homeopática* Rp 3a (HAB3a) [referencia de la norma establecida por el *Homöopathisches Arzneibuch*, recetario y reglamento alemán de homeopatía]. En resumen, se extraen hongos enteros en etanol al 60 % p/p. La estandarización se realiza conforme a lo expuesto en la HAB3a sobre el contenido de amanitina» [Riede, 2011]. En la imagen, frasco de la dilución D4 de *Amanita phalloides* (50 ml en gotas) comercializado por Herbamed; se lee «certificado de acuerdo con [la Dr. Isolde] Riede».

📖 PARA LEER MÁS:

Allen, H. G. (Ed.). (1833). *The Encyclopaedia Britannica*, v. Henry G. Allen & Co.

Álvarez, J. (1746). *Sucession pontificia, chronologia universal de las vidas, hechos* [...]. *Vida de Clemente VII, papa* CCXXV. Lorenço Francisco Mojados.

Arillaga Anabitarte, P. y Laskibar Urkiola, X. (2005). *Setas tóxicas e intoxicaciones* [suplemento 22 de *Munibe*]. Sociedad de Ciencias Aranzadi.

Audin, J.-M.-V. (1855). Biografía de sir Tomás Moro [trad. José M.ª Tornel y Bonilla. En Andrade, J. M. y Escalante, F. (Eds). (1855). *La Cruz*, 7.

Bartlett, C. (Ed.). (1855). Poisons. En *The Harvard Magazine*. John Bartlett.

Beaufort, conde A. de (1852). *Historia de los papas, desde san Pedro hasta nuestros días*, 5. La Voz de la Religión.

Erlanger, S. y Altman, L. K. (8 de septiembre de 2005). Medical records say Arafat died from a stroke. *The New York Times*.

Fischer, O. E. (1918). Mushroom posioning. En Kauffman, C. H. (1918). *The Agaricaceae of Michigan*, 1. Wynkoop Hallenbeck Crawford Co.

Froidevaux, P. *et al.* (2016). ^{210}Po poisoning as possible cause of death: forensic investigations and toxicological analysis of the remains of Yasser Arafat. *Forensic Science International*, 259.

Graves, R. y Pulman, J. (Guion.); Wise, H. (Dir.). (1976). Old King Log [episodio de serie de TV]. En Lisemore, M. *et al.* (Prods.). *I, Claudius*. BBC, London Films.

Grégoire, L. (1874). *Diccionario enciclopédico de historia, biografía, mitología y geografía*. Garnier Hermanos.

Hamdan, N. T. (2021). Defining a role of *Amanita phalloides* toxins in cancer: research and therapy. *Journal of Life and Bio Sciences Research*, 2(01).

Hancock, S. y Wertheimer, T. (Eds.). (7 de julio de 2025). Erin Patterson found guilty of murdering relatives with toxic mushroom lunch. BBC.

Higueras, G. (4 de julio de 2012). El «rais» que nunca dormía en la misma cama. *El País*.

Nau, J.-Y. (29 de agosto de 2012). Ce que révèle le compte-rendu d'hospitalisation de Yasser Arafat. *Slate*.

Nau, J.-Y. (8 de diciembre de 2013). Mort de Yasser Arafat: veut-on connaître la vérité? *Slate*.

Pastor, L. (1910). *The history of the popes, from the close of the Middle Ages*; vol. x. Kegan Paul, Trench, Trübner & Co.

Riede, I. (2011). Tumor therapy with *Amanita phalloides* (death cap): stabilization of mammary duct cancer. TANG (*Humanitas Medicine*), 1(1).

Riede, I. (2021). Tumor therapy with *Amanita phalloides*: benefits and limitation. *Journal of Complementary and Alternative Medical Research*, 13(1).

Riede, I. (s.f.). *Amanita* tumor therapie [sitio web]. Tumor-therapie.info.

Robertson, W. (1839). *Historia del reinado del emperador Carlos Quinto* [trad. José M.ª Gutiérrez de la Peña], 3. J. Oliveres y Gavarró.

Rodocanachi, E. (1909). *Le Château Saint-Ange*. Hachette & Cie.

Suetonio Tranquilo, C. (1883). *Los doce césares* [trad. F. Norberto Castilla]. Luis Navarro, Imprenta Central.

Ventura, S. *et al.* (2015). Amanitinas. *Revista del Laboratorio Clínico*, 8(3).

HAZAÑAS TÓXICAS: NO TODO ES *A. PHALLOIDES*

Ante una leyenda negra tan poderosamente asentada como la de *Amanita phalloides*, con vagos porcentajes temerariamente aventurados y un panteón de egregias víctimas falsamente atribuidas (encumbrando a los verdaderos afectados y distorsionando la naturaleza de su amenaza) que permanecen en el imaginario mundial desde hace ya cientos de años y nos traicionan en primer lugar a los propios micólogos y aficionados, uno puede haber pensado en los hongos tóxicos como un vastísimo campo de oronjas verdes al que concurren tanto domingueros como envenenadores habituales para abastecerse del mejor material con el que morir sin saberlo, los unos, o matar con pleno conocimiento, los otros. Sin embargo, como reza la manida frasecita, «la realidad supera a la ficción»; las intoxicaciones por consumo alimentario de setas —dejaremos aquí al margen el tema ya abordado de la ingesta recreativa de psicoactivos— se dan con un sinfín de especies y dependen de innumerables factores; cada una es una historia particular e irrepetible, pero, además, no todos tienen a mano esa sutil cicuta tan literaria...

Los lectores más veteranos recordarán aquellos formidables tebeos de *Hazañas bélicas*, publicados por la casa barcelonesa Ediciones Toray desde 1949, y quizás incluso esa canción de los Stukas. Nosotros, habiendo dejado ya de lado la cuestión de la guerra y la dialéctica de Estados, nos centraremos ahora en varios episodios reales cuyos «protas» son desde un cobrador de seguros que vio en las setas venenosas un filón para hacerse de oro antes de que Erin Patterson lo viera (en su caso sí, en *A. phalloides*) para dañar a su exesposo hasta, por ejemplo, jóvenes deportistas chinos muertos súbitamente por causas extrañas o infortunados exponentes de lo que el I Congrès Européen des Centres de Lutte contre les Poisons (1965) llamó *rammasseurs de fête* («recolectores de festivo») que casi se mueren de risa literalmente.

«Toxicología». Una calavera y un demonio entre setas venenosas: 1. *Amanita spreta*; 2. *A. phalloides* (doble); 3. *A. brunnescens* —aquí «*A. phalloides* (var. marrón)», pues hasta 1918 no fue descrita como especie diferenciada—; 4. *A. muscaria*; 5. *A. frostiana*; 6. *Gyromitra esculenta* [*One thousand American fungi*, Charles McIlvaine, 1900].

Izqda.: Retrato de Henri Girard (1875-1921) [Story, S. 1922]. Dcha.: Cartel publicitario de la Compañía Francesa de Seguros de Vida Le Phénix (ca. 1910) [autor anónimo].

Una de envenenadores profesionales

Si usted teclea «Henri Girard» en cualquier motor de búsqueda internáutico, verá ante sí principalmente el rostro del escritor que firmaba como Georges Arnaud (1917-1987), autor de *El salario del miedo* —novela llevada a la gran pantalla en 1953 por Henri-Georges Clouzot—. Con veinticuatro años ingresó en prisión acusado de asesinar, en el castillo familiar de Escoire en la Dordoña, a su padre viudo (alto funcionario del Gobierno de Vichy), su tía y la criada con la hoz podadera que dos días antes había pedido prestada a los guardias: cuando la gendarmería se personó en la ensangrentada escena del crimen, estaba tocando al piano la *Tristeza* de Chopin y ofreció cigarrillos a todos; todo apuntaba a su autoría, pero el jurado lo absolvió sorprendentemente en el juicio de 1943 y él, tras agotar la herencia, lograría recomponerse alcanzando nuevamente fama y sustento bajo aquel seudónimo, y trabajando asimismo como periodista, hasta que falleció de un infarto en Barcelona en 1987. Pero no es este Henri Girard el que andamos buscando.

Apenas un mes antes de que aquel naciera, otro Henri Girard, éste alumbrado en 1875 en la Lorena anexionada —de padre exfarmacéutico y recaudador de impuestos—, que había sido expulsado del colegio y del Ejército por robo y encarcelado brevemente por fraude mientras desempeñaba el no tan lucrativo oficio de comerciante de vinos o probaba suerte como corredor de apuestas, había decidido la fórmula de asesinar a su segunda víctima después de que la que funcionó con la primera —una fiebre tifoidea provocada— fallase al siguiente intento. Girard ejercía ya definitivamente como agente de aseguradoras desde que en diciembre de 1912, al cobrar 125 000 francos de la póliza de su amigo el ingenuo señor Louis Pernotte —en la que procuró figurar como beneficiario—, constatase que podía extraerle gran rentabilidad a tal negocio: había contaminado el filtro del agua de su casa con el bacilo de Eberth y, ante el lento avance de la enfermedad, se lo inoculó igualmente simulando ayudar a su esposa con las inyecciones prescritas por el médico. Aquel vinatero se había convertido en un experto en bacteriología y venenos, y ocultaba en su vivienda un auténtico laboratorio donde experimentaba con *Salmonella typhi*, sulfato de estricnina u otros alcaloides vegetales y, desde hacía algún tiempo, hongos. Registraba sus planes en un diario y esa primavera de 1917 anotó: «10 de mayo: Setas.— 11 de mayo: Setas.— 14 de mayo: Invitar a Mimiche [apodo de un obediente abogado postal apellidado Durioux] a cenar».

A decir verdad, la tentativa fracasada con *S. typhi* había sido la tercera: su segundo objetivo, monsieur Godel, un cajero del que se había ganado su confianza y al que aseguró hasta en dos ocasiones en distintas entidades (una recurriendo a un suplantador y otra acudiendo con él mismo), se salvó paradójicamente por la guerra, pues fue movilizado en agosto de 1914 y escapó sin saberlo de la muerte (herido en Verdun, lo trasladaron a la colonia de Senegal). Girard se quedó en París, destinado al *service automobile*, y allí coincidió con el mercante Delmas, al que antes siquiera de presentársele aseguró por 40 000 francos con él como portador; pero este no sucumbió a la dosis de su vino blanco y se recuperó; tampoco quiso tomar las pastillas con las que según Girard podría librarse del Ejército, así que este tuvo que cambiar de estrategia. Necesitaba una herramienta más efectiva e indetectable en autopsias, una que no vendían en preparados los laboratorios Cogit («Feb. 8.— Cogit, Delmas»). En el *La France* del 28/10/1921 leemos: «No habiendo tenido éxito con los bacilos de la fiebre tifoidea, Girard recurre a las setas: la muscarina, veneno contenido en las amanitas, es implacable».

¿Entonces, la matamoscas? Exacto. La genial crónica de Sommerville Story (1922) narra que acudió a un florista de Saint-Germain-en-Laye fingiendo ser un doctor necesitado de «agáricos» para investigar; el delicioso relato novelado de Nadaud *&* Fage (1926) lo representa como «un amante de las setas» recolectándolas él directamente años atrás en ese bosque de los suburbios: de un modo u otro, hizo un gran acopio de falsas oronjas como las de sus muchos libros de micología y convidó al citado Mimiche un mes después de asegurarlo por 20 000 francos. No las quería para producir alucinaciones en quien la comiera: deseaba segar la vida contaminando alimentos. Ocurre que, para que esto se dé —por paro cardíaco—, es precisa de entrada una dosis muy alta y la muscarina es baja en *A. muscaria*: lo que más posee es ácido iboténico y muscimol.

Henri Girard ya disponía de la ayuda directa de sus dos cómplices: Joséphine Douéteau, una mujer que, prendada, se había divorciado para vivir con él como amante pese a que llevaba diecinueve años casado (desinfectaría los platos al acabar la cena, como atestiguó la criada); y Jeanne Drouhin, con la que se casaría al otro año tras separarse también (a ella se transferiría, según se dispuso, la suma de esa póliza). Pero Mimiche ni mostró síntomas... Girard volvió a probar envenenando su bebida en un café, tras lo cual sí sintió rápido dolor de cabeza y cervical, y cierta hinchazón de piernas, pero nada más. Un tercer teatrillo en ese sitio produjo idénticos efectos y el cartero cortó toda relación. El doctor Dervieux identificaría una intoxicación con hongos nocivos.

El próximo intento sería el definitivo. A inicios de 1918, Jeanne Drouhin *captó* en un restaurante a una joven viuda, madame Monin (37), a la que en abril visitaría un supuesto genealogista para solicitarle documentación con la que, al parecer, obtener una herencia que le correspondía; con aquella, los aún novios se presentarían en hasta cuatro compañías (Nationale, Abeille, Le Phénix y Urbaine) y, usurpando ella su identidad, suscribirían tres pólizas al portador y una a nombre de Henri por valor de 20 000 francos cada cual. Como la chica fabricaba y reparaba sombreros, Drouhin le confió uno en su tienda una mañana y la emplazó a entregárselo en casa. La tarde señalada, pasadas las seis, recibieron a Monin tomando quina —bebida muy popular como aperitivo en Francia, a partir de la corteza del quino— y, mientras las damas probaban el sombrero en un espejo, Girard sirvió un vaso que ofrecería a la invitada con el ingrediente oculto reforzado; después de bebérselo charlando amigablemente, la viuda marchó: ya en el metro, se desplomó sobre un banco retorciéndose de dolor y tuvo que ser asistida por dos guardias, que, creyéndola moribunda, resolvieron transportarla a su domicilio en taxi; todavía podía articular palabra y reconstruyó sus pasos, pero, acostada, sufriendo del estómago y aterida, sus extremidades se paralizaron, sus mandíbulas se contrajeron, no pudo ingerir sólidos ni líquidos, perdió el habla... Cuando el médico arribó, era tarde.

«No se hizo autopsia del cuerpo hasta seis meses después y no se encontró nada, pues, como se ha dicho, la *Amanita muscaria* no deja rastro perceptible. Con todo, los órganos se hallaron totalmente sanos, sin rastro alguno de lesión que pudiera haber provocado la muerte. La causa de esta repentina defunción seguía siendo un misterio, pero el médico especialista, el Dr. Dervieux, llegó a la conclusión de que se debía a envenenamiento por amanita, de la que Girard había estado haciendo una colección».

Pero Mme. Monin no comió nada, bebió. La muscarina causa secreciones, reacción gastrointestinal, quizá parálisis muscular (por crisis colinérgica, pues imita a la acetilcolina)...; en efecto, al cuarto de hora. Los detalles son exiguos y ni plantean la opción de *A. pantherina*, también verrugosa pero parda, cuyos alcaloides son los mismos pero más concentrados y susceptibles de matar, por coma. Por ahí debió andar la cosa.

Una de las aseguradoras, Le Phénix, rechazó pagar y puso en alerta a los dos responsables, que, de la mano de Douéteau y de un conocido (quienes escondieron parte del material en sus propios hogares), se deshicieron del laboratorio. Ya habían cobrado el dinero de dos y optaron por no acudir a la cuarta. En tanto, unidos *in aeternum* en el crimen, contrajeron matrimonio. La ulterior denuncia de Phénix fue lo que sirvió para conducirlos ante el Tribunal Criminal del Sena y destapar la trama, con acusaciones de envenenamiento, intento de envenenamiento, falsificación y estafa: Georges Guérin, un hijo de Joséphine al que esta le había confiado su secreto, resultó absuelto; a dos ignorantes comparsas, un chófer y un excolega vinatero que habían pasado los reconocimientos médicos por Girard, les cayeron dos años de cárcel; Jeanne Drouhin y Douéteau, que alegaron haber actuado por amor y no saber *nada*, fueron condenadas a trabajos forzados respectivamente a perpetuidad y por veinte años; y el «caballero Girard», que admitió las falsificaciones mas no los envenenamientos, no llegó a ser guillotinado pues el 12 de junio de 1921 murió de tuberculosis, tras treinta y dos meses preso aguardando sentencia, y dejó a sus auxiliares el suplicio en exclusiva.

Desgraciadamente, sobre el caso también se extendió la mancha del mito y la mayoría de las fuentes recientes no solo afirman un cinematográfico suicidio del protagonista con un veneno escondido, que no se produjo (arrastraba desde antiguo una gastralgia sintomática), sino que mencionan sin justificación que el arma que usaba para envenenar era en realidad la villana por excelencia, la oronja mortal o verde; el bulo surge ya en los años 30, alejándose del registro de los hechos, y constituye un desafortunado falseamiento más al servicio de la leyenda.

Sobreimpresionados, fotomontaje de la prensa francesa rotulado como «Girard y su seta favorita» (con *A. ¿muscaria?, ¿pantherina?*) y retratos de Drouhin y Douéteau; de fondo, foto del juicio de estas [*Le Petit Journal*, 4/07/1925 y 29/10/1921; Story, S. 1922].

Cuidado, que hay otro Henri Girard, profesor de Historia Natural, escribiendo de setas en 1897 (*Aide-mémoire de botanique cryptogamique*) y uno más, jefe de investigación del Laboratorio de Fermentaciones del Instituto Pasteur, haciendo lo propio acerca de estas y *S. typhi* en 1958 (*Techniques de microbiologie agricole*). Hasta donde hemos podido saber, no se les asocian delitos de sangre.

Yunnan y el asesino silencioso

La gran provincia de Yunnan es la más suroccidental de China y la más diversa cultural y biológicamente. Atravesada en su parte meridional por el trópico de Cáncer, entre sus montañas nevadas y sus bosques tropicales conviven multitud de etnias —alberga casi la misma población que España— y crecen infinidad de especies: más de ochocientos hongos comestibles diferentes la erigen en «el reino de las setas silvestres».

Allá por 1975, con el avance de la temporada de lluvias —que se prolonga de junio a agosto—, el desconcierto popular crece por momentos tras encadenarse una serie de extraños fallecimientos repentinos al noroeste de Yunnan. Entre las familias se teme que se trate de un agresivo brote de la enfermedad de Keshan, que, ocasionada por la combinación del virus Coxsackie con una deficiencia de niveles de selenio, viene haciendo estragos desde su reaparición en la década anterior; diríase que el foco se sitúa en unos pueblos remotos. Sin embargo, más allá de algún caso puntual, parece que la racha remite en septiembre... Hasta la temporada siguiente: las nubes empiezan a descargar con fuerza y se reportan similares óbitos. ¿Otra vez? Ciertamente, no parece que sea un fenómeno casual y, de hecho, los patrones comunes observados empiezan a inquietar a las autoridades: todas las víctimas se encontraban en un radio de 60 000 km², la mayoría en aldeas por encima de los 2000 metros de altitud; eran adultos jóvenes de ambos sexos y no solo por lo común deportistas o de buena salud, sino que en esos meses sucumbían incluso durante algún ejercicio o caminando, no de noche ni en cama por gripe. La incógnita persistió con el tiempo —¿un *asesino* cardíaco que no es la falta de movimiento o una dieta deficiente?— y, dada la incapacidad institucional para atajarla, la mortalidad aumentó gradualmente hasta un promedio de veintiún defunciones al año entre 1990 y 2005: en apenas tres décadas se lamentaron cerca de cuatrocientas.

Aquello sería bautizado como el «síndrome de muerte súbita de Yunnan». El Gobierno central intervino para trasladar la competencia del Instituto de Control y Prevención de Enfermedades Endémicas de la provincia al Centro Chino de Control y Prevención de Enfermedades (CCDC), concretamente a los profesionales del Programa Chino de Capacitación en Epidemiología de Campo (CFETP), y estos emprendieron un seguimiento del fenómeno sobre el terreno que les revelaría la clave. Escribe Richard Stone («¿Volverá una pesadilla de verano?») en *Science*:

> «... en junio de 2005, un equipo dirigido por Zeng, director ejecutivo de CFETP, llegó a [la localidad de] Dali [...]. Como un reloj, los aldeanos comenzaron a morir ese julio y el CFETP comenzó a reconstruir una vívida imagen de sus últimos momentos. "Escuchamos historias asombrosas de cómo la gente se desplomaba muerta en medio de una conversación" [...]. Pero aproximadamente dos tercios de las víctimas, en las horas previas a su muerte, experimentaron síntomas como palpitaciones, náuseas, mareos, convulsiones y fatiga [...]. En las víctimas de Keshan, el virus Coxsackie causa daños en el músculo cardíaco, [miocardio], plagando de lesiones el órgano». [...] "Definitivamente no es Keshan". [...] Alrededor de la mitad de las autopsias y muestras de tejido revelaron una cardiopatía subyacente grave. A menudo, las víctimas presentaban signos de un trastorno genético llamado miocardiopatía arritmogénica del ventrículo derecho, pero esa tampoco era la respuesta. [...] "Y los patólogos dijeron que nada de eso era suficiente para matar a nadie", [...] algo como una droga o toxina estaba claramente alterando los corazones».

Las miradas recayeron en los hongos, pero se hacía difícil pensar que, en el reino de las setas silvestres, donde los habitantes estaban tan familiarizados con ellas y aseguraban distinguir las comestibles de las venenosas, no en vano de su comercio dependía un tercio de sus ingresos, se diese durante decenios una intoxicación fúngica tan instantáneamente letal. Casi todos se implicaban en la recolección: familias enteras pasaban varias noches acampadas y unas señoras viajaban de un lado a otro comprando la cosecha para intermediarios que negociaban con hosteleros y exportadores. En el trabajo de campo, la sorpresa relativa de los propios investigadores chinos fue que gran parte de los aldeanos apenas tomaban setas, al menos las buenas: «Son muy pobres; quieren ganar dinero. Así que no se comen las gordas y jugosas; las venden»; pero las entrevistas a testigos y familiares, la selección de residentes asintomáticos de control, la documentación *in situ* de la variedad de especies para evaluar un grado de exposición, etc., indicaron «que las muertes probablemente eran de origen cardíaco e implicaban la recolección o el consumo de setas silvestres como una probable exposición común. Aun así, ninguna especie de hongo en particular se relacionó con estas muertes repentinas». De forma preventiva, ya en mayo de 2006 los vecinos y visitantes de las zonas afectadas por la *sudden unexplained death* (SUD) de Yunnan reciben advertencias oficiales acerca del peligro de los hongos desconocidos y la necesidad de evitar su ingestión. Y la sangría de fallecidos disminuye drásticamente: de unos cuarenta en ese punto a una cifra inferior a diez al término del año. Sin duda, una seta tenía algo que ver, ¿pero cuál? Los epidemiólogos (Shi, G.-Q. *et al.*, 2012a) remarcan lo arduo de su empresa pues los finados de la provincia no mostraban cuadros clínicos siquiera semejantes a las insuficiencias hepatorrenales de *Amanita*, *Lepiota* y *Galerina*; llegados a este extremo, se enfrascaron en la búsqueda de una especie o sustancia extraordinaria.

Al cabo de unos meses, el hallazgo de unos hongos no descritos en una vivienda en la que se habían verificado SUD, que se replica en otras posteriores, arroja al fin más luz: las familias de las víctimas de los días sucesivos admiten haberlos comido; «... pequeños, blancos y de aspecto frágil, no tienen valor comercial y se vuelven marrones rápidamente tras ser recolectados». El equipo del instituto de Yunnan ya los había recogido pero, al no mostrar efectos los ratones a los que se los suministraron troceados, los desestimaron. «"Pensamos que el hongo podría contener un veneno leve —dice Shi—. Algunas personas pueden comerlo sin problema. Otras personas que comen demasiado o que padecen una enfermedad cardíaca subyacente podrían tener problemas"».

Los investigadores lo divulgarán en *Angewandte Chemie I. E.* (Zhou, Z.-Y. *et al.*, 2012). Se concluyó que el hongo pertenecía al desconocido género *Trogia* (del cual ni se sabía que incluyera especies venenosas) y fue denominado *Trogia venenata*. De sus cuerpos fructíferos consiguieron aislar dos inusuales aminoácidos tóxicos —el «ácido 2R-amino-4S-hidroxi-5-hexanoico» y el «ácido 2R-amino-5-hexanoico» (sí, los nombrecitos se las traen)—, así como el más conocido compuesto tóxico «ácido γ-guanidinobutírico»; administrados los dos primeros a ratones, en extractos preparados no en etanol sino en agua y dosis letales medias equivalentes a 400 g de la seta deshidratada para humanos, acabaron con todos por sí solos a diferencia de los pedacitos sólidos previos. El primer aminoácido fue detectado en la sangre extraída a una víctima...

Es mayo de 2008 y se publicán nuevas advertencias institucionales, esta vez mencionando explícitamente a *T. venenata* e incluyendo los nombres con los que era referida en los dialectos locales y su descripción. Dan como resultado un descenso sostenido de muertes súbitas casi hasta cero. «Entre junio y septiembre de 2006-2009, el sistema de vigilancia especial identificó 33 SUD y 17 casos leves asociados a SUD [...]. Esto representó una disminución del 73 % respecto a las 121 SUD detectadas en la misma área de vigilancia en 2002-2005»; veinticuatro de esas treinta y tres defunciones acontecieron en zonas que no habían registrado casos ni, por ende, recibido avisos. Se observó que *T. venenata* crecía en siete de las ocho aldeas afectadas en el trienio: de trece fallecidos expuestos al hongo, doce estaban sanos y uno solía padecer mareos leves; solo uno murió durmiendo: el resto, de día, al cabo de diez minutos después de quedar inconscientes o en menos de veinticuatro horas tras caer en coma (unos presentaron convulsiones, otros vómitos, uno incontinencia...); los trances vinieron precedidos principalmente de síncopes y, en los días anteriores, unos no evidenciaron síntomas y los de otros tuvieron carácter transitorio leve. La cuestión es que, cuando los aldeanos supieron que esa triste seta entre blanca y rosada que se volvía marrón, de la que algunos hasta habían probado algún bocado —y por suerte nada más—, podía ser el asesino silencioso que estaba llevándose por delante a familiares y amigos, la mortalidad remitió.

Pero el misterio no se resolvió del todo: muchas de las víctimas mortales ni habían comido *T. venenata*. Y, antes de que se propagase el síndrome, algunos recolectores habían engañado al estómago con ella —ya que no daba dinero por su escaso valor— sin más consecuencias

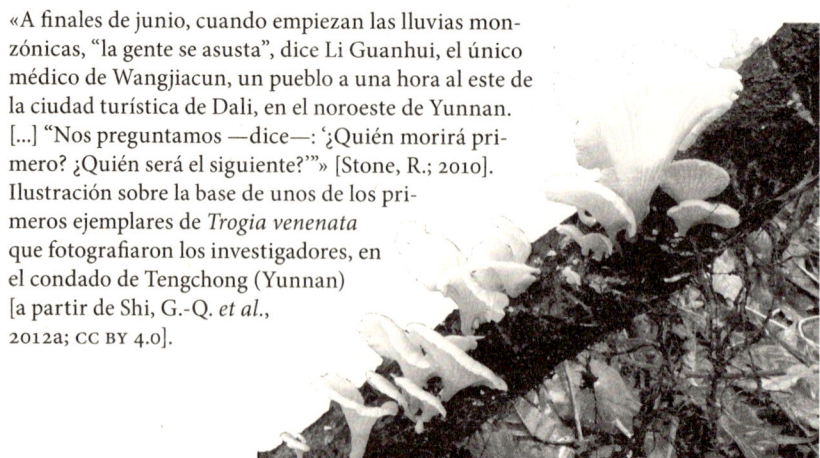

«A finales de junio, cuando empiezan las lluvias monzónicas, "la gente se asusta", dice Li Guanhui, el único médico de Wangjiacun, un pueblo a una hora al este de la ciudad turística de Dali, en el noroeste de Yunnan. [...] "Nos preguntamos —dice—: '¿Quién morirá primero? ¿Quién será el siguiente?'"» [Stone, R.; 2010]. Ilustración sobre la base de unos de los primeros ejemplares de *Trogia venenata* que fotografiaron los investigadores, en el condado de Tengchong (Yunnan) [a partir de Shi, G.-Q. *et al.*, 2012a; CC BY 4.0].

que una diarrea si lo hacían en gran cantidad o sin deshidratarla. Lo que parece indiscutible es que el hongo provoca una intoxicación única el mundo y sensiblemente distinta de las consabidas (entre las hipótesis, una sostiene que estos aminoácidos inducen una hipoglucemia como las amatoxinas pero sin daño hepático o renal detectable y en tiempo récord, al bloquear la β-oxidación de ácidos grasos y la generación de glucosa a partir de fuentes no carbohidratadas e impedir a las células del miocardio obtener energía); hemos de volver a las palabras de Shi o rescatar las de otro de los investigadores del CFETP, el asesor sénior Robert Fontaine: «Lo que ocurre en Yunnan no se espera de ninguna otra toxina de hongos. [...] Lo que tenemos aquí es una toxina que ataca a las personas vulnerables. Cualquiera que sea susceptible y se vea sometido a un ataque extremo sufrirá una arritmia mortal». Convengamos que, entre los consumidores, unos comieron en demasía y otros lo suficiente para producir un cóctel explosivo con sus leves afecciones cardíacas. En cuanto al resto, los epidemiólogos razonaron que una de esas sustancias barajadas inicialmente como causantes era el bario hallado en varios restos humanos, un metal pesado con el que se probaban las propiedades antiarrítmicas de fármacos o producían arritmias experimentales, y *T. venenata* podía poseer niveles muy altos; no obstante, sus estudios desecharon esta posibilidad: la concentración de bario en el hongo era en realidad baja, aunque las de todas las especies de la provincia superaban ligeramente a las del resto. Los habitantes acostumbraban a beber agua de los arroyos y la disolución de compuestos del bario en agua es potencialmente perjudicial para la salud, por lo que no se descarta que pudieran haber contribuido; algunos médicos apuntaron a una toxina o patógeno del agua sucia que esas personas preferían a la purificada pues esta carecía de sabor, si bien no pudieron identificarlo.

En suma, el síndrome de muerte súbita de Yunnan es hoy atribuido fundamentalmente a la ingesta de esas setas *blanquitas* que nadie quería en combinación con la de agua no tratada o alimentos contaminados con bario. No disponemos de datos oficiales sólidos sobre decesos repentinos desde hace más de una década, pero en cualquier caso se diría que han dejado de constituir un problema. Los últimos informes anuales publicados en *China CDC Weekly* situaban a Yunnan como el lugar con más intoxicaciones fúngicas (y el de más muertes en 2019-22) sin hacer ninguna alusión a *T. venenata;* el más reciente, «Mushroom poisoning outbreaks – China, 2024», aunque lo mantiene en segunda posición con noventa y nueve incidencias, refleja además que ninguno de los afectados pereció. La pesadilla del verano queda felizmente atrás.

La seta de la risa o cómo morirse de risa

En un capítulo anterior nos deteníamos en la historia de las setas en Meso- y Suramérica y nos referíamos al exquisito bocata denominado chivito, símbolo de Uruguay. Hicimos constar, un tanto de pasada, que la seta que incluye como ingrediente estrella no es otra que la de la risa (*Gymnopilus junonius*) y que esta, mientras en Europa y medio mundo no es considerada comestible pues se afirma que contiene psilocibina, es casi un fijo en la dieta de allá. Así es: el biólogo y divulgador montevideano Alejandro Sequeira, «micoloco» en su propia expresión, cuenta en *Foodit* (2024) que ese hongo que emerge a los pies de eucaliptos y de pinos o sobre la madera muerta fue «domesticado por los uruguayos» y lo comen, tanto en el chivito como escabechado, «a toneladas».

«Deben someterse [los hongos], al menos, a tres hervores de unos 20 minutos y en cada uno se va desechando el agua. Así los llevamos a un nivel de seguridad óptimo y les sacamos el amargor. Sucede que el perfil químico puede variar según la zona donde crece, aunque se trate de la misma especie, pero aquí nadie se intoxica con un hongo de eucalipto. [...] Hay toxinas que se inactivan luego de los 70 grados...».

Comestible o tóxica, ¿en qué quedamos? Veamos. Cada especie encierra un mismo genoma, una misma cantidad de material genético en cada una de sus células, y es por ello que podemos hablar de genoma humano o canino; pero esos genes se comportan de manera diversa, mediante distintas versiones o «alelos», y para definir el conjunto de los genes de un individuo concreto conforme a su composición alélica surge el concepto de genotipo: los organismos que se reproducen asexualmente, como las bacterias, generan copias idénticas de sí, con igual genotipo; mientras que los que lo hacen sexualmente, con intervención de dos progenitores que producen gametos, originan seres semejantes pero únicos e irrepetibles: no hay dos huellas dactilares exactas (por más que recientes estudios con inteligencia artificial sin conocimientos forenses sugieran similitudes «con una fiabilidad del 99,99 %»). Y ya hemos dicho que la reproducción de los hongos puede ser asexual, sexual o de ambas formas. «Desde el punto de vista histórico, la identificación de especies de hongos se ha basado en la forma de los cuerpos fructíferos y de sus esporas, que son sus estructuras de propagación, similares a las semillas de las plantas. Dada la alta variedad de especies fúngicas, es necesaria una estrategia para que la identificación de especies sea rápida, precisa, escalable, y que además genere información de fácil acceso a la comunidad científica» (Maldonado, L. D. *et al.*, 2024); y para eso debemos acudir al «código de barras micológico» de los ejemplares, que es su ITS (*internal transcribed spacer* o «espaciador transcrito interno»): la región de ADN que más se viene secuenciando de los hongos. De entrada, esto nos ha permitido certificar que las setas portadoras de psilocibina tenidas inicialmente en Estados Unidos por *G. junonius* —o su sinónimo *G. spectabilis*— no eran realmente tales, sino que correspondían a especies como *G. luteus* o *G. subspectabilis*, pues ninguna de las secuencias genéticas de su región ITS disponibles en Norteamérica coinciden con las existentes en Suramérica, Europa, Australia o Japón (Greg Thorn, R. *et al.*, 2020). En el país del sol naciente, por otro lado, donde su nombre común es «*gran* hongo de la risa» (*ô-waraitake*) por analogía de sus efectos con el primigenio *waraitake* —*Panaeolus papilionaceus*, que hacía reir y bailar a los leñadores—, se demostró en 1993 que no tenía psilocibina, aunque sí ciertas toxinas y, particularmente, unos compuestos neurotóxicos bautizados como «gimnopilinas» que estarían detrás de la singular intoxicación y que son los que se constatarían también en Alemania y los lugares citados.

Sí: en todas las naciones que no son Uruguay, incluso en la Argentina, *G. junonius* es una seta alucinógena, pues esas gimnopilinas —que ejercen una gran vasodilatación pero también hipertensión— activan los receptores acoplados a la proteína G, los cuales desempeñan una función clave en el estado de ánimo o la percepción del dolor dado que *transducen* las señales externas y propician que se transmita la información entre neuronas; repartiéndose por el sistema nervioso central, las gimnopilinas actúan sobre sus células y excitan el centro vasomotor, y además inhiben los receptores nicotínicos de un neurotransmisor fundamental como la acetilcolina, de modo parejo a los barbitúricos y la ketamina u otros anestésicos. ¿Qué ocurre en «el Paisito»? Como ya hemos relatado, la toxicidad de un hongo puede diferir según la distribución geográfica por la temperatura, la humedad, el tipo de suelo, etc. Cabría inferir que las condiciones medioambientales reducen su peligro al otro lado del río de la Plata o admitir que, sea como sea, la maña oriental, heredera de gauchos y charrúas, ha sabido en efecto aprovechar las propiedades termolábiles de *G. junonius* para neutralizar su carga venenosa, así como su sabor amargo, y convertir la seta en todo un manjar de su cocina, *condimento infaltable* del chivito.

Sevilla, España, junio de 2006. El periódico *ABC* publica:

> «La Guardia Civil ha abierto diligencias después de que tres jóvenes que habían ingerido setas alucinógenas resultaran intoxicados cuando pasaban un día de ocio en el pantano de Aznalcóllar. Según informó en un comunicado el instituto armado, estos hongos —conocidos como «setas de la risa»— los ingirieron, supuestamente, de manera voluntaria y los jóvenes, uno de los cuales tuvo que ser hospitalizado ["muy eufórico y alterado"], conocían sus efectos alucinógenos. La actuación [...] se produjo después de recibir una llamada de auxilio de los tres jóvenes...».

La foto junto al texto muestra la mano de un agente sosteniendo una bolsita en la que se aprecian unas muestras y se lee «SETA DE LA RISA». Pero el color de esos fragmentos es blanco y verdoso, no el característico marrón azafranado o pardo leonado de *G. junonius*. La imprecisa descripción, presumiblemente proporcionada por los propios guardias, le asocia alcaloides con propiedades comparables a las del LSD o la mescalina, lo que nos decanta por pensar que se trata de un uso coloquial e indebido del nombre; una denominación científica nos habría sacado de dudas. Lo cierto es que la verdadera seta de la risa sí ha sido hallada en Sevilla, en concreto al pie de pinos piñoneros de la ruta micológica Pinares de Aznalcázar-Puebla del Río, a unos 50 km de Aznalcóllar. Pero aquellos jóvenes confiados quisieron recrearse con alucinógenos de dudosa naturaleza y, lejos de las carcajadas, se llevaron un buen susto.

Aun estando definida como especie psicoactiva, los japoneses solían recolectar *G. junonius* para consumo alimentario. El método observado por los investigadores en la prefectura de Yamagata (Kusano, G. *et al.*, 1986) era paralelo al uruguayo: sus gentes cocían el hongo en agua hirviendo hasta que los principios amargos se transferían a la capa de agua, retiraban el líquido y comían los carpóforos residuales. Con todo, tuvieron constancia de varias intoxicaciones por un cocinado incorrecto.

A los diez-veinte minutos de la ingestión, los individuos se muestran embriagados y presas de alucinaciones sensoriales. Ríen con histeria, cantan, bailan como locos: se desinhiben. Experimentan una estimulación anormal del sistema nervioso que, sin ser letal, puede ser muy peligrosa..., aunque solo sea porque, por más que lo aplaquen a uno antes de morir *estrellado* de risa, de todas formas se muera luego de vergüenza.

Ir al restaurante no solo puede acelerar tu tránsito intestinal

Cuatro de abril de 1968. El *New England Journal of Medicine* publica una carta de un tal Dr. Robert Ho Man Kwok bajo el título «Síndrome del restaurante chino», en la que este, asentado en EE. UU., dice haber sentido unos extraños síntomas pasajeros (entumecimiento de la nuca extendido a ambos brazos, debilidad general y palpitaciones) al cuarto de hora de comenzar a comer en un establecimiento de comida china; le han sugerido que podría deberse al glutamato monosódico (GMS) que estos suelen emplear como aderezo y solicita opiniones. Al poco, la revista empieza a reproducir respuestas irónicas de médicos, impregnadas de una patente sinofobia, que atestiguan desde sudoración hasta desmayos: el recelo y la fobia se disparan; los restaurantes chinos se vacían varios días y sufren graves pérdidas; proliferan estudios en un sentido u otro y, pese a que la U. S. Food and Drug Administration ratifica al GMS como un aditivo plenamento seguro en 1990, aún hoy cuatro de cada diez estadounidenses prefieren evitarlo. Todo era mentira: el cirujano Dr. Howard Steel se había inventado la historia —ideándose un apellido que sonaba como el jergal *human crock (of shit)*, «humano montón (de mierda)»— apostando con un amigo a que le aceptarían un artículo científico, precisamente comiendo en un chino; para cuando quiso rectificar, sorprendido de que no lo hubieran pillado, ya era tarde y el editor rehusó todo contacto con él. Al menos, eso fue lo que confesó, poco antes de morir a la joven profesora de la Universidad Colgate que había retomado la trama en 2018-19 junto con su compañero periodista Michael Blanding..., pues sí que existió un pediatra con ese nombre cantonés en Maryland, fallecido hacía cuatro años, y los familiares y colegas contactados por ella reafirmaron orgullosos que era el autor de la carta. La hija de Steel, pieza final del puzle, le reconocería que, probablemente, aquello no era más que una de las habituales fábulas de su querido padre; creció escuchándolo, pero nunca vio que el compinche le pagase nada.

El Servicio Territorial de Salud Pública de Madrid asoció a GMS la cefalea, emesis y diarrea de una pareja tras tomar sopa instantánea china mal etiquetada (2011). No pudo probarlo y no cuadra: lo que Kwok había descrito era algo como su hipersensibilidad a la aspirina pero más leve.

El ácito glutámico, de cuya sal sale el GMS, que potencia el sabor llamado «umami» de tantos alimentos, lo traen de modo natural quesos, tomates y muchas setas, como las de cardo, los boletos o los níscalos.

Un recuerdo para Glutamato Yé-yé y el recientemente fallecido Iñaki.

Baked Hash

1 cup chopped corn beef, or any chopped cold meat
1 cup cooked potatoes
2 chopped onions
Salt
Pepper
½ cup milk
¼ teaspoon Aji-No-Moto

Mix well, place in a greased baking dish and bake in a hot oven (450°F.) twenty minutes.

AJI-NO-MOTO and FISH

Scalloped Fish

2 cups flaked fish, shrimp or crab
3 tablespoons butter
3 tablespoons flour
¼ teaspoon salt
1½ cups milk
1 cup buttered crumbs
Pepper
1 teaspoon Aji-No-Moto

Melt the butter, stir in the flour, salt and pepper and when well blended add the milk. Stir over a low heat until smooth and thick. Add the fish and 1 teaspoon of Aji-No-Moto. Place in a greased baking dish and cover with the buttered crumbs. Bake in a hot oven (450°F.) about 10 minutes until crumbs are brown.

CREAMED OYSTERS

2 dozen oysters
4 tablespoons butter
4 tablespoons flour
2 cups milk and oyster liquor
1 teaspoon salt
¼ teaspoon paprika
1 cup cut celery
1 teaspoon Aji-No-Moto

Cook the oysters over a low heat until the edges curl. Remove from the fire and drain. Measure the juice and add enough milk to make two cups. Melt the butter, stir in the flour, salt and paprika. When well blended, stir in the milk and continue stirring over a low heat until the sauce is smooth and thick. Let boil one minute and add oysters, celery and Aji-No-Moto. The celery may be omitted.

AJI-NO-MOTO and EGGS

Aji-No-Moto blends particularly well with eggs. One teaspoon to (6) six eggs in any recipe is a good proportion. An omelet may be served with a cream sauce flavored with Aji-No-Moto, one-quarter teaspoon to one cup of sauce.

6 eggs
½ cup milk
½ teaspoon salt
1 teaspoon butter
1 teaspoon Aji-No-Moto

Beat eggs slightly with milk and seasoning. Heat a pan slightly and in it melt one teaspoon butter. Pour in the egg mixture and stir over a low heat until set.

FRENCH OMELET

Use the same ingredients, but shake over the fire without stirring. Lift the edges as they set and let the liquid flow underneath. When set, slightly brown on the bottom, fold and turn on a hot platter.

BAKED CHEESE OMELET

1 cup milk
2 tablespoons cornmeal
½ teaspoon salt
½ cup grated cheese
2 eggs
½ teaspoon Aji-No-Moto

Scald the milk in a double boiler, add the salt and cornmeal. Stir until thick, then cook for thirty minutes, add the cheese and stir until melted. Add to the beaten yolks of eggs. Fold in the stiffly beaten egg whites. Pour into a greased baking dish and bake in a slow oven (250°F.) until firm—about twenty minutes.

SPANISH SAUCE FOR OMELET

2 tablespoons butter
1 tablespoon chopped onion
¼ cup chopped green peppers
3 slices broiled bacon
2 tablespoons mushrooms
2 cups tomatoes
Paprika
½ teaspoon salt
½ teaspoon Aji-No-Moto

Cook the onion and peppers in the butter until light brown. Add the bacon, cut in small pieces, and the other ingredients. Cook fifteen minutes. Add Aji-No-Moto and serve around an omelet. Capers or chopped olives may be used instead of mushrooms. Bacon fat may be substituted for butter.

AJI-NO-MOTO is a fine white powder derived from the heart of wheat. It was discovered more than 25 years ago by Professor Ikeda of the Tokyo Imperial University and is used in the Imperial Household of the Emperor of Japan. This enticing new seasoning has swept the Orient, captured the fancy of European chefs and won the regard of American culinary artists.

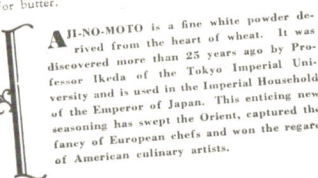

Tested and Approved
SERIAL 4325
by the
Bureau of Foods Sanitation and Health
Conducted by
GOOD HOUSEKEEPING MAGAZINE

BY APPOINTMENT TO
THE IMPERIAL HOUSEHOLD OF JAPAN

...ations of rice and macaroni wit... is true when meat is used, but A... haps of special value when meat i... a decided richness.

Rice Filling for Peppers, Tom...

2 cups cooked rice
1 small onion
2 tablespoons butter or other fat
Salt
Pepper
½ teas...

Melt the fat and cook in it the onion minced. When light brown add the ric... with a fork until well mixed and use... tables. Bake in a moderate oven until fi...

One-fourth cup minced green pepper... of minced celery may be cooked with t...

One-half cup minced pimiento may b...

Grated cheese may be sprinkled over... vegetables before baking.

Two cups seasoned tomato pulp may... mixture. Cook until most of the liquid... This may be used as a stuffing for v... served with meat or as a luncheon dish.

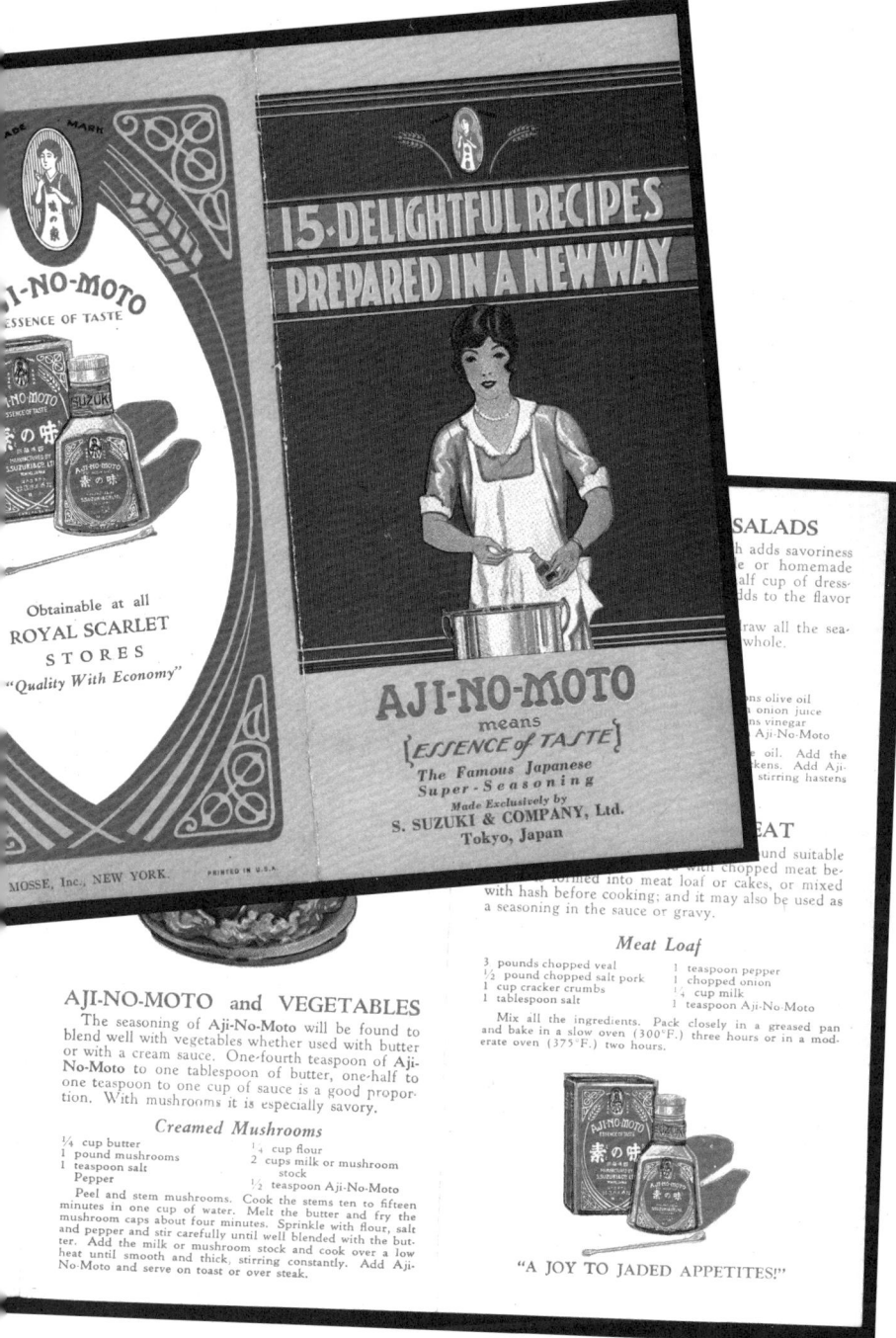

Folleto promocional de Aji-No-Moto, popular aditivo alimentario a base de glutamato monosódico (GMS), en cuyo reverso puede leerse una receta de «champiñones a la crema» hecha con él [cortesía de Science History Institute, PDM 1.0].

¡No tan rápido! El 22 de mayo de 1980, en la misma publicación del relato previo se pudo leer:

«El entumecimiento, el dolor de cabeza y la diaforesis [sudor] se han asociado con el consumo de comida china de restaurantes y se cree que se deben al alto contenido de glutamato monosódico en estos alimentos; se ha acuñado el término "síndrome del restaurante chino" para referirse a esta entidad, cuya definición es imprecisa. Sin embargo, otros alimentos orientales, como el *ginseng*, se han promocionado como tónicos que promueven la potencia sexual, la fertilidad, la libido o la longevidad. Recientemente se observó que uno de estos alimentos tónicos produce una inhibición transitoria de la agregación plaquetaria y una leve diátesis [predisposición a contrar una enfermedad] hemorrágica».

El hematólogo Dale E. Hammerschmid, de la Univ. de Minesota, bautizó a aquel síndrome hemorrágico como «púrpura de Sichuan», por esa provincia también del suroeste de la República Popular China (limítrofe con Yunnan) de cuya famosa gastronomía provenía el suculento pero traicionero plato del que tuvo noticia un día en su despacho. Un sujeto del grupo de control de su experimento de coagulación sanguínea, hombre de 32 años, había arrojado resultados curiosos: frente a los cincuenta anteriores ensayos, sus plaquetas no se habían agregado al ser expuestas a adrenalina y a otro agonista (compuesto que incrementa la actividad de otro) ni habían liberado serotonina, y no solo tenía hematomas en las piernas, sino que se había tirado sangrando tres días por la boca tras una extracción dental y más de cuarenta minutos por la nariz tras un mínimo golpe; la noche anterior a la primera reacción había comido en abundancia *mapo tofu*. ¿El qué? Era el «tofu de la abuela Mapo» sichuanés, que además de esa cuajada de leche de soja llevaba carne picada, pimienta local, salsa local de chile con frijoles (*doubanjiang*)... y una variante frecuente: *muer*, la «seta del árbol negra» u «oreja de Judas», *Auricularia auricula-judae*; fructifica esencialmente sobre la madera del saúco negro y existía la creencia de que el Iscariote se colgó de uno.

Hammerschmid fue a aquel restaurante y pidió que sirvieran gran cantidad de tofu para el paciente y otros tres sujetos con función plaquetaria normal, así como otro plato con el que comparar: cerdo agridulce. Mientras que la reacción a este último fue normal, una nueva exposición reveló umbrales altísimos de agregación en todos: la sangre no coagulaba bien. Las pruebas desvelaron que el ingrediente responsable de la inhibición del mecanismo no era sino el hongo negro, que se comportaba exactamente como el ácido acetilsalicídico: más allá de para el de cabeza, recordarán, la aspirina se usaba contra el dolor muscular y de espalda o la inflamación, pero además ejercía de agente antiplaquetario y podía reducir el riesgo de infartos evitando la formación de coágulos.

A tenor de las investigaciones del doctor, recoge *The New York Times* el 10 de septiembre de 1980, aquella seta algo insípida se había considerado durante mucho un alimento saludable que aumentaba la potencia sexual y la longevidad, y se consumía continuamente en sopas o con el célebre cerdo *mu shu*. Acababa de descubrir que todo se debía a ese anticoagulante natural. Tomada en proporciones moderadas, la oreja de Judas podía prevenir eficazmente los procesos tromboembólicos e incluso sería una de las razones de la baja incidencia de afecciones coronarias en China, pero, sin duda, su ingesta masiva conducía por el contrario a un cuadro hemorrágico. ¡Eso sí que es que te *sangren* por una cena!

Una breve coda. En 2019, veintinueve clientes del restaurante Riff de Valencia resultaron intoxicados después de probar las colmenillas con arroz del menú degustación, de hasta ciento treinta euros de precio; los efectos fueron leves en casi todos, con vómitos y cefalea que remitieron en torno a las cuatro horas, pero una mujer leonesa de 46 años falleció de madrugada. El chef, el alemán Bernd Knöller, sostenía que pasaron todos los controles sanitarios, no en vano el establecimiento poseía una estrella Michelín; cerró voluntariamente, intensificó protocolos y retiró de su carta las *Morchella* sp. y las demás setas excepto los champiñones. Según el auto del juez, los análisis evidenciaron «cierta toxicidad».

Pero M. J. no había muerto por las colmenillas. El informe forense constató a los nueve meses que, si bien manifestó los síntomas, lo hizo por insuficiencia respiratoria aguda debida a la enfermedad renal que padecía. La causa se archivó. El Riff reabrió y pudo recomponerse.

Cuidado con Jack O'Lantern: es brillante, pero tiene mala uva

Jack era un buen tipo (*siempre saludaba*), pero algo debió perturbar su alma. Ahora es un duendecillo diabólico que se divierte deslumbrando y corrompiendo a viajeros incautos en la oscuridad de la noche o de día.

Los anglosajones emplean *jack o'lantern* como la denominación común de las calabazas de Halloween, cuyo interior es iluminado por una vela. Y ese es asimismo el apelativo de un hongo muy extendido en la península ibérica y Europa —y del que existe algún pariente en la costa este de Estados Unidos— que cada cierto tiempo juega malas pasadas a quienes lo confunden con una especie comestible como el rebozuelo; en 2008, seis personas de la localidad de Castillo de Locubín (Jaén) sufrieron vómitos y diarreas desde apenas una hora después de darse un festín con los siete ejemplares que había cogido uno en un olivar: como no remitían, acudieron al hospital de la vecina Alcaudete y requirieron lavado de estómago y antieméticos, tras los cuales estuvieron recuperados en unas seis horas. Hablamos de la seta de olivo, *Omphalotus olearius*, que crece sobre tocones, madera o raíces principalmente de ese árbol.

El de *O. olearius* es una muestra del tipo de micetismo más habitual, el síndrome «resinoide» (por semejanza de sus efectos con los de las resinas purgantes extraídas de varias plantas), básicamente gastrointestinal, aunque en su caso suele ser tan agresivo como hemos ilustrado con el episodio de los jiennenses y precisar hospitalización. Podemos diferenciar a la seta de olivo del rebozuelo (*Cantharellus cibarius*) porque este, aparte de que aparece en el suelo y en bosques de coníferas y planifolios, es más amarillento que anaranjado y no luce sus láminas o branquias en el himenio, sino pliegues; por lo demás, su crecimiento es individual y en la primera se da en haces que brotan de un mismo punto predominantemente (a veces desgaja y vive de incógnito); por último, el agradable aroma afrutado de aquel destaca sobre el fuertemente oleoso de esta. Sucede que muchos de los *engañados* por la seta de olivo no han detectado un sabor demasiado amargo o acre como se le supone, sino suave y algo dulce, y no han advertido su peligro hasta más tarde.

¿De qué manera se supo que quien se escondía tras la identidad de *O. olearius* era en realidad Jack el de la Lámpara? Cuenta la leyenda que este buen hombre, de cuyo origen existen incontables versiones, se tornó un espíritu maligno que desviaba de su camino a los despistados adoptando la apariencia de la luz de un candil, en una superstición explicada por el fenómeno real del fuego fatuo (pequeños destellos y llamas que se aprecian flotando a escasa distancia del suelo, por inflamación de gases a partir de materia orgánica en putrefacción). Aristóteles menciona en *De anima* a los hongos entre las cosas que no se ven a la luz y «aparecen ígneas y brillantes» en la lobreguez; Plinio el Viejo (*Historia natural*) escribe de un agárico: «Crece encima de los árboles, brilla en la noche y por la luz que emite en la oscuridad se sabe dónde y cómo recolectarlo». Exacto: la seta de olivo es una de las catalogadas como bioluminiscentes y, si se la observa más o menos de cerca y totalmente a oscuras, deja ver su tenue luz azul verdosa, la cual le sirve indirectamente para atraer a los insectos que han de propagar sus esporas. Esto es posible gracias a la luciferasa y la luciferina, una enzima y un sustrato molecular respectivamente: la una oxida al otro en presencia de oxígeno y genera oxiluciferina en un estado excitado o metaestable del que decae, para estabilizarse, emitiendo radiación en forma de fotones de luz. Se trata de un proceso similar al de las luciérnagas. Aquí, además, esa luz se extendería a la madera: «... los ojos de muchos peces brillan en la noche cuando están secos, como la madera podrida y putrefacta...».

Increíble, ¿no? El tema de la bioluminiscencia acaso demanda un libro entero. ¡Ah!, de las toxinas de la seta *jack o'lantern* y otros *Omphalotus*, las iludinas (en concreto de iludina S), se ha semisintetizado el irofulveno, un agente anticancerígeno que se está probando útil al tratar tumores cuando falla la reparación del ADN. ¿Qué pensará Jack?

«Un agárico muy atractivo, *Agaricus olearius* [...], se halla al pie de los olivos en el sur de Europa. Durante el día, su color es ocre, pero, observado de noche, emite una luz azul brillante [...]; sigue emitiendo luz tras ser arrancado del suelo, y la fosforescencia persiste durante noches sucesivas. Sus destellos son tan brillantes que a veces pueden percibirse antes de que oscurezca». Una magnífica ilustración de la seta *jack o'lantern* en compañía de otro ser vivo bioluminiscente, el ciempiés luminoso *Geophilus electricus* [*Living lights: a popular account of phosphorescent animals and vegetables*, Charles Frederick Holder, 1887].

📖 PARA LEER MÁS :

Blanding, M. (2019). The strange case of Dr. Ho Man Kwok [archivado]. *Colgate Magazine*, 302.

Claiborne, C. (10 de septiembre de 1980). Tree ears: healthful fungus; Chinese staple linked to less heart disease. Chinese tree ears... *The New York Times*.

Coriem, M. (22 de mayo de 1932). Henri Girard, l'homme qui «déchaînait» les maladies. *Police Magazine*.

Devarrieux, C. (30 de agosto de 2017). *La Serpe*, un mystère à trancher. *Libération*.

Fabra, M. (23 de mayo de 2023). El resurgir del restaurante Riff o cómo sobreponerse a una crisis tóxica. *El País*.

Faralicq, R. (1933). *The French police from within*. Cassell and Co.

Hammerschmidt, D. E. (22 de mayo de 1980). Szechwan Purpura. *The New England Journal of Medicine*, 302.

Ho Man Kwok, R. (4 de abril de 1968). Chinese-restaurant syndrome. *The New England Journal of Medicine*, 278.

Islam, T. *et al.* (2021). Insights into health-promoting effects of Jew's ear (*Auricularia auricula-judae*). *Trends in Food Science & Technology*, 114.

Jiang, H. y Greenberg, R. A. (2021). Morning for irofulven, what could be fiNER? *Clinical Cancer Research*, 27(7).

Kim, J. *et al.* (2022). *De novo* genome assembly of the bioluminescent mushroom *Omphalotus*... *Genomics*, 114(6).

Kusano, G. *et al.* (1986). The constituents of *Gymnopilus spectabilis. Chemical and Pharmaceutical Bulletin*, 34(8).

La France. (28-30/10/1921). L'affaire des poisons; L'affaire des poisons davant les assises de la Seine. *La France*.

Li, H. *et al.* (2023-25). Mushroom poisoning outbreaks – China, 2022; Mushroom poisoning outbreaks – China, 2024. *China CDC Weekly*, 5(13)-7(19).

Nadaud, M. y Fage, A. (1926). L'affaire des poisons... de 1911. En Nadaud, M. y Fage, A. (1926). *Les grands drames passionels*. Georges-Anquetil.

Newton Harvey, E. (1957). *A history of luminescence from the earliest times until 1900*. The American Philosophical Society.

Ramsbottom O. B. E., J. (1936). Section K.— Botany. The uses of fungi. *Rep. Br. Ass. Advmt. Sci*. Office of the British Association, Burlington House.

Sanford, J. H. (1972). Japan's «laughing mushrooms». *Economic Botany*, 26.

Shi, G.-Q. *et al.* (2012a). Clusters of sudden unexplained death associated with the mushroom *Trogia venenata* in rural Yunnan province, China. *PLoS One*, 7(5).

Shi, G.-Q. *et al.* (2012b). Hypoglycemia and death in mice following experimental exposure to an extract of *Trogia venenata* mushrooms. *PLoS One*, 7(6).

Stone, R. (9 de julio de 2010). Will a midsummer's nightmare return? *Science*.

Story, S. (1922). «Gentleman» Girard. The story of an artist in crime. *The Wide World Magazine*.

Thorn, R. G. (2020). New species in the *Gymnopilus junonius* group (Basidiomycota: Agaricales). *Botany*, 98(6).

Vallejos, S. (2024). El hongo tóxico y alucinógeno que los uruguayos aprendieron a domesticar: «Lo comemos a toneladas y con el chivito». *Foodit*.

Vanden Hoek, T. L. *et al.* (1991). Jack o'lantern mushroom poisoning. *Annals of Emergency Medicine*, 20(5).

Ventura, S. *et al.* (2022). *Micetismos. Diagnóstico clínico y de laboratorio*. Sociedad Española de Medicina de Laboratorio.

Zhang, Y. *et al.* (2012). Evidence against barium in the mushroom *Trogia venenata* as a cause of sudden unexpected deaths in Yunnan, China. *Applied and Environmental Microbiology*, 78(24).

Zhou, Z.-Y. *et al.* (2012). Evidence for the natural toxins from the mushroom *Trogia venenata* as a cause of sudden unexpected death in Yunnan province, China. *Angewandte Chemie I. E.*, 51.

HONGOS DETECTIVES

En la placidez de mi sillón, me sumerjo en las páginas de una estupenda novela negra: *Yo maté a Kennedy*, de Manuel Vázquez Montalbán. Se trata de la primera entrega de una saga que encumbrará al escritor como uno de los grandes exponentes del género *noir* en España y nos regalará a un personaje para la historia: Pepe Carvalho, un gallego emigrado a Barcelona que, tras abandonar el Partido Comunista, ahora es agente de la CIA y guardaespaldas del presidente de Estados Unidos, y que de vuelta terminará trabajando de detective privado en la Rambla. A Carvalho, enamorado de la gastronomía como su creador, le pirran los *rovellons* (robellones, níscalos) con butifarra de la Garriga, de la comarca del Vallès Oriental, y trata de persuadir a los Kennedy de lo ricos que están; y Vázquez Montalbán recogerá en el libro *Las recetas de Carvalho* varios platos de setas entre sus preferidos: chipirones rellenos de setas, ternera con setas, *múrgulas* [catalanismo por «colmenillas»] con vientre de tocino... Pero no vamos a hablar ahora de cocina; y, por ende, tampoco de suculentos champiñones que acaban con alguien por atracón o de hongos venenosos salteados a fuego lento para asesinar. Sí lo haremos de muertes y crímenes y, más allá, de un mundo desconocido en el que los hongos se zafan al fin de su papel de verdugos más o menos inesperados y devienen grandes aliados, precisamente, para resolverlos.

Bruselas, un gélido mes de enero de 1982. André van Hoof, nombre ficticio —por consiguiente, cualquier coincidencia que pueda surgir es pura casualidad—, acude a ver a su hermana en su domicilio de la rue Ulens, situado en el barrio de Molenbeek. Sube al tercer piso por la escalera: el ascensor se ha declarado en huelga por enésima vez. André no sabe nada de Jasmine desde hace más de veinte días; ella, con sus cuarenta y pocos años, baronesa reconocida entre la aristocracia belga, ha

„ *Feine Leute* ”

Feine leute. Una postal alemana diseñada por Heinz Geilfus en 1942, en la que una pareja de setas antropomorfas retratada como «gente fina», con impertinentes, cámara fotográfica y hasta un gabán a cuadros al más puro estilo Sherlock Holmes, es saludada reverencialmente por un anciano matrimonio homólogo [Emil Köhn, Kunstverlag].

acabado por llevar una vida solitaria, con algunos episodios de máxima intensidad. André pulsa el timbre de la puerta repetidas veces: silencio absoluto; pasa a batir levemente la vieja y barroca aldaba y, luego, golpea directamente con el puño: todo es en vano. Se dirige a la calle y, en la primera cabina de teléfono que encuentra, llama a la policía.

Los agentes llegan pasado un rato. Los vecinos, alertados por la ausencia de señales en el inmueble, también habían avisado previamente a las autoridades, pero aún no existía orden judicial de registro; de algún modo, André se asegura de que esta se acelere. Tras derribar la puerta, apremiados por él, los gendarmes recorren el piso sin apreciar nada fuera de lo común al margen de algo de polvo ni ningún indicio de violencia, pero, llegados al dormitorio principal, hallan el cuerpo de Jasmine tendido sobre su cama con lo que parecen heridas de arma blanca. Uno de los policías repara en un detalle significativo: en algunas zonas de la piel se observan manchitas entre rojizas y blanquecinas. ¿Hongos? ¿Una suerte de reacción? Convendría pedir la opinión de un especialista.

En el laboratorio, los investigadores (Van de Voorde & Van Dijck, 1982) creen que sería interesante cultivar los especímenes observados sobre la piel del cadáver en las mismas condiciones ambientales del lugar de los hechos. El objetivo es determinar cuánto tiempo han tardado en crecer: esto podría dar una idea de la hora exacta de la muerte, aunque el estado de descomposición, algo avanzado, quizá lo dificulte. Se extraen muestras del párpado y de la ingle, y se mide el tamaño de las colonias de manera constante; las muestras de los hongos originales que han crecido sobre la piel humana son congeladas para que se interrumpa su crecimiento. El termostato de la vivienda marcaba una temperatura de 12 °C: a esta se realizará el cultivo a fin de valorar, asimismo, los patógenos idóneos para tal ambiente. Por su parte, la policía investiga los últimos movimientos de la fallecida y realiza averiguaciones entre sus contactos.

Primeros resultados: la víctima llevaría muerta al menos dieciocho días. La información recabada sobre un sospechoso, con base en su declaración y el rastreo de sus pasos en el momento del crimen, encaja con los datos aportados: es el asesino. Los hongos involucrados se identifican como *Cladosporium* sp., *Fusarium* sp., *Geotrichum candidum, Hormodendrum* sp., *Mortierella* sp. y *Penicillium chrysogenum (P. notatum)*.

Este caso, real aunque con personajes ficticios, fue el primero de la historia en el que se validaron los resultados de un estudio micológico como prueba determinante ante un tribunal para condenar a un acusado. Se trata de todo un hito en la cronología de la ciencia forense.

«Hoy las ciencias adelantan —le decía don Sebastián a don Hilarión en una castiza escena de *La verbena de la Paloma* (1894)— que es una barbaridad». Gracias a Dios, el avance hasta nuestro tiempo se ha disparado y, en el ámbito de la disciplina forense, no ha sido ajeno al estudio del interés de los hongos a todos los niveles en la vida del hombre: tanto que ya podemos hablar de una auténtica especialidad bautizada como «micología forense» y cuyo desarrollo en los años recientes permite albergar expectativas de futuro nada desdeñables a la criminalística.

Ya mencionábamos en el prólogo que, hasta fecha tan *cercana* como 1959, los hongos siempre fueron considerados en el marco de la botánica e incluidos en el reino vegetal. El estadounidense Robert H. Whittaker les asignó el suyo propio, como a plantas, animales y organismos protistas (eucariotas), y, tras la recuperación de los moneras (procariotas), al cabo de una década diseñó una división de los seres vivos en cinco reinos. Frente a los vegetales y al igual que los animales, los hongos no fabrican su propio alimento: en concreto, obtienen nutrientes directamente de organismos vivos o muertos, o de otra materia orgánica. El reino Fungi, muy diverso desde hace 600 millones de años, presenta actualmente una compleja clasificación de sus especies identificadas que da cuenta de esa riqueza. El hecho de que haya de seis a siete veces más hongos nativos que plantas en algunos hábitats hace que adquieran ciertas ventajas a la hora de esclarecer una investigación forense: pueden proporcionar gran cantidad de información adicional. Sin embargo, un inventario completo de todos los hongos presentes en un escenario es, a todas luces, inalcanzable, pues muchos crean estructuras productoras de esporas solo en raras ocasiones, incluso con décadas de diferencia, o requieren métodos especializados para determinar su presencia.

La mayoría de las especies se presentan asociadas específicamente con una planta o un animal, pero podemos hablar de hongos saprofitos (que descomponen materia orgánica muerta), liquenizados (que establecen simbiosis con algas o cianobacterias), micorrícicos (que *simbiotizan* con raíces de plantas) y parásitos (que se desarrollan sobre tejidos vivos de animales, plantas u otros hongos y los benefician —simbiontes— o perjudican —patógenos—). Su distribución está ligada a sus preferencias de hábitat, aunque algunos, como los mohos (especialmente los que crecen en alimentos o materiales fabricados y los del suelo) son casi ubicuos; se reproducen de forma sexual o asexual y de ambas, y suelen dispersarse por esporas. Las esporas son fundamentales para la identificación de los hongos; unas pueden ser expulsadas del esporóforo a unos pocos milímetros y otras pueden alcanzar hasta treinta centímetros, si bien en la mayoría el fenómeno es pasivo y las esporas forman masas viscosas o secas que otros agentes externos se encargan de diseminar —en estas circunstancias, tales hongos nunca logran la dispersión aérea en absoluto—: semillas, fragmentos de plantas, madera, insectos, heces de herbívoros, lluvia o agua en general son algunos de los medios a través de los cuales se distribuyen por el entorno. Las esporas de hongos rara vez se dispersan más allá de 100-200 metros horizontalmente desde el hongo originario; no obstante, las de determinadas especies, como *Alternaria* y *Cladosporium*, abundantes en las hojas, se encuentran en grandes cantidades en muestras de aire, sobre todo a fines del verano y otoño. Al contrario de las plantas, los hongos, incluidos los líquenes, también pueden crecer en piedras, tejas, ladrillos, adoquines, objetos de madera, plásticos, caucho, cuero y textiles; por ende, sus esporas pueden ofrecer indicios en situaciones en las que otros palinomorfos (otras partículas, como los granos de polen) escasean o están ausentes; hasta fragmentos de líquenes o de objetos mohosos son susceptibles de desprenderse y quedar atrapados en elementos involucrados en una investigación criminal. Además, los hongos quedan relacionados con la naturaleza de los organismos de los cuales dependen y su aparición se puede rastrear en función de factores como la estacionalidad, la temperatura o las propiedades de la superficie. Pueden llegar a recogerse muestras de especímenes sumamente raros en la escena de un crimen y esto resulta de enorme importancia si se necesita saber la procedencia de un cuerpo o el trayecto seguido por un arma.

La micología forense es aún una ciencia muy en ciernes. En el año previo al del caso *inaugural* que relatamos, el profesor Roderic Cooke, de la Universidad de Sheffield (Inglaterra), la bautiza involuntariamente cuando, haciéndose eco de la aparición de ciertos hongos tóxicos en animales enterrados en Japón y de la sugerencia sucesiva de una posible utilidad en la localización de víctimas de homicidio, declara con escepticismo: «Sin embargo, la micología forense, probablemente, seguirá siendo una idea fantasiosa». Más de un siglo antes, Vincenzo Ottaviani (1839), *primer micólogo* de los Estados Pontificios, lamenta que no exista «una obra de micología sanitaria y forense» para aclarar unos cólicos y decesos atribuidos a champiñones en Roma, «un tema en el que la policía médica y la medicina forense tienen no poco interés»; ese tratado de micología forense está ahora más cerca, como acaso asignaturas y titulaciones académicas. Repasemos varios casos que hemos conocido desde 1981-82; ficcionaremos igualmente los nombres y pormenores reales y seremos por un momento un torpe remedo de Vázquez Montalbán.

El asesino de tejones

El condado inglés de Staffordshire se ubica en medio de la campiña británica, no muy lejos de las marcas galesas. Sus densos bosques y amplios prados, salpicados por algún castillo medieval, evocan antiguas discusiones entre nobles o batallas entre sajones y normandos. Una variada fauna intenta sobrevivir en un entorno natural cada vez más restringido en favor de la prosperidad de las ciudades: los amenazados tejones excavan sus madrigueras en las propiedades, horadando el suelo de jardines y caminos, y la Badgers Act de 1972 o la Protection of Badgers Act de 1992 no parecen haberlos puesto a salvo del todo.

En 2004, el propietario de una finca, Mr. Evans, detectó la visita de alguna criatura a las inmediaciones del seto que la circundaba, en el que sobresalían dos hermosos robles comunes. La tierra se hallaba removida y aquella mata, algo descuidada, mostraba señales de haber sido traspa-

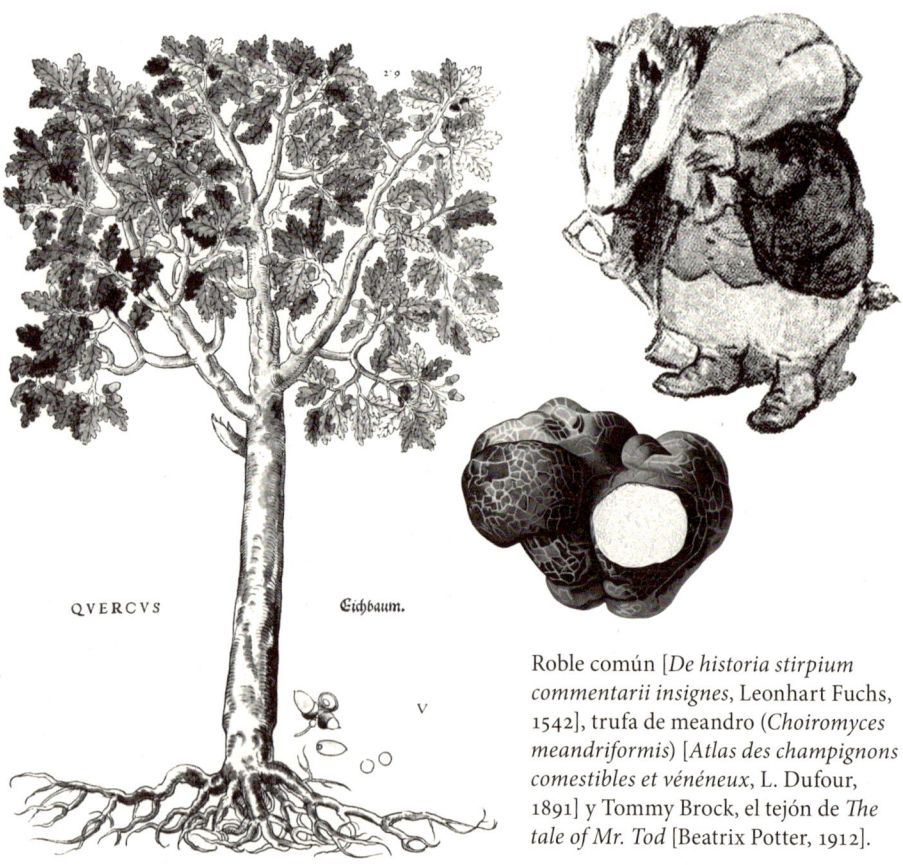

QVERCVS — Eichbaum.

Roble común [*De historia stirpium commentarii insignes*, Leonhart Fuchs, 1542], trufa de meandro (*Choiromyces meandriformis*) [*Atlas des champignons comestibles et vénéneux*, L. Dufour, 1891] y Tommy Brock, el tejón de *The tale of Mr. Tod* [Beatrix Potter, 1912].

sada por algo. «¡Alimañas!», debió pensar. Su archienemigo futbolero, aquel vecino demasiado simpático e incluso su esposa en un día de riña por las malas notas del chiquillo pasaron entonces a un segundo plano: su némesis eran desde ya esos escurridizos *bichos* que le iban a hacer trabajar. Aún no podía verlos, pero algún día los encontraría...

Eran tejones europeos (*Meles meles*). Su mala fama y persecución venían de antiguo porque, de entrada, hablamos de una especie nocturna que extrañamente se deja ver a plena luz y se les achacaba la propagación de enfermedades como la rabia o la tuberculosis bovina. Fuera ese el caso o no, para Mr. Evans representaban un intruso que exterminar como fuese. Siguiendo su cada vez más evidente rastro, logró atisbar al poco, en el prado, a unos cien metros de los robles, la boca de su madriguera. Esperó a la noche y, caída esta, tomó una pala y una azada, caminó hacia el lugar... y la emprendió a porrazos con esa parte del terreno. Uno, dos, tres, cuatro... lo que era una madriguera acabó asemejándose más al agujero provocado por un obús. «Asunto arreglado». El señor regresó a casa y se tumbó plácidamente en la cama con la satisfacción de haber exorcizado sus demonios en aquella familia de animalillos. Las herramientas yacían arrojadas junto a las clemátides del jardín.

Lo que no sabía el dueño de aquella finca es que esos aperos serían suficientes para probar su delito, no porque hubiese trabajado con ellos un pedazo de tierra en lo que podría encubrirse como una labor cotidiana del campo, sino porque la tierra adherida a ambos portaba unas esporas que, cotejadas con el perfil palinológico de las muestras de la madriguera, llevarían a los investigadores a descubrir el secreto. Bajo la superficie del suelo de los robles se habían desarrollado micorrizas de *Choiromyces meandriformis*, hongos micorrícicos —llamados *hipogeos*, subterráneos, aunque a veces afloran— en simbiosis con las raíces esos árboles caducifolios; los esporocarpos de estos son las llamadas trufas de meandros o falsas trufas blancas, de cuyo aroma se sabe que vuelve locos a los jabalíes —aunque en el sur de Europa, al contrario que en el norte, se consideran tóxicas—. Los pobres tejones habían estado desenterrando trufas para almacenarlas y degustarlas en su madriguera.

El señor Evans, o como se llamara, terminaría en efecto condenado tras constatarse que había procurado quitarse de encima a los mustélidos por las malas. Fue el primer éxito judicial de la Royal Society for the Prevention of Cruelty to Animals (RSPCA) por destrucción de madrigueras de tejones [Hawksworth *&* Wiltshire, 2011]. Ese mismo año, la Hunting Act endurece la ley de 1992 y prohíbe, junto con su hostigamiento, obstruir la boca de sus galerías para cazar el zorro con perros.

Un ajuste de cuentas

La práctica de la eliminación de un adversario, tan antigua como la historia de Caín y Abel, ha evolucionado a través de innumerables métodos, desde los más primitivos hasta los más ingeniosos, o viceversa. Imaginemos a un individuo resuelto a *silenciar* a su oponente renunciando a sofisticados envenenamientos (como los inventados por el impotente Juan Sforza para crear la leyenda negra de Lucrecia Borgia) y optando por el garrotazo limpio, más acorde a las circunstancias y menos latoso: agazapado tras el follaje en una calle por la que suele pasear, asesta un único y contundente golpe a la víctima y huye; posteriormente, convencido de que así borrará todo rastro del crimen, prende fuego a la garrota. Pues resulta que, a los pocos días, un Sherlock Holmes actualizado se presenta en su domicilio y le pide que responda a unas preguntas acerca del fallecido. Y, semanas después, aunque él —por supuesto— no sabía nada del tema, el sospechoso se ha convertido en principal acusado y es condenado por asesinato. ¿Cómo ha podido pasar? ¿Qué ha fallado?

Algo así ocurrió en 2008 en Romford, municipio londinense antes perteneciente al condado de Essex. Un *dealer* o traficante de drogas convocó al que era su socio, lo esperó recostado contra un roble —de nuevo un roble— que aquí invadía un seto de cipreses y le pegó un tiro, tras lo cual abandonó el lugar en coche junto con otros. El ciprés más próximo veía impedido su crecimiento por la sombra del *Quercus* y estaba infectado por *Pestalotiopsis funerea*; el individuo entró en contacto con sus ramas, con la hojarasca y con el tronco del roble, todo contaminado. Además de polen, que no resultaba concluyente como elemento predominante en el muestreo palinológico, se hallaron esporas de ese hongo patógeno en sus pertenencias (de las que no creyó necesario deshacerse) y en el vehículo, donde también apareció una especie no descrita del género saprofito *Endophragmiella* localizada en la hojarasca.

Al abordar el suceso en *Forensic Science International*, sobre la base de su informe a la Policía Metropolitana de Londres, el matrimonio Hawksworth & Wiltshire (2011) —él, del Dpto. de Biología Vegetal II de la Universidad Complutense de Madrid; ella, de la Universidad de Aberdeen (Escocia)—, pionero en el ejercicio y la divulgación de la micología forense como disciplina, apunta: «En este caso, si bien los perfiles palinológicos de las muestras de comparación y las pruebas [forenses] eran similares, las esporas fúngicas proporcionaron una resolución adicional que añadió información poderosa y pertinente para el tribunal».

El caso del chamán salvado por los pelos

Aaron Rodgers (41), legendario *quaterback* de la NFL que, al publicarse estas líneas, afronta con los Pittsburgh Steelers su última temporada en el fútbol americano tras dos décadas de actividad, es un gran defensor de la legalización del consumo de hongos psilocibios y de la ayahuasca. Un documental de Netflix estrenado en 2024 retrata su experiencia en un *retiro* de ingesta de esta bebida psicoactiva en Costa Rica.

De vuelta a 2008, un lozano joven del suroeste de Inglaterra (John Doe) muere a los cuatro días de asistir a una ceremonia de ayahuasca, infusión de plantas tropicales —*Banisteriopsis caapi, Psychotria viridis*— en la que se libera dimetiltriptamina (DMT). Se halló este alcaloide en su cuerpo y el chamán fue acusado de homicidio imprudente, sin que la policía requiriese más pruebas toxicológicas. No obstante, se supo que el finado, asimismo amigo de los hongos mágicos, solía tomar infusiones de *Psilocybe semilanceata* (el «gorro de la libertad») y en su dormitorio se encontró un esporocarpo maduro; examinados entonces su íleon y su colon, se observaron efectivamente esporas del hongo en abundancia (aunque había defecado antes de morir, no todo el material ingerido antes o después del retiro había sido expulsado del intestino aún), así como polen de cannabis y semillas de adormidera —fuente de opiáceos—, y los dos primeros figuraban también en cajones, matraces y cajas de plástico o de galletas. Las altas proporciones en que se registraron estos tres elementos en el cadáver hicieron pensar a los investigadores (Wiltshire, P. E. J. *et al.*, 2015) que «las sustancias psicotrópicas de todos ellos probablemente estaban presentes en el cuerpo del hombre en el momento de su fallecimiento» y su conjunción con la DMT, que ya de por sí causa la muerte en dosis muy altas, pudo afectarlo sensiblemente.

Con todo, no se consiguió definir con certeza la causa del deceso: no se disponía del análisis palinológico/micológico de heces que habría evidenciado la ingestión de sólidos y material en suspensión antes de la ceremonia (el colon desveló que no había comido nada en esos cuatro días posteriores; sí bebió un zumo de naranja que le fue suministrado tras la ayahuasca y la función intestinal aún resistió). La acusación contra el chamán, eso sí, pasó a ser solo por posesión de ciertas drogas. El caso remarcó el valor de la microscopía óptica de muestras intestinales en óbitos vinculados con hongos, para detectar todos los materiales ingeridos en una línea temporal, y la necesidad de incorporar el examen micológico/botánico/palinológico para un análisis toxicológico certero.

Agresiones sexuales, un reto para la investigación forense

Año 2009. El inspector, pongamos, Flint ojea expedientes una mañana cualquiera en su despacho de la comisaría de Devizes (Wiltshire), al suroeste de Inglaterra. De repente, a través del cristal, observa cómo una joven se interna en la oficina algo desorientada y, sin saber a dónde ir, paralizada, empieza a angustiarse. Una agente se le acerca. Flint deja lo que estaba haciendo y camina hacia su puerta. Vigila desde el quicio.

La chica, guiada por la agente a un escritorio retirado y tranquilizada, afirma tras unos instantes que su novio la ha violado esa noche. Al parecer, tras pasar un rato juntos, él la iba a acompañar a su casa pero, en vez de detenerse frente a esta, la obligó a seguir caminando unos cincuenta metros hasta una zona boscosa y allí la agredió. Interrogado, el denunciado ofrecerá una versión muy diferente: según él, habían mantenido relaciones sexuales consensuadas en el césped de un parque público ubicado unos doscientos metros al sureste del lugar indicado por ella. Puesto que los dos habían mencionado un acto sexual, un análisis de ADN era inútil; las miradas se centrarían ahora en la ropa y el calzado: los investigadores (Wiltshire, P. E. J. *et al.*, 2014) razonan que todo pasaba por que estos hubiesen estado en contacto con hojarasca o tierra, pues el asfalto apenas les transfiere palinomorfos. La joven aseguraba que el chico la obligó a tumbarse en el suelo y este negaba haber pisado aquel bosque, por lo que los análisis palinológicos revelarían quién decía la verdad.

El terreno de la presunta escena del crimen, cubierto de ramas y hojas en descomposición, presentaba hasta 15 hongos: *Brachysporium britannicum, Camposporium cambrense, Diplocladiella scalaroides, Bactrodesmium betulicola, Pestalotiopsis funerea...*; el de mayor número de esporas era uno realmente inusual, *Clasterosporium flexum*, con apenas once registros en Gran Bretaña e Irlanda; se identificó un extremadamente raro *Pseudovalsella* e incluso se habría descubierto una nueva especie de *Didymosphaeria*; pero lo más relevante era *Rhizophagus fasciculatus,* una endomicorriza (micorriza en que la hifa del hongo penetra en las células de la raíz de un árbol): solo se había registrado cuatro veces en Reino Unido y su hallazgo implicaba contacto sí o sí con el suelo expuesto. En cuanto al parque, se distinguieron sobre todo *Epicoccum nigrum* y *Melanospora* sp.: apenas había esporas suyas en las ropas y los zapatos, como cabría esperar si se hubieran recostado allí. Por el contrario, de la gran mayoría de las del bosque sí (13 especies en él y 10 en ella).

En cuanto a los genitales, únicamente se hallaron unos granos de polen de gramíneas y *Quercus* —también encontrados en sus pertenencias y propios casi exclusivamente de la arboleda— en el frotis vaginal: el sospechoso se los habría transferido durante la penetración al contactar sus manos o su pene con aquellos. El lugar exacto de la violación señalado por la denunciante, de donde se habían extraído las correspondientes muestras, había sido precisamente bajo un gran roble.

En definitiva, la evidencia de los palinomorfos fúngicos y polínicos apoyaba la primera hipótesis y se entendió que el testimonio de la joven era el verídico. «Al presentar las pruebas, el acusado confesó haber yacido con la chica en la zona boscosa, tal como ella había afirmado. El análisis palinológico fue fundamental para que la policía obtuviera una condena sin necesidad de largos y costosos procedimientos judiciales».

Bosque virgen en Stanley Park, Vancouver (Columbia Británica, Canadá), 1912
[a partir de Rosetti Photographic Studios, UBC Library Digitization Centre].

Los ladrones de la fábrica y unos activistas hiperventilados

Como quizás haya adivinado el lector, es seguro que unos cuantos *locos* ejercieron la micología forense sin saberlo cuando aún no era siquiera esa *idea fantasiosa* que hoy va materializándose. Y no hablamos de la aya que pudiera haber cazado al crío intentando aligerar el plato de champiñones metiéndoselos en un bolsillo. Siguiendo la pista de nuestros amigos Hawksworth *&* Wiltshire en 2015, hemos sabido de un caso acontecido en los 60 que no sería divulgado hasta el año previo; lo hizo el neozelandés David J. Galloway (2014) meses antes de fallecer como el colega al que homenajeaba, el experto liquenólogo Peter W. James.

Cuando su maestro James se jubiló como jefe de la Sección de Líquenes en el Museo de Historia Natural de Londres, allá por 1990, le pidió a Galloway que le ayudase a desalojar su despacho y le dijo que debía quedarse con una de las carpetas, llena de correspondencia y recortes de prensa. Repasándola para redactar su obituario, ya en febrero de 2014, Galloway reparó en un par de cartas enviadas desde Birmingham por el doctor W. E. Montgomery, director del Laboratorio de Ciencias Forenses de las Tierras Medias Occidentales, con fechas 20 de diciembre de 1962 y 11 de febrero de 1963; la primera llevaba adjunta una pequeña colección de líquenes costrosos, fuertemente adheridos a una superficie:

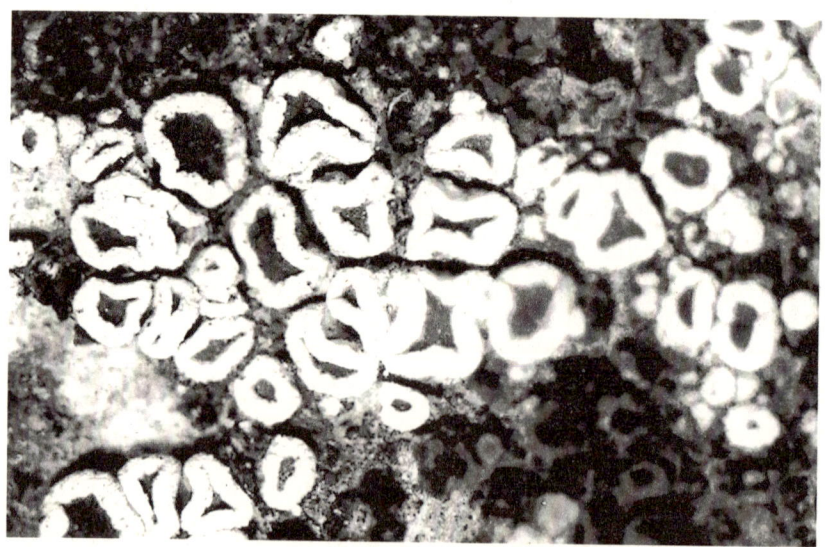

Lecanora dispersa. Fotografía de un espécimen de herbario con microscopio de disección (40x) [Condado de Washington (Maryland, EE. UU.), 1974; Ed Uebel].

«Querido James:

Me pregunto si podrías ayudarme a identificar el espécimen adjunto, que fue hallado creciendo en superficies horizontales de albardillas de hormigón prefabricadas en el centro de Coventry...».

Las anotaciones mostraban que James había identificado fácilmente la especie de liquen como *Lecanora dispersa*, habitual en edificios de hormigón e integrada en el género de hongos liquenizados *Myriolecis*. En la segunda misiva, que respondía a otra extraviada, Montgomery le agradecía el *cable* y detallaba el trasfondo de la investigación:

«Este espécimen afloró en un caso de asalto a una fábrica; la fábrica tenía una cubierta rodeada por un parapeto de bloques de hormigón [...]. Accedieron a las instalaciones levantando una de las cúpulas de cristal. Se nos facilitaron muestras del parapeto, lascas del techo de asfalto y empaquetadura de amianto [...], junto con tres juegos de prendas exteriores de los tres hombres sospechosos del delito. Encontramos fibras de amianto en los pantalones y botas de todos los sospechosos, fragmentos de liquen en un par de pantalones y lascas en una bota [...]. Los sospechosos se declararon culpables en las sesiones del mes pasado, por lo que mi conocimiento de los líquenes no fue sujeto a contrainterrogatorio».

David Galloway ya había escuchado esa historia años atrás de boca del propio James, pero ahora tenía ante sí el testimonio documental de aquel episodio de lo que podríamos llamar «proto micología forense» protagonizado por su admirado mentor. Tras regalarnos semejante joya inédita en su recuerdo, un cáncer se lo llevó también a él en diciembre.

Volvamos a Hawksworth *&* Wiltshire (2011) una última vez —como dice Vázquez Montalbán en *Milenio Carvalho*, lo ético en toda vuelta al mundo no es sino «volver al lugar de donde se partió»— pues asimismo gracias a ellos tuvimos noticia de unos insospechados *amigos de lo ajeno* que vieron truncadas sus ambiciones por un detective implacable. Nos referimos, en concreto, a cuatro activistas por los *derechos* de los animales que, en el condado de Lincolnshire (East Midlands), en 2008, habrían tratado de allanar una granja que criaba de conejos de laboratorio.

Spencer (27), Greta (18), Alex (18) y Will (17) —los denominaremos así, aunque en el artículo archivado del *Market Rasen Mail* (24/10/2008) podemos leer los nombres completos de todos salvo el del menor—, convencidos integrantes del cada vez más poderoso movimiento animalista, quisieron ir a sacar de sus jaulas a unos pocos lepóridos aunque acaso no supieran muy bien qué hacer con las criaturas. Sucedió, para más señas, en la madrugada del 13 de octubre y su objetivo era, sin ir más lejos, Highgate Farm, la explotación que en enero había sido asaltada por el Frente de Liberación Animal (ALF) y sufrido la pérdida de hasta 129 ejemplares, además de destrozos por valor de cien mil libras. La granja contaba con licencia del Ministerio del Interior británico y suministraba conejos a compañías dedicadas a la investigación como la farmacéutica Huntingdon Life Sciences. Los cuatro jóvenes, que no participaron en aquella otra acción según el periódico pero sí se adhirieron a la campaña Stop Huntingdon Animal Cruelty (SHAC), en cuyo marco se había tramado esta «misión de reconocimiento», serán acusados de conspiración para causar daños en el criadero y enfrentarán cargos adicionales por interferencia en una relación contractual para perjudicar a un *animal research establishment* y complot para ello.

Los perfiles palinológicos del calzado de todos los sospechosos se parecían a los de las muestras del recinto y se detectaron, además de especies de plantas exóticas —con polen que procedería de la comida importada para los lepóridos—, diecinueve taxones de hongos coincidentes de los veintiuno totales. *Melanospora zamiae*, *Brachysporiella setosa* y *Caryospora callicarpa* destacaban por sus exiguos registros en el país y es posible que llegasen igualmente con el alimento introducido del exterior; *C. callicarpa*, de hecho, como recalcan los investigadores, no se había recolectado en todo el Reino Unido desde 1865. Las comunidades complejas contrastadas diseñaron una huella específica de la granja que también se halló en los calzados y que, dada la singularidad de algunas especies y la profusión de marcadores concordantes, difícilmente se obtendría en otro lugar. Definitivamente, su presencia en Highgate quedaba era innegable…. y varias cámaras de seguridad lo corroborarían.

Spencer (D. C.), Alex (L. K.) y Will se declararon culpables a cambio de una reducción de cargos, admitiendo la interferencia en una relación contractual para perjudicar a un centro de investigación animal; Greta (V. W.-T.), novia de Spencer, negó la acusación y fue declarada inocente. Los dos primeros permanecieron en prisión preventiva y fueron condenados a varios meses de reclusión; en el panfleto *Animal Liberation Front Supporters Group* de abril de 2009 vemos publicados sus datos y fotografías como prisioneros de la causa y se anuncian sus nuevas señas respectivas tras su traslado de cárcel.

La micología forense se abre paso, no a base de insinuaciones sino de casos reales y probados ante la ley, como una disciplina de inmenso potencial en la investigación criminal (y civil). La intrínseca ubicuidad y diversidad fúngica, fuente inagotable de información, es su principal baza: «...es necesario que los investigadores y quienes participan en la medicina forense, especialmente los patólogos y toxicólogos, sean conscientes del valor probatorio de los hongos». Su futuro, y con ello quizá el de miles de personas, depende de que se produzca o no una progresiva concienciación profesional sobre su rigor y aplicaciones hasta consolidarse como herramienta irrenunciable para la criminalística moderna.

📖 PARA LEER MÁS:

Carter, D. O. y Tibbet, M. (2003). Taphonomic mycota: fungi with forensic potential. *Journal of Forensic Sciences*, 48(1).

Cooke, R. (1981). *Fungi*. Collins.

Galloway, D. (invierno de 2014). Peter James (1930-2014) and forensic lichenology. *British Lichen Society Bulletin*, 115.

Hawksworth, D. L. y Wiltshire, P. E. J. (2011). Forensic mycology: the use of fungi in criminal investigations. *Forensic Science International*, 206.

Hawksworth, D. L. y Wiltshire, P. E. J. (2015). Forensic mycology: current perspectives. *Research and Reports in Forensic Medical Science*, 5.

Illana-Esteban, C. (2013). Micología forense. *Bol. Soc. Micol. Madrid*, 37.

Market Rasen Mail. (24 de octubre de 2008). Animal rights activists in court [archivado]. *Market Rasen Mail*.

North-West Evening Mail. (30 de abril de 2009). Ulverston man joined raid on farm – court. *North-West Evening Mail*.

Ottaviani, V. (1839). Memoria sui funghi prataioli. En Metaxa, T. (Comp.). (1839). *Annali medico-chirurgici*, I. Tipografía Mugnoz.

Tranchida, M. C. (2014). Soil fungi: their potential use as a forensic tool. *Journal of Forensic Sciences*, 59(3).

Van de Voorde, H. & Van Dijck, P. J. (1982). Determination of the time of death by fungal growth. *Zeitschrift für Rechtsmedizin*, 89.

Vázquez Montalbán, M. (1972). *Yo maté a Kennedy*. Planeta.

Whittaker, R. H. (1959). On the broad classification of organisms. *The Quarterly Review of Biology*, 34(3).

Wiltshire, P. E. J. *et al.* (2014). Palynology and mycology provide separate classes of probative evidence from the same forensic samples: a rape case from southern England. *Forensic Science International*, 244.

Wiltshire, P. E. J. *et al.* (2015). Light microscopy can reveal the consumption of a mixture of psychotropic plant and fungal material in suspicious death. *Journal of Forensic and Legal Medicine*, 34.

Máscara chamánica de hongo (¿*Fomes fomentarius*?) hallada en las
colinas centrales de Nepal [de una colección privada en Florida].

Laricifomes (aquí *Polyporus*) *officinalis* [*Medizinal pflanzen*, F. E. Köhler *et al.*, 1883].

LA MÁSCARA DE LOS DIOSES.
LAS SETAS CURAN

El sonido del tambor, con cadencia machacona e interminable, desgarra a paso lento el silencio del bosque infinito; los montes adyacentes se suman, con el eco generado por ellos mismos, al traspaso de Halcón Solitario, el chamán de los tlingit. Enfrente, al otro lado del lago salado, presencia la ceremonia la que será bautizada como isla de Vancouver. Toda la tribu, en silencio, rodea el cuerpo del fallecido; el último suspiro ha dado paso al compás monótono de la letanía iniciada por todos los miembros. No hay dolor, la muerte no existe: para un tlingit, es un paso en el camino al reino del Gran Espíritu, donde moran los seres bondadosos cuya empresa en la vida no ha sido otra que velar por el bien de la tribu. Pero en el traspaso acechan los espíritus malvados, aquellos que en su existencia solo se amaron a sí mismos; en su dimensión oscura y guiados por los apetitos que en vida los llevaron a la perdición, culpan a los vivos de su desdicha enviando enfermedades e infortunios: por fortuna, Halcón Solitario, con sus hechizos, ha guardado a la tribu hasta el último día, mas ¿quién lo protegerá de esas criaturas infernales? Media Pluma, su ayudante, se acerca pausado y sereno: desde ahora será ensalzado como «Gran Pluma» y relevará al difunto en sus funciones; con gran cuidado, le coloca una máscara en el rostro. Parece de madera, pero no lo es; los espíritus de la naturaleza han hecho crecer un bulbo en los árboles, el premio del Gran Espíritu al chamán: gracias a ella, pasará desapercibido entre los entes malvados de ultratumba. Su sendero hacia la tierra de la paz está expedito. La máscara se llama Agarikón.

En el siglo XIX, a medida que el Gobierno estadounidense consuma el exterminio de las tribus indias de Norteamérica como paso indispensable para la definitiva conquista del Oeste, escudado en la doctrina protestante del «destino manifiesto» —según la cual estaba *llamado* a ocupar todo el territorio continental por designio divino—, autores como James Fenimore Cooper o Walt Whitman alumbran la literatura fundacional de la nación y dan justificación romántica a ese avance colonizador que hallará su culmen, poniendo fin a las guerras indias, en la masacre de de Wounded Knee (1890) y la desaparición de la frontera. Solo con el transcurso de varias décadas, comenzarán a escucharse las voces de otros autores que ofrecen una versión alternativa a la oficialista y alejada de la historia política, sobre la base no ya de registros ocultos o reinterpretaciones sino de testimonios etnológicos no divulgados sobre los indígenas, obra de antropólogos en la zona o de militares que tenían acceso privilegiado a las fuentes primarias. El teniente de navío George T. Emmons se familiarizó con tribus como los tlingit o los tahltan en Alaska, apenas quince años después de la trascendental adquisición de la región al Imperio ruso, y gracias a obras como la suya podemos contar la historia del *agarikón*, con la que continuaremos enseguida; como tantas otras, nos habla de la importancia de los hongos como configuradores de la identidad popular y base imprescindible de la alimentación, la farmacopea, la espiritualidad y la mitología de cientos de culturas.

Como ya hemos expuesto, los integrantes del reino Fungi comparten más rasgos comunes con Animalia (ergo con los seres humanos) que con Plantae: la evidencia molecular revela que conforman, junto con ciertos organismos unicelulares, un mismo clado o rama filogenética —Opisthokonta— caracterizado por el distintivo flagelo único que comparten. En pocas palabras, los hongos y nosotros somos opistocontos. En esta vinculación se halla la razón primera de que la humanidad pueda beneficiarse de las innovaciones bioquímicas en el estudio de los hongos para protegerse de virus, bacterias y otros enemigos invisibles. Y escribíamos al principio: «Aunque los hongos han sido instrumentalizados durante mucho tiempo por tantas culturas, solo recientemente la ciencia moderna redescubrió lo que los antiguos sabían hace mucho tiempo: que los hongos pueden ser la gran farmacia de la humanidad». Desde Ötzi, los hombres neandertales de la cueva asturiana de Sidrón o la magdaleniense Dama de Rojo de la cántabra del Mirón, contamos con infinidad de ejemplos sobre la aplicación medicinal de las setas por parte de nuestros ancestros, y ya hemos mencionado también su papel en el ámbito grecorromano o el egipcio; el primer tratado farmacopéico de la tradición china, el *Clásico de materia médica* (siglo I d. C.) atribuido a un emperador han de nombre Shennong, «el Divino Granjero», cantaba las maravillas de seis «colores» del hongo *lingzhi —reishi* para los japoneses, «pipa» en España—, seis variantes de *Ganoderma* cada una de las cuales era beneficiosa para la fuerza vital (*qi*) en un sentido u otro: el verde para el hígado, el rojo para el corazón, el amarillo para el bazo, el blanco para los pulmones, el negro para los riñones y el púrpura para el *jing* o la esencia vital; junto con ellas aludía a otras varias especies que no se han identificado y abundan en el carácter casi místico de un mundo fúngico en comunión estrecha con el ser humano.

En el presente capítulo nos dedicaremos exclusivamente a repasar una serie de episodios ilustrativos de la alianza del hombre con los hongos para combatir enfermedades. Abordaremos por supuesto el revolucionario descubrimiento, a partir de un moho del género *Penicillium*, del primer antibiótico que se produciría y aplicaría masivamente para el tratamiento de infecciones bacterianas, pero también la singladura de una desconocida y no tan exitosa «penicilina hispánica» o la quijotesca lucha de un incomprendido médico francés por patentar su tratamiento experimental contra las oronjas mortales. ¡Vamos allá!

«Agarikón»

«Los pueblos indígenas de la costa [del Pacífico] noroeste —narran Blanchette, R. A. *et al.*, 1992— usaban productos de la selva tropical templada para satisfacer muchas de sus necesidades básicas. Los hongos del bosque, al igual que en otras sociedades, servían como fuente de tintes, yesca, pintura y medicina». Cuando investigadores como el Tte. Emmons entraron en estrecha relación con los nativos de la zona, hasta el punto de que a él llegaron a bautizarlo con uno de sus nombres y a considerarlo de los suyos, pudieron participar de sus rituales y acceder a sus enterramientos, documentar todo con fotografías e incluso hacerse con unas amplias colecciones de objetos que luego irían a parar en su mayoría al American Museum of Natural History. Algo llamó especialmente su atención en las tumbas de los chamanes: se trataba de unas figurillas talladas a partir de esporóforos de un hongo que eran colocadas junto al difunto; habían sido utilizadas por este en vida y ahora lo acompañarían a la otra como guardianes. Aquel hongo era el agárico blanco (de *agarĭcum, agarikón*), hoy *Laricifomes officinalis* y antes *Fomitopsis* o *Polyporus officinalis*, al que atribuían poderes sobrenaturales para la sanación y la protección frente a los malos espíritus.

«Pan fantasma» (*adagan*), «galleta de árbol» (*tak'a di*)..., el agárico blanco crecía en forma de pezuña, como una fruta colgante, en los troncos de los árboles (provocando la denominada pudrición parda) y se pensaba que o era recolectado por los propios curanderos durante sus retiros o lo obtenían en el marco de sus extensas redes comerciales fluviales con los pueblos atabascanos del interior. La muestra más antigua de su uso medicinal data de alrededor de 1860 y, además, en la colección de Emmons se identificaron en torno a diez de esas piezas talladas con sus grandes esporóforos que daban cuenta de un uso ritual de los mismos; el propio militar estadounidense los confundió, conforme atestiguan sus notas, con madera, pero al analizarlos pudo constatarse que en realidad constituían pequeños talismanes encaminados al mismo fin que se perseguía con su administración como fármaco: ahuyentar a las fuerzas sobrenaturales, unas que ya habían causado esas diversas dolencias y otras que acechaban a los sanos con planes perversos. Se situaban en las vigas de las viviendas donde se efectuaban los rituales y los pronunciados orificios de sus bocas y estómagos sugieren que precisamente perseguían atrapar de modo literal a esos espíritus malignos.

Varios años después de la publicación de estos hallazgos, el mismo investigador principal (Blanchette, R. A., 2017) encontró la primera máscara, esta vez recolectada por el arqueólogo Harlan Ingersoll Smith en un poblado nuxalk de la Columbia Británica (Canadá) antes de 1924. Aquellos indígenas, asimismo conocidos como «bella coola», contaban entre sus prácticas ceremoniales y sociales con la de componer sociedades secretas, una de las cuales —la *kusiut*, algo así como la «Sociedad de lo Sobrenatural»— celebraba la exclusiva y enigmática «danza del hongo». Si bien no se dispone de toda la información al respecto, una versión un tanto decepcionante sostiene que la máscara ejercía un papel de fuerza sobrenatural más o menos fingido: era atada a una cuerda de la que tiraba alguien bajo las tablas del suelo, sin que los participantes lo supieran, y estos trataban de levantarla a lo largo del baile en lo que devenía una lucha de poder; la que cobra más verosimilitud o fuerza nos transporta a eventos de eclipse solar y lunar, en los que el chamán se la colocaba (pues su diseño estaba pensado para tal y dos marcas resquebrajadas a cada lado apuntan a que poseyó agujeros para colgársela) y encarnaba en sí mismo esa batalla contra el mal. En cualquier caso, las máscaras irían a parar junto con los demás amuletos a la tumba del chamán y nos gusta pensar, como dan por sentado algunas fuentes, que la costumbre con ellas era ciertamente proteger el rostro del legendario brujo tal cual hizo Gran Pluma en nuestra historieta. Los mismos autores han tenido constancia de ritos similares en Nepal por parte de la tribu rai y se han fotografiado máscaras elaboradas con hongos de este y otros géneros, como los *Ganoderma* descritos por Shennong.

No sabemos con certeza cuáles eran esas afecciones varias que curaba en Alaska, pero, como relatábamos, Dioscórides (ca. 65 d. C.) inaugura los registros en Europa ensalzándolo («en suma, el agárico es útil contra todas las enfermedades intrínsecas») y, a sus virtudes para los dolores de estómago o los traumatismos añade las de prevenir o curar la fiebre, sanar el hígado; aliviar a asmáticos, ictéricos, disentéricos y tísicos o a los que padecen de riñón, etc.; en definitiva, plasma en palabras esa idea del hongo como panacea. De ella dudan con razón los investigadores, pero al menos un par de aplicaciones sobrevivieron al paso de los siglos y, al inicio del XX, numerosos tratados médicos lo preescriben: la de drástico (purgante muy eficaz) y la de antitranspirante para alivio de los sudores de los tísicos o tuberculosos, gracias al ácido agaricínico o agaricina. Se administraba en polvo hidrosoluble o extractos en píldoras.

Con todo, sorprende que, como señala la micóloga Carolina Girometta (2018), el aislamiento y la caracterización química de los compuestos de *L. officinalis* solo se hayan realizado recientemente y apenas hayan trascendido, de suerte que hoy parezcamos abocados a desterrar al pasado por inservible aquel ingenio de indios y helenos. Por ejemplo, se han aislado cumarinas, que ayudarían a tratar patologías pulmonares como el asma, y unas cumarinas específicamente cloradas que se han demostrado eficientes contra *Mycobacterium tuberculosis*, ratificando así las viejas creencias de Dioscórides y los galenos de la Grecia romana. El reconocido Paul Stamets, trabajando en el Proyecto BioShield del Departamento de Defensa estadounidense (con vistas al estudio de «un fármaco, producto biológico o dispositivo para tratar, identificar o prevenir daños causados por cualquier agente biológico, químico, radiológico o nuclear que pueda causar una emergencia de salud pública que afecte la seguridad nacional»), ha descubierto potentes propiedades de los extractos de micelio del hongo contra los virus de la viruela, la gripe y el herpes. Y en otro experimento, tras probar once cepas originarias de Norteamérica, algunas mostraron una gran actividad igualmente contra la gripe porcina (H1N1) y aviar (H5N1), superando la potencia del fármaco antiviral asentado para estas. Por último, dos preparaciones del agárico blanco (AGARIKON.1, comprimidos, y AGARIKON PLUS, líquido) producidas en Croacia evidenciaron su eficacia antitumoral frente a un cáncer colorrectal avanzado en 2020. ¿Quién da más? A ver si aquellos tlingit y nuxalk no iban desencaminados...

La «chaga». ¿Por qué los campesinos rusos no tenían cáncer?

«... el doctor Máslennikov es un anciano médico del *zemstvo* [asamblea regional] en el distrito de Alexándrov, cerca de Moscú; [...] observó que, aunque en la literatura médica se prestaba una atención creciente al cáncer, entre sus pacientes, los campesinos, no se daban casos. ¿A qué sería debido? [...]; descubrió lo siguiente: para economizar el dinero del té, los campesinos de aquel distrito cocían en su lugar la *chaga*, llamada de otro modo "el hongo del abedul" [...]. No, Yefrem, no es la galamperna. Y no es exactamente el hongo del abedul, sino el cáncer del abedul. Si recuerdas, sabrás que los abedules añosos tienen unas... unas excrecencias, unos tumores deformes, como pequeñas cordilleras, que son negras en la superficie y de color castaño oscuro en el interior. [...] Pues bien. A Serguéi Nikítich Máslennikov se le ocurrió una idea: ¿no será con esa misma *chaga* con la que a lo largo de los siglos venían curándose el cáncer los campesinos rusos sin ellos saberlo? [...] Era indispensable comprobarlo a fondo».
ALEXANDER SOLZHENITSIN. *Pabellón del cáncer*, 1967-68.

La *chaga* (conservamos aquí el uso de sustantivo femenino ruso, si bien el que ha prevalecido en castellano es masculino en aposición a *hongo*) es una especie que parasita los abedules y otros árboles de los fríos bosques boreales de Rusia, Europa del Este y Escandinavia principalmente. Produce en sus cortezas, en efecto, un cancro, que además de «úlcera que se manifiesta por manchas blancas o rosadas» significa «(tumor del) cáncer». El fragmento anterior ha definido su aspecto: irregular y agrietado, bruno, parece carbón quemado que se incrusta en el tronco; ocasiona en su caso la pudrición blanca. ¿Acaso el cáncer del abedul estaba previniendo de ese mal a los campesinos rusos o ya soviéticos?

Antes de erigirse en el rostro más insigne de la oposición occidental a la URSS, patrocinado desde su primera obra (*Un día en la vida de Iván Denísovich*) por otro antiestalinista como Nikita Kruschev, Alexander Solzhenitsin dio a la imprenta extranjera un relato sobre los pacientes oncológicos del Instituto Médico de Taskent (RSS de Uzbekistán) en el que *Inonotus obliquus*, el hongo *chaga*, era anunciado como posible explicación de la escasa incidencia de cáncer entre el campesinado. En la escena reproducida, el protagonista blande una carta del viejo doctor por la cual este, tras años de investigación, le explica el tratamiento.

Izqda.: Cuerpo fructífero de la *chaga* en el tronco de un abedul (1) y en sección transversal (2) e hifas del hongo (3) [*Atlas de plantas medicinales de la URSS*, Nikolái Vasílievich Tsitsin (ed.), 1962]. Dcha.: Mujiks [campesinos prerrevolucionarios] rusos bebiendo té [*The boy travellers in the Russian empire*, Thomas W. Knox, 1887].

Los enfermos desconfían, ya que el remedio no parece haber sido reconocido ni lo administran las enfermeras («Eso es un proceso largo, Ajmadzhán»), pero ruegan que se les dicte pues nada tienen que perder: «... Kostoglótov comenzó a dictarles lentamente la carta, explicándoles además la manera de secar la *chaga* para no privarla por completo de jugo, cómo triturarla, con qué agua hervirla, cómo hacer la infusión, cómo filtrarla y qué cantidad debía tomarse». No obstante, la única vía para conseguir ese hongo en Taskent y las repúblicas del sur, donde no habían visto jamás un abedul, era comprarlo a recolectores que lo enviaban contra reembolso a quince rublos el kilo, lo que algunos no podían permitirse. «El abedul había sido un alivio, pero no para todos».

En los primeros compases de este libro aludíamos a una tribu siberiana, la de los janti, que empleaba el hongo yesquero (*Fomes fomentarius*) como potente fármaco y además se fumaba su yesca o lo quemaba en torno al hogar para repeler a las fuerzas del mal: estos mismos janti, nómadas practicantes del chamanismo y el cristianismo ortodoxo, fueron los precursores de una tradición que no solo convirtió a la *chaga* en ingrediente básico del té como alimento, sino que realizaba lavados medicinales sumergiéndolo en agua caliente y le atribuía valor terapéutico.

Con todo, aquella quedó relegada al ámbito tribal-popular y no captó *stricto sensu* la atención de las autoridades hasta 1959, cuando el Instituto Botánico V. L. Komarov y el Instituto Médico Estatal I. P. Pavlov de Leningrado acometen ensayos en pacientes de cáncer en fase avanzada y se logra una mejora general de los sujetos, normalizar los parámetros sanguíneos y linfáticos, y reducir el dolor. En 1961, cinco años después del momento en que está ambientada la novela de Solzhenitsin —pues el propio autor estaba ingresado allí por aquel entonces, tratándose un tumor testicular—, la *Farmacopea Estatal de la* URSS incluye al fin la *chaga* y sus preparados, aunque solo en calidad de medicamento no específico para tratar gastritis, úlceras gástricas, poliposis, enfermedades precancerosas y tumores malignos para los que se desaconsejen la radioterapia o la cirujía; junto con infusiones y comprimidos, en 1984 se registra un extracto del hongo como fármaco inmunoestimulante con el nombre de Befungin, hoy ampliamente comercializado. Por cierto, que las primigenias infusiones más allá del té (en agua) se empezaron elaborar vertiendo la seta triturada en vodka y estas tinturas también han sobrevivido gracias a marcas como Bashspirit (Башспирт), uno de los mayores fabricantes de bebidas alcohólicas de la Federación Rusa, al igual que se han inventado bálsamos con otros licores, como el espirituoso «Chaga» con hierbas y frutas de Urzhum (Уржумский).

Algunos investigadores no se han conformado y, apoyados en la concepción de *I. obliquus* como «superhongo» y superalimento, no en vano ciertas fuentes lo apodan «el diamante del bosque», han explorado las opciones de que sirva para mucho más. Tras descifrar sus componentes (entre los que destacan polisacáridos como el inotodiol, la betulina y el ácido botulínico), ponen en valor su efecto sobre las células tumorales y cuanto promete como complemento a la radioterapia y demás métodos:

> «... el potencial farmacológico de la *chaga* no se ha aprovechado plenamente [...]; es evidente la acción multidireccional de diversos complejos bioactivos de la *chaga* sobre las dianas moleculares de las células cancerosas: [...] acción proapoptótica [que propicia la muerte celular programada] e inmunomoduladora (triterpenoides), citotóxica y proinflamatoria inmunomediada (polisacáridos), genoprotectora y antiapoptótica (polifenoles). [...] El tratamiento paliativo con esta prometedora materia prima en oncoterapia merece especial atención» [Zmitrovich, I. V. *et al.*, 2020].

Quizás un Dr. Máslennikov de carne y hueso nos sorprenda pronto...

En otoño abre la farmacia del monte: «robellomicina» en vena

Níscalos o robellones (*Lactarius deliciosus*) [*Pilze der heimat*, Eugen Gramberg, 1913].

La medicina moderna considera al cuerpo humano como una matriz donde interactúa un cúmulo infinito y caótico de moléculas que hay que equilibrar, para lo que prescribe a los pacientes una plétora de recetas como poemas a la esperanza de una recuperación matemática y rápida. Lo que antes no pasaba en muchos casos de descanso, oración y buenos alimentos, y si acaso una aspirinita, ahora son pastillas por todos lados. Quien suscribe lo lamenta como médico y como micólogo.

Alejados de la cocina de nuestros antepasados, sumidos en la vorágine del consumo y de lo frenético, quizá hayamos creído que algo tan simple como salir una mañana de noviembre a coger níscalos tras las lluvias es una pérdida de tiempo. *Lactarius deliciosus*, sin embargo, sigue siendo una de las setas más codiciadas y su mercado mueve grandes sumas de dinero en muchas partes del mundo, aunque quizá solo algunas conserven una ligera noción de su verdadero valor: las tribus que aún sobreviven al sur de Jammu y Cachemira, en la India, no solo ven en él un sabor que hace honor a su epíteto específico, sino también una fuente de inagotables beneficios que abarcan hasta el de estimulador sexual. Investigadores chinos del United International College de Zhuhai (Cantón) nos lo resumen: «Es rico en proteínas, minerales, carbohidratos y compuestos gustativos con bajo contenido calórico y graso. Además, se ha confirmado que [...] tiene efectos sobre la salud como actividad antihiperglucémica, inmunorreguladora y antitumoral» (Su, Z. & Xu, B., 2024). Nuestro ya amiguete Stamets, reveló, como resultado de un estudio *in vitro* en 2002, que además inhibe contundentemente el crecimiento de la bacteria *Staphylococcus aureus*, el estafilococo más virulento y temible, el cual provoca desde conjuntivitis o foliculitis hasta meningitis, neumonía o sepsis; esta circunstancia, en un contexto en el que cada vez más bacterias desarrollan resistencia a los antibióticos comerciales —la última *Lista de patógenos bacterianos prioritarios de la* OMS, en 2024, consignó hasta veinticuatro para las que se requiere un nuevo antimicrobiano, entre ellas la cepa de *S. aureus* resistente a la meticilina (una penicilina) con prioridad alta—, pone de relieve la enorme utilidad que los robellones y otros hongos pueden llegar a tener como escudo inmunológico, sea mediante la creación de medicamentos realmente efectivos con sus extractos y derivados o mediante su reincorporación progresiva a la dieta como medida preventiva.

Para muestra, un botón. A partir del pigmento rojizo que gotea del esporocarpo en la ilustración superior de *L. deliciosus*, el francoalemán Harry Willstaedt aisló en 1935 la lactarioviolina, un compuesto químico del que en la década posterior observaría que, junto con el «ácido azulilacrílico» (*azulylacrylsäure*) derivado, ejercía una fuerte inhibición del mencionado bacilo *M. tuberculosis*. En 1793, cuando la tuberculosis causaba estragos en Francia y en todo el orbe (las prematuras muertes de tres de los hijos de Luis XVI se le atribuyeron, la última en 1795), el médico practicante y botánico de Valenciennes Dr. André-Ignace-Joseph Dufresnoy reportó haber curado la entonces llamada «tisis tuberculosa» de treinta pacientes combinando —¡ojo, esta receta sí que *mola*!— tres grandes dosis de *Agaricus deliciosus* en polvo con un opiato a base de conserva de rosas (polvo de pétalos con agua destilada de rosas y azúcar pulverizado, famosa como tónico y astringente), esperma de ballena (tranquilos: «Sustancia grasa de la cabeza del cachalote», recomendada para la tos, el asma o la pleuritis), ojos de cangrejo (que no eran tales sino piedrecitas calcáreas formadas en su estómago y también se utilizaban en medicina popular, como absorbente de ácidos) y azufre molido: esa pasta resultante se tomaba como una golosina del tamaño de una nuez moscada (*electuario*, en clave médica) por la mañana y por la noche, acompañada de un té de milhojas y azúcar blanco —¿no es genial?—, y en pocos meses erradicaba el mal (Coste & Willemet, 1793).

Ya saben: la farmacia del monte abre en otoño y hay «robellomicina». Además del aire puro y un manjar, se llevarán un auténtico elixir.

«Penicillium chrysogenum» o el melón milagroso

Un melón en estado de descomposición ha salvado la vida a millones de personas a lo largo de muchas décadas.

Alexander Fleming era un joven bacteriólogo que un día de 1928 salió precipitadamente de su trabajo a disfrutar de unas vacaciones con su joven esposa. Al volver, se percató de que unas placas de cultivo que había olvidado guardar permanecían sobre su mesa desordenada, invadidas ahora por algún hongo que impedía crecer a las bacterias sembradas: con la ayuda de un colega micólogo, Charles J. La Touche, identificó a este misterioso ser como *Penicillium rubrum* (nombre que fue luego corregido a *P. notatum* y que en el presente siglo sería redefinido como *P. rubens*). Lo que Fleming estudiaba era precisamente el estafilococo *S. aureus*. También gracias a esa serendipia suya, a ese valiosísimo hallazgo accidental, se verificó el que es el mecanismo de los antibiogramas actuales: en un disco cargado con antibiótico, este se difundía en el medio y producía un halo de inhibición del crecimiento de la bacteria alrededor; en ese cerco, los patógenos son parcialmente destruidos.

Serendipia fue también la primera vacuna de la historia, la del inglés Edward Jenner para la viruela; una observación que ahora parece elemental constituyó una revolución de ingente trascendencia en la protección contra las enfermedades infecciosas. O la pasteurización: hay un antes y un después del gran Louis Pasteur. Los genios son aquellos que se atreven a pensar por sí mismos aun contraviniendo las ideas preconcebidas; el caso más significativo fue el de Ignaz Semmelweis, quien fue cruelmente maltratado por sus colegas y, perdida la razón, acabó ingresado en un manicomio, donde falleció a los 47 años: el origen de su «locura», insistir en el lavado de manos de las obstetras antes de atender un parto a fin de evitar las fiebres puerperales. Y esto pasó en el siglo xix; hay un ensayo novelado del genial Louis Ferdinand Céline, también médico, sobre su injusto e infame caso. Si hubiera una genial figura científica que reivindicar, sería Semmelweis: su caso todavía nos emociona.

Habrá quien piense que ya entonces se aisló la penicilina y todos felices, pero no fue así. El joven investigador escocés se pasó encadenando pruebas diez años y, como en todo gran descubrimiento, nadie hizo caso; volviendo a Voltaire, «... sabemos que el azar no es nada. Inventamos esta palabra para expresar el efecto conocido de cualquier causa desconocida». Un olvidado artículo de Fleming sobre los efectos antibacterianos de *P. notatum* cae en manos de un equipo de patólogos encabezado por Howard Walter Florey, un australiano al mando de la Escuela de Patología Sir William Dunn de Oxford, cuando este investigaba la lisozima (recientemente descubierta por él); se componía de unos investigadores selectos, entre ellos Ernst Boris Chain, un berlinés de origen judío e hijo de industrial químico que había crecido entre tubos de ensayo y probetas y que, para más empaque, tuvo maestros de la talla de Walther Nernst, Max Planck, Otto Hahn u Otto Warburg, las máximas iluminarias en esa época de esplendor del talento científico alemán que forjaría a pupilos como el estadounidense Oppenheimer.

Es Chain quien en 1938 da con el escrito ignorado de Fleming, que databa de nueve años atrás, mientras estudian aquella enzima antibiótica presente en tejidos y secreciones corporales; intrigados por el potencial de tales sustancias antimicrobianas producidas por microorganismos y ávidos de embarcarse en un proyecto sufragado a largo plazo que les evitase la tediosa tarea de recaudar fondos, propusieron a la Fundación Rockefeller el proyecto de un estudio sistemático y les fueron concedidos cinco mil dólares durante cinco años. Lo que les fascinaba, según su explicación (Chain, E.; 1972), era que todo había surgido por un golpe de suerte: el *P. notatum* productor de penicilina que Fleming había hallado en su placa de Petri era ubicuo y podía aislarse de la mayoría de los jardines domésticos de Londres; muchos otros lo habrían tenido antes en las suyas y las habrían desechado, pero él lo conservó accidentalmente el tiempo suficiente y en las condiciones idóneas (no reproducibles normalmente en laboratorio) para que el moho se desarrollase y el agente antibacteriano alcanzase las colonias en plenitud: «... si el bacteriólogo observa que una de las placas que desea usar para una prueba diagnóstica está contaminada con un moho, no la emplea y, por lo tanto, no tiene posibilidad de observar una inhibición del crecimiento...».

El moho se cultivó en un medio líquido y el ingenioso bioquímico Norman G. Heatley, el miembro más joven del grupo, ideó la técnica de la retroextracción o extracción inversa (*reverse extraction*) para purificar de manera eficiente la sustancia, pues al disolverla con acetato de amilo la conseguían separar del líquido (filtrado previamente para eliminar el micelio y las esporas) pero la unían por otro lado irremediablemente a ese disolvente: usando una solución alcalina —hidróxido de sodio, esto es, sosa cáustica—, transfirieron nuevamente la supuesta penicilina al agua y consiguieron extraerle esta congelándola y sublimándola a presión reducida, en lo que se conoce como «liofilización». A tenor de lo que anota Heatley en su diario, el momento clave tiene lugar a las once de la mañana del sábado 25 de mayo de 1940, cuando se inyecta a ocho ratones una dosis letal de *Streptococcus pyogenes* y, transcurrida una hora, se va administrando penicilina por vía subcutánea a cuatro de ellos en intervalos diversos: los otros cuatro estaban muertos ya de madrugada y estos sobrevivían, si bien uno fallecería a los dos días «Realmente parece como si la P[enicilina] pudiera ser de importancia práctica. De vuelta a casa, descubrí que me había puesto los calzoncillos al revés. ¿Un presagio de buena suerte?» (Dugan, D. *et al.*, 1986).

A aquel experimento inaugural le sucedieron otros tantos con mayor número de ratones de control: además de contra el estafilococo, comprobaron que la penicilina también era eficaz contra la bacteria que provocaba la gangrena gaseosa. Pero ¿se hallaría el mismo éxito en humanos? Lo que el equipo no sabía es que unos colegas de la Universidad de Columbia leerían sus conclusiones en *The Lancet* (24/08/1940) y se adelantarían a probarlo con cuatro pacientes de endocarditis infecciosa subaguda en el afiliado Hospital Presbiteriano de Nueva York, logrando el éxito y la difusión que ellos no amasaron ante el escepticismo general: los sujetos no registraron efectos tóxicos graves y *The New York Times* (6/05/1941) publicó: «GERMICIDA "GIGANTE" PRODUCIDO POR MOHO.— Nuevo fármaco no tóxico, considerado el germicida más potente jamás descubierto PROBADO EN SERES HUMANOS». Los ensayos de los de Oxford arrancarían el enero anterior, con una voluntaria afectada de un cáncer terminal (no padeció efectos secundarios más allá de una fiebre debida a los pirógenos de la sustancia, que se eliminarían luego mediante cromatografía o separación de componentes), y proseguirían con un agente de policía al que un corte labial se le había infectado con estafilococos y estreptococos, ocasionándole graves abscesos supurados en la cara y obligando a la extirpación de un ojo: ocurrió una desgracia, y es que la hinchazón se redujo y la fiebre con ella, pero el laboratorio se quedó sin existencias de penicilina —Reino Unido se encontraba en plena guerra mundial y hasta hubieron de fabricarse *ex profeso* las bacinillas en las que se confeccionaba el fármaco; además, la sustancia era aún muy inestable, como había lamentado Chain—; intentaron reaprovechar los restos extraídos de su orina, pero la recaída se hizo inevitable y el hombre falleció en menos de un mes. En tanto continuaron los experimentos tras el luctuoso suceso, casi todos con jóvenes (pues requerían menores dosis) y todos satisfactorios por suerte, los investigadores comandados por Florey exploraron vías para obtener más suministros y, ante la escasa colaboración británica (su economía estaba consumida por el gasto militar y correspondencia digitalizada en 2025 muestra a Churchill quejándose a sus ministros de tal incapa-

cidad), pusieron rumbo a Estados Unidos, donde involucraron a numerosos organismos y hasta al Ejército en busca de recursos o nuevas cepas de hongos, por más que eso supusiera ceder el invento a otra nación.

Después de trabajar durante meses con los mohos de alimentos varios, visitar incluso otros países y cosechar algún logro como multipli-
car por diez el rendimiento productivo al añadir licor de maceración
de maíz al medio de fermentación (avance nada desdeñable pero insuficiente), cierto día de junio de 1943 aconteció la serendipia definitiva...
en cualquiera de las dos versiones difundidas. Según la popular y más
asentada, una empleada del Laboratorio de Investigación Regional del
Norte de Peoria (Illinois), la señorita Mary Hunt, descubrió un melón
cubierto de moho amarillento extraño en un puesto de un mercado, al
parecer pues había conseguido que el comerciante le guardase regularmente las frutas mohosas; según otra, contrapuesta por el propio micólogo a cuyas órdenes estaba ella en el centro (Andrew Moyer), el melón
lo entregó allí un ama de casa: fuera como fuese, aquel moho resultó ser
Penicillium chrysogenum, de una cepa que se revelaría particularmente
propicia para la producción de penicilina en masa —doscientas veces

Trabajos con placas de bacterias expuestas a penicilina en el NRRL, en busca de una cepa
con la que fabricar en masa (ca. 1943). Mary Hunt sería la de la izqda. [USDA, D4750-1].

superior a la de *P. notatum* en un inicio y hasta mil al cabo de sucesivas mejoras y mutaciones—. Miles de millones de unidades de penicilina serían fabricadas industrialmente por distintas compañías en los países aliados, restringidas en un principio al esfuerzo bélico para curar a los soldados con heridas infectadas y cubrir el desembarco de Normandía: los Archivos Nacionales estadounidenses estiman que su número de muertes del Día D se redujo entre un 12 % y un 15 % por obra de la penicilina. Además, entre las tropas proliferaban alarmantemente las venéreas, de modo especial en las campañas del norte de África e Italia, y los hospitales de evacuación aplicarían con éxito penicilina en varones con sífilis temprana y gonorrea resistente a las sulfonamidas (un antibiótico), que en un plazo de tres a nueve días podrían reincorporarse al frente; hoy, la gonorrea, como los estafilococos, se ha hecho a su vez resistente a la penicilina. Por otro lado, muchos lectores habrán tenido oportunidad de leer que Adolf Hitler fue salvado por la penicilina: lo que se sabe que su médico personal Morell le administró tras el atentado contra la Guarida del Lobo el 20 de julio de 1944, antes de que aquella se pudiera elaborar masivamente y cuando los países del Eje carecían de infraestructura para hacerlo, fue un compuesto experimental en polvo bautizado con el nombre de su empresa, penicilina Hamma, débil y tóxico, en una herida superficial de su mano derecha; no hay constancia de que fuera el destinatario de unas ampollas estadounidenses incautadas por el *generaloberstabsarzt* Dr. Siegfried Handloser.

Mary K. Hunt, que en verdad se desempeñó ¿como bacterióloga? en el NRRL de Peoria y, para más señas, se cree que aparece en una foto de 1943 examinando placas con bacterias expuestas a penicilina, fue desde entonces «Mary la Mohosa» y presumió no sin motivo de haber hallado el célebre melón. Mito o realidad, se prodigó en los periódicos casi tanto como Fleming después de que su hospital (el Santa María de Londres) se atribuyese el desarrollo completo de la penicilina; Florey se alejó de los focos, temeroso de no poder afrontar la demanda: ambos dos, junto con Chain, recibieron el Premio Nobel de Fisiología o Medicina en 1945 por un trabajo que salvaría la vida de muchísima gente alrededor del mundo (y generaría ganancias astronómicas a EE. UU.) gracias a un hongo. Heatley apenas fue nombrado oficial de la Orden del Imperio Británico en 1978 y Oxford le otorgó, ya en 1990, el primer doctorado *honoris causa* no destinado a un médico de su historia: «Uno podría legítimamente preguntarse —escribían a su muerte (2004) en *Oxford Today*— si perdió el Nobel [...] simplemente porque las reglas del Comité Nobel restringen a tres el número de elegidos para un premio».

Estiba de un cargamento de penicilina en un avión de Trans-Canada Air Lines (TCA) en Dorval (Quebec, Canadá), 1945-50 [a partir de Okänd, Tekniska Museet; PDM 1.0].

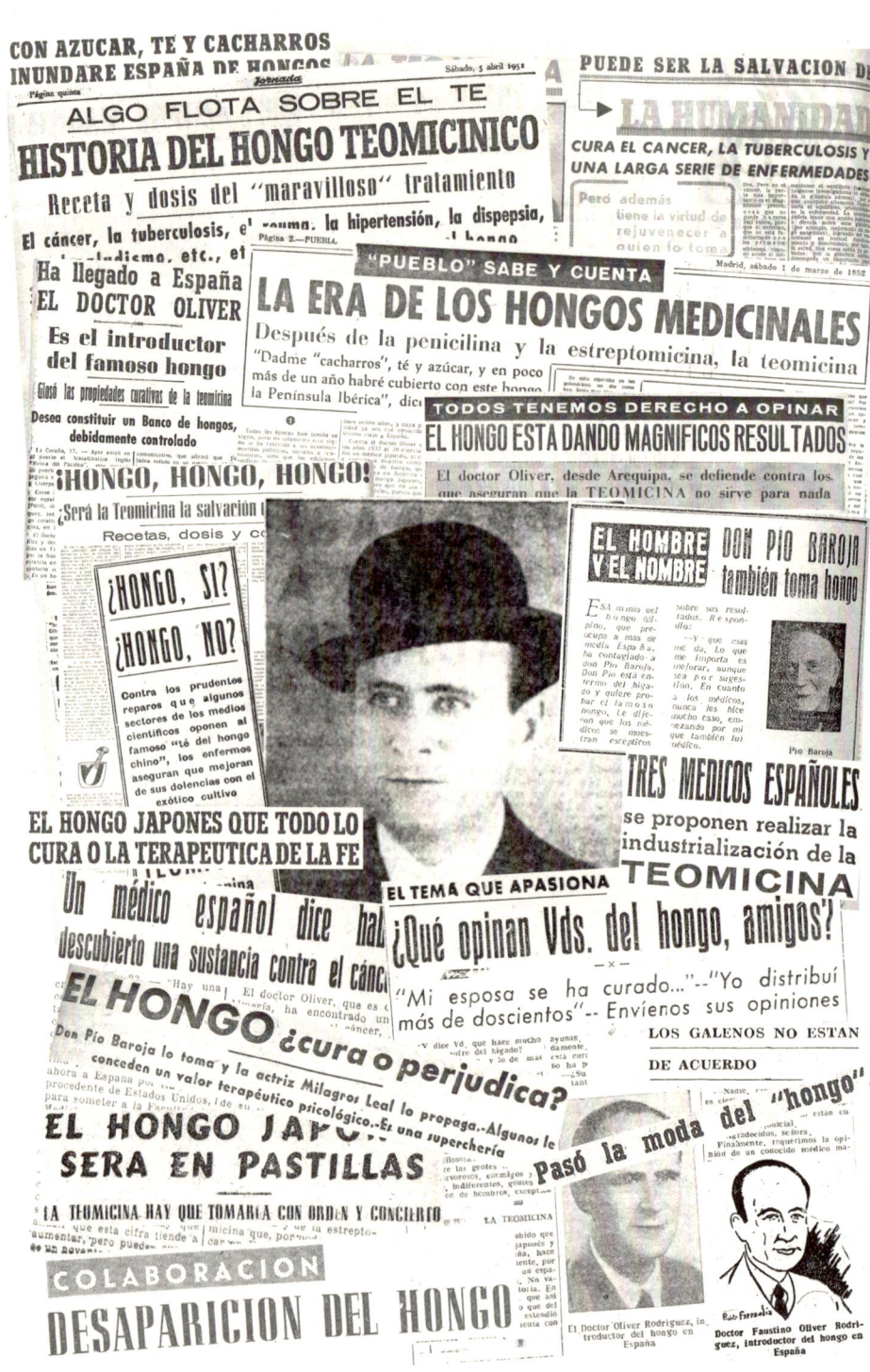

Composición con el retrato del Dr. Oliver y recortes de la prensa española de 1947-67 (*Pueblo, 7 Fechas, La Voz de Castilla, Jornada, El Diario Palentino...*) sobre la teomicina.

Teomicina, la (fallida) penicilina hispánica

Llegados a este punto, es hora de hablar del hongo. «El hongo. Su importancia geográfica. ¿Es verdad el hongo? Historia del hongo. [...] Un kilo de hongo...». Empero, ¿no es eso lo que hemos venido haciendo a lo largo de doscientas cincuenta y dos páginas? Bueno: esta falsa cita en que parafraseamos al profesor de *Amanece que no es poco*, surrealista película dirigida por José Luis Cuerda (quien, como curiosidad, temía de niño a las setas y perdía el sueño por ellas, pues alguien lo había convencido de que, si las comía, solo a las doce horas podría estar seguro de que no eran venenosas y no se iba a morir, y las pasaba en vigilia), tiene su sentido. ¿Por qué nos expresamos en singular? Los jóvenes que tengan la suerte de conservar cerca a un abuelo podrán preguntarle y corroborarlo enseguida: en los últimos años 40 y primeros 50 del siglo xx, en España existió la antonomasia de las setas, el Hongo con mayúscula; de esta manera se aludía a él y todos sabían a cuál se hacía referencia.

En agosto de 1947, cuando solo había transcurrido un mes largo del gran acontecimiento que supuso la visita de la primera dama argentina, Eva Duarte de Perón, y se anunciaba la llegada de dos nuevos vapores con toneladas de trigo, legumbres, leche, estearina, caseína y glicerina donadas por ella, aterrizó en suelo español un individuo particular que no dejaría precisamente tan buena impresión, al menos en la mayoría. Se llamaba Faustino Oliver Rodríguez y era doctor en Arequipa (Perú) desde hacía catorce años, pero había nacido y crecido en el municipio almeriense de Berja; él traía bajo el brazo un cultivo fúngico que, aseguraba, le había reportado magníficos resultados en la cura de infecciones, incluida la tuberculosis: arribaba directamente desde los Estados Unidos (donde había dedicado una temporada a estudiar tanto esta como el cáncer, en cuyo tratamiento se ensayaba ahora el empleo de radioisótopos) para ofrecer unas charlas y continuar sus investigaciones con hongos en la Escuela de Medicina Legal de la Facultad de Medicina de Madrid, que le ofreció al efecto su antiguo maestro y amigo el catedrático Antonio Piga. Entrevistado por el diario *Pueblo* (23/10/1947) en el hotel Gran Vía, donde se hospeda, dice creer que en aquellas cepas tendrán «un substitutivo de la penicilina y [la] estreptomicina, que, por poderlo fabricar en España, resultará a un precio mucho menor», pero no solo eso: sostiene poseer una sustancia capaz de detener la reproducción de células tumorales y que, combinándola con los demás métodos, «la curación del cáncer es un hecho no del futuro, sino del presente».

Marchó pronto. A los pocos meses, el doctor Oliver se vio obligado a suspender sus labores de experimentación y divulgación, para regresar a su puesto en la ciudad que fundara Garci Manuel de Carbajal por mandato de Pizarro en 1540, y la expectación creada por titulares como «Un médico español dice haber descubierto una sustancia contra el cáncer» (*La Voz de Castilla*) pareció diluirse ante el mutismo mediático; sin embargo, el hongo ya se propagaba por España y el proyecto sobrevivía en manos de su colaborador el farmacéutico de Ponferrada José M.ª Hidalgo Mateos; Oliver regresaría en cuanto le fuese posible para seguir sometiendo sus hallazgos al juicio de los médicos de la madre patria. Curiosamente, su lugar en la prensa lo ocupan, mientras, noticias como un presunto remedio para el cáncer epitelial logrado por el médico de Languilla (Segovia) a partir de un hongo o el baño de multitudes del flamante nobel Fleming en Barcelona, al inaugurar su gira por estos lares. En diciembre de 1951 sale a la luz un enigmático reportaje del *Amanecer* de Zaragoza con diversos testimonios de alabanza al hongo; no se cita por ningún lado al introductor y se insinúa que es un «hongo penicilínico» y de la India —no se sabe con certeza de dónde proviene pues «Juan lo recibió de Pedro; este lo entregó a Pilar...»—, pero ya se desvela una receta que coincide con la que luego detallará aquel. «Personas de todas las clases y estamentos sociales, desde los más aristocráticos a los más humildes, usan el hongo [...]. Un religioso nos ha dicho que, no hace mucho, él mismo mandó un hongo a Palencia, de donde le había sido solicitado, y que en el norte de España, concretamente en Bilbao, es considerable ya la petición...». Afirman que disminuye la tensión arterial, purifica la sangre, elimina los cólicos hepáticos y el reuma...

Faustino Oliver reaparece en febrero de 1952, atendiendo desde Arequipa a un periodista de *7 Fechas* y anunciado como corresponsal en América de la Sociedad Española de Higiene, y lo hace con una fuerza inaudita. Explica con garbo el porqué de su ausencia, revela la identidad de tan misterioso hongo y desarrolla detenidamente, en términos científicos pero asequibles al gran público, el increíble potencial médico de este; además, se reproducen sendas fotografías del cultivo y de los tarros en que se conserva. El hongo hundía sus raíces en la antigüedad asiática y en EE. UU. lo apellidaban «japonés» —aunque su lugar de origen sería la región sinorrusa de Manchuria—: se trataba del *kombucha*, que en el uso femenino del término designa la bebida preparada con él; realmente, no es una sola especie, sino un organismo simbiótico de diferentes hongos (levaduras de géneros como *Saccharomyces*, *Brettanomyces* o *Pichia*) con distintas bacterias ácido-acéticas y ácido-lácticas.

Lo había obtenido de un colega nipón que, al verse forzado a abandonar EE. UU. tras estallar la guerra, le legó asimismo unos pacientes sorprendentemente beneficiados por su terapia; su estudio lo terminó impulsando a consagrar sus días a la preparación de ese brebaje de hongo prodigioso y, tras constatar los primeros avances, a patentarlo para su país natal con el nombre de «teomicina» (del que en una última reaparición en *Pueblo* al cabo de dos décadas, esa vez para defenderse tras su ocaso, aclararía que había sido formado a partir de *Té-*, caldo de cultivo; la *-o-* de Oliver; y «*-micina*, hongo», entendemos que apoyado en la antes abordada raíz griega, por *mūkēs, mykai, Mykênai-Mycena...*). Ojo: ¡tendría la virtud de rejuvenecer a quien lo tomase! El galeno intuía que el preparado actuaba directa o indirectamente sobre la glándula adrenal, conjunto de dos órganos que producen hormonas como el cortisol o la adrenalina (claves en el metabolismo o la respuesta al estrés pues estas regulan múltiples funciones fisiológicas), lo cual, unido a su incidencia en las arterias *revitalizando* la sangre, constituiría la clave.

La teomicina se elaboraba vertiendo una infusión de té negro azucarada en un tarro de vidrio y, ya fría, introduciéndole el hongo (que sería una masa viscosa, como clara de huevo); se dejaba macerar unas noches hasta que adquiriera un olor ácido. En hogares rurales y urbanos de toda España, la ingesta mañanera de una tacita se tornó en rutina; y los médicos asistían al furor colectivo entre el escepticismo y la indignación. Por la prensa supimos que un literato de la talla de Pío Baroja, doctor en Medicina, la tomaba con notables resultados para su fastidioso hígado —«"Pero don Pío [...], si eso del hongo es pura sugestión. [...]". "Bueno, pero ¿cura o no cura? [...]". "En algunos casos sí. Pero por pura sugestión". "Bueno, pues, si cura, a mí lo mismo me da que sea por sugestión que por química, física o historia. ¡Lo tomo!"» [*La Voz de Castilla*, 21/05/1952]— y que la actriz Milagros Leal, madre de Amparo Soler, había podido volver a comer y recobrado la vida hasta el punto de que diríase que estaba más joven —«Pero ¿eres tú o tu hija», la saluda el entrevistador—. El fenómeno genera ríos de tinta (en la portadilla de este apartado hemos procurado componer una muestra gráfica) y en octubre se anuncia: «Tres médicos españoles se proponen realizar la industrialización de la teomicina» (*El Adelantado de Segovia*, 27/10/1952); Oliver, que no paraba de divulgar el invento y pasar consulta aquí y allá, se había asociado con su compañero Hidalgo y el bacteriólogo burgalés Conrado Abad de la Torre para, tras someter a examen sus propiedades, incorporar la teomicina al mercado y evitar por otro lado, con ello, su consumo anárquico e imprudente. Todo marchaba sobre ruedas, pero...

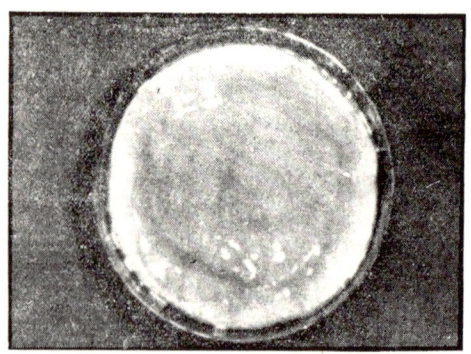

«Dadme "cacharros", té y azúcar, y en poco más de un año habré cubierto con este hongo la península ibérica» (*Pueblo*, 01/03/1952). Izqda.: Tarros de cultivo de la teomicina en el laboratorio del colaborador del Dr. Oliver en Ponferrada, Dr. José M.ª Hidalgo Mateos. Dcha.: Vista cenital del mucilaginoso *hongo* [*7 Fechas*, 26 de febrero de 1952].

De repente, se hace el silencio. El doctor Oliver desaparece de los periódicos de la noche a la mañana y con él cualquier reporte sobre los avances del hongo. Las últimas novedades han señalado que la Dirección General de Sanidad había emprendido los trámites para registrar y comercializar la teomicina como fármaco (en comprimidos de uso reglado pues «... hay que tomarla con orden y concierto»); también ha pululado por las librerías un librito divulgativo sin la autorización del médico; y es cierto que recientemente habían cobrado fuerza algunas críticas frente a los testimonios favorables («El hongo japonés que todo lo cura o la terapéutica de la fe.— [...] el doctor Oliver, como aquel famoso doctor Asuero [1887-1942] que curaba tocando el trigémino, tiene todo el derecho a hacerse millonario», escribían en *El Diario Palentino*). Se rumorea que él anda por Barcelona... Entonces, ¿qué ha sucedido?

La censura. Al menos, eso aseguraría el protagonista años después de haber regresado al Perú..., en una carta publicada ¡en *Pueblo*! el 8 de marzo de 1967. Meses después de aquella muerte pública en la cima, ya el diario *Jornada* (22/04/1953) le había dedicado un reportaje postrero corroborando que mantenía su consulta en Barcelona y aseverando que su teomicina, simplemente, había pasado de moda, pese a lo cual no perdía su sentido del humor («... ¡se acabó el profeta! El hongo ha ido a parar al fondo del recipiente de cristal y esto, según dicen los "bebedores de la teomicina", este fenómeno es el que decreta la muerte del mismo»).

Otros medios habían presagiado su marcha rotulando «Desaparición del hongo». Pero ahora Oliver Rodríguez apuntaba a un reportaje censurado en *El Monitor de la Farmacia y la Terapéutica* y a una caída en desgracia por falta de ayudas que no solo lo había apartado de los focos, sino que efectivamente lo había arruinado por completo en su afán de distribuir la teomicina de forma industrial mientras no cobraba los honorarios de sus pacientes. Su relato de los hechos no tiene desperdicio: tras recurrir sin éxito al director general de Prensa (otrora entusiasmado director del periódico que lo había presentado en sociedad) y al de Sanidad, que alegaron cumplir órdenes y no poder hacer nada, el almeriense se instaló en la ciudad condal en busca de fondos, pues existía allí gran demanda, y fue a anunciarlo con su foto habitual y la leyenda «Introductor del hongo en España», pero el aviso también fue tachado; por fin logró pasar el corte en *La Vanguardia* y ABC con uno en que omitía la palabra *hongo* y acompañaba su nombre de otra imagen, una que se hizo *ex profeso* tras comprarse un elegante sombrero hongo inglés —la que ocupa el centro de nuestra composición—. Hasta la entrada en escena de la teomicina, «el hongo» era ese sombrero: «El gran público comprendió la indirecta, colmando mi consultorio de clientes, gracias a este truco fotográfico. Pero cuando mis colegas lo vieron, ¡para qué te cuento...!»; arreciaron las reprobaciones del sector médico en los medios, catalogando aquello de superchería y de sugestión, y la aventura de la «penicilina hispánica» terminó para siempre. De nada sirvieron las pruebas fehacientes que afirmó tener de infinidad de curaciones, empezando por las de su úlcera duodenal y su cirrosis hepática. El vespertino, propiedad de la Organización Sindical, planteaba: «Una pregunta que se hacen millones de personas: ¿por qué el hongo fue "condenado" científicamente y se obligó [a] guardar silencio al doctor Oliver?».

La teomicina había sucumbido fugazmente de éxito. Lo llamativo de este caso es que la condena no se justificó por terribles efectos secundarios, de los que cuesta encontrar una sola referencia, sino por la decepción de quienes no vieron cubiertas sus expectativas y la reivindicación, razonable, de que el enfermo necesitaba un tratamiento acorde a su padecer. «... muchos, crédulos por naturaleza, saboreamos no ha mucho tiempo las excelencias del hongo-teomicina. Hubo quien lo encontró hasta agradable. Y es que la capacidad de sugestionarse es, en el hombre, enorme, y en ocasiones contribuye a curarle» (*Jornada*, 21/10/1953). Alguno se preguntaría si es que no había deseado sanar tanto como Pío Baroja o Milagros Leal..., y qué hacía ahora con ese tarro. Los curados, tras cerrar el periódico, exclamarían: «¡Que me quiten lo bailado!».

📖 PARA LEER MÁS:

7 Fechas. (26 de febrero de 1952). La teomicina. Este producto se extrae del hoy tan popular Hongo. Puede ser la salvación de la humanidad. *7 Fechas.*

Arillaga Anabitarte, P. y Laskibar Urkiola, X. (2005). Pierre Bastien. Pionero en la lucha contra las intoxicaciones faloidianas [suplemento 22 de *Munibe*]. Sociedad de Ciencias Aranzadi.

Blanchette, R. A. (2017). Extraordinary fungal masks used by the indigenous people of North America and Asia. *Fungi*, 10(3).

Blanchette, R. A. *et al.* (1992). Nineteenth century shaman grave guardians are carved *Fomitopsis officinalis* sporophores. *Mycologia*, 84(1).

Chain, E. (1972). Thirty years of penicillin therapy. *J. Roy. Coll. Phycns Lond.*, 6(2).

Coste, J. F. y Willemet, P. R. (1793). *Matière médicale indigène ou traité des...* Leclerc.

Dugan, D. y Morse, O. (Guion.); Wescott, D. (Pres./Dir.). (1986). The rise of a wonder drug [episodio de programa de TV]. En Bernhardt, K. (Prod.). *Nova.* Coronet Films, WGBH.

Farris, C. (2019). Moldy Mary... or a simple messenger girl? *Peoria Magazine.*

Fleming, A. (1929). On the antibacterial action of cultures of a penicillium, with special reference to their use in the isolation of *B. influenzæ. Br. J. Exp. Pathol.*, 10(3).

Fordjour, E. (2023). Chaga mushroom: a super-fungus with countless facets and untapped potential. *Frontiers in Pharmacology*, 14.

Girometta, C. (2018). Antimicrobial properties of *Fomitopsis officinalis* in the light of its bioactive metabolites: a review. *Mycologia*, 10(1).

Hernández Pérez, J. M.ª. (9 de abril de 2021). El «hongo» de la guerra. *La Gaceta de Salamanca.*

Jakopovic, B. *et al.* (2020). Antitumor, immunomodulatory and antiangiogenic efficacy of medicinal mushroom extract mixtures in advanced colorectal cancer animal model. *Molecules*, 25(21).

Lobanovska, M. y Pilla, G. (2017). Penicillin's discovery and antibiotic resistance: lessons for the future? *Yale J. Biol. Med.*, 90(1).

Pueblo. (1, 4 y 5 de marzo de 1947). La era de los hongos medicinales [serie de tres artículos dedicados a la teomicina]. *Pueblo.*

Pueblo. (16 de abril de 1947). Todos tenemos derecho a opinar. El hongo está dando magníficos resultados. El doctor Oliver, desde Arequipa, se defiende... *Pueblo.*

Pueblo. (23 de octubre de 1947). Guerra al cáncer. Un médico español obtiene un producto contra el mal. *Pueblo.*

Pueblo. (8 de marzo de 1967). El *boom* del hongo curativo. Esta es la auténtica versión de cómo fue. *Pueblo.*

Stamets, P. (2002). Novel antimicrobials from mushrooms. *HerlbalGram*, 54.

Su, Z. y Xu, B. (2024). Chemical compositions and health promoting effects of wild edible mushroom milk-cap (*Lactarius deliciosus*): a review. *Food Bioscience*, 62.

War Department. (1944). *First United States Army report of operations: 20 october 1943-1 august 1944. Annex no. 16.* En AMEDD Center of History and Heritage.

Zmitrovich, I. V. *et al.* (2020). Чага и ее биоактивные комплексы: история и перспективы [«La chaga y sus complejos bioactivos: historia y perspectivas»]. *Pharmacy Formulas*, 2(2).

LOS SIETE SAMURÁIS Y ALGUNO MÁS

Shiitake, kawaratake, yamabushitake, maitake, matsutake, tochukaso, reishi, kinugasatake, kombucha... Sus nombres, sugerentes a nuestros oídos, no responden simplemente a algo así como «las maravillas gastronómicas de Asia» o a burdos «aromas de Oriente».

Los siete samuráis (1954), la obra maestra de Akira Kurosawa, nos sitúa en el Japón del convulso periodo Sengoku o «de los estados combatientes» (1467-1573), en medio de una feroz y eterna guerra civil permanente impulsada por los señores feudales que se disputaban el poder. En ella, unos campesinos se ven obligados a salir en búsqueda de un puñado de «rónins», samuráis sin señor errantes que se debatían entre el bandolerismo y el mercenarismo, para proteger su aldea y su cosecha de los malhechores; y los encuentran en la figura del veterano Kanbei y sus antiguos camaradas, quienes aceptan el riesgo a cambio de comida. Salvando la evidente desconfianza inicial, los aldeanos descubrirán en ellos no solo la valentía o la destreza guerrera, sino también la entrega, la generosidad, el honor, la lealtad y una sabiduría que sabe discernir lo justo de lo injusto cuando reina la tiniebla. Aquel arroz era lo de menos.

El japonés *samurai* viene de *saburau*, «servir», y alude al que tiene esto por oficio. En origen, su significado no se limitaba al de guerrero o *bushi*, sino que designaba al funcionario menor que trabajaba para aristócratas y altos funcionarios de la corte imperial; y he aquí que el término define más propiamente la concepción oriental de las setas que cualquier etiqueta empalagosa: como aquellos, los hongos desempeñan imprescindibles labores administrativas (arquitectos más o menos invisibles del ecosistema), protegen a sus superiores (médicos soberanos y salvadores), custodian su particular corte (guardianes contra los malos espíritus), acuden a la batalla (soldados de excepción, enfermeros o verdugos) y hasta capturan maleantes (forenses sin par). Todo, sin apenas nada a cambio. Esto es así en todas partes, pero el mundo oriental salda su deuda erigiéndolos en protagonistas de bellísimas leyendas.

«Ah, la soledad / en el pequeño charco hundido / en el sombrero de un hongo» (haiku del poeta Suzuki Michihiko, 1757-1819)». Arriba: Samurái, Yokohama [Felice Beato, 1864-1865; Gilman Collection, Purchase, Robert Rosenkranz Gift; The Metropolitan Museum of Art]. Izqda.: *Kawaratake*, «seta de la ribera del río» (*Trametes versicolor* (aquí aún *Polyporus*) [*Flora Batava. Afbeelding en beschrijving der Nederlandsche Gewassen*, Frederik Willem van Eeden, 1898].

La percepción del Asia oriental en los países del lado occidental ha experimentado notables vaivenes desde el pasado siglo. En un principio, la inmigración china —ya surgida en 1845-50— se había ido asentando por comunidades en diferentes barrios y estos llegaron a conformar verdaderos guetos en los que una sociedad civil paralela levantaba y frecuentaba fumaderos de opio, prostíbulos y templos taoístas; la brecha con el resto de la población favoreció la proliferación de ciertos mitos y leyes como la llamada Page o la de Exclusión China en Estados Unidos recrudecieron esa realidad de marginalidad, perpetuando en el clima de vicio y degradación los añadidos de la violencia y el crimen organizado. Aprovechando esta imagen del distrito londinense de Limehouse, supuestamente inspirado en alguno de tipos con los que topó mientras hacía un reportaje, el británico Sax Rohmer escribió desde 1912 las novelas del supervillano Fu Manchú: muchos crecimos temiendo a aquel malévolo genio que odiaba a la raza blanca y pretendía someter todo el orbe al yugo de la entidad secreta Si-Fan; Christopher Lee le daría vida en la gran pantalla y su rostro terrible se tornaría esa gráfica encarnación del «peligro amarillo» que mencionaban en tono racista los libros. En *El misterio del Dr. Fu Manchú* (1913), el villano describía sus armas al Sr. Smith diciendo: «... ¿conoce a mis escorpiones? ¿No? ¿Mis pitones y hamadríades [cobras reales]? Luego están mis hongos y mis pequeños aliados, los bacilos». La cuestión es que Fu Manchú acabó siendo debidamente parodiado y *desmontado*, y a nosotros dejó de darnos tanto miedo cuando creímos verlo anunciando un riquísimo «flan chino Mandarín». Y, en el ámbito español, ajeno en el fondo a aquella sinofobia británica o al sentimiento antijaponés en EE. UU., que imprimió en nuestra memoria esa estampa de desolación fungiforme en Hiroshima y Nagasaki, buena parte del pueblo ya admiraba en sentido propio (de *ad-*, *-mirari*: «mirar hacia») las milenarias culturas asiáticas antes de saber quién era Bruce Lee (que, por otro lado, nos dejó honda huella): Gonzalo Jiménez de la Espada, en 1909, y el general Millán-Astray, en 1941, nos brindaron sendas traducciones de [*El*] *Bushido. El alma de Japón*, código samurái publicado por Inazō Nitobe en 1899.

China se había adelantado a Europa en inventos del calibre del papel, la brújula, la pólvora o los tipos móviles. Y su cerámica o su poesía, por ejemplo, emplean los hongos como motivo desde hace milenios; Su Shi (1037-1101), de la dinastía Song del Norte, describe en su poema *Bastón de hierro* cómo un tal Liu Zhenling le confía el tesoro de su familia, esa portentosa «serpiente negra» que habría pertenecido al emperador Wang Shenzhi, y con ella en la mano promete: «Seguiré el rastro hasta Kongtong, cruzaré el lago Dongting y exploraré la cueva de Yu. Abriré / camino en los arbustos para hallar hierbas y setas, alancearé tigres y dragones, aplastaré serpientes, y escorpiones». Se dice que Sangong Wu, un agricultor de la aldea de Longyan, cultivó hongos por vez primera durante el Gobierno de esa dinastía, hace más de ochocientos años, y sus herederos siguen dedicándose a la fungicultura en Qingyuan.

En Japón, el término genérico con el que son referidas las setas es *kinoko* (キノコ), que significa «hijo del árbol» (木の子) —aunque no todas nazcan sobre ellos o a su sombra—. En sitios arqueológicos de la prefectura de Akita, al norte de la gran isla de Honshu, se ha constatado la presencia de hongos moldeados en arcilla y en cerámica que datarían de hace unos cuatro mil años, en el marco del muy extenso periodo Jomon; estarían destinados a ejercer alguna función en ceremonias rituales y existen indicios de que, durante estas, también se consumían hongos psicoactivos. Desde los bosques subtropicales del entorno del parque nacional de Yanbaru en Okinawa hasta la colorida Hokkaido, el archipiélago japonés alberga una vasta y rica biodiversidad fúngica.

Si el *shiitake* se siembra de inicio en China, los japoneses fueron los pioneros en cultivar *maitake*, *enokitake*, *namekodake* y otras especies consumidas en todo el mundo. Y, si entre las viejas Mangi y Catai vio la luz el *Junpu* o *Tratado micológico* (1245) de Chen Renyu —la monografía sobre hongos comestibles más antigua según se registró—, la tierra del sol naciente nos ha regalado, sin ir más lejos, a un auténtico genio como Minakata Kumagusu: biólogo políglota y amante del conocimiento, estando en el colegio se enteró de que el inglés Miles J. Berkeley había reunido una colección de seis mil hongos y él se propuso superarla; pasó de esmerarse en ilustrar a color esas fascinantes criaturas a saltarse las clases de la universidad para salir a recolectar y, posteriormente, viajó a Estados Unidos y Gran Bretaña no para concluir sus estudios académicos, sino para visitar bibliotecas, comprar libro tras libro y perderse por los bosques; de vuelta al cabo de catorce años, prosiguió sus investigaciones, casi sin dinero y sumido en problemas con el alcohol, y a su muerte no solo había trabajado en el Museo Británico, escrito en *Nature*, descubierto unas setenta especies o despertado la admiración del emperador, sino que dejó sin publicar un descomunal manuscrito (luego revelado) en el que documentaba 4500 especies con hasta 15 000 ilustraciones: *El libro ilustrado de bionomía de los hongos japoneses* (1937), una contribución insólita a la ciencia micológica y la historia natural.

Shennong, el Divino Granjero, probaba personalmente cada día decenas de hierbas para identificar sus propiedades. En una ocasión se sintió extenuado y sediento e hirvió algo de agua bajo un árbol del té; una suave brisa agitó las ramas de este e hizo caer algunas hojas sobre el caldero, tras lo cual bebió y el sabor algo amargo pero dulzón de esa agua, que ahora advertía ligeramente teñida, le resultó raramente agradable: un nuevo trago no solo le había quitado la sed, sino que le imprimía un vigor inusitado. Acababa de descubrir el té.

Es solo una de las varias versiones sobre la leyenda del nacimiento del té en China. Cada ser vivo tiene su historieta en la tradición asiática y hablar de setas aquí es sumergirse en un mundo de saber y de fantasía.

«Shiitake» y el principio vital del universo

Las primeras setas que habría cultivado Sangong Wu, elevado desde entonces a la dignidad de todo un dios de los hongos, habrían sido precisamente *shiitake*, acaso la especie comestible más popular y extendida de la gastronomía asiática en nuestros días. Del esplendor de la dinastía Ming (1368-1644) —esa cuyos fantásticos jarrones de porcelana siempre se acaban rompiendo en las películas—, en una época de auge sin parangón propiciado, entre otras cosas, por el establecimiento de los primeros contactos comerciales con naciones como el Imperio español (importaron plata hispánica por toneladas vía Filipinas, para acuñar moneda ante la depreciación del papel), nos llegan relatos del cultivo de *Lentinula edodes* mediante la impregnación de troncos con esporas, pero, como decíamos, el origen se remontaría a la era Song. Lo curioso es que la denominación que ha prevalecido es la japonesa, pero para los chinos sigue siendo *xiang gu* (香菇): los nipones lo comían ya en el período Muromachi (1336-1573), mas no lo cultivaban y casi todo era exportado.

L. edodes es un sabio y curtido rónin como Kanbei e incluso una conocida marca lo distribuye como Shiitake Samurái (しいたけ侍). No solo se trata de uno de sus principales «hongos fragantes» por su potente aroma y posee un gran sabor umami cuando es deshidratado, sino que se le asociaban propiedades medicinales dispares, desde evitar la pérdida de apetito a tratar la varicela, y, sobre todo, lo que apunta la *Materia médica para uso diario* (1350) de Wu Rui: nutrir el *qi* (氣 o 气), que mencionábamos al abordar los seis «colores» del *lingzhi* de Shennong.

Se trata de la fuerza vital, la primera línea de defensa del organismo y, más allá, el motor del universo; conforme a este concepto de la medicina tradicional china (MTC) y el taoísmo, hoy relegado aún al terreno de la pseudociencia —pero sobre el que algunos investigadores reivindican que la incapacidad de la ciencia para verificar su existencia no afirma su inexistencia—, existe una energía que fluye del principio supremo o *dao* y que modela a todas las cosas, en lo que se ha vinculado por analogía con la idea platónica y aristotélica de materia: la sustancia de la que todo cobra forma. Entre las prácticas de la milenaria técnica *qigong* para el cultivo del *qi* del cuerpo, además de ejercicios y meditaciones, se encuentra el dejar trabajar al samurái *xiang gu/shiitake* en la vanguardia del campo de batalla interior de cada uno, concretamente acudiendo a más de uno de esos frentes internos (el *qi* del estómago, el *qi* del bazo o el de la lucha contra los patógenos, *xie qi*) para garantizar la digestión, la filtración de la sangre o la respuesta inmunitaria.

A nadie debe escapársele que, en el contexto del Asia oriental en que nos movemos, el universo se entiende como un mecanismo que se ordena en virtud de la fluidez de la energía y la cocina no es, en esencia, sino una muestra continua de esa pretendida armonía del ser con un mundo regido por el yin y el yang, amén de un factor de identidad cultural. Pero ¿cómo se traduce todo esto a nuestro idioma actualmente?

La leyenda cuenta que, un frío y nevado día de invierno, Shennong se hallaba junto con su esposa encinta en un bosque sobre el río Yu. Tingyao se puso de parto de repente y dio a luz a un hijo, por lo que el emperador corrió a buscar algunas hierbas con las que alimentarla tras el esfuerzo: llegó a una zanja y vio que un conejo hambriento mordisqueba setas en un tronco muerto; lejos de intentar ir a por él, pensó que, si el animal comía de aquello, también podrían los hombres: eran los exquisitos *shiitakes*. | Izqda.: *Shiitake* a acuarela [Portableho, CC BY-SA 4.0]. Dcha.: *Chen Tuan shui gong. Qigong* para la digestión en una viñeta del *Xiuzhen miyao* [prólogo de Wang Zai, 1513].

Su cuerpo fructífero contiene una importante cantidad de carbohidratos, proteínas, minerales y vitaminas. Reduce el colesterol, previene que se generen trombos y protege el hígado cual centinela. Con todo, el poder estrella del *shiitake* reside en el lentinano, un polisacárido beta-glucano presente en sus paredes celulares: este compuesto activa y potencia en efecto el sistema inmunitario, fortaleciendo así las defensas naturales. Numerosos estudios preliminares, *in vitro* y en modelos animales, atestiguan su eficacia contra el avance de ciertos tumores gracias a su capacidad de estimular la formación de leucocitos y la renovación de las células. La farmacéutica Ajinomoto, con sede en Tokio, desarrolló el lentinano como fármaco por vía intravenosa (Lentinan) en 1986 y se emplea en especial contra el cáncer gástrico, colorrectal y prostático; no destruye directamente las células tumorales *in vivo* pero sí mejora sensiblemente la función del sistema inmune, con lo que favorece la minimización de los efectos secundarios de la quimioterapia y la prolongación de la supervivencia. Además, se venden infinidad de extractos, en cápsulas, polvo y solución líquida, como complemento alimenticio.

El *shiitake* crece sobre todo en tocones de árboles *shii* (*Castanopsis cuspidata*) y la industrialización de su mercado en la nación que lo bautizó así, tal cual hoy es venerado en tantos sitios, fue posible gracias a un estudiante de Agricultura de la Universidad de Kioto en los años 40: Kisaku Mori, impulsor lo que sería el Mushroom Research Institute of Japan, vio a unos monjes y agricultores implorar ante unos *shii* que brotasen esos hongos con los que se ganaban la vida e ideó, en 1943, un método consistente en inocular micelio de *shiitake* a pequeños «chips» o fragmentos de madera esterilizados, dejarlos colonizar e introducirlos en cortes o agujeros de troncos. Los hongos comenzaron a aparecer y el cultivo se propagó por todo el territorio, permitiendo que Japón lanzase su comercio a gran escala. Aun así, China persiste como el mayor productor y exportador con diferencia de los *xiang gu* deshidratados: sus ingresos alcanzaron los 313 millones de dólares en 2023.

En países como España (en zonas de Galicia, La Rioja y Andalucía) se produce también *shiitake* desde hace unas décadas, y cada vez más dado el publicitado *boom* de las dietas macrobióticas y el veganismo. Lo hacen usando bolsas sintéticas con sustratos como serrín, salvado de trigo (cáscara molida) o paja pasteurizada y, a falta de *shii*, recurren como base a castaños o robles. ¿Se anima alguien a emular a Sangong Wu?

Por cierto: quien describió taxonómicamente la especie por primera vez (como *Agaricus edodes*) no fue otro que Berkeley (1878), el inglés que inspiró a Kumagusu a lanzarse al monte tras la pista de las setas.

«Kawaratake» o el guerrero bautizado por las aguas del río

Trametes versicolor, conocido como «cola de pavo» en tierras occidentales (dada su semejanza a la cola de un *Meleagris gallopavo*), como *yunzhi* («seta de las nubes») en China y como *kawaratake* («seta de la ribera del río») en Japón, es un pequeño políporo aterciopelado, con una gama de colores que pueden ir del marrón al azul y cuya superficie de infinitos poros diminutos merece ser mirada con lupa. Al contrario que el pavo salvaje, tan requerido por los estadounidenses cada año con motivo de la celebración protestante de Acción de Gracias, no es comestible por sí solo debido a su textura leñosa, pero se hierve para beber infusiones y se preparan con él múltiples extractos. Y es que, si bien es un tipo duro y rugoso, este samurái, que descansa colgado de troncos de diversos árboles o sobre ellos, atesora notables virtudes para combatir.

Sus armas más interesantes son los beta-glucanos y, concretamente, otros dos polisacáridos ligados a proteínas: PSK y PSP; así como varios esteroles (lípidos). El polisacárido-K (PSK), una glicoproteína, ha sido extensamente estudiado para el desarrollo de medicamentos y desde mediados de los años 70 empezó a administrarse, en Japón y en China, así como en países de Europa, como agente coadyuvante en la terapia del cáncer de estómago, de pulmón, de mama y colorrectal: de modo parejo al lentinano del *shiitake*, repara el daño causado por la quimio- o la radioterapia a las células inmunes y fortalece el sistema inmunitario; en el caso nipón, el tratamiento con PSK ha sido cubierto normalmente por el National Health Insurance, uno de sus dos programas públicos de seguros. El polisacárido-péptido (PSP) ha mostrado asimismo actividad antitumoral e inmunoestimulante y, además, ha sido efectivo contra el sida gracias a la expresión de la proteína TLR4, que desencadena la respuesta tras detectar toxinas bacterianas, y a la producción de quimiocinas —pequeñas proteínas— antivirales que bloquean los correceptores del VIH, esto es, las moléculas de la membrana de las células que, al ser activadas, dejarían vía libre para la entrada del virus en ellas. En resumen, *kawaratake* manda a sus hombres a emprender incursiones entre líneas enemigas y la acción de estos sirve como revulsivo para despertar a las defensas y predisponer el contraataque.

En la isla de Kyūshū, en la llanura plagada de arrozales y cerezos en flor donde el emperador Keiko fundara la villa de Oita, fluía un río de su mismo nombre. Una mañana, de un árbol caído a su orilla se alzó, como las plumas de un pavo salvaje, un guerrero. Y sus aguas lo bautizaron.

«Yamabushitake», la raza de los que duermen en la montaña

En lo profundo del monte sagrado de Ōmine, en la prefectura de Nara, mora un ser que en Europa y Norteamérica llaman «melena de león» pero al que aquí, como en China, aluden como «erizo» o «cabeza de mono» (*hóu tóu gū*); no tiene varios rostros, sino solo una larga cabellera que pende de la madera en que se esconde. Lo registraron como *Hericium erinaceus*, pero su nombre antes de eso era *yamabushitake*: como sus epónimos ascetas *yamabushi* de la secta sincrética «shugendo», es etimológica y literalmente uno de «los que duermen en las montañas».

Quizás en otra vida fuera el rónin Kanbei, que se disfrazó de monje para rescatar a un niño raptado por ladrones; a él se le ha olvidado raparse la cabeza y es por ello por lo cual se lo identifica. Este hongo sí sirve de alimento en muchas partes del orbe: de hecho, su sabor evoca el del cangrejo y otros mariscos y su consistencia en el paladar se asemeja a la del calamar, por lo que es ingrediente habitual de los modernos platos *gourmet*. Más allá, deshidratado alberga propiedades medicinales y se dice que los monjes budistas, taoístas o de estas otras prácticas sincréticas lo toman desde antaño, en polvo nasal e infusiones, para mejorar el rendimiento mental en la meditación. Es rico en aminoácidos y los chinos están familiarizados con su aplicación en trastornos gastrointestinales; parece que, al igual sus compañeros de filas, alberga potencial antitumoral, pero los estudios no van tan avanzados con él. No es sencillo atrapar al león para analizarlo, suponemos.

En Japón (Mori, K.; 2009) llevaron a cabo un ensayo doble ciego, controlado con placebo, de la mano de sujetos de 50 a 80 años que presentaban deterioro cognitivo leve, con vistas a evaluar beneficios del *yamabushitake*. Tras un examen inicial, se seleccionó a treinta participantes, que se dividieron en dos grupos: uno recibió el hongo y el otro un placebo. El grupo de tratamiento ingirió cuatro comprimidos de 250 mg de polvo seco de *H. erinaceus* tres veces al día durante dieciséis semanas; en este periodo, se observó que la puntuación de su función cognitiva, evaluada mediante la «escala revisada de demencia de Hasegawa» (HDS-R), mejoraba significativamente en comparación con el grupo de placebo. A las cuatro semanas del fin de la ingesta, esos progresos comenzaron a revertirse y las puntuaciones descendieron considerablemente. Se concluyó que la seta era en todo caso útil para revertir ese deterioro leve y que un consumo continuo preservaría el efecto.

Sin duda (nuestros ermitaños lo sabían), los montes aclaran el juicio.

«Maitake»: la chispa de la vida o cuando la espada es casi todo

Significa «hongo bailarín» porque quienes topaban con tal exquisitez y tal fuente de bienes para la salud se arrancaban a danzar. O porque su aspecto recuerda a un baile tradicional con los característicos paraguas nipones (*maigasa*); por este mismo, como de plumas superpuestas, más allá de las fronteras asiáticas se lo denomina «gallina del bosque». A decir verdad, hay varias teorías al respecto. Lo que está claro es que *Grifola frondosa* no puede ser sino Heihachi Hayashida, el alegre rónin que se sabe nada hábil como espadachín y resulta el primero de los siete samuráis en caer aunque, antes de eso, ha ejercido un papel en absoluto desdeñable de «pegamento» del grupo y sostén de la moral.

El *maitake, hui shu hua* en China, crece al pie de robles, arces u olmos, si bien hoy se cultiva también en interiores como tantos. Puede alcanzar un tamaño considerable, pero su textura blanda lo hace fácil de cocinar. De gran valor nutricional, entre otras cosas por ser fuente de niacina (vitamina B3, que ayuda a convertir en energía la comida) y vitamina D, no se queda atrás en beta-glucanos, contiene antioxidantes y, además de como inmunoestimulante en pacientes de cáncer de mama, se ha probado eficaz como inductor de apoptosis y para controlar la diabetes —dadas sus capacidades hipoglucémicas—. ¡Un imprescindible!

Maitake, «hongo bailarín» [*Flora Batava*, Frederik Willem van Eeden, 1898].

«Matsutake». Resurgir de las cenizas y convertirse en leyenda

Matsutake / wa tada hitoaki / wo chitose kana («Seta del pino / solo en un otoño / vivir mil años»), reza un haiku de la poetisa Den Sute-jo (1633-98).

Anna Tsing consignó en *La seta del fin del mundo* el decir popular de que, tras la devastación de la bomba atómica de Hiroshima, el primer ser vivo surgido fue una seta *matsutake*; lo hizo basándose en testimonios de comerciantes chinos y en la confirmación, por parte de un científico japonés, de que la historia ya se leía en la prensa nipona décadas después: aunque no pudo verificarlo, no sería raro, pues la prefectura presumía de ser la mayor productora de este hongo en todo Japón.

El precio de *Tricholoma matsutake* puede ir desde los cuarenta dólares por kilo en EE. UU. hasta los dos mil en Japón: hoy es muy difícil recolectarlo pues crece lentamente y se deteriora nada más emerger, y tampoco se puede cultivar de manera estable, por lo que se ha tornado un auténtico lujo casi inaccesible lejos de la frontera y que algunos empresarios regalan en cestas a sus socios y clientes vip. Los que tienen la suerte de comerlo adoran sus refinadas notas de canela y pimienta.

No se han reportado bondades medicinales…, ni falta que hace, claro.

Matsutake fue acaso un samurái cuyo señor era el Gran Japón y que, tras el fin de este (1945-47), hubo de subsistir como rónin. Vaya si lo hizo.

Izqda.: *Matsutake*, «seta del pino» [*Kinpu gen*, 1; Sakamoto Kozen, 1830]. Dcha.: Recogida de setas *matsutake* (detalle) [*Settsu meisho zue*, Akisato Ritō, 1798].

«Tochukaso», «yartsa gunbu»: vigor tibetano en forma de oruga

Según se cuenta, los que experimentaron antes que nadie los efectos del *Cordyceps sinensis* (sin. *Ophiocordyceps sinensis*) u «hongo oruga» fueron pastores del Tíbet hace más de 1500 años. Los yaks y las *naks* de sus rebaños exhibían una inusitada vitalidad, e incluso se mostraban enardecidos unos con otros, cuando pastaban en los remotos prados de alta montaña a los que solo ellos solían llegar, a entre tres y cinco mil metros de altitud. Intrigados, siguieron sus pasos y no tardaron en descubrir el motivo: la hierba que el ganado comía estaba aderezada con algo; ¿gusanos?, ¿lombrices? Fuera lo que fuese, lo probaron ellos mismos y sintieron un encendimiento similar. En 1439-75, el médico tibetano Nyamnyi Dorje alumbraría un tratado de *Diez millones de instrucciones esenciales: reliquias* («Man ngag bye ba ring bsrel») a modo de mantras y revelaría quizá por primera vez el secreto: «También se le llama hierba de verano e gusano de invierno [*yartsa gunbu*].— El nacimiento de la medicina es la montaña.— El sabor es dulce y ligeramente ácido.— La maravillosa medicina que no causa flema.— La raíz se entierra...— Se seca lentamente al calor del fuego.— La bilis de oso en un grano.— Un mes de meditación y sexo». Nuestra traducción es aproximada, pero aquí está la clave.

Aquello era un hongo entomopatógeno: crecía como parásito en insectos. Berkeley (¡cómo no!) lo describirá en 1843 como *Sphaeria sinensis* y actualmente su identidad es la que citamos arriba. Su existencia es posible debido a las condiciones absolutamente excepcionales de los contados lugares en que se da, que lo son tanto como las de los insectos de los cuales depende: la polilla fantasma (a veces traducida como «murciélago») endémica de la meseta tibetana y el Himalaya, *Thitarodes armoricanus*, y parientes suyos como *T. jianchuanensis*, presentes en zonas de China (Sichuan, Yunnan, Guizhou), la India, Nepal y Bután. El mecanismo es el siguiente: las esporas del hongo infectan las larvas subterráneas de las polillas y este empieza a consumirlas, llenándolas de hifas, de suerte que quedan *momificadas* y solo resta de ellas su exoesqueleto (parecen intactas, pero todo su contenido son ahora metabolitos fúngicos); en verano, el hongo sale de la larva y brota a la superficie del suelo con ese esporocarpo tan extraño, que libera nuevas esporas y reinicia el ciclo —el cual se prolonga hasta los seis años—.

Por eso el *Ben cao bei yao* (1578) de Wang Ang explica, dando sentido al *yartsa gunbu* tibetano: «En invierno yace enterrado en la tierra, como un viejo gusano de seda, con pelos y capacidad de movimiento.

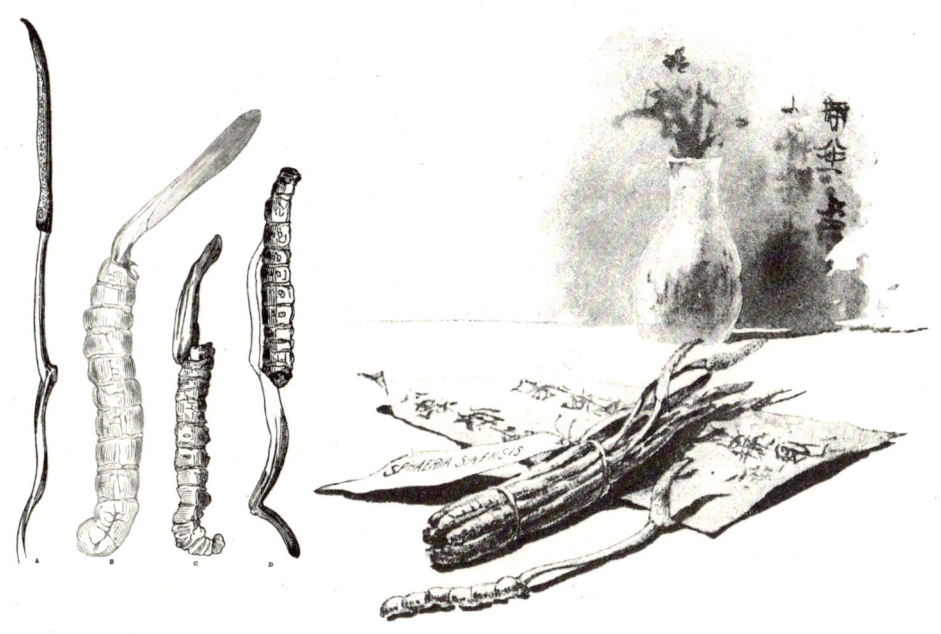

Cordyceps (aquí *Sphaeria*) *sinensis*. Izqda.: *Sea and river-side rambles in Victoria*, S. Hannaford, 1860; dcha.: *Sharp eyes: a rambler's calendar*, W. Hamilton Gibson, 1892.

En verano, los pelos emergen de la tierra y se transforman en hierba año tras año». Este documento es también el primer testimonio del uso medicinal del hongo, que aquí, en el Gran Ming, se denomina *dong chong xia cao* —en Japón será *tochukaso*—, y es que antes ha dicho: «Dulce y suave. Protege los pulmones y los riñones, detiene las hemorragias, elimina la flema y trata la tos causada por la fatiga. El mejor se produce en la prefectura de Jiading, Sichuan». Las fuentes aceptan que, en estos tiempos, el consumo de *C. sinensis* era casi exclusivo del emperador y de las personas adineradas del entorno de la corte, dados lo arduo de su obtención y también la constatación de esas virtudes... A buen seguro, también tuvo algo que ver la que apreciaron los pastores.

Y es que los micelios y cuerpos fructíferos del hongo oruga que se han investigado recientemente han demostrado ser ricos en adenosín trifosfato (ATP, la moneda de cambio de las células para el intercambio de energía), aminoácidos, ácidos fenólicos, esteroles, manitol, beta-glucanos y demás polisacáridos..., y ejercer, por ello, actividad cardioprotectora, antitumoral, inmunomoduladora, antiinflamatoria, antioxidante... Pero lo más «exótico» del asunto es que, efectivamente, se ha concluido que albergan un gran potencial afrodisíaco y que no en vano *C. sinensis* es apodado «la viagra del Himalaya»: la causa de que, desde su aparición, fuese divulgado como tónico y extimulante sexual radica en que regula la liberación de hormonas sexuales como la testosterona (que es capaz de incrementar sensiblemente), el estrógeno o la progesterona, y mejora la libido y el rendimiento en el sexo. Por esta razón sería asimismo apto para restaurar las funciones que se haya visto afectadas y emplearse en casos de impotencia o disfunción eréctil. Veintidós hombres vieron aumentado su recuento de espermatozoides en un 33 % y aminorada la incidencia de deformaciones espermáticas en un 29 %; y 189 pacientes entre hombres y mujeres con disminución de libido, en otro estudio, arrojaron una subida del 66 % del deseo sexual.

El precio de los servicios del samurái *tochukaso* es de varios miles de dólares el kilo en función de la zona. En Pekín se han declarado ventas a 136 000 dólares la libra (453 gramos) en 2024. Cada año, de enero a casi junio, el Tíbet se queda medio desierto: el pueblo ha marchado a las altas montañas a buscar entre la hierba las orugas de la fortuna.

«Reishi», «lingzhi»... ¿Puede un samurái ser varios a la vez?

¿De nuevo Shennong? No, renunciaremos al Imperio celestial. Simplemente, recapitulemos de modo definitivo: su *Bencao jing* (siglo I d. C.), la obra inaugural de la literatura farmacopéica china, citó seis especies o «colores» del hongo *lingzhi* (gén. *Ganoderma*). El lector de buena memoria o manos ágiles para retroceder podrá dar cuenta de que, al inicio —sumergidos en relatos de griegos, romanos y egipicios—, aludimos a la especie *Ganoderma lucidum* diciendo que su extracto acuoso era útil como antimicrobiano y contra el cáncer; así lo han asegurado distintos estudios (Cancemi, G. *et al.*, 2024), detallando un mecanismo análogo a los que venimos abordando en cuanto a la elevación de la esperanza y la calidad de vida. Pues bien: existe una terrible confusión, quién sabe si ya irremediable, sostenida en la creencia de que *G. lucidum* es el *lingzhi* del Divino Granjero, en concreto el rojo. Nuestro rónin, en realidad, dista mucho de responder a tal nombre científico: hoy sabemos que cientos de personas, a lo largo de la historia moderna, han creído cazarlo y no tenían ante sí más que a un simple émulo... ¿acaso enviado por él mismo para desviar la atención y pasar desapercibido? Veamos.

El padre de la micología finlandesa, Petter Adolf Karsten, estableció *Ganoderma* en 1881 sobre la base de una única especie, el británico *Bo-*

letus/Polyporus lucidus de William Curtis, a la que recolocó en el flamante género —de *gano(s)-*, *-derma*: «piel brillante»—. Posteriores revisiones situarían su número de especies en unas cincuenta ya a finales de ese siglo y, sucesivamente, a los primigenios ejemplares de Europa se van añadiendo otros de Norteamérica y del Asia oriental; es decir, el taxón se configura como cosmopolita (en oposición a *endémico*, el término indica que sus miembros habitan o pueden habitar la mayor parte del mundo). El problema que nos ocupa viene en torno a 1907, cuando el francés Patouillard cree ver en China unos ejemplares de *G. lucidum*; los propios chinos identificarían a esta seta con el legendario *lingzhi* rojo durante décadas y, de repente, parecía que aquel emperador han se había dado un viaje transoceánico diseminando el gran tesoro de su pueblo, o que este había echado a volar hacia más allá de las fronteras. El interés por el género se reactivo y, en 1959, el Instituto de Microbiología de la Academia China de Ciencias consiguió cultivar artificialmente por primera vez un *lingzhi*, del que cabría esperar que fuera como del inglés Curtis; a los diez años, la producción se había convertido en toda una industria en la sinosfera y la MTC hallaría en él una mina.

Pues bien: los investigadores comprobaron que el ya asentado *lingzhi*, *reishi* en japonés, «no era conespecífico de las especies descritas en Europa» (Du, Z. *et al.*, 2023): no solo no era igual morfológicamente (lo que podría justificarse en parte por las dispares condiciones de crecimiento), sino que su filogenética arrojaba entre ellos una separación de dos clados. Como cuando hablábamos de la seta de la risa estadounidense frente a la uruguaya o la nipona, el código de barras micológico o región ITS del ADN permitió verificar, junto con otros parámetros que, los especímenes chinos correspondían a otra especie descrita en 1983: «... podemos confirmar que *G. lucidum* es un nombre aplicado erróneamente a la especie *Ganoderma* ampliamente cultivada en China, que el binomio científico para *lingzhi* es *G. sichuanense*...». Aquel hongo rojo beneficioso para el corazón según el emperador, el que su medicina tradicional había venido utilizando, era el observado en la provincia de Sichuan, *G. sichuanense* (sin. *G. lingzhi*). Por ahora solo se ha identificado comúnmente otro color: el púrpura, que sería *G. japonicum*.

Así es: nuestra «pipa [de fumar]» (*G. lucidum*), que nace con esa forma en la madera de encinas y robles al norte de España, y que carece de valor culinario pero tiene tras de sí toda la mística terapéutica de su inadecuada asimilación al *lingzhi/reishi*, no es este, sino más bien un primo lejano que le ha salido allende los mares y lo ha suplantado por entero, llevándose su fama, hasta el punto de que todos creen que es él.

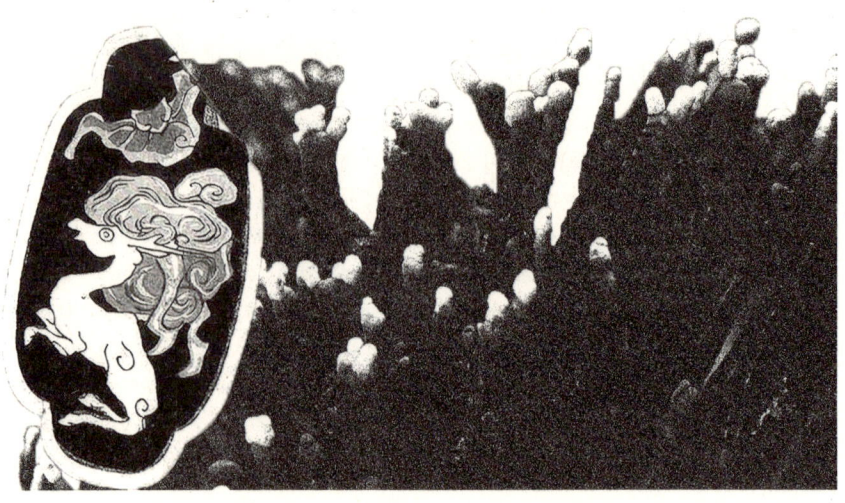

Sobre *G. sichuanensis* en forma de astas de ciervo [a partir de Hokkaido Reishi Co., Ltd., CC BY-SA 3.0], detalle de la armadura de Xuan Zan [*Los bandidos del pantano*, Shi Nai'an *&* Utagawa Kuniyoshi (il.), 1847-30] con *qilin*, *lingzhi* y murciélago azul (*fu*, 福).

Terminemos con unos apuntes revolucionarios. El 1 de enero de 1949 se había celebrado, en la plaza de Tiananmén de Pekín, la ceremonia de fundación de la República Popular China. La guerra civil terminó con la derrota del Kuomintang y el presidente del Partido Comunista, Mao Tse-tung, proclamó frente al micrófono la ley orgánica que inauguraba una era prometedora en la singladura histórica de la nación. Entre los miembros del Comité del Gobierno Popular Central que Mao enumeró en su alocución como fundadores se encontraba Guo Moruo, un escritor, arqueólogo e historiador que ese mismo año, en noviembre, sería elegido para presidir la recién creada Academia China de Ciencias.

El 28 de diciembre de 1958, el *Diario del Pueblo* (人民日报, *Renmin Ribao*) publicó la noticia de que un anciano agricultor de Huangshan, en Anhui, había dado con un raro ejemplar de *Ganoderma* mientras cogía setas en alto Shizi o del León: «... notó lo que parecían ser relámpagos brillando en las grietas de la roca que sobresalía a más de sesenta metros de altura. Ató cuatro cuerdas de doce metros de largo y trepó...». Lo extraordinario era que esa seta tenía forma de astas de ciervo, «con dos grandes ramas, cada una de las cuales se ramifica en muchas ramas más pequeñas. Toda la hierba [hongo] —prosigue la descripción— es escarlata, de hasta 49 centímetros de altura. El dorso de las ramas grandes y las raíces son de color blanco lechoso...»; se referían a ella como «*lingzhi* de carne», conforme a la nomenclatura del *Bencao gangmu* (1596), pero no facilitaban denominación taxonómica. El aviso venía

292

acompañado de una magnífica «Oda al *lingzhi* de la montaña Huang-shan» escrita por un Guo Moruo fascinado y pleno de fervor patriótico:

«El *lingzhi* del alto del León se alza[ba] a más de sesenta metros. / ¿Quién recogió el *lingzhi* de la inmortalidad? Un viejo boticario llamado Lao Yang de Huangshan. / El hongo mide 49 centímetros, / sus ramas y tallo[s] están rayados. / Las raíces son fulgentes cual barniz, / de un blanco lechoso y tonos púrpura y dorados. / Es tan rojo como el coral y resplandeciente, / y es sin duda el *lingzhi* carnoso tan preciado. / No sorprende que por buen augurio sea tenido, pues están en todos lados actualmente. / La razón del hallazgo del *lingzhi* / es la de que *qilin* de entre las bestias surgiera. / Hongos, plantas y animales, juntos, se liberan / y el socialismo celebra la Eterna Primavera».

Qilin es un híbrido mitológico asociado con el tiempo a la jirafa; una nota aneja aclara que eso era lo que custodiaba el zoológico de Pekín. Nuestra traducción ha tratado de preservar ese pulso poético de Moruo al servicio de la causa maoísta: la campaña bautizada como Gran Salto Adelante se había iniciado el febrero anterior. Llegados a este punto, estamos en condiciones de afirmar que la seta que se reveló al académico como señal del triunfo de la Revolución, con total seguridad, no era el foráneo *G. lucidum* sino, en efecto, un *lingzhi*: el nativo *G. sichuanense*. Ciertos factores ambientales pueden hacer que algunas de las setas de este género crezcan de dos modos muy dispares: con la repisa normal o como una poblada cuerna de cérvido (con curiosas astas que evocan un coral), lo cual se ha relacionado con altos niveles de dióxido de carbono.

Tiempo más tarde, cuando el cultivo y, con él, la aplicación medicinal estaban al fin por cobrar la entidad de industria en China, se produciría el signo auspicioso final. Soldados de la Unidad 6037 del Ejército Popular de Liberación descubrieron, entre la maleza que rodeaba a un árbol de los bosques del distrito de Laoshan (Qingdao), varios de los míticos *lingzhis*: los colocaron en una caja de madera y la mandaron en tren a la capital como obsequio para el presidente Mao. El 2 de julio de 1969, la Oficina General del Comité Central del PCCh transfirió las muestras por orden suya al camarada Moruo Gao como director de la Academia China de Ciencias; el Laboratorio de Micología del Instituto de Microbiología de la institución extendería con ellas sus estudios y, pronto, el sueño de fabricar masivamente el políporo de Shennong se materializaría, para mayor gloria de la República Popular.

LA DOMENICA DEL CORRIERE

Supplemento settimanale illustrato del nuovo CORRIERE DELLA SERA · Abbonamenti: Italia, anno L. 1400, sem. L. 750 · Estero, anno L. 2050, sem. L. 1100

Anno 56 — N. 51   19 Dicembre 1954   L. 30.—

Il "fungo cinese". Si va diffondendo anche in Italia la moda di una nuova cura che si crede buona per tutti i mali. Essa consiste in un infuso di tè nero in cui è stato tenuto immerso per almeno ventiquattr'ore un vegetale appartenente alla famiglia dei funghi. (Vedi articolo a pag. 8). (Dis. di Walter Molino).

«El "hongo chino". Se va difundiendo también en Italia la moda de una nueva cura que se cree buena para todos los males. Esta consiste en una infusión de té negro en la cual se ha tenido inmerso durante al menos veinticuatro horas un vegetal perteneciente a la familia de los hongos [sic]». Portada de *La Domenica del Corriere*, suplemento semanal ilustrado del *Corriere della Sera* (Italia), el 19 de diciembre de 1954.

«Kombucha», el octavo rónin. El brebaje que nunca bebieron

Si el mánager Brian Epstein, el productor George Martin o el líder de la Electric Light Orchestra (ELO) Jeff Lynne han merecido con creces el título de «quinto Beatle», el hongo del té o *kombucha* —por la bebida que se elabora con él— se ha ganado ser el octavo de los rónins de Kurosawa.

En España lo conocimos cuando el doctor Oliver lo mencionó como nombre real de lo que para nosotros era, a secas, el Hongo (la teomicina). Son inciertos tanto su etimología como su origen: se habla de un médico coreano, para ser exactos del reino de Silla, que habría sido convocado a tratar al enfermizo emperador nipón Ingyō y que se llamaría Kombú —a decir verdad, en los textos figura un «Komu Hachimu Kamuki Mu»—, pero el té no llega a Japón hasta quinientos años después y no hay ninguna referencia por la que intuir el uso de *kombucha*; se habla, en la versión que más atrás se remonta (221 a. C.), del emperador chino Qin Shi Huang, a quien se atribuye el consumo de *lingzhi*: el término sínico para el brebaje es *haibao*, «tesoro marino», y se habría producido una confusión entre *sea* (*treasure*) y (*mushroom*) *tea* sumada a la circunstancia de que el organismo simbiótico recordase a una seta... Todo apunta a que el nacimiento fue en China —si no en Manchuria, en torno al no muy lejano mar de Bohai—, aunque probablemente ya durante la era en que las infusiones de té, que surgieron aquí, sí se tomaban comúnmente, a partir de la dinastía Tang (618-907). El caso es que las leyendas llegan al extremo de asegurar que los samuráis japoneses no podían ir a la batalla sin su traguito de *kombucha* (como si esta fuera el cóctel berserker) y, lo que es peor, todo podría explicarse por el hecho de que sí bebían un té (*cha*) de *konbu* (algas de mar): el *konbu-cha* sí ha formado parte de la dieta de los japoneses desde antiguo. ¡Por una letra! Y es que, para estos, «el hongo» no es *kombucha*, sino *kōcha kinoko*.

Como exponíamos, la clava no es uno sino un conjunto de diversos hongos, concretamente levaduras, y en cultivo simbiótico con bacterias (géns. *Gluconobacter, Acetobacter, Bifidobacterium*...): en inglés, un SCOBY: *symbiotic culture of bacteria and yeast*. Y el proceso es idéntico al de la teomicina: se prepara una infusión de té —en principio negro, aunque hoy se emplean asimismo el verde o el blanco—, se le añade azúcar y, tras disolver esta, se deja enfriar en un tarro, al que luego se agregará el SCOBY; bien tapada con un paño, fermentada una semana larga, la pócima está lista para ser servida. La costumbre moderna es embotellarla... y decimos *costumbre* porque la *kombucha* aún está dando guerra.

Con la guerra ruso-japonesa de 1904-05, librada en la Manchuria sinorrusa y Corea, el hongo del té se habría propagado por el Imperio zarista de la mano de los soldados a su retorno, pero, en los estertores del siglo anterior, el médico Nikolái Vasílievich Kirílov ya hizo ensayos de la ingesta del *gribok* (грибок, «honguito») con ancianos siberianos: reportó progresos tanto en la digestión y el tratamiento de males gastrointestinales como en la reducción de síntomas de arteriosclerosis. Mientras tanto, Europa avanzaba en la investigación de bacterias y levaduras, particularmente en Alemania, y el micólogo Gustav Lindau aportó en 1913 la denominación científica del cultivo simbiótico de la *kombucha* —allí *wunderpilz*, «hongo milagroso»—: *Medusomyces gisevii*, por su apariencia de medusa; lo hizo equivocando su composición, creyendo que solo consistía en levaduras, y hubo de ser corregido al otro año por el doctor Paul Lindner. Ya entonces se sometían a examen con intensidad creciente esas rumoreadas propiedades medicinales y la revista *Mikrokosmos* corrobora que es el invento es útil en trastornos intestinales, hemorroides y artritis reumatoide; la lista continuará con hipertensión arterial, ansiedad, vértigo, gota, diabetes, amigdalitis y un sinfín de afecciones, y, en efecto, además de atestiguarse su eficacia en la terapia de diferentes cánceres, se sostendría que frenaba el envejecimiento.

El recorrido de la *kombucha* en Europa fue, como no es difícil imaginar, mayor que el de la frustrada experiencia española, pero no tanto. En el Reich y otros países se logra lo que Oliver no pudo, industrializarla, y las farmacéuticas intentan aprovecharse comercializando fórmulas más o menos fieles y efectivas; en Checoslovaquia llega a fundarse la Asociación Benéfica de Productores de Kombucha Japoneseа (WZJK), con sede en Praga. También se promociona erróneamente como creación nipona y el desenlace es parejo: en cada nación va apagándose, como moda, a los dos años: «La magia se acabó extrañamente rápido. El hongo japonés desapareció...» (*Der Wiener Tag*, 1/01/1932). ¿Por qué?: aburrimiento del cultivo casero, decepción con las marcas comerciales... y, esta vez, en los periódicos comienza a advertirse de presuntos malestares e incluso de muertes, y la misma posible sugestión colectiva que había contribuido a popularizarlo se le volvió en contra. En cuanto a Estados Unidos, a *M. gisevii* le costó asentarse allí pues el país, aunque había derogado la puritana ley seca, conservaba (y aún conserva con matices) su límite establecido para la consideración de bebida alcohólica (con el correspondiente impuesto especial): aunque *stricto sensu* no lleva, la fermentación puede situar el nivel de alcohol de la *kombucha* por encima de ese 0,5 % permitido. En Europa del Este, la Guerra Fría frenó los estudios y la difusión.

El interés general se reactivaría en los años 80 y en las últimas décadas han proliferado infusiones, refrescos, cervezas y otros productos que se precian de albergar las virtudes del histórico hongo; sin ir más lejos, cuando se revisan estos párrafos salta la noticia de que, en Murcia (España), el CEBAS-CSIC ha desarrollado «una *kombucha* elaborada a partir de los desechos del vino» y que mantendría el efecto de las levaduras y las bacterias renunciando al té. Muchos han imitado paradójicamente los pasos de sus abuelos siguiendo al auténtico octavo rónin. Sin duda, vuelve a ser una moda: quizás esa sea la peor noticia para él.

📖 PARA LEER MÁS :

Anyu, A. T. *et al.* (2021). Cultivated *Cordyceps*: a tale of two treasured mushrooms. *Chinese Medicine and Culture*, 4(4).

Cancemi, G. *et al.*, (2024). Exploring the therapeutic potential of *Ganoderma lucidum* in cancer. *Journal of Clinical Medicine*, 13(4).

Crum, H. y LaGory, A. (2016). *The big book of kombucha*. Storey Publishing.

Dorje, Z. N. (1439-75). *Man ngag bye ba ring bsrel*. The Buddhist Digital Archives.

Du, Z. *et al.* (2023). Re-examination of the holotype of *Ganoderma sichuanense* (*Ganodermataceae, Polyporales*) and a clarification of the identity of Chinese cultivated lingzhi. *Journal of Fungi (Basel)*, 9(3).

Içen, H. *et al.* (2023). Microbiology and antimicrobial effects of kombucha, a short overview. *Food Bioscience*, 56.

Leatham, G. F. (1982). Cultivation of shiitake, the Japanese forest mushroom, on logs: a potential industry for the United States. *Forest Prod. J.*, 32(8).

Mori, K. *et al.* (2009). Improving effects of the mushroom yamabushitake (*Hericium erinaceus*) on mild cognitive impairment: a double-blind placebo-controlled clinical trial. *Phytotherapy Research*, 23.

Moruo, G. (28 de diciembre de 1958). 咏黄山灵芝草. *Diario del Pueblo* [人民日报].

Rahman, T. y Choudhury, M. B. K. (2012). Shiitake mushroom: a tool of medicine. *Bangladesh Journal of Medical Biochemistry*, 5(1).

Rodríguez-Valentín, M. *et al.* (2018). Naturally derived anti-HIV polysaccharide peptide (PSP) triggers a toll-like receptor 4-dependent antiviral immune response. *Journal of Immunology Research*.

Sen, S. *et al.* (2023). *Cordyceps sinensis* (yarsagumba): Pharmacological properties of a mushroom. *Pharmacological Research – Modern Chinese Medicine*, 8.

Shashidhar, M. G. *et al.* (2013). Bioactive principles from *Cordyceps sinensis*: a potent food supplement – a review. *Journal of Functional Foods*, 5(3).

Tsing, A. L. (2015). *The mushroom at the end of the world*. Princeton University Press.

Xianzhong, G. (2019). 显影 | 虫草季节. *China Weekly*, 25.

Yu, Y. N. y M. Z., Shen. (2003). The history of lingzhi (*Ganoderma* spp.) cultivation. *Mycosystema* (supl.), 22.

Arriba: «Cámara de hongo de la hormiga *sauba* [*Atta cephalotes*, tribu Attini de cultivadoras]. El lecho, elaborado con hojas cortadas, se une rápidamente a las *hebras* blancas de hongos, sobre las que luego se desarrollan pequeños bultos. Estos son los diminutos filamentos de los hongos y, si se dejaran, crecerían considerablemente; pero las hormigas los muerden y los usan como alimento para la comunidad» [*Marvels of insect life*, Edward Step (ed.), 1915]. Dcha.: *Tremex columba*, avispa de la madera de la familia de cultivadoras de hongos Siricidae [a partir de *The Cambridge natural history*, 5, Harmer & Shipley (eds.), 1895].

298

EL JARDÍN DE LAS HORMIGAS Y OTRAS HISTORIAS DE *BICHOS* FUNGICULTORES

Quien haya tenido la suerte de disponer de un pedazo de tierra para plantar un huerto —cosa cada vez más complicada— y haya visto crecer su primer tomate, o siquiera quien se haya lanzado a adqurir uno de los actuales kits de cultivo y haya recogido sus primeros champiñones, seguramente se habrá acordado de sus mayores en el curso de esa satisfacción que también ellos debieron sentir un día. Quizás, incluso, por un fugaz instante haya retrocedido mentalmente aún más y pensado en lo que hubieron de experimentar los pioneros y en el poder del hombre. ¿Y si les digo que la agricultura y, más allá, la fungicultura ya existían mucho antes del Neolítico y de que vivieran nuestros ancestros? ¿Saben que en la tierra cultivaban hongos hace al menos cien millones de años?

«A finales del Cretácico —dice en un comunicado de prensa el entomólogo Ted Schultz (2024), que encabeza un alucinante estudio del Museo Nacional de Historia Natural de EE. UU. publicado en *Science*—, a los dinosaurios no les fue muy bien, pero los hongos experimentaron un apogeo». Cuando el impacto de un asteroide causó la extinción de triceratops, diplodocus y demás fantásticas criaturas, y de en torno al 75 % de los seres vivos, tormentas de fuego que llegaron a durar semanas imposibilitaron con otros factores el desarrollo de cualquier fotosíntesis por parte de los organismos supervivientes. Fue hace sesenta y seis millones de años. Transcurridos unos meses, empezarían a surgir nuevas formas de vida e insólitos mutualismos de especies con el solo objetivo de adaptarse y subsistir: la hojarasca en descomposición se tornaría alimento para infinitos hongos y algunos animales que habían salvado el pellejo, como pequeños detritívoros semisubterráneos, forjaron una estrecha relación con ellos (y con un tercer eslabón) hasta volverse interdependientes. Una antigua población de hormigas se abrió paso en las cenizas del cataclismo iniciando toda una casta de fungicultores.

¿Insectos cultivando setas antes que el ser humano? No es ninguna exageración; de hecho, convendremos ahora en que tiene todo el sentido del mundo. Pero el mecanismo es más complejo y fascinante de lo que pudiéramos entrever y sus implicaciones evidencian que, en el gran libro de la historia natural, ocupamos un lugar casi tan diminuto como esos *bichejos*, que nos adelantaron muchos miles de millares de otoños en la práctica de trabajar la tierra para obtener el más preciado sustento.

Nos ubicamos en Centro- y Suramérica. Recordemos que, según se cree, el asteroide impactó a unos veinte kilómetros por segundo en la península mexicana del Yucatán, donde se encuentra el cráter de Chicxulub, y que poseía un diámetro de unos quince kilómetros. Los investigadores estiman que la agricultura de las «hormigas cultivadoras de hongos» tuvo un solo origen, con esta fatal catástrofe como catalizador, y las condujo a diversificarse en hasta 247 especies por el Nuevo Mundo. Para ser exactos, constituyen a lo largo del tiempo cuatro grandes grupos, cada uno de los cuales cultiva un grupo de hongos del orden Agaricales: uno (85 especies) ejerce una agricultura inferior o primitiva con la tribu fúngica Leucocoprineae —la tribu es una categoría opcional entre familia y género—; otro (19 especies) produce agaricáceos en un ignorado estadio parecido a las levaduras; las terceras (30 especies) se centraron en hongos coralinos de la familia Pterulaceae; y las cuartas (113 especies) evolucionan a un sistema superior con hongos «multinucleados o poliploides» —esto es, filamentosos (los mohos) o con varias copias de cada cromosoma, frente a las dos típicas— que generan unos cuerpos alimenticios llamados «gongilidios» (puntas de hifa infladas). De estas últimas va a nacer una estirpe extraordinaria, cincuenta y dos especies «que se han convertido en los principales herbívoros del Neotrópico [región de América Central y del Sur junto con el Caribe], con colonias que alcanzan los niveles más altos de complejidad organizativa encontrados en animales no humanos»: las increíbles hormigas cortadoras de hojas. Hace veintisiete millones de años, fruto de más de cuarenta de sofistificación desde el meteorito y coincidiendo con una expansión de hábitats estacionalmente secos en Suramérica, estos himenópteros lograron domesticar por entero a sus hongos, pues aquellos perdieron contacto con sus congéneres libres de los bosques húmedos; desde entonces, aquellos —en su mayoría de la especie *Leucoagaricus gongylophorus*— dependen totalmente de sus hormigas para vivir.

Las cortadoras de hojas están encuadradas en tres géneros: *Acromyrmex*, *Amoimyrmex* y *Atta*; y, como su nombre común sugiere, se caracterizan por utilizar sus fuertes mandíbulas para seccionar grandes ho-

jas de plantas, así como flores y hierbas, y transportarlas a sus nidos...,
pero no con vistas a ingerirlas, sino para dar de comer a sus queridos
hongos. Su carga puede llegar a ser cincuenta veces su propio peso y no
dudan en recorrer con ella a cuestas la distancia necesaria pues se trata
de tener contentos a los habitantes de sus jardines, de suerte que estos
les sirvan del mejor alimento —los cuerpos fructíferos especializados
de *L. gongylophorus* les resultan altamente nutritivos— e incluso de co-
bijo si son criadas en cautividad. El hongo, por su parte, recibe de ellas
en efecto la más suculenta materia orgánica —masticada y preparada
como sustrato— pero también el más digno cuidado de sus condiciones
idóneas de humedad o temperatura y su protección ante organismos
patógenos, a lo que contribuye el tercer socio simbiótico, que las hormigas portan en su tegumento o envoltura externa: una bacteria *Pseudo-
nocardia*. Cuando un intruso hongo parásito (gén. *Escovopsis*) infecta
al suyo, el antibiótico secretado por la bacteria del artrópodo lo refrena.
Por lo demás, las *leaf-cutter ants* son capaces de detectar si su hongo
arroja indicios de una reacción química adversa y requiere otro forraje.

El jardín de hongos (*fungus garden*) de las hormigas, que así se denomina la estructura, se erige por ende en el escenario más gráfico de
un espectacular mutualismo obligado (sin el que ninguno sobreviviría)
que en realidad se extiende al resto del gigantesco nido que la propicia:
una perfecta obra de ingeniería que alberga colonias de hasta diez millones de individuos y en la que asimismo existen un criadero (donde
las reinas ponen huevos y cuidan las larvas), un depósito de basuras (al
que trasladan para su descomposición tanto el sustrato ya sin nutrientes como las hormigas muertas), despensa..., todo convenientemente in-
terconectado y preservado. Como puede intuirse, la división del trabajo
es estricta y se agrupan en castas: los alados machos se aparean con las
futuras reinas en un «vuelo nupcial»; las reinas, que tras ello pierden
sus alas, buscan y perforan el nuevo nido para reproducirse; y las obreras, que varían sus roles con la edad, se subdividen en grandes soldados
del servicio de orden, recolectoras, vigías, cuidadoras del jardín...

En comparación con la de sus cultivadoras, testimonian los científicos del NMNH, la historia evolutiva de estos hongos es aún desconocida y,
aunque sus cronogramas han revelado que además de a Agaricaceae corresponden a la familia Pterulaceae (gén. *Myrmecopterula*), necesitarán
ahora un estudio comparativo de los genes involucrados en el mutualismo para reconstruir la coevolución de hongos y hormigas. «Seguire-
mos informando». Mientras, salgamos del jardín y continuemos explorando este genial fenómeno de fungicultura sin hombres de por medio.

El escarabajo que secundó a Graves: la ambrosía era una seta

Decíamos que en la tierra se cultivaron hongos hace al menos cien millones de años, pero hemos hecho una parada en ese momento crucial
que fue la extinción masiva al término del Cretácico. Bien, vayamos,
ahora sí, al origen. ¡De nuevo los Beatles! Siempre los Beatles... El nombre definitivo de la banda más importante de todos los tiempos surgió de un largo baile desde los primigenios Blackjacks de John en 1957,
rebautizados a la semana como The Quarry Men: habiéndose unido
Paul y George y marchado sucesivamente el resto, quedaron reducidos
al trío Johnny and The Moondogs y la llegada del bajista Stuart Sutcliffe
trajo consigo el cambio a Beatals, primera alusión al género *beat*; de ahí
pasaron a The Silver Beetles («los Escarabajos de Plata»), de este a (The)
Silver Beatles y al fin, con alguna variación más, a (The) Beatles, dos
años antes de que Ringo sustituyera a Pete Best. Tras los Grillos (The
Crickets) de Buddy Holly, era el turno de unos escarabajos *mockers* con
mucho ritmo y, con ellos, de una revolución músico-cultural sin igual.
¿Sabrían que hubo otros *beetles* revolucionarios un «megasiglo» atrás?

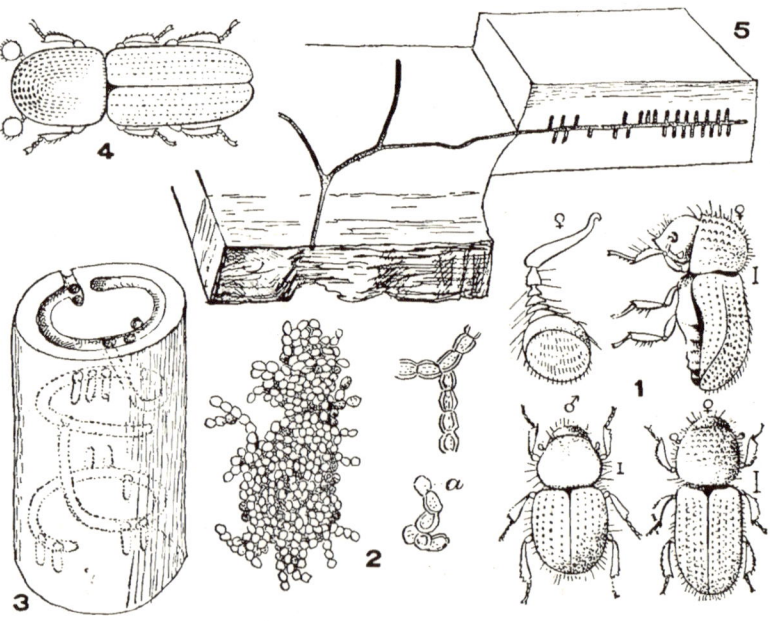

1. *Xyleborus dispar*; 2. Ambrosía de *Corthylus punctatissimus*; 3. Galerías de
C. punctatissimus; 4. *Gnathotrichus materiarius*; 5. Galerías de *Monarthrum mali*
[*The New International Encyclopædia*, 2, Daniel Coit Gilman *et al.* (Eds.), 1905].

302

Recordarán que Robert Graves, autor de *Yo, Claudio* y estudioso de los mitos griegos, había aseverado que el manjar exclusivo de los dioses del Olimpo llamado «ambrosía» (comúnmente definido como una papilla melosa con agua, fruta, aceite, queso y cebada perlada) no era otra cosa que una seta, y que desciframa un anagrama oculto en las iniciales griegas de sus ingredientes y de los del néctar y el *kykeón* hasta acabar especulando forzadamente, como reconocía el mismo, con la seta matamoscas. Resulta que a lo mejor no iba tan desencaminado. Un escarabajo —o, mejor dicho, un buen puñado de estos— ya había buscado saborear *las mieles* de la ambrosía en un hongo hacía un millón de siglos; hasta ese punto rastrearon sus pasos unos investigadores de las universidades de Barcelona, Bergen y Bonn (Peris, D. *et al.*, 2021) al estudiar la coevolución de su mutualismo. Y aun otro insecto, este todavía una incógnita para nosotros, se le habría anticipado; lo veremos.

Se los menciona genéricamente como escarabajos de la ambrosía, pero los insectos de las familias que nos retrotraen a tan remoto origen aún no están catalogados científicamente como ambrosiáceos, sino como de madera de barco y perforadores, y otros son de corteza. Los hongos de la ambrosía se registran previamente y son lo que les otorga tal identidad:

> «Los hongos de la ambrosía son un conjunto ecológico de hongos no relacionados que los escarabajos ambrosiáceos cultivan en sus galerías como alimento obligado para sus larvas. [...] Aunque en gran medida ignoradas, familias como Lymexylidae y Bostrichidae deberían incluirse en la lista de escarabajos ambrosiáceos, ya que algunas de sus especies cultivan hongos ambrosiáceos. [...] Los estudios moleculares proponen orígenes de Scolytinae, Platypodinae, Lymexylidae y Bostrichidae en diferentes momentos durante el Mesozoico [...]; se sospecha que escarabajos y hongos participan en relaciones simbióticas desde el Cretácico inferior».

Al contrario que con las hormigas de la tribu Attini, no está claro qué factores ambientales contribuyeron al cultivo de hongos por parte de escarabajos ni cómo su interacción mutualista se volvió obligada en la mayoría, pero se sabe que la simbiosis evolucionó independientemente varias veces y en varios linajes. Aquellos habitan los troncos de angiospermas —árboles frutales, robles— y gimnospermas —pinos, cipreses— e inoculan las paredes de sus galerías con esporas de hongos que transportan, desde que son adultos, en los «micetangios» o pliegues de su exoesqueleto; en lugar de alimentarse de la madera como otros coleópteros, todos se nutren únicamente de ese hongo que crece en los *muros* de su hogar —los unos facilitan el transporte y la oportunidad de crecer cómodamente en ese huésped; y el otro aporta vitaminas, aminoácidos y esteroles esenciales— salvo una excepción: los escarabajos de madera de barco adultos (limexílidos), delicados ellos, prefieren esa materia en descomposición y son sus larvas quienes perforan la madera, *siembran* esporas y hacen del hongo su comida; su huella más antigua es un fósil de compresión brasileño que raya en los 120 millones de años. Los demás escarabajos, de las citadas familias o subfamilias de escolitinos, bostríquidos y platipodinos, cuentan con registros fósiles de hace 125, 100 y 45 millones de años respectivamente.

Los hongos de la ambrosía son principalmente de los géneros *Raffaelea* y *Ambrosiella*, pero asimismo engloban levaduras del orden Saccharomycetales y otros ascomicetos de órdenes como Ophiostomatales o Microascales, y de géneros como *Geosmithia* y *Fusarium*. Y aquí viene la parte menos agradable de esta fungicultura, particularmente para los agricultores; partimos de una base: «Los escarabajos, el grupo más grande de eumetazoos en la tierra, estuvieron entre los primeros insectos en colonizar la madera de árboles muertos y moribundos, a los que trajeron comunidades de hongos simbióticos [...]. Estas relaciones escarabajo-hongo pueden ser enormemente destructivas para los bosques...». La mayoría de los escarabajos ambrosiáceos excavan sus galerías y se reproducen en troncos o ramas de árboles muertos, pero algunas larvas gustan de madera recién seca, algunas hembras adultas llegan a causar por sí mismas la muerte del árbol... y, sobre todo, cuando los coleópteros eligen como dieta un hongo *Fusarium*, cabe el riesgo de que se trate de una especie patógena, capaz de provocar enfermedades a determinadas cantidades: es el caso de los numerosos escolitinos Xyleborini.

Entre mediados de 2024 y principios de 2025, las provincias españolas de Granada y Málaga experimentaron lo que se consideró una plaga cuarentenaria (que podía tener importancia económica potencial) de un complejo de especies de escarabajo de la ambrosía, *Euwallacea fornicatus*: su hongo simbiótico es esencialmente *F. euwallaceae*, descrito como agente causal de muerte regresiva en varios árboles, toda vez que el insecto perfora sus troncos estando vivos; luego se supo que ya se habían instalado trampas con etanol y otras sustancias en 2023, pero el escarabajo se propagó y ocasionó importantes daños en aguacates y ficus; las nuevas medidas incluyeron podas preventivas y se establecieron indemnizaciones de hasta cuarenta y dos mil euros. Digamos que en todas partes cuecen habas. En el lado opuesto, científicos de las universidades de Friburgo y Múnich (Diehl, J. M. C. *et al.*, 2022) han efectuado inyecciones experimentales de hongos patógenos en escarabajos como *Xyleborinus saxesenii* y descubierto que sus larvas y adultos pueden suprimirlos a través del acicalamiento o aseo mutuo y del canibalismo practicado con individuos infectados; en estos y en otras especies como *X. affinis*, además, observaron la presencia de un simbionte bacteriano del género *Streptomyces* que produce un antibiótico e inhibe a otros simbiontes secundarios, en lo que constituiría un comportamiento análogo al del tercer eslabón de las cortadoras de hojas y sus hongos. Con todo, a decir verdad, aún no se ha probado que los escarabajos de ambrosía tengan esa misma capacidad de gestionar el ataque de patógenos. Su sistema no parece tan sumamente sofisticado, pero sus circunstancias son distintas, con tal diversificación, semejante variedad de hongos simbióticos y un modo de vida alejado del refinado engranaje himenóptero: los escarabajos son subsociales y no se han acercado siquiera a aquel grado elevado de «eusocialidad», en el que se da la convivencia de dos o más generaciones agrupadas en castas que se dividen el trabajo, con reproductoras y obreras, y los adultos velan por la seguridad de los pequeños: «... debido a su vida enigmática dentro de la madera, hay muy poco conocimiento sobre su capacidad real para promover activamente el crecimiento de sus hongos alimenticios sobre otros».

Con todo, se sabe que tan veteranos coleópteros también lograron domesticar algunos cultivos (p. ej., *Raffaelea* sp.) y, de hecho, muy temprano dada la ubicuidad de hongos y escarabajos en el Cretácico inferior, antes del impacto del asteroide en el superior. Pero puede deducirse que se mantienen fieles a una fungicultura y una existencia primitivas. Con *la ambrosía* en su poder, claro, no necesitan más.

Las termitas que no amaban a la madera ni comían su celulosa

Regresemos al jardín, pero no al de nuestras hormigas. Una subfamilia de termitas, Macrotermitinae, compuesta por unas 330 especies repartidas en once géneros, cultiva igualmente sus correspondientes *fungus gardens* y su peculiaridad nos devuelve a un modelo de ingeniería francamente alucinante. De entrada, se están estudiando posibles aplicaciones de la asombrosa arquitectura de estas criaturas en la construcción humana de las estructuras inteligentes del futuro.

Ser una termita y que no te guste la madera es toda una paradoja biológica... si nos atenemos a la definición del DLE: «Insecto del orden de los isópteros, que vive en colonias y que roe madera, de la que se alimenta, por lo que puede ser peligroso para ciertas construcciones». Sin embargo, no estamos ante una anomalía que les arrebate su condición de termes en absoluto: a nosotros, incluso, se nos revelan como una suerte de élite entre estos insectos que ya de por sí, aunque temidos y detestados desde antaño por su capacidad destructora de edificios enteros (especialmente en tiempos en los que la madera predominaba como material de obra), no han dejado de impresionarnos con su inquietante modo de propagarse sin ser vistas, a millones, para saciar su voracidad.

Los macrotermitinos no pueden digerir por sí mismos la celulosa y no atacan la madera de viviendas nuevas para nutrirse de ella. Recolectan, más que nada, madera en descomposición y hojarasca, pero existen variaciones desde las hojas frescas de algunas plantas hasta raíces, tallos de pasto e incluso estiércol de mamíferos; y lo hacen con el propósito de que, masticados y humedecidos, sirvan como sustrato de crecimiento al hongo. No se lo comen: este, que siempre es un basidiomiceto del género *Termitomyces*, les devuelve una biomasa fúngica comestible y con carbohidratos que sí les resulta accesible, así como unos cuerpos fructíferos asexuales (nódulos, como los gongilidios de las hormigas cortadoras de hojas) que añadir a la dieta y con los que acometer la necesaria reinoculación que renueve el jardín. Un jardín de categoría...

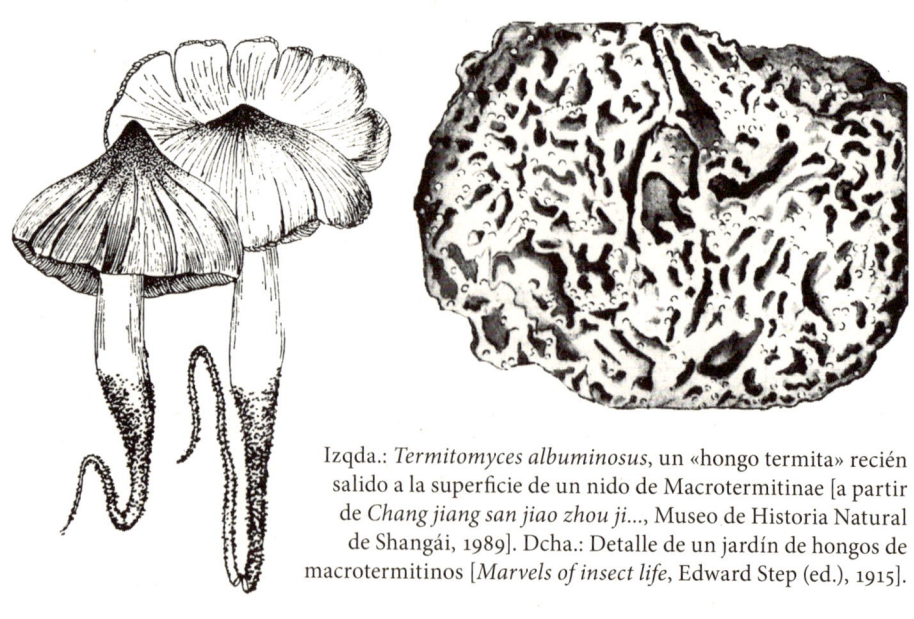

Izqda.: *Termitomyces albuminosus*, un «hongo termita» recién salido a la superficie de un nido de Macrotermitinae [a partir de *Chang jiang san jiao zhou ji...*, Museo de Historia Natural de Shangái, 1989]. Dcha.: Detalle de un jardín de hongos de macrotermitinos [*Marvels of insect life*, Edward Step (ed.), 1915].

Los nidos, levantados con tierra y heces, son estructuras de varios pisos que pueden superar la altura de una persona y albergan poblaciones de entre cientos de miles y millones de individuos. Su arquitectura es un prodigio de diseño e incorpora hasta un sistema de aire acondicionado, basado en una intrincada red de conductos, que regula la temperatura interna: el aire fresco de la superficie circula continuamente, mientras que el aire viciado de la colonia es expulsado por convección térmica, en un proceso impulsado por el movimiento constante de sus habitantes. Junto con la fabricación aditiva (por capas), este es el gran reto que se plantea a la arquitectura humana (Worall, M., 2011).

Cada colonia se organiza en una sociedad estructurada en torno a la pareja real, que propicia la reproducción mediante un vuelo nupcial. La reina, de un tamaño comparable al de un pulgar humano, es una inagotable productora de huevos. El resto de la colonia se compone de un proletariado de obreras estériles, con una clara división de trabajo en castas, a cuya vanguardia se halla un formidable ejército de feroces soldados con grandes cabezas y otro de tenaces obreras que forrajean.

El mutualismo termitas-hongos arranca hace más de treinta millones de años en el África subsahariana y se torna obligatorio para ambos. Solo se desarrolla en las regiones indomalaya y afrotropical —y llega a hacer auténticos estragos, eso sí, en cultivos como el maíz—.

Termitomyces abarca unas cincuenta especies, muchas de ellas comestibles, y algunas son muy populares en la alimentación silvestre; sobre todas destaca *T. titanicus*, endémica de Zambia y Kenia (donde es llamada *chingulugulu*): se trata del hongo comestible más grande del mundo; puede alcanzar el metro de diámetro y los cuarenta kilos de peso. Lo mejor es que setas como estas no solo dan de comer a las termitas: una vez al año, emergen a la superficie, son recogidas y van a parar como *delicatessen* a los mercados de África y Asia oriental. Nos lo resume el Dr. Poulsen, de la Universidad de Copenhague:

«Estos hongos contienen más proteínas que el pollo y que plantas como la soja, el maíz y los guisantes; tienen una mejor composición de aminoácidos y también contienen una amplia gama de vitaminas saludables. Nutricionalmente, están en el extremo superior e incluso saben bien. Pero, por ahora, dado que aún no se pueden cultivar en ausencia de anfitriones de termitas, su disponibilidad como fuente de alimento humano es limitada».

Fungicultura a otro nivel. Una cuyo fruto puede degustar el hombre.

Avispas y mosquitos: breve homenaje a los ignorados pioneros

Verán qué curioso: los dos mutualismos insecto-hongo que menos han captado el interés de investigadores y medios, y sobre los que menos información ha trascendido, son precisamente aquellos a los que se estima una mayor antigüedad. Las avispas de la madera (150-200 millones de años) y los mosquitos de la agalla de la ambrosía (~150 m. a.) son los ignorados pioneros: el eco de su hazaña es hoy tan sordo como el efímero e imperceptible batir de sus alas. Aquí un breve homenaje.

Las avispas de la madera (Siricidae) evolucionaron tres veces de forma independiente en su cultivo de hongos desde ese intervalo. En la actualidad engloban justamente a ciento cincuenta especies no sociales, por lo común restringidas al radio de una región concreta. La hembra adulta no busca sustrato: transporta esporas en un órgano denominado «micangio», las inocula en la madera perforada junto con secreciones glandulares y deposita sus huevos; estas esporas germinan y dan lugar al único alimento de las larvas, que no sobrevivirían sin él. Las del género *Sirex*, por ejemplo, tienen como simbionte a un hongo *Amylostereum*: cuando la hembra agujerea el tronco de la conífera, las larvas se dedican a abrir el túnel durante uno o dos años y se nutren sucesivamente de él, de su biomasa y de la albura o madera joven que les descompone —por lo demás, les proporciona esteroles y enzimas—; se han aislado bacterias (*Streptomyces*, *Flavobacterium*) de intestinos y excrementos, pero aún no se sabe nada de su papel. Desde 1968 han aparecido con cuentagotas diversos estudios y, en los últimos años, las sirícidas están empezando a cobrar algo del protagonismo que merecen.

Los mosquitos de la agalla de la ambrosía (*ambrosia gall midges*, AGM), insólita evolución de Cecidomyiidae, habrían aventajado en unos quinientos mil siglos a los escarabajos en la búsqueda de su particular manjar de dioses —nuevamente, aquí la ambrosía es un hongo—. Suelen ser específicos de una planta huésped y, en esas agallas o excrecencias que le generan, cultivan y custodian los simbiontes fúngicos que les sirven de alimento al igual que el propio vegetal: los mosquitos encarnan «una transición evolutiva única entre la micofragia y la herbivoría», sostienen los biólogos checos de la Universidad de Ostrava que este mismo año, en un trabajo (Pyszko, P. *et al.*, 2025) al que por fortuna hemos podido acceder a tiempo, han reivindicado al tan inexplorado díptero. Se desconoce el número de especies del grupo en el marco de una familia que supera las 6650 (en 832 géneros) y no para de crecer.

La historia de la fungicultura que nos legaron estos seres excepcionales es una vibrante crónica de la coevolución, de una supervivencia a lo largo de miles y hasta millones de centurias gracias a una comunión estrecha entre dispares. Solo conocemos una mísera porción. Ojalá las próximas fechas nos deparen los más fabulosos descubrimientos.

📖 PARA LEER MÁS :

Biedermann, P. H. W. y Vega, F. E. (2020). Ecology and evolution of insect–fungus mutualisms. *Annual Review of Entomology*, 65.

Cai, C. *et al.* (2017). Mycophagous rove beetles highlight diverse mushrooms in the Cretaceous. *Nature Communications*, 8.

David Morgan, F. (1968). Bionomics of Siricidae. *Annual Review of Entomology*, 13.

Diehl, J. M. C. *et al.* (2022). First experimental evidence for active farming in ambrosia beetles and strong heredity of garden microbiomes. *Proc. R. Soc. B.*, 289(1986).

Hajek, A. E. *et al.* (2013). Fidelidad entre las avispas Sirex y sus hongos simbiontes. *Microbial Ecology.* 65(3).

Li, H. *et al.* (2021). Symbiont-mediated digestion of plant biomass in fungus-farming insects. *Annual Review of Entomology*, 66.

Mutsamba, E. F. *et al.* (2016). Termite prevalence and crop lodging under conservation agriculture in sub-humid Zimbabwe. *Crop Protection*, 82.

Peris, D. *et al.* (2021). Origin and evolution of fungus farming in wood-boring Coleoptera – a palaeontological perspective. *Biol. Rev. Camb. Philos. Soc.*, 96(6).

Poulsen, M. (2015). Towards an integrated understanding of the consequences of fungus domestication on the fungus-growing termite gut microbiota. *Environmental Microbiology*, 17(8).

Poulsen, M. y Hornbek, M. (1 de diciembre de 2022). Learning how to grow super mushrooms, with termites as teachers. *Science, University of Copenhagen*.

Pyszko, P. *et al.* (2025). Ambrosia gall midges (Diptera: Cecidomyiidae) and their microbial symbionts as a neglected model of fungus-farming evolution. *Fems Microbiology Reviews*, 49.

Remmel, A. (3 de octubre de 2024). Asteroid impact may have turned ants into fungus farmers 66 million years ago. *Science*.

Rodríguez, H. (20 de enero de 2021). Hormigas granjeras, una fabrica subterránea de medicamentos. *National Geographic*.

Schultz, T. *et al.* (2024). The coevolution of fungus-ant agriculture. *Science*, 386(6717).

Smithsonian Institute. (3 de octubre de 2024). Ant agriculture began 66 million years ago in the aftermath of the asteroid that doomed the dinosaurs. *Smithsonian Institute*.

Wisselink, M. *et al.* (2020). The longevity of colonies of fungus-growing termites and the stability of the symbiosis. *Insects*, 11(8).

Worall, M. (2011). Homeostasis in nature: nest building termites and intelligent buildings. *Intelligent Buildings International*, 3(2).

Gyromitra esculenta, bonete o falsa colmenilla [*I funghi mangerecci e velenosi dell'Europa media, con speciale riguardo a quelli che crescono nel Trentino*; Giacomo Bresadola, 1906].

CEREBRO FÚNGICO

En 1736, el matemático suizo Leonhard Euler se enfrentaba a un problema aparentemente trivial que los habitantes de Königsberg habían convertido en entretenimiento: ¿era posible atravesar los siete puentes de la ciudad sin pasar dos veces por el mismo? Al resolverlo, sentó las bases de la teoría de grafos, que transformaría por entero la comprensión humana de las redes y las conexiones del mundo: abstrajo el enigma físico a su esencia matemática, representando las masas de tierra como puntos (nodos) y los puentes como líneas (aristas) que los vinculaban, y demostró que, para que un camino recorriera todas las conexiones una sola vez, cada nodo debía tener un número par de aquellas, condición que Königsberg no cumplía. Euler fue además, entre otras cosas, quien redefinió el concepto matemático de función ideado por Leibniz y le asignó la definitiva notación $f(x)$ —Leibniz acuñó el término *functio*(*-nes*) a partir de *fungor, functus sum, fungi,* aunque este *fungi* («ejecutar, desempeñar») no es el nuestro—. Lo que acaso no podía imaginar entonces el helvético era que, bajo el territorio de esa misma capital de la Prusia Oriental, futura Kaliningrado, se extendía una red infinitamente más compleja y sofisticada que cualquier obra del hombre: un entramado orgánico que había resuelto los más intrincados problemas de conectividad, comunicación y supervivencia millones de años antes de que los primeros puentes fueran siquiera concebidos.

La búsqueda de soluciones para subsistir ha guiado el proceso evolutivo de los seres vivos desde los albores de la creación; los organismos que han salvado hecatombes y cataclismos lo han debido más a estrategias depuradas de adaptación que al azar. De los cinco reinos, quizás ninguno haya perfeccionado tanto el arte de (sobre)vivir como el fúngico. Y en el corazón de tan extraordinario prodigio se halla una estructura que desafía cualquier noción académica sobre la inteligencia y la conciencia en general: el micelio, auténtico cerebro de los hongos.

Los experimentos de las últimas décadas han revelado que el micelio no solo procesa información, sino que puede superar retos de optimización con una facilidad pasmosa. La micóloga Lynne Boddy, de la Universidad de Cardiff, ha sido clave para empezar a entender cómo funciona el aparato vegetativo de los hongos: sus investigaciones sobre la ecología fúngica constataron que las redes miceliales de *Phanerochaete velutina* exhibían refinados comportamientos de forrajeo, capaces de evaluar la calidad o cantidad de los recursos, recordar la ubicación de fuentes de nutrientes y redistribuir su biomasa de manera óptima; en otras palabras, gracias a ella sabemos que el micelio posee una suerte de «memoria ecológica» que le permite tomar decisiones de reubicación con arreglo a sus intereses, concretamente por un efecto residual o de arrastre. El equipo de Boddy (Fukasawa, Y. *et al.*, 2020) colocó un inóculo del basidiomiceto en un bloque de madera en la superficie y el micelio creció hacia el suelo colonizando recursos: al detectar un cebo, otro trozo leñoso y de gran volumen, los cordones miceliales o rizomorfos se engrosaron en buena medida al contacto con él —los no unidos se retrajeron—; se observó desde ahí un recrecimiento preferencial del lado del cebo y este se explicaría por ese arrastre de la distribución diferencial del micelio en la madera tras enlazar con él: un tipo de memoria. «... el micelio de *P. velutina* recordaba su dirección de crecimiento después de la eliminación completa de las hifas que crecían de los inóculos de madera. Reconocer que el micelio fúngico tiene una inteligencia primitiva con capacidad de toma de decisiones y memoria es un paso importante...», concluían.

Micelio de *Polyporus* (hoy *Hyphodontia*) *radula* [*The Popular Science Monthly*, 08/1886].

El cerebro fúngico ha sido *invisible* hasta hace no mucho, no ya como tal sino meramente como parte separada del píleo o del estípite y encargada de la nutrición en los hongos pluricelulares. El austríaco Trattinnick introdujo el término en 1804, con el sentido de matriz filamentosa, pero este no logró captar la atención que sí recibían las esporas o los líquenes desde las ilustraciones de microscopía óptica del siglo XIX. Como el arte, la investigación se enfrascaba en los efímeros cuerpos fructíferos de macrohongos: «... la parte principal del hongo, el micelio, tiene una vida relativamente larga, pero generalmente está oculta en aquello en lo que el hongo está creciendo y de lo que se alimenta, lo que quizá sea la razón de su descuido...» (Boddy & Herman-Oakley Mills, 2025). Al fin en el ocaso del siglo XX salen a la palestra micorrizas, descomponedores y otros fenómenos, y las redes miceliales con ellos. Solo recientemente, no obstante, estamos advirtiendo su trascendencia.

El idioma eléctrico: las setas hablan

Durante milenios, los seres humanos hemos creído que la comunicación requiere palabras, sonidos, gestos o señales visuales perceptibles. Pero, mientras caminamos calladamente por los bosques, pensándonos ajenos a miradas y susurros, bajo nuestros pies se ha producido desde siempre —sin que más allá de imaginarlo lo hubiéramos podido verificar— una conversación constante en un misterioso idioma que ahora estamos en vías de interpretar: el lenguaje eléctrico de los hongos.

La aseveración científica de que los hongos *hablan* constituye uno de los hallazgos más fascinantes de la historia de la micología, la biología y la historia natural en suma. Basándose en un análisis cuantitativo de fluctuaciones voltaicas, el científico de la computación Andrew Adamatzky, de la Universidad del Oeste de Inglaterra (Bristol), arribó a la conclusión de que la señalización eléctrica fúngica es estructuralmente similar a los lenguajes humanos; su estudio, publicado en 2022 en *Royal Society Open Science*, desvela la existencia de un léxico de hasta cincuenta palabras (del cual emplean habitualmente entre quince y veinte) compartido en mayor o menor proporción por las cuatro especies analizadas y abre la puerta a la redacción de toda una hipotética gramática de los hongos. Él mismo aclara que, si aún no hemos alcanzado a descifrar la de perros o gatos, esto no se logrará mañana, pero ¡es un paso!

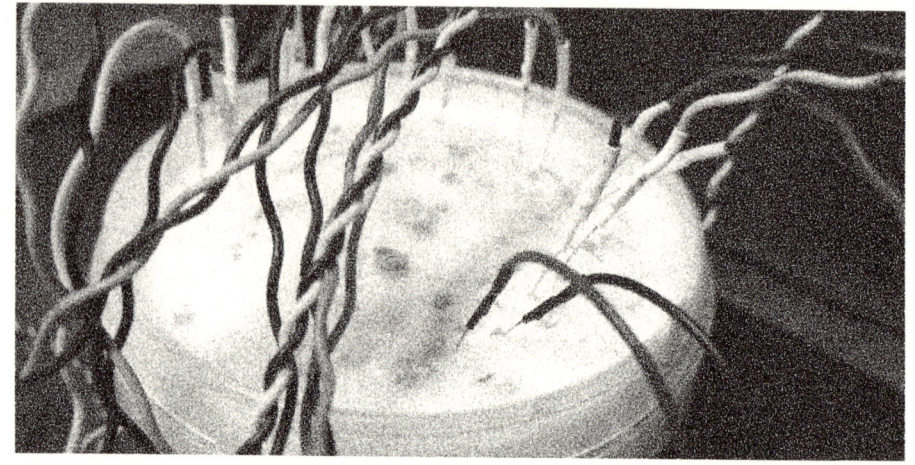

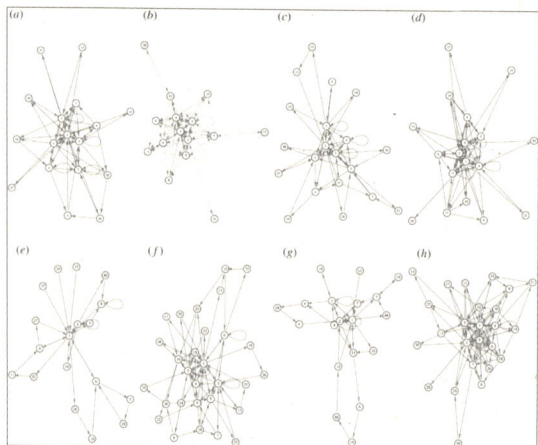

De Euler a la lengua de las setas.— Arriba: Electrodos en sustrato con micelio de *F. velutipes*. A la izqda.: Grafos de transición de estados arrojados por las máquinas de picos fúngicos en los cuatro hongos, con picos agrupados en dos tipos de intervalos: θ = a (a-d) y θ = 2 · a (e-h), toda vez que *a* el promedio entre dos picos sucesivos del conjunto [a partir de Adamatzky, A. (2022). Language of fungi derived from their electrical spiking activity. *Royal Society Open Science*, 9; CC BY 4.0].

Adamatzky trabajó con bioluminiscentes hongos fantasma (*Omphalotus nidiformis*) —hermanos de nuestra *jack o'lantern* o seta de olivo, *O. olearius*—, setas *enoki* o de pie aterciopelado (*Flammulina velutipes*), esquizófilos comunes (*Schizophyllum commune*) y, ¡hey!, *Cordyceps militaris* u hongos de la procesionaria, parientes del afrodisíaco *C. sinensis* tibetano también descritos en Europa. Insertó electrodos de aguja subdérmicos en sustratos colonizados por micelio y directamente en los carpóforos, y registró impulsos eléctricos rítmicos que variaban en amplitud, frecuencia y duración: como ya había observado en ejemplares de *Pleurotus djamor* y *Ganoderma resinaceum*, se daban picos de actividad a menudo agrupados en series de picos (*spike trains*) y que hacían intuir un uso, por parte de las redes miceliales, para la obtención de información y activación de respuestas, de modo análogo a las neuronas

314

en el sistema nervioso central. Estos picos también se han apreciado en plantas o en protozoos, pero su comportamiento en este caso ha impulsado este intento de decodificar un verdadero lenguaje cuya complejidad morfológica sobrepasa, con creces, la de las lenguas europeas.

S. *commune* generó secuencias u oraciones más elaboradas y, junto con *O. nidiformis*, presentó un léxico más amplio. «Dependiendo del umbral picos agrupados para formar palabras, la longitud promedio de palabra varía de 3,3 (*O. nidiformis*) a 8,9 (*C. militaris*). La longitud promedio de palabra fúngica, calculada para cuatro especies y dos métodos de agrupación de picos, es de 5,97, semejante a la longitud promedio de palabra en algunos idiomas, por ejemplo 4,8 en inglés y 6 en ruso»; en castellano/español, la longitud rayaría en un 5,2 aproximadamente. Tras acometer una valoración algorítmica, en las cuatro especies se apreciaron sustanciales diferencias aun transmitiendo la misma información, lo que nos llevaría a hablar además de dialectos eléctricos.

El autor se propuso prolongar los exámenes aumentando el número de especies, escudriñando construcciones gramaticales y relaciones sintácticas (de haberlas) y, por último, clasificando exhaustivamente las palabras derivadas de las series de picos en algo así como un diccionario rudimentario. Reconocía: «... puede haber interpretaciones alternativas de la actividad eléctrica en picos como un lenguaje». En efecto, el escepticismo científico inicial ha dado paso a las primeras reprobaciones: investigadores de las universidades de Glasgow, Edimburgo, Heidelberg y California han divulgado en *Fungal Ecology* (2024) un *comentario* con el elocuente título «¿La actividad eléctrica en los hongos funciona como un lenguaje?»; estiman poco convincente la evidencia de un lenguaje fúngico equiparable al humano y argumentan que las fluctuaciones de voltaje carecen de origen biológico, al margen de que cualquier reacción eléctrica o química de un organismo podría definirse como comunicación (lo cual ya hemos barajado previamente). Nos gusta figurarnos que el esforzado Adamatzky y sus setas aún *darán que hablar*.

La danza íntima del micelio: el sexo en los hongos

S. *commune*, el esquizófilo común, la especie que más y mejor *habló* al ser examinada por Adamatzky, es un basidiomiceto de textura lanosa, láminas hendidas y un color blanco grisáceo con tonos rosados.

Cuando el ambiente se vuelve seco, sus branquias se cierran como un abanico, protegiéndolo de la deshidratación; cuando regresa la humedad, se despliegan y, sin haber perdido un ápice de funcionalidad, libera sus esporas: una excepcional fórmula de adaptación al clima que lo hace apto para crecer y reproducirse sobre la madera muerta de árboles de todo el orbe. No nos extraña su aparente locuacidad, si se nos permite continuar por un instante con la broma, dejando a un lado esta otra muestra de inteligencia contrastada: mientras otros hongos, vegetales o animales —como nosotros los hombres— poseen un sexo u otro, masculino o femenino, los tipos sexuales de este llegan, *así, a ojo*, a 23 328 (realmente es la cifra que aportaron los profesionales de la Universidad de Vermont que mapearon su ADN en Specht, C. A, *et al.*, 1994). Digamos que debe de ser un tipo con don de gentes..., pero, por terminar con la gracieta, si algo nos deja entrever esta cuestión es que la de *S. commune* no es solo una estrategia romántica, sino pura genialidad evolutiva: se lo ha catalogado como el organismo vivo con el más alto nivel de polimorfismo genético (lo que se extiende a infinitas variaciones fenotípicas). Su danza micelial nos evoca toda una poética del deseo.

En los humanos, el cerebro ha sido descrito como el director de orquesta del comportamiento sexual: coordina el reconocimiento del otro, despierta la libido y, dado el caso, guía los movimientos corporales hasta dar lugar al apareamiento que culmina en la reproducción; sin este centro de control neurológico que procesa estímulos sensoriales y coordina respuestas complejas, la sexualidad humana sería imposible. Los hongos pluricelulares, por su lado, cuentan para estas funciones críticas con sus redes miceliales, movilizadas ciertamente cual si fueran un dinámico cerebro en acción, o como si cada filamento fuese a la vez músico y maestro en una sinfonía genésica digna de ser bailada.

El micelio fúngico domina con igual maestría la reproducción sexual y la asexual. En la asexual, actúa como una fábrica autorreplicante: fragmentos de hifas se desprenden del cuerpo principal y cada uno genera independientemente un nuevo micelio genéticamente idéntico al original: esta técnica propicia una colonización rápida de territorios favorables, toda vez que el viento o la lluvia dispersan partes de esa red hacia nuevos sustratos; alternativamente, el micelio puede producir esporas asexuales en estructuras especializadas, creando propágulos capaces de sobrevivir a condiciones adversas hasta encontrar oportunidades de crecimiento. La coordinación química de la reproducción sexual fúngica ha sido objeto de un notable interés en los tiempos recientes, máxime desde su disgregación oficial de las plantas como reino Fungi.

En 1968, Graham Gooday demostró que del micelio apareado de *Mucor mucedo* se podía extraer una hormona que inducía la formación de «cigóforos» (hifas sexuales mejoradas donde se desarrollaban esporas) en cultivos no apareados: el micelio no solo participaba mecánicamente en la reproducción, sino que generaba determinadas señales químicas o reaccionaba —al detectar una estirpe las señales químicas de otra, unas hifas especializadas se engrosaban (¿a qué nos recuerda?) en ambos y se transformaban en cigóforos, que se entrelazaban en el aire por parejas—. Investigaciones posteriores con *M. mucedo* y con *Blakeslea trispora* identificaron esa hormona como «ácido trispórico» y certificaron que el micelio también opera haciendo las veces de un sistema endocrino difuso, hábil para coordinar encuentros reproductivos complejos.

La reproducción sexual fúngica se rige, como anticipábamos, por un método de tipos compatibles (*mating types*) que puede ser extraordinariamente diverso: la combinación de múltiples *loci* genéticos (alelos o variantes de cada *locus*, de cada posición de un gen en el cromosoma) determina el grado de compatibilidad sexual; *S. commune*, que además completa su ciclo de vida en diez días, es por este y otros motivos un modelo de laboratorio. Tres grandes etapas la integran: en la «plasmogamia», las hifas de tipos compatibles se distinguen mediante señales químicas específicas y *danzan* para fusionar sus citoplasmas, creando células que mantienen dos núcleos genéticamente dispares y dando pie a la «fase dicariótica»; las células dicarióticas pueden preservar tal condición meses o años, mientras las hifas crecen y se expanden, conservando ambos núcleos en coordinación precisa durante cada división; finalmente, los cuerpos fructíferos especializados acogen la «cariogamia», en que los núcleos son fusionados y experimentan meiosis (dobles divisiones celulares, con reducción de cromosomas a la mitad) para generar esporas haploides, esto es, con un único juego de cromosomas, genéticamente únicas. La sutil coreografía micelial ha consumado su propósito.

Los hongos micorrícicos arbusculares (HMA), aunque se reproducen de forma asexual, también ilustran esta inteligente arquitectura reproductiva del micelio: *Rhizophagus irregularis*, jardinero modelo de esas especies que susurran a las raíces de más del 80 % de las plantas terrestres, modifica el patrón de crecimiento de sus hifas según la morfología o las propiedades de sus hospederas y fabrica esporas dimórficas (de dos morfotipos distintos) que le garantizan adaptarse a factores medioambientales diversos. Son otro testimonio del poder de estas redes «neurológicas» en las que cada conexión teje los destinos del ecosistema en su afán de perpetuar la existencia de generación en generación.

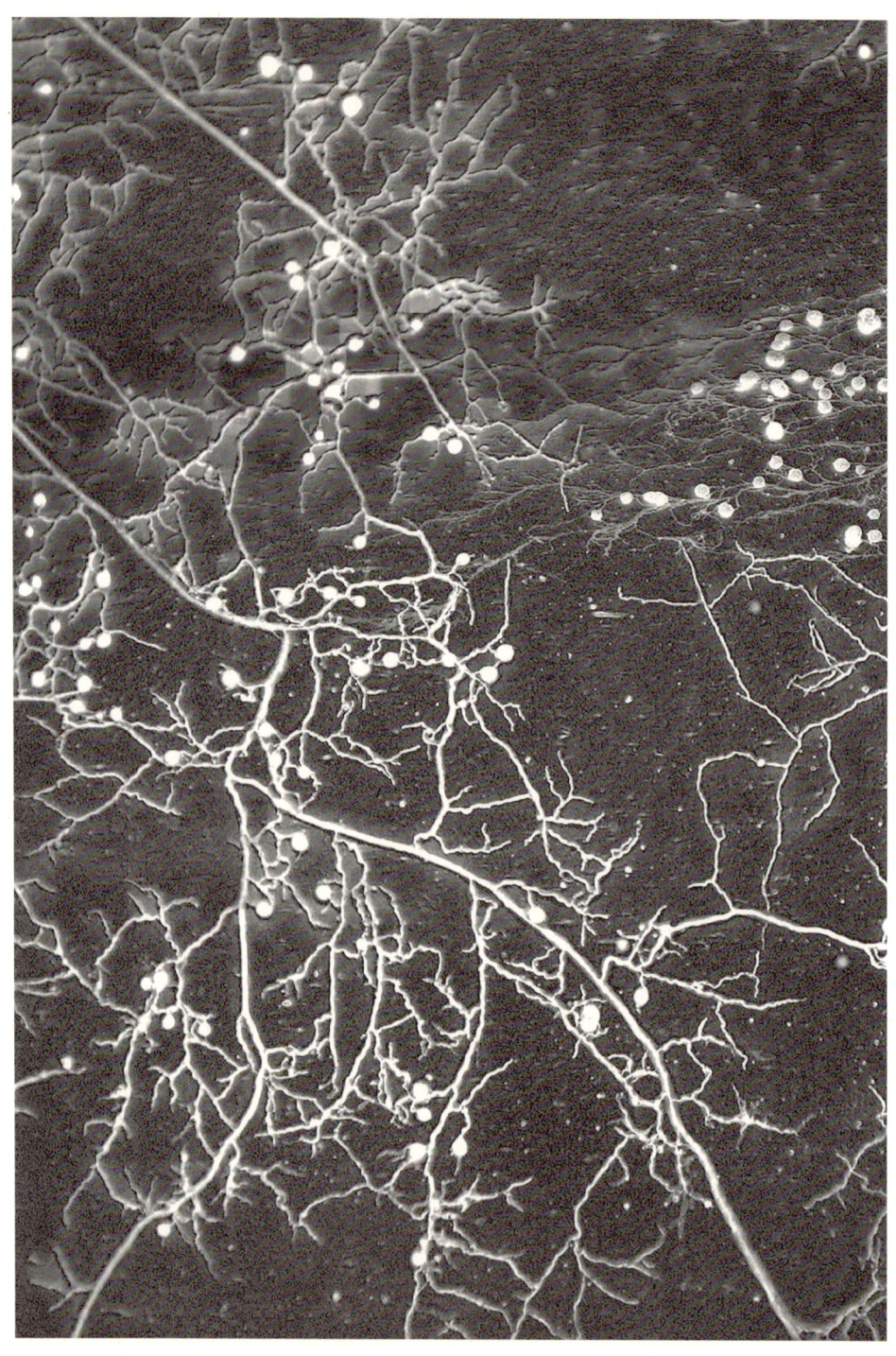

Micelio de hongos micorrízicos arbusculares con falso color
[a partir de Oyarte-Gálvez (AMOLF); *EurekAlert!*; CC BY-SA 4.0]

El telar de Aracne: cibernética fúngica bajo los bosques

«Oigo en estos bosques al cantor de la primavera; / el fulgor conmovedor del ocaso sus cantos animar pareciera; / sus acentos son más dulces y su voz más tierna suena. / Y en tanto el bosque se place en oír su cantilena, / al arbusto espinoso, al tronco del roble inmuriente, / suspende sus redes Aracne, silente...».

JOSEPH F. MICHAUD. *La primavera de un proscrito*, 1803.

En las *Metamorfosis* de Ovidio, Aracne era una doncella cuya destreza en el telar rivalizaba con la de los dioses. Arrogante, presumió de tejer mejor que la propia Atenea y ella, tras comprobar por sí misma (disfrazada de anciana) que rehusaba desdecirse, se descubrió para retarla; ambas tejieron con maestría, la diosa retratando dioses que castigaban a quienes osaban desbancarlos y Aracne representando escenas en que abusaban de los mortales. Atenea, enfurecida por semejante obra, para más inri de impecable ejecución, tornó a su autora en una araña y la condenó a no hacer otra cosa que extender eternamente sus redes. Plinio el Viejo, en su *Historia natural*, le atribuye su invención junto con la del lino; y leyendo el poema de Michaud no podemos sino imaginar a Aracne urdiendo en lo profundo, con precisión divina, los hilos de la red interminable que conectaría y alumbraría los bosques... del mundo.

El 21 de noviembre de 1969, cuando los científicos de ARPANET lograron el primer enlace entre computadoras distantes, sentando los cimientos de lo que a la postre sería Internet, celebraron haber creado, más o menos conocedores de su potencial, un sistema informático que pondría en contacto las mentes de todo el planeta. De algún modo, quizás estaban reproduciendo —todavía rudimentariamente— un sistema perfeccionado en la naturaleza a lo largo de cientos de millones de años: la red micorrícica, a la que han dado en llamar «el wifi del bosque».

Si hemos comenzado exponiendo su más básico mecanismo de interacción estímulo-respuesta, proseguido explorando un lenguaje como hipotético medio de expresión y continuado abordando la aplicación práctica de esa correspondencia mutua para la perpetuación de las especies, no podemos sino concluir dibujando el paisaje completo, panorámico, que el micelio de los hongos protagoniza y decora de manera tan bella; ese infinito mundo subterráneo de usuarios en interrelación constante para manifestarse, movilizarse, aparearse o simplemente sobrevivir. Diríase que la red micorrícica es la infraestructura de comunicación más extensa y sofisticada del planeta, un Internet biológico que vincularía plantas, árboles y microorganismos en redes de intercambio de información y recursos superiores a cualquier sistema artificial. Este aparente entramado subterráneo, bautizado mediáticamente como *wood wide web* (en cabal competencia con el www más famoso), se ha evidenciado para nosotros como una de las mayores maravillas de la creación, quizá no tanto por las potenciales aplicaciones de su estudio —que aún estamos lejos de asimilar— como por el impacto que ha supuesto el asomarnos por una rendija a un inabarcable mundo oculto que, más que a la vista, había pasado desapercibido a nuestro entendimiento; y no porque un puñado de almas avispadas no hubieran albergado la intuición de que algo así podía existir, sino por el hecho de que su envergadura, a todas luces, rebasaría cualquier expectativa.

Todo se inició con Suzanne Simard. Nacida en el seno de una familia canadiense de leñadores en las tierras salvajes de la Columbia Británica, su vida (y acaso la nuestra) cambió cierto día en que, estando en compañía de su abuelo, su perro Jigs cayó al fondo de la letrina que se hallaba junto al lago; su abuelo corrió a por una pala y se sumergió en el estiércol, pero ella quedó de repente seducida y paralizada por lo que estaba emergiendo de aquel suelo: primero raíces, luego unas blanquecinas redezuelas que resultaron ser «micelio» y, por último, horizontes minerales rojos y amarillos. Salvaron a su perro y, además, ella comprendió que aquella era la base del bosque. Empezó a estudiar Ingeniería Forestal y también a trabajar en la industria maderera, y pronto se enfrentó a una difícil tesitura: las talas y fumigaciones masivas, implantadas como método recientemente, resultaban mucho más destructivas que productivas para aquellos montes que la habían visto crecer, por lo que abandonó. Los profesores Riadh Francis y David Read, de la Universidad de Sheffield, acababan de constatar en laboratorio (1984) que las redes miceliales de los hongos transportaban carbono entre plántulas de pino, y ella, ya centrada en sus estudios pero más interesada en lo que ocurría fuera de los centros de investigación, se propuso cultivar ochenta réplicas de abedul de papel, abeto de Douglas y cedro rojo occidental en plena naturaleza para valorar si tal cosa se daba normalmente. Al embarcarse —inyectando carbono 14 (gas radiactivo) al primero y carbono 13 (isótopo estable) al segundo, dejando libre al tercero— y ser perseguida varias veces por una osa y su osezno, además de devorada por los mosquitos, supo por qué la gente hacía las pruebas en interiores.

Aracne o la Dialéctica (Paolo Veronese, 1575-1577) [Palacio Ducal de Venecia] y retrato de Suzanne Simard [a partir de Jdoswim, CC BY-SA 4.0].

El caso es que el contador Geiser (medidor de radiación) que tomó prestado de la universidad arrojó un claro *¡cruuuj!* al pasarlo por la primera bolsa de cultivo, certificando que el árbol había absorbido el gas, y lo mismo sucedió con el isótopo de la segunda: «¡Era el sonido del abedul hablando con el abeto!», exclama Simard, relatándolo; en cuanto al cedro, tal cual había sospechado, silencio: no estaba *dado de alta* en la misma red ni, por ende, presente en tan curiosa conversación bidireccional, en la que ella imaginó que el abedul pedía al abeto un poco de su carbono. Era verano y los abedules, sobre todo los cultivados a la sombra, enviaban más carbono a los abetos que a la inversa; en invierno sucedió lo contrario, pues los abetos permanecían en crecimiento y los abedules habían perdido las hojas: eran interdependientes.

La idea darwiniana de la competencia frente a la cooperación se desvanecía y Simard había conseguido «una evidencia sólida de una inmensa red de comunicaciones subterráneas: el otro mundo». Al poco verificó que no solo estaban intercambiando carbono, sino asimismo nitrógeno, fósforo, aleloquímicos (compuestos que liberan algunos vegetales y hongos, y que interfieren en el desarrollo de otros organismos) agua, hormonas, señales de defensa..., en una palabra, información.

> «... antes que yo, los científicos habían pensado que esa simbiosis mutualista subterránea llamada micorriza estaba involucrada. *Micorriza* significa literalmente "raíz de hongo" [*múkēs-, -rhíza*].

«Crecimiento de setas en la base de la raíz de un abeto de Douglas caído por el viento en la isla Bainbridge, Washington, cerca de Seattle». Abril de 1970 [U. S. National Archives].

Se ven sus órganos reproductores [de los ectomicorrícicos u otros hongos] al caminar por el bosque: son las setas. Las setas, sin embargo, son solo la punta del iceberg, porque de esos tallos salen hilos de hongos que forman un micelio y ese micelio *infecta* y coloniza las raíces de todos los árboles y plantas. Y donde las células fúngicas interactúan con las células de la raíz, hay un intercambio de carbono por nutrientes. Y ese hongo obtiene esos nutrientes creciendo a través del suelo y cubriendo cada partícula. La red es tan densa que puede haber cientos de kilómetros de micelio bajo una sola pisada. Y no solo eso, sino que el micelio conecta a diferentes individuos en el bosque, individuos no solo de la misma especie sino también interespecies, como el abedul y el abeto, y funciona de manera similar a Internet».

La profesora (Simard, S.; 2016) rememoraba la historia en una charla TED a los diecinueve años de la divulgación de su hallazgo en *Nature* (1997), en un número que la revista tituló con el «World wide web» que tantos ríos de tinta haría correr. Continuaba exponiendo que, como todas las redes, las micorrícicas poseen nodos y enlaces, y proyectaba un grafo (¡de nuevo Euler!) a partir de las secuencias cortas de ADN de ár-

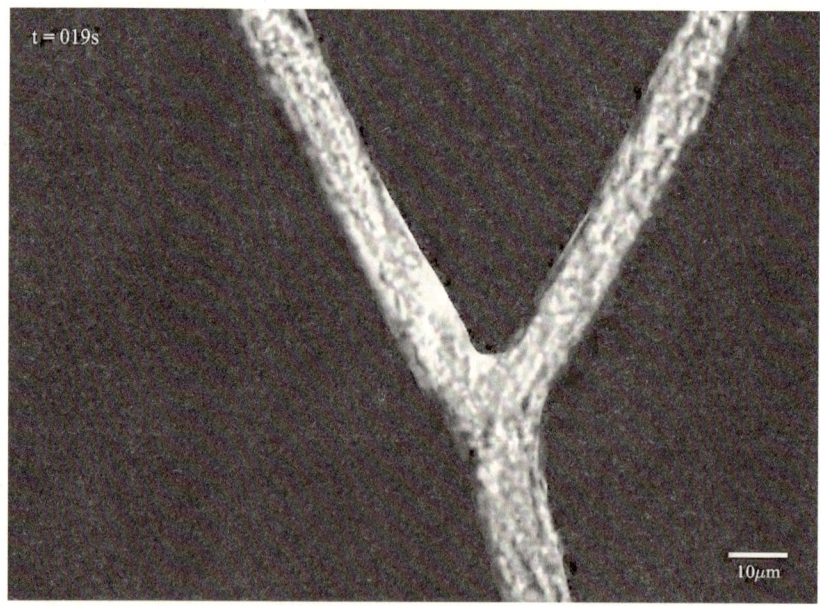

Fotograma de un vídeo de flujos de alta velocidad y movimiento bidireccional en *Rhizophagus irregularis* [Loreto Oyarte Gálvez, VU Ámsterdam/AMOLF; *EurekAlert!*].

boles y hongos en un área de abetos de Douglas; en él podían apreciarse abundantes aristas o «autopistas fúngicas» que entrelazaban puntos de tamaños dispares, entre los que descollaban unos «ejes» mayores y oscuros. Y es que este estudio también erigiría a Suzanne Simard en descubridora del algo controvertido fenómeno de los «árboles madre», árboles centrales que nutrirían con su excedente de carbono a las plántulas crías del sotobosque gracias a la red micorrícica, multiplicando con ello la supervivencia de éstas hasta cuatro veces; intrigada por si verdaderamente reconocían a sus parientes como la osa a su osezno, realizó un ensayo adicional con árboles madre y plántulas de allegados y extraños, y corroboró que no solo los reconocían, sino que los colonizaban con redes de mayor tamaño y les mandaban igualmente carbono junto con las citadas señales de defensa, singularmente cuando estaban heridos o moribundos, en una suerte de servicio final para asegurar el legado. Esas alertas eran se traducían en marcadores químicos de estrés: el árbol atacado por una plaga avisaba mediante las redes y propiciaba que otros seres potencialmente vulnerables, en lugares remotos, pudieran anticiparse fabricando repelentes para los insectos o agentes causantes.

Su anhelo de alentar una silvicultura sostenible en Canadá sigue insaciado, pero Simard ya ha redefinido el mundo bajo y sobre la tierra.

El final que habíamos pensado para este apartado era otro muy distinto. Nos veíamos en la obligación de consignar las críticas vertidas por dos compatriotas de Simard y un estadounidense (universidades de Alberta, Columbia Británica y Misisipi), las únicas que han trascendido recientemente en relación con la red micorrícica, y ofrecer nuestra valoración al respecto. Ciertamente, sin intención de ahondar en él pues no es materia de esta obra, este último asunto de los árboles madre es conflictivo por la desvirtuación que entraña humanizar a la planta en términos científicos (al margen de la literatura divulgativa que nos ocupa), máxime cuando entran en juego malévolos antagonistas como una industria destructiva contra la cual se predispone al público sin reservas ni matices, y sí ha cosechado sonoras críticas partiendo del hecho de que la propia Suzanne confesase haber personificado deliberadamente a los árboles en su *best seller* con ánimo emotivista, en clara prueba de que una empresa como la sensibilización colectiva (bien entendida) no es tan plausible cuando implica tal distorsión o responde a otros intereses: «Los árboles son espléndidos e interesantes por sí mismos sin estar cargados con una panoplia de emociones» (Robinson, D. G. *et al.*; 2024).

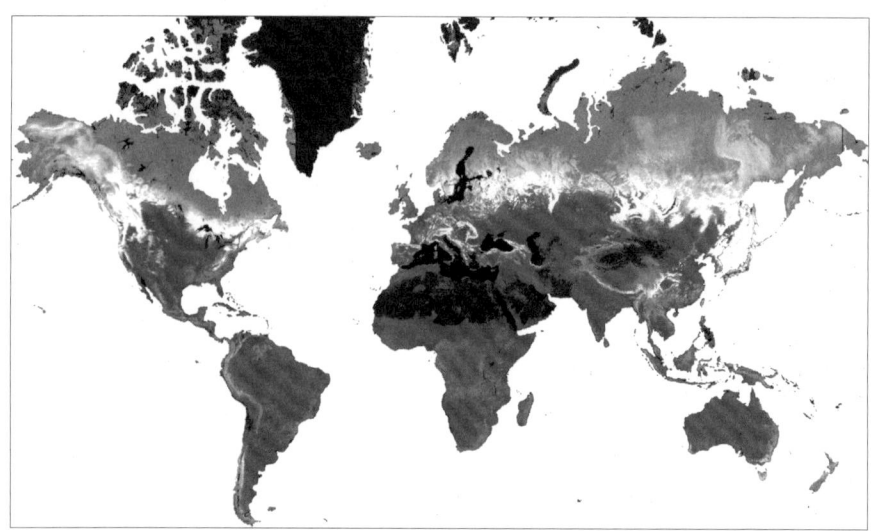

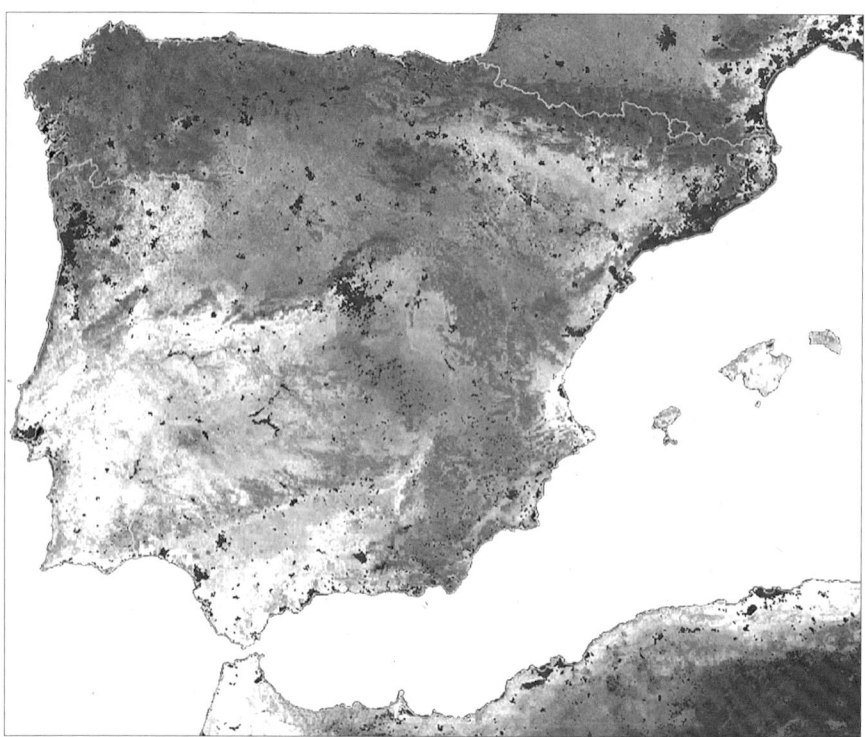

Mapas de biodiversidad micorrícica del Atlas Subterráneo (SPUN, 23/07/2025). Arriba, riqueza global estimada de hongos ectomicorrícicos; abajo, (mayor) riqueza estimada de micorrícicos arbusculares en España. Los tonos oscuros corresponden a ECM y los claros a AM. Color modificado para mejor impresión (supresión de fondo) [reproducido por cortesía de Society for the Protection of Underground Networks (SPUN), www.spun. earth/es; con licencia Attribution 4.0 International (CC BY 4.0); Van Nuland, M. E.; *et al.* (2025). Global hotspots of mycorrhizal fungal richness are poorly protected. *Nature*].

326

Sin embargo, del otro lado, las tímidas acusaciones a una escasa base científica de la red micorrícca palidecen ante la fuerza de los hechos: los mismos responsables de la revisión anterior reconocían una «evidencia isotópica» y los antes presentados (Karst, J. *et al.*; 2023), que alegaban un sesgo de cita (*positive citation data*) y exhortaban a Simard a considerar más fuentes y ampliar el muestreo más allá de Norteamérica, acaban de obtener una respuesta contundente a sus demandas. Apenas un mes antes de enviar este libro a la imprenta, la Providencia ha querido que podamos *ver* al fin en conjunto las redes fúngicas del planeta con la publicación del primer atlas subterráneo global jamás creado.

En un titánico esfuerzo, un consorcio internacional liderado por la Sociedad para la Protección de las Redes Subterráneas (spun) ha logrado cartografiar la biodiversidad micorrízica del mundo con una resolución de 1 km^2 por píxel, basándose en el análisis de 2,8 mil millones de secuencias de ADN fúngico de hasta 25 000 muestras de suelo repartidas en 130 países. Fruto de ello son un reivindicativo artículo en *Nature* (Van Nuland, M. E. *et al.*; 2025), en el que alertan sobre la nula protección institucional a los puntos críticos de mayor riqueza micorrícica, y la puesta a disposición de los internautas —los otros cibernautas— del espectacular Underground Atlas. Nos hemos sumergido en él y nos disculpamos de antemano por el entusiasmo de nuestra expresión, fruto del impacto que tan oportuna revelación documental nos ha provocado.

El Atlas Subterráneo ha sido presentado a través de una imponente plataforma digital interactiva y multilingüe que ofrece una visión de conjunto de la cuestión, remarcando «el papel crucial de los hongos micorrícicos» y desarrollando la motivación del proyecto, y efectúa una descripción detallada de los métodos empleados, desde el análisis genético ambiental hasta los algoritmos de aprendizaje automático geoespacial que han hecho posibles los sensacionales mapas globales de alta resolución (por cortesía de los responsables, reproducimos una perspectiva de dos de ellos junto a estas líneas). Este plano pionero de la biodiversidad micorrícica, del que se especifica que tan solo representa una versión inicial («v. 1.0»), permite al usuario alternar, accionando un botón, entre el visionado de la distribución de un tipo micorrícico y otro —hongos micorrízicos arbusculares (MA) y ectomicorrízicos (ECM)—, y asigna a ambos sendas gamas de colores en función de los dos factores observables: la riqueza prevista (número de especies por cada 100 m^2) y la puntuación de endemismo prevista (basada en modelos del endemismo relativo de las comunidades fúngicas a escala mundial). Otros dos botones resaltan las áreas protegidas y las de alta intertidumbre.

En los trópicos, los hongos arbusculares despliegan comunidades de sesenta especies por muestra de suelo; en los ecosistemas boreales de Siberia y Canadá, las redes ectomicorrízicas albergan hasta cien especies distintas en espacios inferiores a media pista de tenis. Y una constatación obliga a replantear las estrategias actuales en materia de ecología y conservacionismo: la desconexión entre biodiversidad superficial y la subterránea; las áreas con mayor diversidad vegetal no necesariamente contienen las comunidades fúngicas más ricas. La selva amazónica, pese a su exuberante vegetación, contendría menor riqueza de redes micorrícicas que las sabanas en apariencia infecundas de la circundante región brasileña del Cerrado. En cuanto a España, predominan los hongos AM, con previsiones de 52 especies por cada 100 m^2 en zonas de Cádiz, y el norte arroja en su lugar una notable presencia de ECM y más concentrados, con puntos de unas 73 especies en los Montes de León que aumentan según avanzamos al este, aunque se alcanzan picos de hasta 89-90 en el entorno de la sierra castellana de la Demanda.

La cartografía, tal cual decíamos, revela un estado de desprotección francamente alarmante: solo el 9,5 % de los puntos calientes de riqueza micorrízica se halla en áreas protegidas, muy por debajo de la cobertura que sí existe para vertebrados (33-41 %) o plantas vasculares (27 %). La mayor cantidad de *hotspots* de hongos arbusculares protegidos se encontraría en Europa (19,6 %); Australia y Oceanía contarían con la mejor protección de los correspondientes a ectomicorrizas (40,2 %).

«Dada la importancia de estos organismos para la productividad de los ecosistemas y el funcionamiento de los paisajes, sorprende que la diversidad micorrícica siga estando muy poco representada en las agendas de conservación», afirman los autores de la investigación. Los promotores de la SPUN se proponen contribuir con sus mapas a que la biodiversidad subterránea sea tan indispensable en la toma de decisiones ambientales como las imágenes de satélite. Por cierto: no hay mención alguna a Suzanne Simard en el *paper* o la web de la organización.

La obra definitiva del telar de Aracne, urdida pacientemente durante millones de años bajo nuestros pies, ha dado por fin con sus cartógrafos; lo que desvelan confirma que el castigo de Atenea era, en realidad, una bendición: la tejedora condenada a hilar eternamente había estado construyendo, hilo a hilo, la infraestructura que alimenta y conecta la vida terrestre. Algo nos invita a creer que su red supera en belleza y en utilidad a la red de los humanos... y uno no queda atrapado en ella.

📖 PARA LEER MÁS :

Adamatzky, A. (2022). Language of fungi derived from their electrical spiking activity. *R. Soc. Open Sci.*, 9.

Adamatzky, A. (2022). Language of fungi derived from their electrical spiking activity. *R. Soc. Open Sci.*, 9.

Adamatzky, A. *et al.* (2021). Reactive fungal wearable. *Biosystems*, 199.

Bayer, E. (1 de julio de 2019). The mycelium revolution is upon us. *Scientific American*.

Blatt, M. R. *et al.* (2024). Does electrical activity in fungi function as a language? *Fungal Ecology*, 68.

Boddy, B. y Abdalla, S. H. M. (1998). Development of *Phanerochaete velutina* mycelial cord systems: effect of encounter of multiple colonised wood resources. *FEMS Microbiology Ecology*, 25(3).

Boddy, L. y Herman-Oakley Mills, M. E. (2025). The visual art of mycology. *Current Biology*, 35(11).

Castaño Vidriales, J. L. y Ventura Pedret, S. (2001). Recomendaciones para el estudio de las interferencias dependientes de la concentración del constituyente. *Química Clínica*, 20(4).

Dehshibi, M. M. y Adamatzky, A. (2021). Electrical activity of fungi: spikes detection and complexity analysis. *Biosystems*, 203.

Fricker, M. D. *et al.* (2008). Chapter 1 Mycelial networks: Structure and dynamics. *British Mycological Society Symposia Series*, 28.

Fricker, M. D. *et al.* (2017). The mycelium as a network. *Microbiology Spectrum*, 5(3).

Fukasawa, Y. *et al.* (2020). Ecological memory and relocation decisions in fungal mycelial networks: responses to quantity and location of new resources. *The ISME Journal*, 14(2).

Karst, J. *et al.* (2023). Positive citation bias and overinterpreted results lead to misinformation on common mycorrhizal networks in forests. *Nat. Ecol. Evol.*, 7(4).

Olsson, S. *et al.* (1995). Action potential-like activity found in fungal mycelia is sensitive to stimulation. *Naturwissenschaften*, 82.

Olsson, S. *et al.* (1999). Nutrient translocation and electrical signalling in mycelia. En Gow, N. A. R. *et al.* (1999). *The fungal colony*. Cambridge University Press.

Robinson, D. G. *et al.* (2024). Mother trees, altruistic fungi, and the perils of plant personification. *Trends in Plant Science*, 29(1).

Simard, S. (2019). *How trees talk to each other* [vídeo]. TED Talks.

Simard, S. *et al.* (1997). Net transfer of carbon between ectomycorrhizal tree species in the field. *Nature*, 388.

Simard, S. W. *et al.* (2025). Opinion: response to questions about common mycorrhizal networks. *Frontiers in Forests and Global Change*, 7.

Sociedad para la Protección de las Redes Subterráneas. (2025). Underground Atlas. *Society for the Protection of Underground Networks* [sitio web]: spun.earth.

Specht, C. A, *et al.* (1994). Mapping the heterogeneous DNA region that determines the nine Aα mating-type specificities of *Schizophyllum commune*. *Genetics*, 137.

Trattinnick, L. (1804). *Fungi austriaci*. Joseph Seiftinger.

Van Nuland, M. E. *et al.* (2025). Global hotspots of mycorrhizal fungal richness are poorly protected. *Nature*.

Directores científicos en la cena de despedida del Dr. Robert W. Berliner, subdirector de los Institutos Nacionales de Salud (EE. UU., 1973) [The National Library of Medicine].

Fermentación de la uva *pinot noir*. La levadura consume el azúcar del mosto y libera como subproductos alcohol y CO_2 (que produce burbujas) [Stefano Lubiana, CC BY 2.0].

UN BRINDIS ANTES DEL BANQUETE FINAL

Como en las historias de Astérix, en las que cada aventura era culminaba ineludiblemente con un festín comunal bajo las estrellas galas (con sabrosos jabalíes asados, espumoso brebajes y la compañía fraterna de toda la aldea), este recorrido por el fascinante universo fúngico merece su banquete final, pero antes, y sobre todo, un brindis a la altura. Y qué mejor modo de brindar por nuestros hongos que alzando una copa rebosante de ese líquido dorado que debe su existencia a las más pequeñas y ubicuas de todas las criaturas que hemos conocido hasta ahora.

Habitan discretamente en los pliegues de nuestra piel, colonizan nuestros pulmones, pueblan nuestro tracto digestivo y se establecen en nuestros orificios; los organismos humanos han desarrollado, a través de milenios de evolución, sofisticados mecanismos para modular estas poblaciones microbianas, forjando con ellas una alianza biológica extraordinaria que trasciende la mera coexistencia. Las levaduras son actualmente uno de los microorganismos más estudiados por la comunidad científica: el primer organismo eucariota cuyo genoma se secuenció (en 1996) no fue otro que *Saccharomyces cerevisiae*, la levadura que desde tiempos inmemoriales hace posibles el pan, el vino y la cerveza.

El idilio entre la humanidad y las levaduras hunde sus raíces en los albores de la civilización. En Qiaotou, al sur de China, los arqueólogos han rescatado vestigios de la elaboración de cerveza con amilasas fúngicas (enzimas), levaduras y bacterias hace 9000 años, en seis vasijas y dos cuencos que habrían sido usados para beber durante el curso de rituales funerarios. Y en las áridas tierras de Kenia se han descubierto granos de almidón en herramientas líticas que se emplearon antes para moler los frutos de la palmera de Makalani (*Hyphaene petersiana*), de cuya savia, fermentada con levaduras naturales, se extrae vino de palma. La especie humana ha trabado un vínculo más allá de lo utilitario con estos seres, imprescindibles en la ecuación química que quizá haya ejercido más influencia en su devenir: $C_6H_{12}O_6(s) \rightarrow 2\ CH_3-CH_2OH(l) + 2\ CO_2(g)$.

Si se me permite, me detendré durante un momento en una experiencia personal. Recuerdo vívidamente un trabajo escolar que mi hijo emprendió en el bachillerato: «La fermentación alcohólica»; era verano y nuestro hogar se transformó en un laboratorio doméstico: la cocina estaba repleta de recipientes de cristal que contenían extractos de frutas y hortalizas (piñas, manzanas, naranjas, melocotones, tomates, patatas...) a los que había incorporado una dosis reducida de levadura, mientras que en el patio trasero, resguardados del implacable sol canicular, se agrupaban otros tantos frascos de diversos tamaños con la particularidad de que no los coronaba la tradicional tapa hermética, sino un globo de látex. A lo largo de las jornadas, observaba fascinado cómo cada uno de estos últimos se expandía progresivamente, confiriendo al conjunto un aspecto que, con cierta dosis de fantasía, evocaba una asamblea de duendes con sus gorros frígiamente erguidos; este fenómeno visual constituía el testimonio tangible del dióxido de carbono que, como subproducto inevitable de la fermentación alcohólica, se acumulaba en la cámara superior de cada recipiente, distendiendo la membrana elástica.

Naturaleza muerta. Vino nuevo [Albert Anker, ca. 1890].

Mayor hinchazón equivalía a mayor concentración de gas carbónico y, por ende, a una producción etílica más abundante. La curiosidad me embargaba respecto al sabor que podría ofrecer el licor de tomate, así como la patata despertaba mi interés por la creencia —algo de eso hay— de que servía como materia prima del vodka, que me había hecho acariciar la aspiración de combinar las destilaciones del tomate y la patata para prepararme un *bloody mary* la mar de ecológico.

La experiencia más gratificante y técnicamente exitosa surgió de la adquisición de uva procedente de una cooperativa local especializada en agricultura ecológica. A partir de quince kilogramos de garnacha blanca, obtuvimos el correspondiente volumen de mosto mediante prensado tradicional, movilizando para la ocasión una barrica adquirida en Jerez de la Frontera; los diez litros excedentes fueron distribuidos en botellas de tres cuartos de litro, cada una provista de un tubo de escape para facilitar la evacuación controlada de los gases fermentativos. El chisporroteo característico del gas oía a todas horas y, por las noches, a mí me parecía que aquellos gnomos o duendecillos de los botes se afanaban en la producción del preciado elixir; la fantasía no distaba de la realidad: en la matriz acuosa del mosto, una diligente tropa de células de levadura trabajaba en su actividad metabólica sin descanso, cumpliendo su parte del pacto con los hombres.

Con la modestia que corresponde a un enólogo *amateur*, debo reconocer que los resultados alcanzados fueron notablemente satisfactorios; de aquel experimento surgió un caldo amontillado más que aceptable. Por desgracia, mis intentos posteriores por replicar el éxito fueron infructuosos. Lo que sí cristalizó definitivamente fue mi asimilación de los férreos lazos que nos unen con esta práctica de la fermentación alcohólica, pues sentí que, en cierto modo, estaba emulando a aquellos remotos adelantados que, en las sabanas africanas o el meridión chino, confeccionaban sus cervezas y sus vinos durante los primeros tiempos.

Al hablar de los druidas celtas, los vikingos berserkers y los griegos mencionamos el hidromiel, un licor a base de miel y de agua al que nosotros intuíamos aderezado con algo más. Probablemente se trate del más antiguo de todos los fermentados consumidos por el ser humano: los presuntos vinos de palma kenianos de hace cerca de cien mil años se sustentan en indicios arqueológicos, pero es fácil imaginar a nuestros antepasados descubriendo accidentalmente los efectos de la miel diluida en agua tras una fermentación espontánea.

Ese fue, según se ha convenido, el origen: el agua de la lluvia se filtró en las colmenas y el azúcar y las levaduras del panal *inventaron* el néctar alcohólico. Europa entera lo abrazó: romanos (*aqua mulsum*), normandos (*mead, medd*) o sajones (*medu, mead*) también lo integraron en su cultura gastronómica y su farmacopea al igual que los citados (ya narrábamos cómo Hipócrates atestiguó que la hija de Pausanias se había curado con *melikraton, militites* y un baño caliente tras comer setas crudas); y los mayas, como recordarán, elaboraban la variante «balché» con aquel árbol. Como *madhu* aparece en sánscrito en los textos védicos y existe toda una mitología nórdica en torno a él: Odín lo habría robado al gigante Suttung o al enano Fialar para custodiarlo en Asgard y, en el palacio de Heimdall, en lo alto del puente que unía aquel reino de los dioses con el de los mortales (Midgard), el propio dios guardián agasajaba a las divinidades con el preciado hidromiel. De ese *mjödr* escandinavo se dice que se extendió la tradición de consumirlo en la primera lunación matrimonial y esta es una de las muchas versiones sobre la raíz etimológica de la «luna de miel».

Las levaduras involucradas en la producción de hidromiel funcionaban (y funcionan) como cultivos iniciadores, esto es, como el elemento que ponía en marcha la fermentación: metabolizan glucosa, fructosa u otros azúcares y esto da como fruto la generación de etanol y dióxido de carbono. La fabricación casera no es sencilla, pues las cepas son

De voluntaria fuffocatione Regis Hundingi in medone, vel hydromele. C A P. X X X I I I.

El rey Hundingus de Suecia se suicida ahogándose en hidromiel al creer muerto al rey Hadingus de Dinamarca [*Historia de gentibus septentrionalibus*, Olaus Magnus, 1555].

muy sensibles a las condiciones ambientales o a la presión (al estrés osmótico) y no admiten cualquier miel comercial, que justamente por su abundancia de azúcares ocasionan tal estrés; la interrupción del proceso suele dar pie a sabores desagradables. No obstante, los científicos (Pereira, A. P. *et al.*, 2009) han logrado elaborar fielmente la bebida a partir de *S. cerevisiae* y mieles oscuras, ricas en contenido mineral y pH.

Si algún joven lector ha pensado que esto es cosa de auténticas momias... ¡yerra! Para este año ya vamos un poco tarde, pero en agosto del próximo podrá acudir, en Asturias, a la tercera edición (D. m.) del «Hidromiel Fest», organizado por Hidromiel Zángana e hidromieleros zaragozanos, vallisoletanos, baleares, gaditanos y portugueses bajo el amparo de la Asociación Española de Hidromiel (AESHI): catas, conciertos, *rugby*, esgrima antigua... no es reguetón, pero tiene su rollo. ¡Rocanrrol!

Sea como fuere, con todo el respeto que merece el hidromiel, no es precisamente la bebida fermentada que nos viene a la mente cuando pensamos en una para regar un aperitivo con amigos o un buen partido. La cerveza es la reina... *For a quart of ale is a dish for a king*, dice el vendedor ambulante Autólico en el *Cuento de invierno* de William Shakespeare: «Pues un cuarto de cerveza es un plato de rey». Este líquido refrescante, acidulado y sutilmente amargo mitiga los rigores caniculares —no en vano se le dedica cada primer viernes de agosto su jornada internacional—. No obstante los hallazgos arqueológicos de Qiaotou, más que en el Asia oriental hemos de rastrear su huella en Oriente Medio, región que ha sido tradicionalmente distinguida como su cuna.

Se acepta que la singladura histórica de la cerveza comenzó hacia el 3500 a. C. en Mesopotamia y el antiguo reino de Elam (al suroeste de la actual República Islámica de Irán); las evidencias arqueológicas más antiguas fueron encontradas en el yacimiento de Godin Tepe. El descubrimiento fue, nuevamente, fortuito: unos pequeños hongos microscópicos —las levaduras *Saccharomyces cerevisiae*— transformaron unos granos de cebada, almacenados en vasijas de barro, en una bebida burbujeante, reconfortante y embriagadora. Sin saberlo, los antiguos sumerios, egipcios y babilonios empezaron a domesticar a estos microorganismos, seleccionando las cepas que ofrecían mejores sabores, y se convirtieron en los proto maestros cerveceros de la historia; la localización no fue casual, pues allí crecían de forma silvestre el trigo, la espelta, el sorgo y el mijo: la fermentación de estos granos se había desarrollado naturalmente en el lugar de origen de los propios cereales.

Placa sumeria con hombre y mujer ¿brindando con cerveza? (Ur, Irak, 2900-2350 a. C.) [Sulaymaniyah Museum; a partir de Osama Shukir Muhammed Amin FRCP (GLASG); CC BY-SA 4.0].

El gran salto a Europa ocurrió coincidiendo con la expansión del cristianismo desde el Mediterráneo hacia el norte, donde la cerveza era *sagrada*; a la inversa del sur, aquí el clima no era muy favorable para la viticultura y Amalia Lejavitzer, siguiendo a Plinio, escribe: «... el consumo del vino y del olivo marcó claramente la distinción entre romanos y bárbaros, pues estos se caracterizaron por beber cerveza y por utilizar manteca». Hablando de los germanos, decía Tácito: «Toman una bebida fermentada de cebada o trigo, similar al vino corrompido [*vini corruptus*]...». El punto de inflexión llegó con el Concilio de Aquisgrán del 809, pues estableció oficialmente las raciones para los monjes y otorgó solemnemente legitimidad, por decirlo de algún modo, a la práctica de la ingesta del zumo de la cebada por parte de cristianos, en ausencia de suficiente suministro del de la uva: «... reciban cada día cinco libras de vino si lo produce la región; si produce poco, reciban tres libras de vino y tres de *cervogia*; si no produce nada, reciban una libra de vino y cinco libras de *cervogia*». Eso sí: *cervogia* —del latín *cervesia* y este del protocelta **kormi*— era el término técnico medieval para la cerveza elaborada sin lúpulo, bebida aún muy diferente de la «birra» moderna, la cual incorporaría el lúpulo alemán en el siglo XVI. Los monasterios no solo *legalizaron* la cerveza, sino que la perfeccionaron como arte sagrado; ya en el siglo IX, Carlomagno se erigirá en defensor de la elaboración ordenada y a mayor escala de la misma, e impulsará su consumo.

Tras caer el Imperio romano, buena parte de las páginas de la gran historia de la cerveza se escribió entre los muros de monasterios (precisamente de la mano de amanuenses), que conservaron durante muchos años los secretos para su elaboración y desarrollaron importantes recetas de la tradición cervecera. Las nuevas órdenes monásticas —franciscanos, mínimos (impulsores insospechados de la marca Paulaner, por la congregación que fundara san Francisco de Paula en Italia y llegara a Múnich en 1627, *Paulanerorden*)— pasaron a formar maestros cerveceros sobre todo por una ventaja práctica: la de disponer de una bebida generalmente menos problemática que el agua de pozos y manantiales; en contra de lo que difundiría el mito oscurantista sobre la Edad Media, aquella agua no entrañaba peligro salvo en zonas muy pobladas y expuestas a desechos humanos o residuos pecuarios (y no en la medida de las cuadras y vaquerías urbanas en la posterior Revolución Industrial, por ejemplo), pero la cerveza comportaba notables virtudes: el alcohol actuaba como conservante natural, el proceso de hervido del mosto neutralizaba potenciales patógenos y la producción controlada garantizaba mayor pureza que el agua de procedencia incierta. Los monjes devinieron expertos domesticadores de hongos e introdujeron sistemas de clasificación por fuerza alcohólica y técnicas que perduran hoy; y por ellos conoció semejante continuidad en la cristiandad, después Europa, aquel brebaje nacido en la prolongación oriental de la llanura mesopotámica y que en origen distaba de ser del color del oro, pues el intenso tostado y otros factores lo hacían oscuro. Un mito asentado sostiene que, como las primeras civilizaciones y hasta los experimentos de Pasteur en 1880, los frailes ignoraban la existencia de la levadura, a tenor de lo que sugieren fuentes como la «ley de pureza» (*Reinheitsgebot*) promulgada por Guillermo IV de Baviera en 1516: *Ganz besonders wollen wir, daß forthin allenthalben in unseren Städten, Märkten und auf dem Lande zu keinem Bier mehr Stücke als allein Gersten, Hopfen und Wasser verwendet und gebraucht werden sollen*, es decir, «Deseamos especialmente que, de ahora en adelante, en todas partes en nuestras ciudades, mercados, y en el campo, para ninguna cerveza se usen y empleen más ingredientes que únicamente cebada, lúpulo y agua»; pero actas del Ayuntamiento de Múnich de 1481 y 1500 ya reflejan disputas entre panaderos y cerveceros a causa de la levadura o *hefe* («... existían confusiones entre sus vasallos, los cerveceros, y los panaderos, porque los panaderos no querían obtener levadura de los cerveceros, sino que querían elaborarla ellos mismos...») y la ley resuelve, precisamente, que los panaderos —disgustados por la mala calidad de la levadura que re-

En la cervecería de un monasterio bávaro. Dibujo original de Eduard von Grützner [Die Gartenlaube, 1870].

cibían— también puedan elaborar la suya propia, mientras dure el verano. La realidad era que los cerveceros medievales dominaban perfectamente el manejo de la levadura: extraían la espuma generada durante la fermentación, la conservaban en condiciones frías y la incorporaban a nuevos lotes —de hecho, surgen oficios específicos para esto: los *häfner/hëfner*, *yeasters* en el ámbito anglosajón—; simplemente, al tratarse de un organismo natural que, *stricto sensu*, prosperaba o se generaba en el transcurso del procedimiento, de suerte que había más cantidad de él al término que al comienzo de la fermentación), los legisladores no lo consideraron técnicamente un ingrediente en el rango de los demás. Cuando los monjes cristianos se convirtieron en custodios y promotores del arte cervecero, siglos VI-VIII, sustituyeron progresivamente la fermentación espontánea, basada en levaduras salvajes, por métodos más regulados que aseguraran la consistencia de sus productos.

Huelga remarcar que la levadura en estos tiempos no es con frecuencia un cultivo puro, sino una muestra de varias: *Saccharomyces cerevisiae* se podía recolectar en robles comunes de todo el mundo, pero antes que a ella podemos mencionar a su pariente silvestre *S. paradoxus*, también cosmopolita y extraída de *Quercus robur* aunque creciendo a temperaturas más bajas (de larga tradición céltica y germánica); o a un híbrido *S. uvarum* × *S. eubayanus* empleado en la fermentación baja que dio lugar a la cerveza rubia (*lager*), cada uno con toques distintos. Las levaduras de baja fermentación se acumulaban al fondo y fermentaban a 4-10 ºC, y las de alta (utilizadas para las turbias cervezas *ale*; esencialmente *S. cerevisiae*) flotaban en la superficie y requerían temperaturas de 15-20 ºC. Y el mecanismo consistía, *grosso modo*, en lo siguiente: en la maceración, los almidones complejos de los granos se tornan azúcares simples que las levaduras pueden digerir; esta conversión requiere una enzima especial llamada diastasa, presente en el trigo y la cebada malteados, que actúa como llave maestra descomponiendo el almidón, primero en dextrina y luego en azúcar; es entonces cuando *Saccharomyces* sp. interviene para completar la fermentación alcohólica.

Vinculada intrínsecamente a la Revolución neolítica y al paso de sociedades nómadas de cazadores-recolectores a sociedades agrícolas sedentarias, la cerveza alcanzó en el antiguo Egipto una dimensión muy significativa. Allí resultó ser un alimento básico como el pan, más que una bebida, hasta el punto de que en nuestro tiempo se habla de que constituía un «oro líquido» consumido tanto por ricos como por pobres; bueno, ya hemos comentado que estas primigenias birras no eran en absoluto doradas, y la egipcia no fue una excepción: igualmente oscura, se la ha definido en su caso como rojiza. ¿Cómo es que *comían* cerveza?; no es exactamente eso, pero aquella era mucho más espesa y por lo común poseía una mínima cantidad de alcohol —entre un 2 y un 4 %—; además de los ácidos orgánicos y otros productos de la fermentación de la levadura, contenía dátiles y otros frutos que la endulzaban. La singularidad de la *heket/heqet* egipcia sobre la griega *zythos* o la romana *cerevisia* se extiende, efectivamente, a la circunstancia de que pasó a componer la dieta de nobles y campesinos, ejerciendo como factor de cohesión sociocultural, pero, más allá, terminó siendo un elemento civilizador en toda regla: las autoridades invirtieron en áreas de producción, se fabricó cerámica templada con paja y nació una industria manejada por la élite, en cuya necrópolis de Nejen/Hieracómpolis los arqueólogos han hallado numerosas jarras que, coincidiendo con la aparición de nuevas y sofisticadas recetas (¿quizá más generosas en alcohol?), habrían introducido una ritualidad y afirmación de estatus.

En la sociedad contemporánea, la cerveza conserva y amplifica en cierto sentido ese papel integrador e identitario que ejercía en el país del Nilo, aunque ahora bajo formas más complejas y tecnificadas. El mundo se ha decantado sin duda por la línea de la tradición que reimpulsaron nuestros religiosos, pero no se ha inventado otra bebida con una capacidad tan arrolladora y prolongada de acompañar, reunir, modelar y definir al pueblo. Se trata de la bebida alcohólica más consumida internacionalmente y este hecho nos invita a detenernos algo más en los últimos acontecimientos, con vistas a explorar en qué lugar ha colocado a las levaduras y qué función desempeñan hoy.

— China lidera la producción mundial con cifras estables tras veintiún años consecutivos en el primer puesto. El consumo alcanzó los 187,9 millones de kilolitros en 2023 según el *Informe sobre el consumo global de cerveza* de Kirin Holdings (12/2024), último recuento sólido hasta la fecha; República Checa encabeza esta clasificación por trigésimo primer año consecutivo (con 152,1 litros anuales por persona), seguida de Austria, Rumania y Polonia: acaso no la inquebrantable fe católica de sus antepasados, pero Europa Central sí sigue teniendo una cultura cervecera arraigada por ahora. España ocupa la novena posición.

— La cerveza artesanal, que había adquirido una insólita popularidad en años recientes como alternativa a las marcas comerciales, se resiente aún del descalabro ocasionado por pandemia de covid.

«La levadura, el agente fermentador vital que transforma el mosto en cerveza, se introduce ahora en un recipiente central de mezcla. Este método, desarrollado en la cervecería Whitbread, garantiza un mayor control. Hasta hace dos años, se introducía manualmente en los recipientes de fermentación» [*The Sphere* (Londres), 23/07/1960].

A diferencia de estas, numerosas pequeñas y medianas empresas se vieron abocadas al cierre, al no poder hacer frente al retroceso de los beneficios ni contar con un respaldo o ayudas suficientes por parte de las instituciones liberales. Con todo, empieza a apreciarse un ligero repunte y la consultora Fact.MR prevé, con base en un análisis de más de treinta países, que los ingresos de su mercado mundial hayan alcanzado en 2024 los 93,97 mil millones de dólares (las cifras más actualizadas del mercado conjunto apuntan a unos ochocientos mil millones en el mismo período).

— El renacimiento de las cervezas artesanales había devuelto un cierto protagonismo a las levaduras como auténticos arquitectos moleculares del sabor en lugar de meros agentes fermentativos. Las críticas arreciaban contra el modelo de producción en masa por su descuido del producto en la misma fabricación, el almacenamiento o el reparto, cuando no partiendo de la base de que se homogeneizaban sabores y aromas, y se aplicaban a discreción químicos sintéticos o aditivos de diversa índole, en aras de la mayor eficiencia comercial y sus ganancias. Las propias compañías corrieron a presentar como alternativa la cerveza sin filtrar: «Nosotros sacamos la primera sin filtrar en 2019 motivados por las tendencias del consumidor, que buscaba productos con origen, auténticos y artesanales», confesaba a *El País* (18/06/2023) la directora de marca de la revivida El Águila, y en el mismo artículo se expone: «"Cuando filtramos, retenemos aceites que dan aromas, además de retener proteínas y levaduras. Al final se termina con un producto que es más estable, pero que carece de algunos componentes organolépticos [...]". Las modas habían impuesto las rubias cristalinas mediante sistemas de filtrado como el tamizado, que implantaba unos estándares y unos sabores que en muchos casos arrebataban personalidad a esas cervezas».

Investigadores argentinos (Burini, J. A. *et al.*; 2021), concienciados del «rol fundamental» de las levaduras en este asunto («Además de ser responsables de llevar a cabo la fermentación, generando principalmente etanol y dióxido de carbono, también son capaces de metabolizar y producir numerosos compuestos orgánicos que tienen un impacto determinante en el aroma y el sabor final...»), han estudiado la aplicación de las cada vez más demandadas «levaduras no convencionales» —géns. *Brettanomyces*, *Torulaspora*, *Lachancea*, *Wickerhamomyces*, *Pichia* y *Mrakia*, así como *Saccharomyces* inusuales— en la confección de cervezas artesanales; y concluyen: «Queda en evidencia que en el sector cervecero, tanto industrial como artesanal, ha comenzado una nueva etapa en la que las levaduras van a tener un mayor protagonismo...». Además, la biotecnología ha entrado en escena: en Oregón han logrado modificar levaduras genéticamente para que produzcan compuestos que recreen naturalmente el sabor del lúpulo, y en Mánchester-Leicester-Cambridge han restaurado la fertilidad de híbridos estériles para explorar nuevas cepas. Se abren, así, horizontes inauditos en el diseño de sabores.

Sin infravalorar las geniales *lager*, parece que vamos redescubriendo la cerveza al volver inopinadamente a las raíces en busca de las más turbias u oscuras *ale* y el sabor de su levadura, aquella que nos devuelve al entusiasmo de los frailes, y al reino de Elam, y a Shakespeare.

Cuenta el Génesis (9:18-27) que, tras el Diluvio, Noé labró la tierra y plantó una viña; bebió luego su vino y se embriagó, y quedó desnudo en su tienda. Su hijo Cam, padre de Canaán, lo descubrió y fue a contarles tal vergüenza a sus hermanos, pero Sem y Jafet, en lugar de hacer burla, lo taparon con una capa mientras volvían sus rostros para no verlo en ese estado; al despertar y percatarse Noé, maldijo a Canaán, su nieto.

En 2010, un equipo de arqueólogos que trabajaba desde hacía tres años en las excavaciones arqueológicas de la cueva Areni-1, al sureste de Armenia, comandado por Hans Barnard (UCLA), reportó haber obtenido evidencia química de vino con uvas prensadas en las tinajas de unas instalaciones, asimilables a una bodega, que datarían aproximadamente del 4000 a. C. y eran «claramente indicativas de producción de vino»; junto con recipientes semienterrados en la galería central que serían «muy adecuados para contener mosto de uva, o una combinación [...], y almacenarlo durante su fermentación», esto los empujó a resolver reforzando la hipótesis de que en las tierras altas del Cercano Oriente se producía vino durante el Calcolítico tardío. A unos 110-115 kilómetros de aquella cueva se encuentra el sitio arqueológico de Durupinar (Turquía), en el marco de las «montañas de Ararat» que cita el Génesis 8:4 como lugar donde descansó el Arca de Noé tras el diluvio universal —reino de Urartu para asirios y babilonios—, y allí se pretende acometer en 2026 una profunda exploración no destructiva después de que, el pasado mes de abril de 2025, los análisis de muestras de suelo proporcionasen a sus investigadores la «evidencia contundente de una estructura única, posiblemente creada por el hombre, debajo de la superficie, [y] distinta del flujo de lodo circundante»: imágenes aéreas han captado nítidamente el perfil de esa imponente formación de hasta 157 metros de largo que parece a todas luces un barco, y los resultados «sugieren la presencia de madera descompuesta u otros materiales orgánicos».

En tanto aguardamos, expectantes, noticias de los compañeros de Noah's Ark Scans —unas que, indudablemente, habrían de sacudir la tierra—, podemos ratificar sin reparos al santo patriarca Noé como el protagonista de una de las primeras intoxicaciones etílicas documentadas por consumo de vino. Sin saberlo dio pie a la fermentación espontánea de las levaduras alojadas en la piel de la uva y sin quererlo se emborrachó con un vino natural; así llamamos, en oposición a *artificial*, al que se obtiene con tal mínima intervención, sin más levadura añadida. Como *La embriaguez de Noé* titularon Miguel Ángel (1509) y Giovanni Bellini (ca. 1515) sendas obras alusivas a este suceso, que queda para nosotros como la más pintoresca manera de celebrar la reconciliación.

En su *Viaje a la Palestina* (1844), Alphonse de Lamartine recoge los versos improvisados de un bardo, por orden del bajá otomano Ibrahim, a los postres de un banquete dado en el Líbano por el cónsul de Cerdeña a los príncipes hijos del emir Bashir Shihab II, católico maronita (1832):

«Bebamos el néctar del Edén, / que embriaga y regocija el corazón del esclavo y del príncipe. / Este es el vino de aquellas mismas viñas plantadas por Noé / cuando la paloma, en lugar del ramo de olivo, le trajo del cielo la cepa. Por la virtud de este vino, / el poeta se hace un instante príncipe, y el príncipe, poeta...».

Y de Shakespeare al bardo, de la cerveza al vino, el prodigio de la levadura no distingue palacio de choza e iguala a los hombres en nimiedad.

La evidencia más contundente de vinificación intencional procede de Hajji Firuz Tepe, al noroeste de Irán, donde Mary Voigt descubrió seis tinajas cerámicas con forma de cebolla de unos siete litros cada una, datadas en 5400-5000 a. C. Los análisis químicos de los residuos orgánicos confirmaron la presencia de ácido tartárico, principal ácido de la uva, y de su sal, el tartrato de calcio; pero la clave micológica del hallazgo residía en la constatación de que, por un lado, la proporción de pequeños cristales adheridos en el interior de esas tinajas hacía descartar otros frutos o plantas (pues, aunque también producen ácido tartárico, lo hacen en menores cantidades) y, por otro, esas paredes internas estaban revestidas de modo nada casual con resina de cornicabra o terebinto, un arbolillo (*Pistacia terebinthus*) de propiedades antibacterianas que inhibía el crecimiento de bacterias acéticas, impidiendo con ello que el vino se convirtiera en vinagre: en su artículo en *Nature* (1996), los científicos remarcan que esta resina servía asimismo como aditivo para «enmascarar cualquier sabor u olor ofensivo» (la inmensa mayoría de las tinajas de vino hasta Roma la incoporaban). Aquella uva era *Vitis vinifera sylvestris* o, mejor dicho, *Vitis vinifera*: la una es el ancestro silvestre de prácticamente todas las variedades actuales, pero los arqueólogos verificaron que la de estas vasijas era una especie domesticada; ¿cómo?, por las pepitas: si su relación ancho-largo supera el 0,70, suelen ser de una vid hembra y silvestres; si es inferior a 0,60, salvo alguna excepción, las uvas son hermafroditas y cultivadas —la domesticación se habría producido hace ocho mil años en la Transcaucasia y Anatolia oriental—. Como razona el suizo Estreicher («The beginning of wine and viticulture»), esta sofisticación en el fondo y en la forma demuestra que ese no era el primer vino que fabricaban allí.

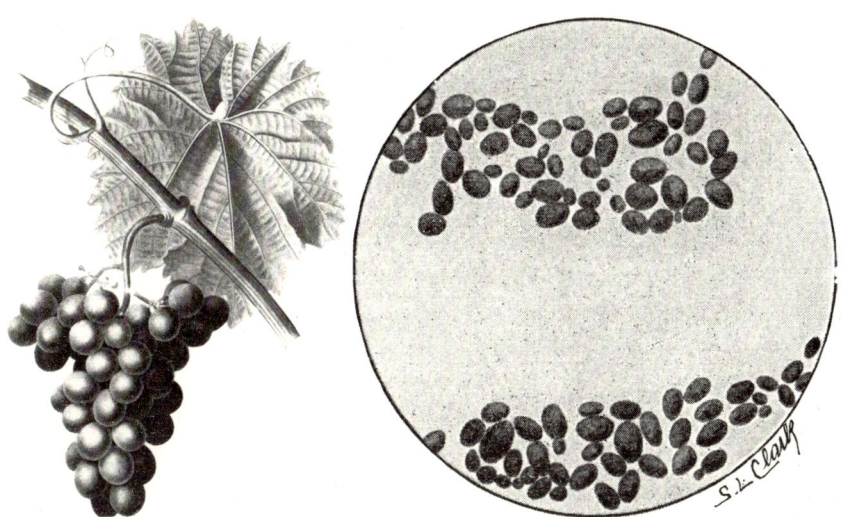

Izqda.: *Vitis vinifera* [*Traité des arbres et arbustes...*, Pierre-Joseph Redouté, 1801–1819].
Dcha.: Células de *Saccharomyces cerevisiae* al microscopio [*Practical bacteriology, hematology, and parasitology*; E. R. Stitt, 1911].

La domesticación de *V. v. sylvestris* constituye uno de los hitos más tempranos de la coevolución entre hongos, plantas y humanos. Se trata, en efecto, de una especie dioica: en torno a la mitad de las plantas son machos, que producen polen, y la mitad hembras, que dan fruto; y este fruto consiste en unos pocos racimos con bayas pequeñas y llenas de pepitas, sueltas, acuosas y ácidas. Pero algunas de esas hembras se vuelven hermafroditas naturalmente, en una única mutación, y pasan a exhibir tanto pistilo como anteras y a reproducirse asexualmente (desarrollando un nuevo sistema radicular) en vez de por esas pepitas; ocurre que las hermafroditas, aunque originan una progenie más débil, presentan más racimos con bayas más grandes y que poseen más azúcar al madurar que las de las hembras, por lo que se vuelven muy atractivas como sustrato para las levaduras: mayor concentración de azúcares fermentables y mejor equilibrio ácido-básico. Los agricultores neolíticos, al seleccionar las más lustrosas hermafroditas silvestres para el cultivo, estaban simultáneamente seleccionando las poblaciones de levaduras mejor adaptadas que vivían en su superficie. Y el rastro de ADN de la ubicua *Saccharomyces cerevisiae*, en los recipientes en que se desencadenó o prolongó la fermentación del vino, puede rastrearse dado que, al contrario que otras levaduras silvestres, no muere si la proporción de etanol supera el 5-8 % —la desventaja fundamental de las «no *Saccharomyces*» es justamente que no toleran con tanta eficacia el etanol—.

Las levaduras en contacto con la uva trascendieron prontamente su función metabólica y se erigieron en mediadoras de lo sagrado en las civilizaciones mediterráneas. Dioniso para los griegos, Baco para los romanos; ambas deidades encarnaban en la Antigüedad el misterio de la transformación bioquímica que acontece en la oscuridad de las tinajas, donde *S. cerevisiae* se sirve de simples azúcares como materia para crear, célula a célula, una generosa ofrenda alquímica de alcohol etílico, CO_2, aldehídos, ácidos orgánicos, ésteres y demás compuestos aromáti-

Monje probando vino (Antonio Casanova y Estorach, 1886) [Brooklyn Museum].

cos complejos llamados a perfumar y encantar todo un brebaje divino: la «locura ritual» y el éxtasis asociado al consumo de este, en los que los clásicos advertían la intervención de fuerzas etéreas, no eran por ende sino el resultado último de esa magia microbiana de la levadura. Pero... «Cabe concebir un destino más alto que el destino que el cristianismo, en su nematología [doctrina] teológica, ha concedido al vino?», se pregunta retóricamente Gustavo Bueno (1991); ciertamente, todo su imaginario culmina en el dogma de la transubstanciación eucarística que confiesa el Concilio de Trento (1545-63), según el cual la sustancia del vino, al igual que instantes antes la del pan como cuerpo de Cristo, deja de existir y es reducida a mero accidente al convertirse en la sangre de Cristo. La última cena, en la que Cristo instituye este sacrificio de la misa de católicos y ortodoxos, vino prefigurada por las bodas de Caná, en las que no solo hizo del vino agua sino que tornó una sustancia en otra; puede intuirse que los asistentes que bebieron aquel vino, más que embriagarse, se saciaron como era su propósito: el Código de Derecho Canónico establece que el vino que consagrado en la eucaristía, bajo cuya especie (mezclado con agua) ya solo comulga el cura en la Iglesia católica, ha de ser un vino natural, «del fruto de la vid, y no corrompido», ergo su fermentación solo puede realizarse con levaduras naturales.

Antes incluso que con la cerveza, los claustros medievales devinieron los principales custodios de la viticultura en la *christianitas* tras la caída de Roma; de entrada, por imperativo litúrgico, pues había que garantizar el suministro del vino eucarístico, pero también por la necesidad de nutrir a propios y extraños, obtener ingresos para afrontar los gastos en tiempos en los que de sus tierras dependía el sustento de mucha gente, etc. La asimilación de la cerveza comenzaría en regiones septentrionales donde la vid no prosperaba o allá donde los pueblos germánicos la habían establecido como bebida cotidiana. En España, los benedictinos del monasterio de Santo Domingo de Silos labraron una tradición vitivinícola que gozaría de excepcional salud hasta las desamortizaciones liberales del siglo XIX, cuando habían llegado a poner en funcionamiento una sesenta mil cepas en el pueblo burgalés de Quintana del Pidio, al norte de Aranda de Duero; en la abadía francesa de Hautvillers, dom Pérignon (1638-1715) perfeccionó las técnicas del espumoso o champán introduciendo la técnica de la fermentación secundaria, consistente en añadir levaduras y azúcares al vino ya en la botella. La revolución decimonónica en el campo de las ciencias conduciría nuestro idilio con las levaduras, el vino y la cerveza a otra dimensión: Emil Christian Hansen aisló y reprodujo por vez primera una levadura pura —*S. carlsbergensis*, pues lo hizo en el laboratorio Carlsberg de Copenhague— y abrió la puerta a un control científico superior de los procesos fermentativos (no patentó su método y lo puso al servicio de la comunidad), pero, antes, los trabajos de Louis Pasteur arrojaron luz sobre el discutido mecanismo de la fermentación (1857-1876) demostrando que la transformación del mosto no era espontánea sino microbiana, con las implicaciones que esto conllevaba.

La aportación de Pasteur se enmarcó en un momento en que Francia y España, como toda Europa, sufrían los estragos de varias «enfermedades del vino» (el oídio o mildiú polvoriento, causado por hongos del orden Erysiphales; la filoxera, provocada por el insecto del mismo nombre) que atacaban las vides sin que nadie supiera atajarlas y, además, se arrastraban males como la picadura acética (bacterias que avinagraban el vino) o las quiebras (oxidaciones que enturbiaban). Sin ir más lejos, en 1866 publicó unos *Estudios sobre el vino* en los que exponía:

> «Cuanto más reflexionemos sobre las causas de las enfermedades del vino, más nos convenceremos de que el arte de la vinificación y el cuidado que la experiencia de siglos ha proclamado necesario tienen su principal razón de ser en las propias condiciones de vida y en la forma en que actúan los parásitos del vino. De modo que, si lográramos eliminar, mediante una operación práctica muy sencilla, las causas de las alteraciones espontáneas en los vinos, podríamos, sin duda, hallar un nuevo arte de hacer vino mucho menos costoso que el que se ha seguido durante tanto tiempo, mucho más eficaz (especialmente para eliminar las pérdidas causadas por las enfermedades del vino) y, por consiguiente, muy adecuado para la expansión del comercio de este producto. Es deseable que alcancemos este objetivo, porque el vino puede considerarse, con razón, la bebida más saludable e higiénica».

Pasteur se refería a un concepto de la época que catalogaba de *higiénicas* las bebidas recomendadas por sus efectos saludables, pero la industria del vino no desaprovechó la ocasión de hacer propaganda. Que tu embajador sea el padre de la microbiología moderna augura éxitos...

Desde los viñedos de Noé *y más allá*, la humanidad ha coevolucionado con las levaduras para trocar el jugo de uva en un líquido lleno de significado cultural y espiritual. Esta retroalimentación de hongos microscópicos, plantas y civilizaciones condensa en una fermentación alcohólica un vínculo inquebrantable con nuestro pasado más lejano.

Fabricación y horneado del pan (mural en relieve). Saqqara (Egipto), 2500-2365 a. C. [Museo del Louvre; a partir de Shonagon, CC0 1.0].

Seamus Blackley (n. 1968) es un físico y diseñador de videojuegos californiano que en 2001 inventó la consola Xbox original. Además de eso, es un apasionado de la cultura egipcia y, por añadidura, panadero aficionado, fiel a la tradición de esa civilización que ya desde el IV milenio a. C. habría empezado a domesticar la levadura para fabricar cerveza, vino y pan. Hasta el año 2019, en sus palabras, había hecho «bastantes panes horribles, como piedras», por lo que acaso se planteó si no podían enseñarle a hornear los hombres del Reino Medio; se asoció con la egiptóloga Serena Love y el microbiólogo Richard Bowman, y extrajeron levadura de recipientes de cerámica egipcia conservados en dos museos de Boston y Harvard —de cepas de hacía unos cuatro mil quinientos años—. Utilizando una técnica no invasiva, saturaron gradualmente la superficie porosa de las vasijas confeccionando una solución nutritiva con extracto de levadura, dextrosa y aminoácidos, y consiguieron reactivar las partículas de levadura que habían hibernado en los poros de la arcilla durante milenios. Blackley, que documentó los avances a través de su perfil en Twitter (hoy X), se lanzó entonces a cultivar una muestra durante una semana usando aceite de oliva sin filtrar, cebada molida a mano y espelta —una variedad primitiva de trigo—, con la idea de «hacer una masa [madre] con ingredientes idénticos a los que [se] comía la levadura hace 4500 años»; fermentaría a la temperatura media del entorno del Nilo de día: 94 °F. Según comentó mientras ya se horneaba («Los antiguos egipcios no horneaban así, como podréis intuir, pero necesito familiarizarme con todo esto...»), el aroma que desprendía el pan distaba del de otros que había elaborado con los mismos granos antiguos pero usando levadura moderna. Estaba impaciente, y millones de internautas más o menos interesados en el tema con él...; finalmente, lo tuvo en sus manos: «Y aquí está el resultado. Es mucho más dulce y rico que la masa madre a la que estamos acostumbrados. [...] La miga es ligera y aireada, especialmente para un pan 100 % de grano antiguo. El aroma y el sabor son increíbles. [...] Me emociona. Es realmente diferente y se nota fácilmente incluso si no eres un experto en pan. Es increíblemente emocionante y estoy muy sorprendido de que haya funcionado. [...] Actualización: Mi esposa está devorando el pan egipcio. Creo que en realidad es Sejmet [la diosa egipcia de la guerra]».

En las religiones llamadas «abrahámicas», la levadura y el pan han llevado asociados un simbolismo dual que refleja la propia naturaleza ambivalente del mecanismo de la fermentación. La transubstanciación cristiana que hemos anticipado con el vino empieza por la sustancia del pan, pero, si la Iglesia oriental suele emplear pan fermentado en el sacramento eucarístico, la romana latina opta por el ácimo: sin levadura; los unos lo hacen porque «el Verbo del Padre se vistió de carne, como la levadura se mezcla con la harina» y los otros pues «el Señor asumió una carne pura» —santo Tomás de Aquino (*Summa theologiae*) remarca, con san Gregorio Magno, que estos estados accidentales no mudan la especie del pan y ambos son lícitos a cada cual—. Las obleas que nosotros conocemos responden a la circunstancia de que la última cena de Jesucristo tuvo lugar en el primer día de la fiesta de los ácimos, cuando los judíos sacrificaban el cordero pascual y no se permitía albergar nada fermentado en los hogares: para ellos, la fermentación era sin más un signo de corrupción y malicia —sobre la base de que, llevada al extremo, llega a significar putrefacción—. Pero el mismo Jesucristo que dice «Guardáos de la levadura [*fermento*] de los fariseos y saduceos» (Mt 16:6) esboza una breve parábola de la levadura en la que le otorga el sentido diametralmente opuesto al hebreo: «¿A qué cosa diré que se asemeja el reino de Dios? Es semejante a la levadura que tomó una mujer y la revolvió en tres medidas de harina, hasta que hubo fermentado toda la masa» (Lc 13:20-21); como exponía el filósofo respecto al vino, el cristianismo eleva al pan a su destino más alto, y también transformado por el fermento. En el islam, el pan de masa madre es halal: se permite pues el alcohol incidental y no derivado del vino no convierte el alimento en embriagante; toda bebida alcohólica es teóricamente prohibida por la *sharía*. En definitiva, esta dualidad teológica atiende a la esencia exacta de las levaduras: microorganismos capaces tanto de generar el alimento que sustenta la vida como de provocar la putrefacción que la corrompe o *enviciarla*; ambas vías —fermentación pretendida e indeseada— son manifestaciones del mismo poder metabólico de *S. cerevisiae* y compañía, cuya actividad alteró para siempre no solo la masa de harina sino el curso mismo de la civilización humana.

En Göbekli Tepe, el misterioso yacimiento arqueológico del sudeste de Turquía que ha sido datado hacia el 9500-8000 a. C. y descrito como primer templo del mundo, se hallaron grandes cantidades de semillas de trigo procesadas y el corpus más extenso de piedras de moler conocido hasta ahora al norte de Mesopotamia. Este complejo de estructuras circulares monumentales, con pilares calizos decorados con bajorrelieves de animales y otros motivos, está sacudiendo nuestra visión del Neolítico temprano y de la historia en suma, y ha dado lugar a infinidad de hipótesis. Una de las centradas en la función de estos cereales —que aún no constituían la base de la dieta humana— sugiere que servían como reclamo para atraer animales salvajes y cercarlos en corrales, en lo que representaría la raíz de la ganadería, y podríamos decir que la interpretación encuentra fundamento en recientes estudios (Vaiglova, P. *et al.*; 2025) sobre el yacimiento contemporáneo de Asiab (Irán), donde se ha concluido que los jabalíes utilizados para la celebración de festines rituales no procedían del lugar sino de otro a considerable distancia, esto es, que existía la práctica de transportarlos: «Probablemente no sea una coincidencia que los jabalíes, que aparecen regularmente en el simbolismo y arte de Göbekli Tepe y otros sitios [...] en la Alta Mesopotamia y el sudeste de Anatolia, se convirtieran posteriormente en algunos de los primeros animales bajo manejo». La práctica habría conducido a la postre al aprovechamiento de los cereales para consumo humano, y de ahí a la elaboración de harina y pan solo mediaba un paso tecnológico. En Göbekli Tepe se han observado, en otro orden de cosas, vestigios como una losa grabada con una parturienta cuya cabeza ha sido asimilada a una seta y un pilar con clara forma de hongo que, además del sombrero, presenta como patrón, en su estípite, una red de micelios que culminan en más de una docena de otras tantas setas, en compañía de un carnero que parece custodiarlas.

Montaje a partir de un folleto publicitario de Magic Yeast («Levadura Mágica») y Yeast Foam («Espuma de Levadura»), marcas industriales de levaduras de panadería comercializadas, a partir de *Saccharomyces cerevisiae*, por la estadounidense Northwestern Yeast Company [*The Delineator*, noviembre de 1924].

En la actualidad, las levaduras son herramientas biotecnológicas útiles para producir fármacos, desde insulina hasta vacunas. La compañía estadounidense Bolt Threads fabrica una seda de araña artificial denominada Microsilk («Microseda») sobre la base de levaduras manipuladas genéticamente: crean proteínas que replican el ADN de las sedas naturales y les introducen sus genes a las levaduras; fermentan estas como una cerveza, con azúcar y agua, y obtienen proteína en grandes proporciones, que luego aíslan, purifican e hilan en fibras hasta obtener, tejiéndolas, material con el que fabricar telas y prendas. E investigadores de la Universidad Nacional de Singapur han desarrollado levaduras modificadas que pueden componer consorcios microbianos funcionales, con la capacidad de realizar tareas complejas y autorregular su composición en respuesta a señales externas: «Por ejemplo, en el intestino, estas células de levadura pueden ajustar su equilibrio y actividad en función de señales de salud, como marcadores de enfermedad, sin necesidad de ajustes manuales. Este enfoque reduce el estrés celular y permite la producción precisa de compuestos beneficiosos, lo que lo hace útil para terapias flexibles y dirigidas, reduciendo así los efectos secundarios y mejorando la eficacia del tratamiento» (*Science Daily*, 16/12/2024).

La biología sintética aplicada a las levaduras está revolucionando el panorama de los biofármacos al permitir obtener compuestos mejorados o mucho más económicos. Los últimos avances incluyen, como muestra, la producción exitosa del adyuvante de vacunas QS-21 (una sustancia que estimula la respuesta inmunitaria), hasta hace poco solo extraído de un árbol nativo de Chile conocido como quillay (*Quillaja saponaria*), en cepas de *Saccharomyces cerevisiae*: «Producir compuestos como este en levadura no solo es más económico, sino también más ecológico, ya que evita el uso de muchos de los químicos cáusticos y tóxicos necesarios para extraer el compuesto de las plantas».

¡Brindemos por nuestros hongos! Fieles y discretos compañeros de viaje, desde Qiaotou hasta Elam, desde Kenia hasta Escandinavia, de Ararat a Castilla, de Egipto a la Palaistinê de Heródoto y la de Adriano.

📖 PARA LEER MÁS :

Barnard, H. (2010). Chemical evidence for wine production around 4000 BCE in the late Chalcolithic near Eastern Highlands. *J. Archaeol. Sci.*, 38(5).

Beltrán Peralta, N. y Aulet, S. (2023). El vino como patrimonio inmaterial de los monasterios benedictinos en Europa. En Hernández Navarro, Y. (Dir.). *II Simposio de Patrimonio Cultural ICOMOS España*. Universitat Politècnica de València.

Bueno, G. (2010). Filosofía de la sidra asturiana. *El Catoblepas*, 125.

Burini, J. A. *et al.* (2021). Non-conventional yeasts as tools for innovation and differentiation in brewing. *Revista Argentina de Microbiología*, 53(4).

Estreicher, S. K. (2017). The beginning of wine and viticulture. *Physica Status Solidi C.*, 14(7).

Fu, X. *et al.* (2023). Fermentation of mead using *Saccharomyces cerevisiae* and *Lactobacillus paracasei*: strain growth, aroma components and antioxidant capacity. *Food Bioscience*, 52.

Katz, S. y Voigt, M. (1986). Bread and beer: the early use of cereals in the human. *Expedition: the magazine of the University of Pennsylvania* 28(2).

Le Bras, S. (2021). «Le vin est la plus saine et la plus hygiénique des boissons»: anatomie d'une légende (xixe-xxe siècles). En Bourdin, P. (Dir.). (2021). *Faux bruits, rumeurs et fake news*. CTHS.

Lejavitzer Lapoujade, A. (2007). El vino en la gastronomía romana antigua: clases y usos en *De re Coquinaria* de Apicio. *Universum*, 22(1).

Liu, Y. *et al.* (2024). Complete biosynthesis of QS-21 in engineered yeast. *Nature*, 629.

Lozano, M. (12 de enero de 2019). Los monjes y el vino. *Granada Hoy*.

McGovern, P. E. *et al.* (1996). Neolithic resinated wine. *Nature*, 381.

Naseeb, S. *et al.* (2021). Restoring fertility in yeast hybrids: breeding and quantitative genetics of beneficial traits. *PNAS*, 118(38).

Pirrone, A. *et al.* (2025). Use of non-conventional yeasts for enhancing the sensory quality of craft beer. *Food Research International*, 208.

Rivera, A. (18 de junio de 2023). Qué es la cerveza sin filtrar y por qué se ha puesto de moda. *El País*.

Science Daily (16 de diciembre de 2024). Bioengineered yeast microbes as targeted drug delivery systems. *Science Daily*.

Tyler, W. S. (1873). *The Germania and Agricola of Caius Cornelius Tacitus*. Appleton and Company.

Vaiglova, P. *et al.* (2025). Transport of animals underpinned ritual feasting at the onset of the Neolithic in southwestern Asia. *Commun. Earth Environ.*, 6.

Zhang, J. G. (8 de agosto de 2019). A conversation with the team that made bread with ancient Egyptian yeast. *Eater*.

Nausicaä, protagonista del manga *Nausicaä del valle del Viento* y la película homónima (1982-94, 1984) de Hayao Miyazaki, representada en un *fanart* entre setas y árboles del bosque contaminado [Serkunet, DevianArt].

HISTORIA DE UN FUTURO MICOLÓGICO: TRAS LAS HUELLAS DE NAUSICAÄ

¿Existe el futuro? ¿Puede historiografiarse lo que no ha sucedido? O, antes que eso, ¿tiene sentido hacer del porvenir la materia de un libro de historia? Entendemos que esto último resulta inevitable en cierto modo y, de hecho, ha sido habitual a lo largo de esta obra, en un afán quizá de proyectar nuestros anhelos y temores presentes o, siquiera, de persuadirnos de una incierta continuidad entre nuestro ayer y el mañana pasando por el hoy, como intentando convencernos de que Fukuyama y los posmodernos no triunfaron del todo al abocarnos a la poshistoria, a una historia contra la historia. Pero una *historia del futuro* suena como uno de esos oxímoron por los que se desviven los medios en esta era: «calma tensa», «silencio atronador», «realidad virtual»...; es como escribir las memorias de alguien que aún no ha nacido o redactar la crónica de una batalla que nunca llega a librarse. Sin embargo, aquí estamos, afectando trazar los contornos de lo que está por ocurrir basándonos en lo que vagamente sabemos. Bueno, nosotros vamos a procurar alejarnos de la especulación: abordaremos algunos de los grandes desafíos que se presentan a nuestros hongos en un plazo medio-largo, pero sobre la base de los últimos avances ya contrastados y de las expectativas que razonablemente invitan a abrigar de cara al corto. Y es que, sin que esto tenga que sonar más entusiasta que ecuánime u objetivo necesariamente, algo nos dice que nuestros hongos están trasladando ya a limpio el borrador del plan de una revolución que transformará nuestra vida. Y, de ser así, quisiéramos algunos que esta se diera en verdad como tan encantadoramente aventuró Miyazaki al regalarnos a Nausicaä.

Tras el brindis y los aperitivos, este banquete final será más bien, de modo acorde con los tiempos, una suerte de anglosajón *lunch*, una recepción o, si se quiere, un rápido menú degustación más asequible que los actuales y sin sorpresas demasiado desagradables. ¡Vamos al lío!

Han transcurrido mil años de la devastadora conflagración que arrasó la tierra. La civilización había alcanzado su punto álgido de sofisticación tecnológica y expansionismo a toda costa, y sus mismos engendros devinieron unos mastodónticos dioses guerreros que desencadenarían los Siete Días de Fuego y la harían colapsar. Toda esa superestructura se ha evaporado y casi toda la superficie es ahora un páramo estéril cubierto de óxido y fragmentos de cerámica. El suelo y las aguas han quedado contaminados y en el aire flotan de un lado a otro unas extrañas partículas con forma de asterisco: esporas, que provienen del bosque tóxico y están propagándose por el irrespirable ambiente extendiendo los confines de aquel. Los que aún sobreviven lo llaman *fukai*, «mar de Putrefacción», pues entre su infecta vegetación crecen hongos que emiten venenosas miasmas, así como sus esporas, y crían temibles insectos entre los que descollan los enormes y feroces *ohmu*, que a su vez las esparcen; sin una máscara con que cubrirse el rostro, no se puede permanecer cerca. Solo unas altas torres coronadas por aspas de molino en movimiento, que además emiten un ultrasonido repelente por sus aberturas, resguardan de tales amenazas y aseguran la existencia a los habitantes del aledaño valle del Viento, por otra parte a merced de luchas de poder entre el gran imperio al que deben vasallaje, Tolmekia, y el vecino reino de Pejite; en tan delicado marco, Nausicaä, la joven princesa del pequeño pueblo del valle, no ceja en su empeño de investigar el misterio de la *enferma* jungla para redimir a esta y a su gente.

En la cautivadora *Nausicaä del valle del Viento* (1984), el japonés Hayao Miyazaki adapta al cine de animación la serie de manga que había lanzado dos años antes. La suya no es una mera distopía posapocalíptica de zombis que no termina hasta que el protagonista, después de ver morir devorados a su esposa e hijos, acaba con el último a puñetazos y se pierde fuera de plano rumbo a quién sabe dónde; ni tampoco una en la que un virus letal siembra el caos y la competencia salvaje entre los ciudadanos, se decreta un estado de excepción y..., en fin, ya saben. De entrada, estamos ante un *anime* destinado al disfrute de todos los públicos. Más allá, la película desafía el convencionalismo narrativo conforme avanza la segunda mitad del metraje: el antagonista, para más inri encarnado por maléficos hongos y artrópodos, se destapa como todo lo contrario y el mismo paisaje pútrido y asfixiante se hace ahora acogedor... ¿Por qué?, porque Nausicaä, que ha recogido muestra tras muestra y cultivado los hongos en su jardín secreto, confirma sus sospechas: esas setas no pretendían eliminar a los humanos, sino sanar un mundo dañado. Y he aquí lo que convierte a esta obra en única: encerraba una verdad científica que tardaríamos más de veinte años en identificar y otros tantos en empezar a dimensionar, y que de idea marginal pasaría a ser uno de los campos más prometedores de la biotecnología ambiental. Nausicaä y Miyazaki auspiciaron la micorrestauración. El término es acuñado en 2005 por el incansable Stamets, Paul Stamets, en la que posiblemente sea su más trascendente aportación como divulgador. Su manual *Mycelium running: how mushrooms can help save the world*, que vino a sumarse a los estudios de la profesora Simard sobre la red micorrícica y tuvo un inmenso impacto en la percepción científica y popular sobre los hongos, constaba de tres capítulos: el primero, «The mycelial mind»; el tercero, «Growing mycelia and mushrooms» —toda una declaración de intenciones—, y entre medias, el que había de impulsar a miles de personas a cultivar micelios y setas tras conocer qué era eso de la *mente* micelial: «Micorrestauración», una palabreja que interrelacionaba el increíble universo de los hongos con la rehabilitación y preservación del medio ambiente y, por ende, con nosotros, la cual merecía todo un segundo bloque que se subdividía a su vez en hasta cuatro apartados titulados sin más: «Mycofiltration», «Mycoforestry», «Mycoremediation» y «Mycopesticides». Abrazando sin reservas, como Simard, la humanización de la naturaleza, Stamets define la micorrestauración, sencillamente, como «el uso de hongos para reparar o restaurar el sistema inmunitario debilitado de los ambientes»; y añade: «Ya sea que los hábitats hayan sido dañados por la actividad humana o por desastres naturales, los hongos saprofitos, endófitos, micorrícicos y, en algunos casos, parásitos pueden contribuir a la recuperación». Stamets no es científico de carrera, sino micólogo autodidacta, pero lo ambiguo y delicado de una definición como aquella, que también él empleaba con plena consciencia en su deseo de familiarizar al mayor número de personas con los hongos, no ocultaba un sustrato de realidad palpable que ni los más escépticos podían negar. Su virtud radicó en bautizar, metodizar y ejemplificar sus potenciales aplicaciones prácticas, inaugurando así toda una subdisciplina biotecnológica:

> «La micorrestauración implica el uso de hongos para filtrar agua (micofiltración), implementar políticas de ecosilvicultura (micosilvicultura) o cocultivo con cultivos alimentarios (micojardinería [...]), desnaturalizar residuos tóxicos (micorremediación) y controlar plagas de insectos (micopesticidas)».

A lo largo de estas líneas finales bucearemos en ello... y en algo más.

Hongos radiotróficos: psicosis antinuclear y micorremediación

Radioactivity / is in the air for you and me... Al escuchar hoy la canción de los alemanes Kraftwerk, pioneros de la auténtica música electrónica, las sensaciones de la mayoría se concretan aún en una extraña incomodidad visceral, una honda inquietud muy distanciada de la fascinación que en general produjo con su aparición en 1975. Incluso tratándose de esa versión original, que podría considerarse una celebración sintética y etérea de la poderosa energía nuclear del futuro, y no de la remezcla de 1991, en que la reconvierten al discurso antinuclear de moda clamando *Stop radiactivity* y mencionando al mismo nivel Chernóbil e Hiroshima (curiosamente, coincidiendo con los estertores de la URSS), ahora parece como si esos robots cantasen fríamente la destrucción del mundo. Kraftwerk, que había empezado experimentando con el LSD y el rock psicodélico, mutó en una refinada banda de diseñadores musicales y arquitectos de la nueva era posmoderna y, con ese sencillo, puso banda sonora a la «radiofobia», el miedo clínico a la radiación ionizante, que los medios y las propias autoridades convertirían en pandemia crónica.

Soldados de la Alemania Occidental, ataviados con protección nuclear, biológica y química (NBQ), en ejercicios de entrenamiento durante la operación Cocodrilo, conjunta con el Ejército de los Estados Unidos (21/08/1990) [U. S. National Archives].

Robert Bruce Hayes, de la Universidad Estatal de Carolina del Norte, dedicó todo un estudio (2022) a analizar de qué modo la radiofobia, término introducido en 2001, «permite a países enteros gastar cientos de millones, si no miles de millones de dólares, para evitar que sus ciudadanos reciban una fracción de estos niveles de radiación natural de fondo. El resultado más sorprendente —agrega— es que, al utilizar los estándares objetivos consensuados, esta radiofobia constituye el verdadero obstáculo tanto para la conversión de toda la economía a una fuente de energía renovable [...] como para hacerlo de forma que se reduzca drásticamente el impacto ambiental del consumo energético en su conjunto».

A quienes no lo supieran, les traemos humildemente una mala noticia: Kraftwerk tenía razón. Pero no en que el accidente nuclear de Chernóbil sea equiparable a las bombas atómicas de Hiroshima o Nagasaki y una central nuclear pueda explotar como en las películas, con una nube de hongo como símbolo de devastación (tal cual luego insinuaron), sino en que la radiactividad, simple y llanamente, está *en el aire*. Como explica Alfredo García Fernández (*La energía nuclear salvará el mundo*), ingeniero supervisor de la central española de Ascó y decidido divulgador contra viento y marea con el apodo de Operador Nuclear, «todo es radiactivo», comenzando por nosotros mismos —y, añade el autor, siguiendo por supuesto por nuestras setas—, pero la noticia buena es que las dosis a las que normalmente estamos expuestos no podrían causarnos una alteración de ADN, consiguientes mutaciones y, con ellas, enfermedades como el cáncer: para que esto ocurra, hemos de recibir unos cien milisiéverts de radiación ionizante al año (el siévert es su unidad de equivalencia), y el Comité Científico de las Naciones Unidas sobre los Efectos de la Radiación Atómica (UNSCEAR) estima que la dosis media de la población mundial es de 2,4 mSv de origen natural. De todas formas, ¿qué más da? El dato tampoco parece convencer a nadie.

El fatal accidente de Chernóbil (República Socialista Soviética de Ucrania) dio lugar a que nadie quisiera tener una central nuclear cerca: provocó decenas de muertes directas y hasta cuatro mil en los años sucesivos, según cifras del organismo citado. Vino precedido por el de la isla de las Tres Millas (EE. UU.), fruto de un fallo del circuito secundario de refrigeración y hoy desconocido para la mayoría, y fue sucedido por el de Fukushima (Japón), ocasionado por un terrible tsunami; en estos no se registraron fallecimientos ni efectos adversos atribuibles a la radiación —en el último se lamentó la pérdida progresiva de más de dos mil personas en nueve años por una evacuación traumática—. Actualmente, muchísima gente cree que algo así se puede volver a desencadenar y piensa en Chernóbil como un páramo en torno al que jamás podrá volver a habitar nadie, pero lo cierto es que, como remarca García, por un lado se trata de una catástrofe irreproducible con las presentes medidas de seguridad —se desató mientras realizaban pruebas, desactivando todos los sistemas, para saber si la inercia del alternador seguiría alimentando la refrigeración si se perdiera el suministro exterior, y el reactor (a diferencia de Three Mile Island o de Ascó ya en esos tiempos) carecía de un edificio de contención que habría minimizado las emisiones— y por otro, en menos de cuatro décadas, la desintegración de los isótopos de vida media más corta ha reducido en más de un 90 % la contaminación radiactiva. Allí ahora proliferan lobos, osos pardos, caballos, bisontes y hasta ranas arbóreas que, por su piel oscura, habrían sobrevivido mejor que las situadas fuera de la zona de exclusión; los asimismo españoles Burraco y Orizaola advirtieron al investigarlas que la presencia de melanina en su cuerpo podría ser «un mecanismo de amortiguación contra la radiación ionizante» (2022). ¡Melanina! Y esto nos conduce a lo más valioso para nosotros.

Muchos lectores lo habrán adivinado al inicio del apartado. En Chernóbil, los hongos —entiéndase, algunos de ellos— no son solo ra-

Setas creciendo en los laboratorios del hospital de la ciudad fantasma de Prípiat, en la zona de exclusión de Chernóbil [a partir de olavXO, CC BY 2.0]

diactivos, como subrayamos que todo lo es, sino también radiotróficos: tornan la radiación ionizante en energía química de la que nutrirse. Y la razón estribaría en que la melanina, el pigmento que en los humanos es responsable de la coloración de piel, cabello, etc., y de su protección frente a los rayos ultravioleta del sol, a ellos les sirve para subsistir y crecer gracias al proceso conocido como radiosíntesis —en analogía con la fotosíntesis—, sobre el que teorizara el soviético S. I. Kuznetsov en 1956.

Cuando apenas se habían cumplido cinco años del accidente y podría interpretarse que la elevada radiación hacía poco probable la vida no ya en el recinto, sino cerca de la central nuclear, investigadores ucranianos comandados por Nelli N. Zhdanova ya observaron el crecimiento activo de hongos en las inmediaciones, que fue reportado en revistas científicas nacionales sin que acaso se reparase del todo en cuanto significaba. No fue hasta 1997-98 cuando el equipo pudo trasladar sus trabajos al interior del sarcófago, la estructura de acero que cubría la unidad dañada de la central (el reactor n.º 4), y establecer inspecciones periódicas de varios puntos para recolectar muestras; sus conclusiones verían la luz en un artículo publicado en *Mycological Research* bajo el título «Hongos de Chernóbil: micobiota de las regiones internas de las estructuras de contención del reactor nuclear dañado» (Zhdanova, N. N. *et al.*; 2000). Habían hallado hasta treinta y siete especies de diecinueve géneros distintos colonizando las paredes y otras construcciones: *Mucor plumbeus, Chaetomium globosum, Cladosporium sphaerospermum, Penicillium hirsutum, Alternaria alternata, Aureobasidium pulllulans, Aspergillus versicolor, Acremonium strictum, Cladosporium herbarum...*; incluso se aislaron unos no registrados hasta entonces en la antigua república soviética: *Penicillium ingelheimense, Phialophora melinii, Doratomyces stemonitis* y *Sydowia polyspora*. ¿Lo más curioso?: «Alrededor del 80 % de los hongos recuperados eran micromicetos pigmentados y con melanina. Podría existir una correlación con su capacidad para tolerar niveles tan altos de radiación, no solo para sobrevivir, sino también para crecer activamente durante largos períodos». Y afirmaban, sobre su procedencia:

> «La mayoría de las especies aisladas eran saprótrofos del suelo y la hojarasca, y *Fusarium oxysporum, F. solani* y *Botrytis cinerea* son patógenos vegetales facultativos. Esto sugiere que la contaminación fúngica de las paredes y otras partes de la construcción del edificio de la cuarta unidad y su sarcófago se produce como resultado de corrientes de aire externas que penetran en estos lu-

gares y transportan esporas de micromicetos. La composición relativa de especies pigmentadas, especialmente las que contienen melanina, y la amplia gama de especies aisladas sugieren que las condiciones ecológicas particulares del sarcófago están seleccionando una subpoblación específica de los propágulos invasores».

Para 2004 se habían aislado unas dos mil cepas de doscientas especies de hongos, pertenecientes a de noventa y ocho géneros, en los alrededores de la central atómica de Chernóbil. Miembros del Dpto. de Medicina Nuclear de la Facultad de Medicina Albert Einstein de Nueva York, con la profesora Ekaterina Dadachova a la cabeza, quisieron profundizar en esta extraordinaria capacidad adaptativa de los hongos; sus hallazgos (2007) confirmaron que el pigmento desempeñaba un papel clave en la oxidación metabólica: tres hongos melanizados —*Cladosporium sphaerospermum, Wangiella dermatitidis* y *Cryptococcus neoformans*— incrementaron su biomasa acumulando acetato significativamente más rápido en ambientes donde la radiación era quinientas veces superior a la normal. La exposición de células de *C. neoformans* a estos niveles en períodos de veinte a cuarenta minutos modificó gradualmente las propiedades químicas de su melanina y multiplicó por tres o cuatro las tasas de transferencia de electrones a través de ella. En suma, el estudio certificó que la melanina, combinando su capacidad para capturar radiación electromagnética con sus notables propiedades de oxidación-reducción, podía conferir a los organismos melanizados la facultad de aprovechar la radiación para obtener energía metabólica.

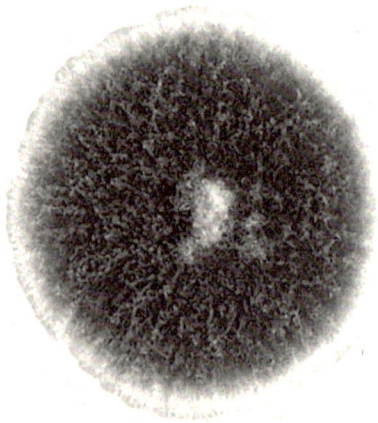

Detalle de una colonia del hongo patógeno radiotrófico *Alternaria alternata* cultivada en placa de Petri [University of Adelaide, CC BY 4.0].

Los «hongos negros», tan morenitos, habían hecho de la radiactividad de Chernóbil el mejor cúmulo de condiciones para prosperar.

Es evidente que la micorremediación no será un *remedio* efectivo contra la psicosis antinuclear de la que habla el británico Mark Lynas (pues su virtud se ha demostrado precisamente, de manera más obvia, una vez sucedido el accidente que impulsa esta), pero tampoco lo pretende. Sin embargo, no todo queda ahí. Si la singularidad de los hongos radiotróficos ya es ingente, en los últimos años se han planteado aplicaciones igualmente insólitas partiendo de la base de que, como agentes de biorremediación, demuestran éxito en la captura de radionúclidos —isótopos atómicos inestables que emiten radiación— del suelo; lo recogen en una revisión bibliográfica los brasileños Tibolla y Fischer (2025). El abanico abarca desde su incorporación en la fabricación de materiales, tejidos y prendas de vestir con propiedades radioprotectoras —funcionando como escudos biológicos que absorben radiación ionizante— hasta su empleo como biosensores capaces de detectar radiación en sitios de interés. Este emergente campo sugiere que los radiotróficos podrían modificar el modelo de tratamiento de residuos nucleares con alternativas más efectivas que el almacenamiento subterráneo. Veremos.

Paradójicamente, el accidente que hoy es símbolo del pánico por las nucleares ha revelado la capacidad de la naturaleza para lidiar con la contaminación. Y el renacimiento del interés internacional por la energía nuclear refleja una realidad que la ciencia ha confirmado durante décadas: se trata de una fuente segura, limpia y renovable a escala práctica. La inversión se encamina a cifras récord, respaldada por instituciones como el Organismo Internacional de Energía Atómica (OIEA) de las Naciones Unidas: Francia produce cerca del 70 % de su electricidad mediante reactores; China aprobó el pasado abril la construcción de diez y se erigirá en el principal generador mundial; Italia, Polonia, Suecia o Finlandia son otras de las naciones que han reafirmado recientemente su apuesta decidida por este modelo energético; y la isla de las Tres Millas volverá a generar electricidad en 2027. España, por su parte, en la línea de Alemania (que clausuró las últimas en 2023), es el único país que mantiene su calendario de desmantelamiento de cada una de sus centrales. En estas humildes líneas no podemos sino remitirnos, racionalmente, a la fuerza de los hechos y transmitir que no hay nada que temer de la energía nuclear civil cuando se gestiona con protocolos adecuados; el verdadero peligro nunca residió en los portentosos reactores que habían de alimentar a nuestros pueblos y ciudades, sino en la sombra de quienes históricamente pervirtieron esta tecnología para fines destructivos y, convirtiendo el átomo en instrumento de guerra, hicieron tan reconocibles a nuestros ojos las *mushroom clouds*. Confiemos en que nuestros hongos radiotróficos serán noticia próximamente en contextos mucho más agradables y la versión original de *Radioactivity*, de Kraftwerk, volverá a cautivar los oídos del mundo.

Por cierto: si visitan las zonas de la Europa del Este más afectadas en su momento por el accidente de Chernóbil, como algunas regiones de Bielorrusia, comprobarán que la radiación es ya prácticamente la misma que en territorio español; pero, eso sí: al degustar las deliciosas setas del lugar —parasoles (*Macrolepiota procera*), rebozuelos, boletos, etc.—, cuiden que hayan sido recolectadas conforme a la normativa, pues pueden haber acumulado niveles de cesio 137 demasiado altos.

De Chernóbil a los mares de plástico y petróleo: la cruzada fúngica contra los residuos

El principal inconveniente que suele achacarse a la energía nuclear al margen de la infundada amenaza de los accidentes radica, en cualquier caso, en sus desechos, que —al no poder eliminarse— se almacenan y son neutralizados, desintegrándose en isótopos estables. Cuando nuestro amigo Alfredo García, supervisor de Ascó, comete la osadía de proponer que España vuelva a instalar reactores nucleares como el resto del mundo, la respuesta que suele recibir no es otra que «Muy bien, pero que lo pongan al lado de tu casa»; realmente, lleva veintisiete años trabajando en centrales y viviendo junto a ellas en compañía de su esposa y sus hijos: «No tenemos miedo. Ni al reactor. Ni a los residuos», relata desenfadada pero contundentemente en su perfil de X. La cuestión es que, sin entrar en comparaciones con otras energías, la gestión de los residuos radiactivos (también generados, por ejemplo, en medicina o en agricultura) está plenamente regulada en el caso nuclear y su peligrosidad disminuye con el paso del tiempo; el almacenamiento tiene lugar a quinientos metros bajo nuestros pies. Más allá, en Rusia y en China ya poseen reactores de cuarta generación capaces de reciclar esos residuos. Entonces, ¿de dónde viene el problema? De nuevo, de la instrumentalización político-militar efectuada por determinados países y de unos procedimientos cuando menos negligentes. Lo reconoce la propia Oficina de Responsabilidad del Gobierno de los Estados Unidos (2024):

«Estados Unidos llevó a cabo actividades de defensa en muchos países durante la Guerra Fría. Estas actividades provocaron contaminación radiactiva en tres países: Groenlandia, España y la República de las Islas Marshall. Durante la década de 1960, Estados Unidos enterró líquido radiactivo en el hielo de Groenlandia mientras operaba la base experimental Camp Century para estudiar la viabilidad de instalar misiles nucleares allí. En 1966, en España, dos aviones de defensa estadounidenses colisionaron, dispersando escombros radiactivos sobre la ciudad de Palomares. Entre 1946 y 1958, Estados Unidos realizó 67 pruebas de armas nucleares en la República de las Islas Marshall y la lluvia radiactiva resultante contaminó varios atolones».

Los veteranos recordarán al ministro Fraga bañándose en Palomares. La Guerra Fría pasó y los residuos se quedaron. Para procesar los minerales de uranio, se precisaba su disolución y extracción con ácido nítrico, y se creaban grandes volúmenes de desechos ácidos que serían introducidos en contenedores subterráneos o «tanques». Sucedió que, mezclados con metales pesados, empezaron a filtrarse a suelos y acuíferos, y el coste de su limpieza (mediante procesos fisicoquímicos) era inmenso. Hasta que apareció un hongo...

Fragmento de un reportaje en *Pueblo* (24/01/1966) sobre el incidente de Palomares.

«Tanques de enterramiento de hormigón que pesan hasta 30 toneladas son usados para sepultar equipos de procesos altamente radiactivos que no se pueden descontaminar a un nivel bajo. Sitio de Hanford [Engineer] Works de la Administración de Investigación y Desarrollo Energético». Benton (Washington), 1960-70 [U. S. Department of Energy].

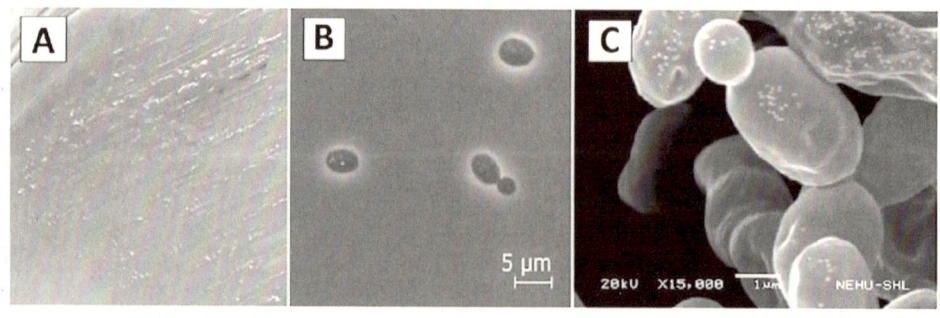

«Morfología de *Rhodotorula taiwanensis* en (A) medio de agar YPD, (B) micrografía de contraste de fase con aumento de 100X y (C) micrografía electrónica de barrido» [Pohsnem, M. *et al.* (2025). Isolation, identification and characterization of an indigenous pigmented yeast isolated from Assam, North East, India. *Journal of Pure and Applied Microbiology*; CC BY 4.0]

Como método de biorremediación, hasta hace poco se empleaba *Deinococcus radiodurans*, una bacteria resistente a la radiación que en el año 2000 fue aislada de sedimentos bajo el tanque sx-108 de Hanford (condado de Benton, Washington), junto con más de cien especies; se trabajó en explotar su capacidad de reducir metales y degradar toxinas orgánicas, pero su uso estaba limitado por su sensibilidad al pH bajo —que es justamente el indicativo de una acidez alta—: sus variantes modificadas genéticamente no podían crecer en valores de pH por debajo de 4,8, una limitación crucial dado que los niveles de los tanques llegaban a situarse en 2,3. Explorando alternativas, los investigadores (Tkavc, R. *et al.*; 2018) lograron otro hallazgo que demostraría la grandeza de nuestros hongos:

> «Informamos de la caracterización de 27 levaduras ambientales diversas por su resistencia a la radiación ionizante (crónica y aguda), metales pesados, mínimos de pH, máximos y óptimos de temperatura; y [por] su capacidad para formar biopelículas. Sorprendentemente, muchas levaduras son extremadamente resistentes a la radiación ionizante y a los metales pesados. También excretan ácidos carboxílicos y son excepcionalmente tolerantes a pH bajo. Se presta especial atención a *Rhodotorula taiwanensis* MD1149, la especie más resistente a la radiación ácida y gamma. MD1149 es capaz de crecer por debajo de 66 Gy/h [grais por hora; el gray es la unidad de dosis absorbida de radiación ionizante en el sistema internacional de unidades (si)] a pH 2,3 y en presencia de altas concentraciones de compuestos de mercurio y cromo...».

La cepa MD1149 de la levadura *Rhodotorula taiwanensis* se aisló en una muestra de sedimento de una instalación de residuos mineros abandonada, en una mina de Maryland. Los científicos secuenciaron su genoma y su mapa genético les permitió examinar qué genes otorgaban al hongo la capacidad única de sobrevivir en desechos radiactivos en tales condiciones, y gracias a ello podrían ponerse tras la pista de otras cepas u organismos con genes similares que pudieran ser probados en micorremediación y biotecnología ambiental en conjunto. Concluyeron remarcando que su estudio ubicaba a las levaduras «entre los representantes más resistentes a la radiación de la biología, presentando una sólida justificación para el papel de los hongos en la biorremediación de vertederos de residuos radiactivos ácidos».

Por enésima vez, nuestros hongos, a la vanguardia...

El seísmo y el posterior tsunami de Fukushima en 2011 no provocaron daños en los residuos radiactivos que se almacenaban en seco en la central, pero Paul Stamets propuso un plan de actuación para hipotéticos casos de accidente nuclear relacionados con estos fenómenos naturales.

Buena parte de los escombros, compuestos esencialmente por madera, sentarían las bases del nuevo ecosistema. La primera fase consistiría en establecer una zona de recuperación forestal alrededor de la central afectada: se confeccionaría una capa de compost a base de serrín y virutas a una profundidad entre treinta y sesenta centímetros. Una vez que se contase con esa capa, se plantarían coníferas que sirvieran de anfitriones a hongos micorrícicos como los comestibles *Craterellus tubaeformis, Laccaria amethystina* o *Gomphidius glutinosus*, pero no con idea de consumirlos; de acuerdo con Stamets, estas especies logran absorber y concentrar el cesio 137 con gran efectividad. A partir de ahí, se esperaría a cosecharlos y, llegado el momento, deberían ser incinerados: sus cenizas radioactivas podrían almacenarse en contenedores especiales y de esta manera quedarían neutralizados los residuos.

La idea no prosperó y, a decir verdad, deseamos que no tenga que hacerlo nunca, pero, como técnica complementaria, sin extendernos en otras consideraciones, es digna de ser tenida en cuenta.

Cuando han transcurrido casi cuarenta años de Chernóbil, dejando atrás la cuestión de la radiactividad, una de las mayores preocupaciones de carácter medioambiental que expresan tanto oenegés como instituciones tiene que ver con el plástico, por la acumulación de residuos en los diversos ecosistemas y el perjuicio de micro- y nanoplásticos para la salud humana. Las estadísticas sitúan la producción mundial por encima de los cuatrocientos millones de toneladas anuales y las medidas impuestas a los consumidores, como presuntos responsables de aquellas imágenes de océanos y vertederos de polímeros sintéticos, no parecen haber servido para mucho: la prohibición de las bolsas de plástico gratuitas en los supermercados solo ocasionó que los usuarios las comprasen aún más (con el nada desdeñable beneficio para cadenas y fabricantes), conforme atestiguó el equipo del profesor Dinesh Puranam con sus artículos publicados en el *Journal of Marketing Research*, 2024-25.

Investigadores de las universidades de Cuzco y Yale descubrieron en 2011 que el hongo endófito *Pestalotiopsis microspora*, que habita sobre todo en las hojas caídas de hiedra común de la selva amazónica, había desarrollado la capacidad excepcional de alimentarse exclusivamente de poliuretano, incluso en condiciones de anaerobiosis —ausencia de oxígeno— casi absoluta. Lo que normalmente tardaría cientos de años en descomponerse, este hongo lo transforma en nutrientes asimilables pasados treinta días; su capacidad de operar en ambientes carentes de O_2 hace de él, *a priori*, un candidato ideal para trabajar en vertederos modernos e incluso en la llamada «gran mancha de basura del Pacífico».

En Islamabad (Pakistán), científicos chinos y locales tomaron muestras de un vertedero en 2017 y observaron que *Aspergillus tubingensis* exhibía capacidades similares contra el poliéster poliuretano, actuando como una tijera molecular de precisión quirúrgica, mediante un mecanismo enzimático capaz de romper los enlaces químicos de los polímeros. Y otro estudio divulgado este mismo verano de 2025 ha verificado que una sinergia fúngico-bacteriana de *Sarocladium strictum* con *Bacillus velezensis* conseguía degradar microplásticos causando una pérdida de peso del 26,3 % en sesenta días, «el doble que los monocultivos fúngicos (13,2 %) y el cuádruple que los monocultivos bacterianos (6,8 %)».

La ingeniería genética se plantea perfeccionar la eficacia de estos monocultivos y cocultivos propiciando que las cepas secreten más enzimas degradadoras y esto, unido a la optimización de las condiciones (temperatura, pH, etc.), puede convertirlas en auténticas máquinas micorremediadoras en un futuro próximo. ¿Captarán el interés de los agentes que han de encargarse de la descontaminación?

En el ahora renombrado como *gulf of America* (*sic*) —léase «de Estados Unidos»—, otrora golfo de Nueva España y luego de México, donde la explosión de la plataforma petrolífera Deepwater Horizon provocó en 2010 el peor desastre ambiental en la historia estadounidense, Stamets y su empresa familiar Fungi Perfecti idearon acometer un inaudito proyecto de micofiltración marina con *Pleurotus ostreatus*. Aprovechando la tolerancia al agua salada de la seta de ostra y su arsenal de hasta ciento veinte enzimas capaces de degradar hidrocarburos tóxicos, el propósito no era otro que armar un «equipo de respuesta micológica» (ERM) para contribuir a las labores de rehabilitación de las aguas que habían sido invadidas por unos 795 millones de litros de petróleo, cuyos costes de limpieza y sanciones se calcularon en 65 000 millones de dólares. Nueve años después, en un artículo titulado «El problema del petróleo» en su sitio web, el micólogo recapitularía acerca del avance de los esfuerzos reconociendo que había más petróleo derramado que micelio disponible, pero que conocían la manera de generar el suficiente.

Ilustración simplificada de un *mycoboom* [a partir de
«The Petroleum Problem», *Fungi Perfecti*, 20/04/2020].

La estrategia consistía en usar flotadores de paja denominados *myco-booms* que actuarían como sustratos para el crecimiento fúngico, dispersándose por las áreas contaminadas de modo que las enzimas miceliales realizaran su labor degradativa por etapas, primero atacando los hidrocarburos de bajo peso molecular y luego propiciando la reducción progresiva de los compuestos más pesados mediante tratamientos sucesivos. Los experimentos emprendidos en el estrecho de Puget (estado de Washington), con micelio envejecido mezclado con compost de astillas de madera y desechos de jardín, demostraron una eficacia superior a cualquier tratamiento individual. En colaboración con los laboratorios Battelle, Stamets había logrado años atrás que los hidrocarburos aromáticos totales (TAH) de un suelo contaminado con diésel disminuyeran desde 10 000 partes por millón (ppm) hasta menos de 200 ppm... en apenas dieciséis semanas y con un 25 % de inoculación de micelio; como fruto de esto, las lombrices de tierra ahora sobrevivían y esto sugería una recuperación ecosistémica consumada: el suelo remediado fue a la postre considerado apto para el paisajismo de carreteras.

Persisten las incógnitas al respecto, pues aún no se ha implementado un programa de micofiltración y micorremediación a gran escala que permita evaluar hasta qué punto pueden ser útiles los hongos en estos contextos, pero las expectativas no pueden ser más prometedoras. Todo dependerá de la apuesta que se efectúe. Previendo que se darán, tristemente, ocasiones futuras en las que la intervención de estos organismos deba postularse como alternativa, Stamets avisa: «Necesitamos un cambio de paradigma, una infraestructura educativa multigeneracional, que sitúe las soluciones fúngicas entre las opciones viables para mitigar desastres. Una circunstancia desafortunada que enfrentamos es que el campo de la micología cuenta con una financiación insuficiente en un momento de gran necesidad». ¿Lo verán nuestros... nietos?

Minería urbana fúngica al rescate de tus baterías gastadas

Como «minería urbana» se ha definido el proceso de recuperación de materiales útiles de los residuos electrónicos y otros desechos urbanos, alternativa sostenible a la extracción minera tradicional. La técnica cobra especial relevancia ante el desafío de la eliminación de las baterías de dispositivos móviles y portátiles, dificultado por sus elevadas concentraciones de litio y cobalto. Inservibles, aquellas terminan en vertederos para su descomposición gradual o en incineradoras de las que se alega que generan emisiones potencialmente tóxicas a la atmósfera.

En 2018, Aldo Lobos, un estudiante de la Universidad del Sur de Florida, trabajaba en la extracción de metales de escorias residuales de fundiciones como tema para la tesis de su máster en Ciencias, pero la más acuciante inquietud sobre el auge de los teléfonos *inteligentes* y productos derivados, y sobre las vías de biorrestauración del impacto ambiental de sus baterías, le hizo rectificar el enfoque. De la mano de sus profesores del Dpto. de Biología Integrativa Jeffrey Cunningham y Valerie Harwood, se lanzó al estudio de cepas de hongos que podrían extraer los metales; los tres presentarían sus resultados a la Sociedad Estadounidense de Química y los publicarían conjuntamente en el *Journal of Applied Microbiology*, además de completar la tesis de Lobos.

Penicillium chrysogenum —la penicilina cabalga de nuevo—, *P. simplicissimum* y *Aspergillus niger* no solo sobrevivían al cóctel químico de las baterías recargables gastadas, sino que desarrollaban estrategias metabólicas para neutralizar la toxicidad metálica mientras extraían los elementos valiosos; sus enzimas transformaban los compuestos tóxicos en formas biológicamente manejables, mientras secretaban ácidos orgánicos que disolvían selectivamente las matrices metálicas de los componentes electrónicos. En concreto, el cobalto y el litio pasan de fase sólida a líquida tras la exposición a hongos y desde aquí se explora el reaprovechamiento de ambos elementos.

Hasta entonces, el reciclaje por lixiviación (separación de metales) química había resultado eficaz, pero exigía altas temperaturas o presiones y era muy contaminante, además de costoso. Con la lixiviación fúngica o lo que, siguiendo a Stamets, científicos iraquíes han denominado ya micolixiviación (*mycoleaching*), se abre la posibilidad de atajar, literalmente, el asunto de manera rentable: «Las imágenes de microscopio electrónico también mostraron la acumulación de partículas metálicas dentro de las hifas fúngicas» (Al-Shammari, R. H. H. *et al.*, 2023).

¿Un reloj inteligente hecho de setas?

¿Se acuerdan de nuestro amigo Adamatzky? Antes de emprender su estudio acerca del presunto lenguaje fúngico, su equipo dejó abierta una línea de investigación que entronca directamente con esa idea, ya expuesta por la profesora Boddy, de cómo los hongos reaccionan a estímulos externos. Comenzaron preguntándose si especies como la seta de ostra responderían no ya a un cebo leñoso de mayor volumen y atractivo que su trozo de madera, sino a las señales humanas. ¿Se lo han planteado alguna vez, al caminar por el bosque?, ¿saben los rebozuelos y los níscalos que hemos aparecido por ahí? Tras exponer micelio de *Pleurotus ostreatus* a hidrocortisona, el medicamento de la hormona natural del estrés (cortisol), para registrar su actividad eléctrica y analizar cambios en su tejido a través de rayos X, constatarán que el sustrato puede detectar cambios en los niveles de cortisol y responder alterando su flujo de calcio, lo que modifica su actividad eléctrica (medida, como ya contamos, con electrodos insertos en sustrato y cuerpos fructíferos). Las implicaciones de este hecho no eran pocas.

En el estudio multidisciplinar publicado en *Biosystems,* que además de a la Universidad del Oeste de Inglaterra implicó a entidades como la Universidad Abierta de Cataluña o el Instituto Italiano de Tecnología, el grupo de Andrew Adamatzky examinó hasta qué punto el hongo podía servir como biosensor y ser capaz de distinguir estímulos mecánicos, eléctricos y químicos; y, con ello, llegaron a plantear la hipótesis de que sirva, en un futuro, para fabricar los conocidos como *wearables,* dispositivos inteligentes portátiles (que la RAE ha propuesto traducir como «ponibles») de esos que monitorean el ritmo cardíaco o miden el desempeño atlético, como los famosos relojes. ¿Se imaginan llevando una seta en la muñeca que nos avise cuando nos estresemos demasiado?

Las aplicaciones potenciales trascienden la simple curiosidad científica. Mohammad Mahdi Dehshibi, uno de los investigadores, remarca que estos biomateriales fúngicos ofrecen unos estándares de adaptabilidad, sostenibilidad, capacidad de autorreparación y durabilidad que los materiales sintéticos no pueden igualar. Aunque las reacciones fúngicas son demasiado lentas como para reemplazar a los chips de silicio y quizá aventurar su uso en ordenadores o automóviles sea excesivo según los propios científicos, estos «sensores ambientales a gran escala» podrían constituir una enorme aportación a la monitorización ecosistémica y la industria *wearable* dispondría de unos materiales realmente *ecológicos.*

Microproteínas, la solución nutritiva «por lo que pueda pasar»

Al iniciarse la década de los 50, cuando los países contendientes en la guerra mundial afrontaban su reconstrucción y la escasez alimentaria se traducía en cartillas de racionamiento prolongadas tras la contienda (Reino Unido no puso fin a las restricciones hasta 1954 y en países como la nueva República Democrática Alemana hubieron de extenderse hasta 1958), los organismos internacionales alertaron de una desnutrición proteica generalizada y expusieron la urgencia de soluciones. La FAO y la OMS establecieron oficialmente en 1952 un «comité mixto de expertos en nutrición» y en 1955 se fundó el Grupo Asesor sobre Proteínas (PAG) de las Naciones Unidas. El secretario general de la ONU firmaría en 1968 un elocuente informe con el título «The protein problem».

El barón inglés Joseph Arthur Rank puso a sus científicos a buscar una fuente de proteínas que no dependiera de la agricultura convencional y, tras analizar tres mil muestras de suelo de todo el mundo, en 1967 hallaron lo que describen como su «mina de oro» en el hongo —no se asusten por el nombre— *Fusarium venenatum*, que, fermentado en almidón, convertía los hidrocarburos en proteínas. Con él pudieron patentar una microproteína, con textura y sabor similares a la carne, a la que bautizaron como Quorn. Pero el permiso para su comercialización no se expidió hasta 1985, cuando ya la amenaza se había evaporado.

Marlow Foods, la empresa que pondría en el mercado el invento, reinventó su marca como alternativa saludable rica en fibra, baja en grasas saturadas y carente de colesterol; partiendo de añadir claras de huevo a la mezcla y congelarla tras cocinarla al vapor, dio con una textura muy similar a la del pollo y creó sucesivas recetas de comida basadas en la microproteína, a cuál más sofisticada. Podrán figurarse que hoy la promociona como una forma de comer carne pero sin hacerlo y que, en el tiempo presente, ha adquirido gran popularidad en la anglosfera.

Quorn ha salido a la palestra como solución nutritiva ante la incertidumbre entre pandemias, apagones y conflictos. No puede negarse que son una opción que tener en cuenta en ese extremo, aunque esperemos poder seguir obteniendo también esas proteínas como siempre hicimos.

Comer setas, vestir de setas, vivir en setas... ¿seremos algún día setas nosotros mismos?

A lo largo de este libro nos hemos sumergido en una historia en que las setas nos han alimentado, nos han curado, nos han descubierto mágicos universos en viajes psicodélicos más o menos placenteros, nos han llevado a la tumba, nos han conectado con nuestros ancestros, nos han ayudado a resolver crímenes, nos han *micorrestaurado* nuestra tierra..., y habrá quien piense —no sin motivo— que hemos acabado viendo setas por todos lados. ¿Será que nos vamos a convertir en setas nosotros mismos de tanto pensar en ellas, como aquel artista fantaseó que le había ocurrido a Vladímir Lenin de tanto comerlas? ¿Nos vestiremos con setas en algún momento, haremos de las setas nuestro hogar?

Puede que una tarde vayan al supermercado, vean un envase que reza «MyBacon» y decidan pegarse un buen homenaje porcino, esa noche o en un apetecible desayuno norteamericano por la mañana; cui-

Izqda.: Un «divertido personaje de dibujos animados» caracterizado como un hongo [Linnaea Mallette, CC0 1.0]. Dcha.: Recipiente para el vino (con biomateriales a base de micelio fúngico) fabricado por Ecovative [Mycobond, CC BY-SA 2.0].

dado, léanlo bien, porque se estarán llevando micelio de seta de ostra (¡otra vez!) fermentado en estado sólido con aceite de coco, azúcar y sal, nada de beicon. ¡A lo mejor hasta les gusta más! Pero quién sabe si es el primer paso para volverse loco y acabar siendo en efecto una seta...

Los dos o tres siguientes pasos vendrán de la mano de Ecovative, una empresa estadounidense especializada en biomateriales basados en micelio. Produce empaquetados biodegradables con redes miceliales, como alternativa sostenible al poliestireno expandido, y este es quizás su producto más *normalito*: el buque insignia de la compañía son, directamente, ladrillos de construcción biodegradables elaborados con ese mismo material (... *con el que se forjan los sueños*, diríamos acaso); para muestra, un botón: el MoMa —Museo de Arte Moderno de Nueva York— acogió en 2014 la donación de una torre hecha con ellos:

«Los ladrillos orgánicos de *The Living* se producen combinando tallos de maíz (restos del procesamiento del maíz) con micelio, unas estructuras radiculares vivas especialmente desarrolladas, derivadas de hongos. Estos componentes básicos, desarrollados por la empresa de biomateriales Ecovative, se colocan en moldes y se cementan biológicamente mediante el crecimiento de hongos. Al usarse como bloques de construcción, los ladrillos de micelio resultantes crean una estructura que desvía temporalmente el ciclo natural del carbono para producir arquitectura que surge de la tierra y regresa a ella, sin residuos, sin energía ni emisiones...».

Y un nuevo buque rivaliza ahora con el anterior. A finales de 2024, Ecovative se asoció con la firma fabricante de mezclilla AGI Denim para dar el salto al sector textil: lanzaron unos pantalones vaqueros (*jeans*) biodegradables llamados Mushroom Rodeo, elaborados con micelio fúngico en lugar de con cuero, y coronados con unas chaparreras como las de aquellos *cowboys* pero también confeccionadas con hongos. Posteriormente completaron la colección con una chaqueta vaquera de flecos, igualmente de «piel de micelio», para poner el broche al atuendo, de modo que en breve se pueda empezar a vestir uno por entero con hongos propiamente dichos (claro, que mejor si es de América del Norte, porque fuera de ese ámbito es probable que desentone un poco).

Otras empresas están patentando productos semejantes. ¿Qué nos asegura que a no mucho tardar no estemos muchos comiendo hongos, vestidos de hongos y habitando en hongos? ¿Es que no lo estamos ya?

Los cultivos crecen en la luna [«Crops Grow on Moon»,
William F. Pickering; en *Science and Invention*, 9(8), 1921].

Casas de hongos en Marte y la Luna: lo dice la propia NASA

«Las implicaciones de estos hallazgos —había dicho Stamets sobre los hongos radiotróficos de Chernóbil— son enormes: abren la posibilidad de generar alimentos fúngicos para los viajes espaciales y de que los hongos puedan existir en otros planetas sin luz solar pero expuestos a la radiación ionizante que impregna el universo». ¿Lo habían pensado?

La NASA no solo lo ha pensado: está trabajando en ello desde hace años. El Proyecto de Micoarquitectura de su Centro de Investigación Ames, en Silicon Valley (California), se dedica al estudio y desarrollo de tecnologías capaces de levantar estructuras habitables a partir de hongos en Marte y la Luna, concretamente comenzando por las que habrían de albergar a sus astronautas; lo comanda, como investigadora principal, la astrobióloga Lynn Rothschild —no confundir con su tocaya multimillonaria emparentada con los poderosos banqueros—, que el 30 de marzo de 2018 publicaba un artículo en el sitio oficial de la agencia hablando de *myco-architecture off planet* y detallando:

> «Nuestro concepto se enmarca en el escenario pendular [movimiento continuo vivienda-exploración] de Mars DRA [*design reference mission*, el diseño conceptual de misiones tripuladas] 5.0, con la principal diferencia de que los hábitats y las carcasas de los róvers [astromóviles en que se desplazan los astronautas] se construirían en el lugar de destino. En la Tierra, una carcasa de plástico flexible, producida a las dimensiones finales del hábitat, se sembraría con micelios y materia prima seca, y se esterilizaría el exterior. En el lugar de destino, la carcasa podría afianzarse a sus dimensiones internas finales con puntales. El material micelial y la materia prima se humedecerían con agua marciana o terrestre, según las compensaciones de masa, y se calentarían, iniciando el crecimiento de hongos (y materia prima viva). El crecimiento micelial cesará cuando la materia prima se consuma, al retirarse el calor o morir los micelios por calor. Si se requieren ampliaciones o reparaciones en las estructuras, se puede añadir agua, calor y materia prima para reactivar el crecimiento de los hongos latentes».

La propuesta suena, como tantas otras, a ciencia ficción, pero la línea entre lo ficticio y lo real se difumina cuando es la propia NASA quien confirma que los ambientes hostiles de la Luna y Marte requerirán for-

Infraestructura de la Luna a Marte. Astronautas viviendo y trabajando en la superficie marciana, plasmación de los Moon to Mars Objectives de la NASA (12/03/2025) [Headquarters, NASA Image and Video Library].

mas completamente nuevas de habitar y se lanza a desarrollarla sobre bases sólidas, como las evidencias científicas que hemos abordado previamente. Los investigadores (Blachowicz, A. *et al.*; 2019) descubrieron que ciertos hongos extremófilos, más allá de superar con éxito las extremas condiciones marcianas simuladas, ponían en marcha mecanismos adaptativos alucinantes: dos especies de cepas aisladas en Chernóbil y la Estación Espacial Internacional, *Aspergillus fumigatus* y *Cladosporium cladosporioides*, resistieron la prueba durante treinta minutos, exhibieron una resistencia aumentada a rayos ultravioleta y permitieron recuperar sus conidios (esporas asexuales) expuestos en monocapas. La radiación, lejos de destruir a estos organismos, podría fortalecerlos también en el espacio.

En un artículo posterior de Frank Tavares en la plataforma web de la NASA, titulado «¿Podrían las futuras casas en la Luna y Marte estar hechas de hongos?» (14/01/2020), el especialista en comunciaciones del mismo centro de investigaciones de la agencia describía la arquitectura fúngica lunar y marciana, de modo ilustrativo, como «un elegante concepto de hábitat con una cúpula en tres capas»: una cúpula exterior de hielo, con agua extraída de recursos locales, que protege de la radiación; una segunda capa de cianobacterias, que convierte agua y dióxido de carbono en oxígeno y nutrientes mediante fotosíntesis; y finalmente el micelio, que crece orgánicamente sobre esa base hasta formar «un hogar robusto» y mantiene a raya a cuanto pudiera contaminar el lugar.

Rothschild apuntaba el aspecto clave que conducía a la NASA a rotular con tal rotundidad estos escritos: «Actualmente, los diseños tradicionales de hábitat para Marte son como una tortuga: llevamos nuestras casas a cuestas; un plan fiable, pero con un alto coste energético. En cambio, podemos aprovechar el micelio para cultivar estos hábitats nosotros mismos cuando lleguemos allí».

Cultivar hogares, más que construirlos. Incluso suena poético. La visión de auténticas ciudades de hongos en otros planetas ya no pertenece únicamente al reino de la imaginación: los materiales miceliales podrían utilizarse no solo para hábitats principales o cascos de róvers en los que moverse los humanos, sino también para muebles e incluso estructuras adicionales a partir de los residuos orgánicos generados por las propias misiones: al final de su ciclo de vida, estos mismos micelios que han dado alojamiento y protección a los primeros pobladores podrían convertirse en fertilizante para la agricultura espacial, cerrando un círculo perfecto de sostenibilidad extraterrestre. Y esto sería solo el principio; total, elucubrar es gratis. ¿Merecerá la pena vivir en Marte?

▢ PARA LEER MÁS:

Adamatzky, A. *et al.* (2021). Reactive fungal wearable. *Biosystems*, 199.

Al-Shammari, R. H. H. *et al.* (2023). Bio-leaching of heavy metals by *Aspergillus niger* from mobile-phone scrap. *IOP Conf. Ser.: Earth Environ. Sci.*, 1215.

Blachowicz, A. *et al.* (2019). Proteomic and metabolomic characteristics of extremophilic fungi under simulated Mars conditions. *Frontiers in Microbiology*, 10.

Camilleri, E. *et al.* (2025). Mycelium-based composites: an updated comprehensive overview. *Biotechnology Advances*, 79.

Campillo, S. (18 de enero de 2021). 'Wearables' y dispositivos hechos con hongos: biomateriales para un futuro de ciencia ficción. *Uoc*.

Dadachova, E. *et al.* (2007). Ionizing radiation changes the electronic properties of melanin and enhances the growth of melanized fungi. *PLoS ONE*, 2(5).

Dehshibi, M. M. *et al.* (2021). Stimulating fungi *Pleurotus ostreatus* with hydrocortisone. *ACS Biomater. Sci. Eng.*, 7(8).

Gao. (enero de 2024). Changing conditions may affect future management of contamination deposited abroad during U. S. Cold War activities. United States Government Accountability Office.

Godley, A. (2023). Green entrepreneurship in uk foods and the emergence of the alternative meat sector: Quorn 1965-2006. *Business History*.

Hayes, R. B. (2022). Nuclear energy myths versus facts support it's expanded use - a review. *Cleaner Energy Systems*, 2.

Lobos, A. (2018). *Bioleaching potential of filamentous fungi to mobilize lithium and cobalt from spent rechargeable li-ion batteries* [tesis de máster]. Usf.

Lobos, A. *et al.* (2020). Tolerance of three fungal species to lithium and cobalt: Implications for bioleaching of spent rechargeable Li-ion batteries. *Applied Microbiology*, 131(2).

Rothschild, L. (30 de marzo de 2018). Myco-architecture off planet: growing surface structures at destination. *Nasa*.

Russell, J. R. *et al.* (2011). Biodegradation of polyester polyurethane by endophytic fungi. *Applied and Environmental Microbiology*.

Stamets, P. (2005). *Mycelium running. How mushrooms can help save the world*. Clarkson Potter/Ten Speed.

Tavares, F. (14 de enero de 2020). Could future homes on the Moon and Mars be made of fungi? *Nasa*.

Tibolla, M. H. y Fischer, J. (2025). Radiotrophic fungi and their use as bioremediation agents of areas affected by radiation and as protective agents. *Research, Society and Development*, 14(1).

Tkavc, R. *et al.* (2018). Prospects for fungal bioremediation of acidic radioactive waste sites: characterization and genome sequence of *Rhodotorula taiwanensis* md1149. *Frontiers in Microbiology*, 8.

Zhdanova, N. N. *et al.* (2000). Fungi from Chernobyl: mycobiota of the inner regions of the containment structures of the damaged nuclear reactor. *Mycological Research*, 104(12).

Zhdanova, N. N. *et al.* (2004). Ionizing radiation attracts soil fungi. *Mycological Research*, 108(9).

Epílogo

Hemos recorrido un sendero extraordinario. Desde los australopitecos, que quizá descubrieran los primeros estados alterados de conciencia masticando setas alucinógenas, hasta los laboratorios donde se estudia la forma de edificar casas en la Luna o Marte con los mismos hongos que hicieron de Chernóbil su fortuna. Entre estos extremos temporales, los hongos han tejido una red invisible —casi tanto como lo eran hasta hace no mucho a nuestros ojos su fascinante micelio o su propia dignidad de reino— que conecta la búsqueda espiritual con la supervivencia práctica, lo ancestral con lo futurista, lo microscópico con lo cósmico. Acaso haya sido de nuevo Aracne.

De Astérix y los brebajes sagrados de los druidas a los frailes cristianos que salvaguardaron el vino y la cerveza, de la televisiva muerte del emperador romano Claudio a la leyenda negra de *Amanita phalloides*, del terror del cornezuelo en la Francia revolucionaria al LSD en manos de la CIA, de las crónicas de Nueva España a una fallida penicilina hispánica, y a la kombucha y las setas samuráis, cada capítulo de esta historia revela la misma verdad fundamental: los hongos no son simplemente seres vivos con los que compartimos la tierra, sino arquitectos silenciosos de la realidad que habitamos. Han labrado nuestros suelos, curado nuestros males, modificado nuestras mentes, alimentado nuestros estómagos y nuestras almas, y nos han redescubierto el mundo.

Mientras escribimos estas líneas, en algún laboratorio, un investigador observa cómo las esporas de un hongo recién descubierto descomponen un contaminante aparentemente indestructible. En algún bosque, una red micelial conecta y sostiene a árboles remotos de especies diversas, tejiendo alianzas que aún trascienden nuestro entendimiento. En algún yacimiento, los restos de una levadura explican el origen de un pueblo. En la historia, nuestras setas, eternas y calladas compañeras de viaje, nos miran compasivas.

La historia de las setas es, en definitiva, nuestra propia historia contada por ellas. Tal vez la pregunta no sea qué podemos hacer con los hongos, sino qué podemos hacer por ellos para que ellos sigan obrando en nosotros como los dones que han evidenciado ser. El futuro, después de todo, podría ser fúngico. Y nosotros, con suerte, seremos testigos y protagonistas, de su mano, de esta extraordinaria aventura de la vida.

Domingo 6 de agosto. Mi santo. Este día siempre me asalta un recuerdo: hace ahora un año más, la nube de hongo maldita cubrió Hiroshima.

Estamos en un restaurante en la cornisa litoral del Maresme, mi comarca, al noreste de Barcelona. Desde la terraza gozo de una panorámica poblada de densos pinares y viñedos; ahora, teniéndolo ante mí, lo contemplo con otra perspectiva: no puedo evitar pensar en lo que no alcanzo a ver, en lo que ha de hallarse escondido bajo esas copas. Imagino que hay una fiesta en el bosque y han sido convocados todos, desde los grandes árboles hasta las diminutas bacterias, entrelazados en una amistosa simbiosis por esa infinita tela de araña. En este momento tomo conciencia de que nosotros también estamos invitados. Alzo despacio mi copa de cava fresco y, dirigiéndome a ellos, exclamo:

—¡Salud!

✳   ✳   ✳

Este libro se terminó de imprimir, por encargo de Guadalmazán, el día 12 de septiembre de 2025. El mismo día de 1958 (Otero), y el de 1966 (Derringer), y el de 1968 (Knife-A), Estados Unidos detonó bombas atómicas en el Sitio de Pruebas de Nevada; tres de los más de mil tests acometidos entre 1945 y 1992. Muchas de aquellas dejaron para la historia espectaculares imágenes de nubes de hongo elevándose en el cielo, aunque ninguna tan devastadora como las de Hiroshima y Nagasaki. En la foto, *mushroom cloud* de la operación Upshot-Knothole, la primera que empleó un proyectil de artillería atómica para producirla (1953).